彩图 31 冰岛罂粟（57 页）　　　彩图 32 花菱草（57 页）　　　彩图 33 羽衣甘蓝（58 页）

彩图 34 厚皮菜（58 页）　　　彩图 35 非洲凤仙（59 页）　　　彩图 36 长春花（60 页）

彩图 37 锦绣苋（60 页）　　　彩图 38 毛地黄（61 页）　　　彩图 39 蜀葵（61 页）

彩图 40 彩叶草（62 页）　　　彩图 41 旱金莲（63 页）　　　彩图 42 紫茉莉（63 页）

彩图 43 银边翠（64 页）　　　彩图 44 麦秆菊（64 页）　　　彩图 45 紫罗兰（65 页）

彩图 46 月见草(66 页)

彩图 47 霞草(66 页)

彩图 48 白长春花(60 页)

宿根花卉

彩图 49 菊花(68 页)

彩图 50 芍药(69 页)

彩图 51 鸢尾(71 页)

彩图 52 德国鸢尾(71 页)

彩图 53 花菖蒲(71 页)

彩图 54 蝴蝶花(72 页)

彩图 55 荷兰菊(72 页)

彩图 56 宿根福禄考(73 页)

彩图 57 大花金鸡菊(75 页)

彩图 58 金光菊(75 页)

彩图 59 八宝景天(76 页)

彩图 60 佛甲草(77 页)

一二年生花卉

彩图 1 一串红(38 页)   彩图 2 鸡冠花(39 页)   彩图 3 凤尾鸡冠(39 页)

彩图 4 万寿菊(40 页)   彩图 5 孔雀草(41 页)   彩图 6 藿香蓟(41 页)

彩图 7 翠菊(42 页)   彩图 8 半支莲(43 页)   彩图 9 地肤(43 页)

彩图 10 凤仙花(44 页)   彩图 11 美女樱(45 页)   彩图 12 大花牵牛(45 页)

彩图 13 茑萝(46 页)   彩图 14 圆叶茑萝(47 页)   彩图 15 槭叶茑萝(47 页)

彩图 16 百日草(47 页)　　彩图 17 蛇目菊(48 页)　　彩图 18 硫华菊(49 页)

彩图 19 福禄考(50 页)　　彩图 20 夏堇(50 页)　　彩图 21 醉蝶花(51 页)

彩图 22 金盏菊(51 页)　　彩图 23 大花三色堇(52 页)　　彩图 24 雏菊(53 页)

彩图 25 猴面花(54 页)　　彩图 26 石竹(54 页)　　彩图 27 金鱼草(55 页)

彩图 28 香雪球(56 页)　　彩图 29 诸葛菜(56 页)　　彩图 30 虞美人(57 页)

彩图 61 费菜(77 页)　　彩图 62 堪察加景天(77 页)　　彩图 63 玉簪(78 页)

彩图 64 随意草(79 页)　　彩图 65 萱草(80 页)　　彩图 66 黄花菜(80 页)

彩图 67 荷包牡丹(81 页)　　彩图 68 桔梗(82 页)　　彩图 69 飞燕草(82 页)

彩图 70 大花飞燕草(83 页)　　彩图 71 高飞燕草(83 页)　　彩图 72 须苞石竹(84 页)

彩图 73 瞿麦(85 页)　　彩图 74 石竹梅(85 页)　　彩图 75 耧斗菜(85 页)

彩图 76 加拿大楼斗菜(86 页)

彩图 77 千叶蓍(87 页)

彩图 78 蓍草(87 页)

彩图 79 马蔺(88 页)

彩图 80 冷水花(88 页)

彩图 81 皱叶冷水花(89 页)

彩图 82 虎眼万年青(89 页)

彩图 83 香石竹(90 页)

彩图 84 镜面草(91 页)

彩图 85 酒瓶兰(92 页)

彩图 86 紫鹅绒(92 页)

彩图 87 黑心菊(92 页)

彩图 88 红花酢浆草(93 页)

彩图 89 大花酢浆草(93 页)

彩图 90 射干(94 页)

彩图91 风铃草(95页)　　彩图92 矢车菊(96页)　　彩图93 紫露草(97页)

彩图94 白花紫露草(97页)　　彩图95 铁线莲(97页)　　彩图96 天竺葵(99页)

彩图97 蝴蝶天竺葵(99页)　　彩图98 蹄纹天竺葵(99页)　　彩图99 盾叶天竺葵(99页)

彩图100 香叶天竺葵(100页)　　彩图101 垂盆草(100页)　　彩图102 银叶菊(101页)

彩图103 一枝黄花(101页)　　彩图104 四季秋海棠(102页)　　彩图105 毛果一枝黄花(102页)

球根花卉

彩图 106 郁金香(105 页)

彩图 107 百合(106 页)

彩图 108 细叶百合(106 页)

彩图 109 卷丹(106 页)

彩图 110 麝香百合(107 页)

彩图 111 川百合(107 页)

彩图 112 风信子(107 页)

彩图 113 葡萄风信子(108 页)

彩图 114 石蒜(109 页)

彩图 115 忽地笑(109 页)

彩图 116 水仙(110 页)

彩图 117 喇叭水仙(111 页)

彩图 118 美人蕉(112 页)

彩图 119 大花美人蕉(113 页)

彩图 120 大丽花(113 页)

彩图 121 花毛茛(114 页)

彩图 122 朱顶红(116 页)

彩图 123 铃兰(117 页)

彩图 124 晚香玉(118 页)

彩图 125 六出花(119 页)

彩图 126 唐菖蒲(120 页)

彩图 127 蜘蛛兰(121 页)

彩图 128 蛇鞭菊(122 页)

彩图 129 马蹄莲(122 页)

彩图 130 斑叶马蹄莲(123 页)

彩图 131 黄花马蹄莲(123 页)

彩图 132 红花马蹄莲(123 页)

彩图 133 大岩桐(123 页)

彩图 134 香雪兰(124 页)

彩图 135 花叶芋(125 页)

彩图 136 白叶芋(126 页)

彩图 137 葱兰(126 页)

彩图 138 韭莲(127 页)

彩图 139 网球花(127 页)

彩图 140 百子莲(128 页)

彩图 141 欧洲银莲花(128 页)

彩图 142 文殊兰(129 页)

彩图 143 红花文殊兰(130 页)

彩图 144 大花葱(130 页)

彩图 145 冠花贝母(131 页)

彩图 146 波斯贝母(131 页)

彩图 147 网纹孤挺花(117 页)

水生花卉

彩图 148 荷花(132 页)

彩图 149 红花睡莲(134 页)

彩图 150 王莲(135 页)

彩图 151 千屈菜(136 页)　　　彩图 152 凤眼莲(137 页)　　　彩图 153 香蒲(138 页)

彩图 154 水葱(139 页)　　　彩图 155 慈姑(139 页)　　　彩图 156 芡实(140 页)

彩图 157 旱伞草(141 页)　　　彩图 158 萍蓬草(142 页)　　　彩图 159 荇菜(142 页)

彩图 160 大藻(143 页)　　　彩图 161 气泡椒草(144 页)　　　彩图 162 泽泻(145 页)

彩图 163 花叶芦竹(145 页)　　　彩图 164 红莲子草(146 页)　　　彩图 165 水鳖(147 页)

彩图 166 黄花鸢尾(147 页)

彩图 167 菖蒲(148 页)

彩图 168 梭鱼草(149 页)

室内观叶类花卉

彩图 169 吊兰(159 页)

彩图 170 金心吊兰(160 页)

彩图 171 红苞喜林芋(160 页)

彩图 172 条纹竹芋(161 页)

彩图 173 豆瓣绿(162 页)

彩图 174 西瓜皮椒草(162 页)

彩图 175 网纹草(163 页)

彩图 176 绒叶肖竹芋(164 页)

彩图 177 孔雀竹芋(165 页)

彩图 178 果子蔓(165 页)

彩图 179 虎纹凤梨(167 页)

彩图 180 铁兰(167 页)

彩图 181 吊竹梅（168 页）

彩图 182 花叶万年青（169 页）

彩图 183 天门冬（170 页）

彩图 184 文竹（171 页）

彩图 185 蓬莱松（171 页）

彩图 186 虎耳草（172 页）

彩图 187 龟背竹（172 页）

彩图 188 一叶兰（173 页）

彩图 189 春羽（174 页）

彩图 190 白掌（174 页）

彩图 191 绿萝（175 页）

彩图 192 巴西铁（175 页）

彩图 193 朱蕉（176 页）

彩图 194 富贵竹（177 页）

彩图 195 袖珍椰子（178 页）

彩图 196 散尾葵(179 页)

彩图 197 棕竹(179 页)

彩图 198 细棕竹(180 页)

彩图 199 发财树(180 页)

彩图 200 变叶木(181 页)

彩图 201 合果芋(181 页)

室内观花、观果类花卉

彩图 202 瓜叶菊(183 页)

彩图 203 蒲包花(183 页)

彩图 204 仙客来(184 页)

彩图 205 球根秋海棠(185 页)

彩图 206 新几内亚凤仙(186 页)

彩图 207 大花君子兰(187 页)

彩图 208 非洲紫罗兰(188 页)

彩图 209 红鹤芋(189 页)

彩图 210 水晶花烛(190 页)

彩图 211 一品红（190 页）　　　彩图 212 一品白（191 页）　　　彩图 213 一品粉（191 页）

彩图 214 杜鹃花（191 页）　　　彩图 215 八仙花（192 页）　　　彩图 216 倒挂金钟（192 页）

彩图 217 扶桑（193 页）　　　彩图 218 黄槿（193 页）　　　彩图 219 米兰（194 页）

彩图 220 栀子（194 页）　　　彩图 221 冬珊瑚（195 页）　　　彩图 222 佛手（196 页）

彩图 223 乳茄（196 页）　　　彩图 224 金桔（197 页）　　　彩图 225 朱砂根（198 页）

岩生花卉

彩图 226 龙胆(205 页)

彩图 227 大花龙胆(205 页)

彩图 228 四季报春(206 页)

彩图 229 藏报春(207 页)

彩图 230 小报春(207 页)

彩图 231 球花报春(207 页)

彩图 232 欧报春(207 页)

彩图 233 马先蒿(207 页)

彩图 234 华丽马先蒿(208 页)

彩图 235 三色马先蒿(208 页)

彩图 236 点地梅(208 页)

彩图 237 硬枝点地梅(209 页)

彩图 238 雪莲(209 页)

彩图 239 水母雪兔子(210 页)

彩图 240 平枝栒子(211 页)

彩图 241 云南锦鸡儿(212 页)

彩图 242 刺叶锦鸡儿(212 页)

彩图 243 岩白菜(213 页)

彩图 244 川滇金丝桃(213 页)

彩图 245 金丝桃(214 页)

彩图 246 金丝梅(214 页)

彩图 247 红花岩梅(214 页)

彩图 248 白花岩梅(215 页)

彩图 249 黄花岩梅(215 页)

兰科花卉

彩图 250 蝴蝶兰(219 页)

彩图 251 大花蕙兰(221 页)

彩图 252 卡特兰(222 页)

彩图 253 石斛(223 页)

彩图 254 密花石斛(223 页)

彩图 255 铁皮石斛(223 页)

彩图 256 金钗石斛(223 页)

彩图 257 鼓槌石斛(223 页)

彩图 258 霍山石斛(223 页)

彩图 259 束花石斛(223 页)

彩图 260 流苏石斛(223 页)

彩图 261 兜兰(224 页)

彩图 262 矮万代兰(225 页)

彩图 263 白柱万代兰(225 页)

彩图 264 琴唇万代兰(225 页)

彩图 265 文心兰(226 页)

彩图 266 春兰(227 页)

彩图 267 建兰(228 页)

彩图 268 蕙兰(228 页)

彩图 269 墨兰(229 页)

彩图 270 寒兰(230 页)

多肉植物

彩图 271 金琥(232 页)

彩图 272 裸刺金琥(232 页)

彩图 273 蟹爪兰(232 页)

彩图 274 仙人指(233 页)

彩图 275 秘鲁天轮柱(234 页)

彩图 276 山影拳(234 页)

彩图 277 令箭荷花(234 页)

彩图 278 仙人掌(235 页)

彩图 279 细刺仙人掌(235 页)

彩图 280 金手指(236 页)

彩图 281 银手指(236 页)

彩图 282 白玉兔(236 页)

彩图 283 长寿花(236 页)

彩图 284 翡翠木(237 页)

彩图 285 神刀(238 页)

彩图 286 青锁龙(238 页)

彩图 287 火祭(238 页)

彩图 288 石莲花(238 页)

彩图 289 玉蝶(239 页)

彩图 290 圆叶虎尾兰(239 页)

彩图 291 虎尾兰(239 页)

彩图 292 花蔓草(240 页)

彩图 293 虎刺梅(240 页)

彩图 294 弦月(241 页)

彩图 295 翡翠珠(241 页)

彩图 296 沙漠玫瑰(242 页)

彩图 297 微纹玉(243 页)

彩图 298 露美玉(243 页)

彩图 299 吊金钱(243 页)

彩图 300 条纹十二卷(244 页)

彩图 301 点纹十二卷(244 页)

彩图 302 金边虎尾兰(240 页)

彩图 303 白花虎刺梅(241 页)

蕨类植物

彩图 304 肾蕨(246 页)

彩图 305 圆叶肾蕨(247 页)

彩图 306 巢蕨(247 页)

彩图 307 鹿角蕨(248 页)

彩图 308 金毛狗(248 页)

彩图 309 翠云草(249 页)

彩图 310 荚果蕨(249 页)

彩图 311 凤尾蕨(250 页)

彩图 312 银心凤尾蕨(250 页)

食虫植物

彩图 313 猪笼草(252 页)

彩图 314 苹果猪笼草(252 页)

彩图 315 黄瓶子草(253 页)

图316 阿拉巴马州瓶子草(253 页)

彩图317 捕蝇草(254 页)

彩图318 巨夹捕蝇草(254 页)

草坪植物

彩图319 草地早熟禾(261 页)

彩图320 多年生黑麦草(262 页)

彩图321 多年生黑麦草(262 页)

彩图322 高羊茅(263 页)

彩图323 高羊茅(263 页)

彩图324 匍匐剪股颖(263 页)

彩图325 结缕草(264 页)

彩图326 结缕草(264 页)

彩图327 细叶结缕草(265 页)

彩图328 细叶结缕草(265 页)

彩图329 沟叶结缕草(265 页)

彩图330 野牛草(266 页)

彩图 331 狗牙根（267 页）

彩图 332 狗牙根（267 页）

彩图 333 马蹄金（267 页）

地被植物

彩图 334 白车轴草（271 页）

彩图 335 鸡眼草（271 页）

彩图 336 葛藤（272 页）

彩图 337 葛藤（272 页）

彩图 338 紫花苜蓿（273 页）

彩图 339 直立黄芪（273 页）

彩图 340 地锦（274 页）

彩图 341 蛇葡萄（274 页）

彩图 342 百脉根（275 页）

彩图 343 二月蓝（275 页）

彩图 344 百里香（276 页）

彩图 345 羊蹄（277 页）

彩图 346 野菊(277 页)

彩图 347 麦冬(278 页)

彩图 348 阔叶麦冬(278 页)

彩图 349 金边阔叶麦冬(278 页)

彩图 350 山麦冬(278 页)

彩图 351 阔叶山麦冬(278 页)

图 352 金边阔叶山麦冬(278 页)

彩图 353 沿阶草(279 页)

彩图 354 矮生沿阶草(279 页)

彩图 355 吉祥草(279 页)

彩图 356 紫金牛(280 页)

彩图 357 金银花(280 页)

彩图 358 黄脉金银花(281 页)

彩图 359 红金银花(281 页)

彩图 360 阔叶箬竹(281 页)

高等职业教育园林类专业系列教材

园林花卉

第3版

YUANLIN HUAHUI

主 编 李 军

副主编 潘建材 张朴仙

重庆大学出版社

内 容 提 要

本书是高等职业教育园林类专业系列教材之一,内容包括园林花卉概述、园林花卉分类、园林花卉应用形式、露地花卉、室内花卉、岩石植物、专类花卉、草坪与地被植物、技能训练9个单元,并具有学习目标、学习内容、单元小结、拓展学习、相关链接、单元测试、技能训练等内容。共介绍常见花卉254种,并例举其他种和品种641种,每个种均附有彩色图片和线条图(彩色图集中在书前面),并附中文名索引、拉丁名索引和自测题参考答案。本书内容丰富,体系新颖,图文并茂,南北兼顾,深入浅出。突出应用性、实用性,力求体现国内外新知识、新技术。书中含有13个花卉彩色图片视频,可扫二维码学习。

本书可用于高等职业院校的园林、园艺等专业教学,也可供建筑学、城市规划、环境艺术、环保、旅游等专业教学,同时也适合职业培训及相关技术人员参考使用。

图书在版编目(CIP)数据

园林花卉 / 李军主编. -- 3 版. -- 重庆 : 重庆大学出版社,2024.3
高等职业教育园林类专业系列教材
ISBN 978-7-5624-9000-5

Ⅰ. ①园… Ⅱ. ①李… Ⅲ. ①花卉—观赏园艺—高等职业教育—教材 Ⅳ. ①S68

中国国家版本馆 CIP 数据核字(2024)第 017594 号

高等职业教育园林类专业系列教材
园林花卉
第 3 版
主 编 李 军
策划编辑:何 明

责任编辑:何 明 版式设计:莫 西 何 明
责任校对:王 倩 责任印制:赵 晟

*

重庆大学出版社出版发行
出版人:陈晓阳
社址:重庆市沙坪坝区大学城西路 21 号
邮编:401331
电话:(023) 88617190 88617185(中小学)
传真:(023) 88617186 88617166
网址:http://www.cqup.com.cn
邮箱:fxk@ cqup.com.cn(营销中心)
全国新华书店经销
重庆升光电力印务有限公司印刷

*

开本:787mm×1092mm 1/16 印张:21 字数:562 千 插页:16 开12 页
2015 年 8 月第 1 版 2024 年 3 月第 3 版 2024 年 3 月第 3 次印刷
印数:5 001—8 000
ISBN 978-7-5624-9000-5 定价:49.00 元

编委会名单

主　任　江世宏

副主任　刘福智

编　委（按姓氏笔画为序）

卫　东	方大凤	王友国	王　强	宁妍妍
邓建平	代彦满	闫　妍	刘志然	刘　骏
刘　磊	朱明德	庄夏珍	宋　丹	吴业东
何会流	余　俊	陈力洲	陈大军	陈世昌
陈　宇	张少艾	张建林	张树宝	李　军
李　璟	李淑芹	陆柏松	肖雍琴	杨云霄
杨易昆	孟庆英	林墨飞	段明革	周初梅
周俊华	祝建华	赵静夫	赵九洲	段晓鹃
贾东坡	唐　建	唐祥宁	秦　琴	徐德秀
郭淑英	高玉艳	陶良如	黄红艳	黄　晖
彭章华	董　斌	鲁朝辉	曾端香	廖伟平
谭明权	潘冬梅			

编写人员名单

主　编　李　军　云南林业职业技术学院

副主编　潘建材　昆明素源坊农业科技有限公司

　　　　张朴仙　云南林业职业技术学院

参　编　石万方　上海农林职业技术学院

　　　　刘丽馥　辽宁林业职业技术学院

　　　　张君超　杨凌职业技术学院

　　　　李晨程　云南林业职业技术学院

绘　图　王潇雨　昆明市档案局

总　序

　　改革开放以来,随着我国经济、社会的迅猛发展,对技能型人才特别是对高技能人才的需求在不断增加,促使我国高等教育的结构发生重大变化。据2004年统计数据显示,全国共有高校2 236所,在校生人数已经超过2 000万,其中高等职业院校1 047所,其数目已远远超过普通本科院校的684所;2004年全国招生人数为447.34万,其中高等职业院校招生237.43万,占全国高校招生人数的53%左右。可见,高等职业教育已占据了我国高等教育的"半壁江山"。近年来,高等职业教育逐渐成为社会关注的热点,特别是其人才培养目标。高等职业教育培养生产、建设、管理、服务第一线的高素质应用型技能人才和管理人才,强调以核心职业技能培养为中心,与普通高校的培养目标明显不同,这就要求高等职业教育要在教学内容和教学方法上进行大胆的探索和改革,在此基础上编写出版适合我国高等职业教育培养目标的系列配套教材已成为当务之急。

　　随着城市建设的发展,人们越来越重视环境,特别是环境的美化,园林建设已成为城市美化的一个重要组成部分。园林不仅在城市的景观方面发挥着重要功能,而且在生态和休闲方面也发挥着重要功能。城市园林的建设越来越受到人们重视,许多城市提出了要建设国际花园城市和生态园林城市的目标,加强了新城区的园林规划和老城区的绿地改造,促进了园林行业的蓬勃发展。与此相应,社会对园林类专业人才的需求也日益增加,特别是那些既懂得园林规划设计、又懂得园林工程施工,还能进行绿地养护的高技能人才成为园林行业的紧俏人才。为了满足各地城市建设发展对园林高技能人才的需要,全国的1 000多所高等职业院校中有相当一部分院校增设了园林类专业。而且,近几年的招生规模得到不断扩大,与园林行业的发展遥相呼应。但与此不相适应的是适合高等职业教育特色的园林类教材建设速度相对缓慢,与高职园林教育的迅速发展形成明显反差。因此,编写出版高等职业教育园林类专业系列教材显得极为迫切和必要。

　　通过对部分高等职业院校教学和教材的使用情况的了解,我们发现目前众多高等职业院校的园林类教材短缺,有些院校直接使用普通本科院校的教材,既不能满足高等职业教育培养目标的要求,也不能体现高等职业教育的特点。目前,高等职业教育园林类专业使用的教材较少,且就园林类专业而言,也只涉及部分课程,未能形成系列教材。重庆大学出版社在广泛调研的基础上,提出了出版一套高等职业教育园林类专业系列教材的计划,并得到了全国20多所高等职业院校的积极响应,60多位园林专业的教师和行业代表出席了由重庆大学出版社组织的高等职业教育园林类专业教材编写研讨会。会议上代表们充分认识到出版高等职业教育园林类专业系列教材的必要性和迫切性，并对该套教材的定位、特色、编写思路和编写大纲进行了认真、深入的研讨，最后决定首批启动《园林植物》《园林植物栽培养护》《园林植物病虫害防治》《园林规划设计》《园林工程施工与管理》等20本教材的编写，分春、秋两季完成该套教材的出版工作。主编、副主编和参加编写的作者，由全国有关高等职业院校具有该门课程丰富教学经验的专家和一线教师，大多为"双师型"教师承担了各册教材的编写。

本套教材的编写是根据教育部对高等职业教育教材建设的要求，紧紧围绕以职业能力培养为核心设计的，包含了园林行业的基本技能、专业技能和综合技术应用能力三大能力模块所需要的各门课程。基本技能主要以专业基础课程作为支撑，包括有8门课程，可作为园林类专业必修的专业基础公共平台课程；专业技能主要以专业课程作为支撑，包括12门课程，各校可根据各自的培养方向和重点打包选用；综合技术应用能力主要以综合实训作为支撑，其中综合实训教材将作为本套教材的第二批启动编写。

本套教材的特点是教材内容紧密结合生产实际，理论基础重点突出实际技能所需要的内容，并与实训项目密切配合，同时也注重对当今发展迅速的先进技术的介绍和训练，具有较强的实用性、技术性和可操作性3大特点，具有明显的高职特色，可供培养从事园林规划设计、园林工程施工与管理、园林植物生产与养护、园林植物应用，以及园林企业经营管理等高级应用型人才的高等职业院校的园林技术、园林工程技术、观赏园艺等园林类相关专业和专业方向的学生使用。

本套教材课程设置齐全、实训配套，并配有电子教案，十分适合目前高等职业教育"弹性教学"的要求，方便各院校及时根据园林行业发展动向和企业的需求调整培养方向，并根据岗位核心能力的需要灵活构建课程体系和选用教材。

本套教材是根据园林行业不同岗位的核心能力设计的，其内容能够满足高职学生根据自己的专业方向参加相关岗位资格证书考试的要求，如花卉工、绿化工、园林工程施工员、园林工程预算员、插花员等，也可作为这些工种的培训教材。

高等职业教育方兴未艾。作为与普通高等教育不同类型的高等职业教育，培养目标已基本明确，我们在人才培养模式、教学内容和课程体系、教学方法与手段等诸多方面还要不断进行探索和改革，本套教材也将会随着高等职业教育教学改革的深入不断进行修订和完善。

编委会

2006年1月

再版前言

本书是在"以能力为本位,就业为导向"的职业教育课程改革中,以培养职业能力为核心,设计思路是按照培养园林类专业高技能人才的培养目标,分析园林类专业高技能人才职业岗位所需要的园林花卉知识和技能要求,同时紧密结合职业资格证书的考核,从学生认知角度构建内容体系。

园林花卉是高等职业院校园林类专业的专业基础课程,重点培养学生识别、鉴定常见园林花卉的技能,使其能合理选择、应用园林花卉,为后续专业课程学习以及从事园林相关工作奠定坚实的基础。

本书在编写过程中,力求融科学性、知识性、先进性、实用性于一体,力求做到园林与花卉、理论与应用、简明扼要与可操作性强等相结合。本书内容丰富,体系新颖,图文并茂,适用面广,深入浅出。突出应用性、实用性,力求体现国内外新知识、新技术。

本书内容选取基于园林绿化行业的发展态势,同时兼顾南北方地区经济发展的差异性,共介绍254种常见花卉,并例举其他种和品种641种,在单元设计上按照学习目标、学习内容、单元小结、拓展学习、相关链接、单元测试的体例编排,体现基于工作过程的教学设计。全书的单元间相对独立,便于高职院校教师结合区域的特点、产学合作的实际,以及季节、农时等因素,灵活安排教学。

本书可供高等职业院校园林、园艺类专业学生《园林花卉》教学使用,学时分配建议:总学时65~75学时。相关专业和不同层次的教学,可酌情选择内容。也可供建筑学、城市规划、环境艺术、环保、旅游等专业教学,同时也适合职业培训及相关技术人员参考使用。

本书由李军担任主编,潘建材、张朴仙担任副主编。编写的具体分工为:李军,教材编写大纲,设计内容体系、知识点和实践技能项目,负责全书统稿,第1,3单元、4.4、第6单元,园林花卉彩色图片、自测题及参考答案;石万方,第2单元、5.3、5.4、第8,9单元;李晨程,7.2、7.3、7.4、中文名索引、拉丁名索引、参考文献;刘丽馥,4.1;曹冰;4.2;陈霞,5.1、5.2;张君超,7.1;张君超,4.3;王潇雨,部分线条图绘制。

彩色图片视频由李军制作。

本书部分插图引自《园林花卉》《高等植物图鉴》《常见园林植物认知手册》,在此,对以上图书的作者表示诚挚的感谢。

本次再版增加了 13 个园林花卉彩色图片视频,扫书中二维码即可学习。

由于编者水平有限,疏漏和不当之处在所难免,敬请广大读者批评指正。

编　者

2024 年 1 月

目　录

5　室内花卉 ………………………………………………………… 158

1 园林花卉概述

【学习目标】

　　知识目标：
　　1.掌握花卉和园林花卉的概念；
　　2.了解园林花卉的作用；
　　3.了解国内外园林花卉的应用现状及发展动态。
　　技能目标：
　　1.在花卉的实际应用中能正确运用和理解园林花卉的广义性与狭义性；
　　2.能熟悉花卉市场主要营销形式。

1.1　园林花卉的含义

　　"花卉"一词在辞海中解释为"可供观赏的花、草"。花卉的概念包括狭义与广义两个方面。狭义的花卉仅指草本的观赏植物的总称。广义花卉又称观赏植物，包括具有观赏价值的草本、木本植物的总称。它既包括了观花植物，也有观叶、观果、观干、观姿或闻香的植物；从低等到高等，从水生到陆生、气生；有的匍匐矮小，有的高大直立；有草本、灌木、乔木和藤本，应有尽有，种类繁多，都包括在花卉范围之中。

　　园林花卉是指园林绿化中起装饰、组景、分隔空间、庇荫、防护、覆盖等作用的植物，大多具有形态美、色彩美、芳香美、意境美的特点。

1.2　园林花卉的作用

1)在园林绿化中的作用

　　花卉的种类极多，范围广泛，花卉是园林植物中的重要组成部分，是园林绿化中美化、香化的重要材料。花卉能够快速形成芳草如茵、花团锦簇、五彩缤纷、荷香拂水等优美的植物景观，给环境带来勃勃生机,产生使人心旷神怡、流连忘返的艺术效果。

花卉美丽的色彩和细腻的质感,使其形成细致的景观,常常作前景或近景,形成亮丽的色彩景观。在园林应用中,花卉是绿化、美化、彩化、香化的重要材料。它可以用作盆栽和地栽。盆栽装饰厅堂、布置会场和点缀房间。地栽布置花坛、花镜和花台等。丛植或孤植强调出入口和广场的构图中心,点缀建筑物、道路两旁、拐角和林缘,在烘托气氛、丰富景观方面有其独特的效果。

2) 在改善环境中的作用

园林花卉能够改善和保护其生存的环境,主要表现在花卉通过光合作用吸收二氧化碳,增加空气中的氧气,从而净化空间;通过蒸腾作用增加空气相对湿度,降低空气温度;一些花卉能够吸收有害气体或自身释放杀菌素而净化空气;花卉的叶表可吸附空气中的灰尘起到滞尘作用;栽培花卉能覆盖地面,其根系固持土壤、涵养水源,减轻水土流失。

科学实验表明,许多种花卉都是改善生态环境,净化大气质量的“环保卫士”。它们能通过叶片,有效地吸收大气中的有害气体,减少空气中有害气体的含量,净化空气。与此同时,还有许多种花卉具有吸附粉尘、烟尘及其他有毒微粒的能力,减少空气中的细菌数量,澄清大气环境。

花卉是“空气净化器”。随着现代化工业的发展,环境污染已成为世界性的公害,尤以空气污染最严重。据测定,人类向大气排放的有害气体多达百余种,其中危害严重的有二氧化硫、氟化氢、氯气等。而许多花卉具有吸收有害气体、净化空气的能力,如大叶黄杨、海桐、紫薇、木槿、桂花、广玉兰、杜鹃、月季、米兰、垂柳等对二氧化硫均有较强的吸附能力;棕榈、紫薇、栀子、玫瑰、柑橘、紫茉莉、秋海棠、罗汉松等能吸收氟化氢;苏铁、山茶、木芙蓉、扶桑、合欢、翠菊等能吸收氯气;腊梅、桂花、玉兰能大量吸收空气中的汞蒸汽;石榴能降低空气中的含铅量;吊兰、虎尾兰、鸭趾草等能吸收甲醛、苯等有害气体。室内垂吊上 1~2 盆吊兰,24 h 以内就可将火炉、电器、塑料制品等释放出的甲醛、一氧化碳等有害气体吸收干净。仙人掌类植物还具有夜间吸收室内二氧化碳,吐出氧气,使空气中的负离子增加,空气的新鲜度增高的特殊生理功效,室内养上 1~2 盆仙人球、仙人掌、山影拳等,等于在室内安装上廉价的“天然负离子发生器”,对人类健康十分有利。

3) 在人们精神生活中的作用

观赏花草能消除疲劳,使人精神焕发,以充沛的精力和饱满的热情投入工作中去。仅以观花植物而论,有的花型整齐,有的奇异;有的花色艳丽,有的淡雅;有的花朵芬芳四溢,有的幽香盈室;有的花姿风韵潇洒,有的丰满硕大。千变万化,美不胜收。更有多种观叶、观果、姿美的种类都给人以美的享受。随着社会的进步和人民生活水平的不断提高,花卉已成了现代人生活中不可缺少的消费品之一。花卉是人类文明的象征,除了大量应用于园林绿化外,还可用来进行厅堂布置和室内装饰,也可以用作盆花和切花。花卉能美化人们的生活环境,陶冶情操,净化心灵,提高人们的精神文化生活水平。

近年来,花卉对人体生理的影响越来越受到关注。“园艺疗法”营运而生,“园艺疗法”是指人们从事园艺活动时,在绿色的环境里得到的情绪平复和精神安慰,在清新的空气和浓郁的芳香中增添乐趣,从而达到治病、保健和益寿的目的。因此,在医院、家庭、社区和公园等专门开辟绿地用于园艺疗法,是花卉应用的内容。

4) 在经济生产中的作用

花卉作为商品本身就具有重要的经济价值,花卉业是农业产业的重要内容,而且花卉业的发展还带动了诸如基质、肥料、农药、容器、包装和运输等许多相关产业链的发展。如盆花生产，鲜切花生产、绿化苗木、种子、球根和花苗等的生产，其经济价值远远超过一半的农作物、水果和蔬菜。鲜切花一般每公顷产值在 15 万 ~45 万元，年销盆花产值一般在 45 万 ~75 万元，种苗生产效益更高，故花卉生产有着较高的经济效益，花卉业已成为高效农业之一，已发展成为一种重要产业。

另外，许多花卉除观赏效果外，还具药用、香料和食用等多方面的食用价值。同时也带动了观光农业与旅游业的发展，这些是园林绿化结合生产从而取得多方面综合效益的重要内容。

1.3　园林花卉产业发展现状

1）世界花卉业

花卉是世界各国农业中唯一不受配额限制的农产品，也是 21 世纪最有希望的农业产业之一，被誉为"朝阳产业"。花卉产品逐渐成为国际贸易的大宗商品。随着品种的改进，包装、保鲜、物流技术的不断提高，花卉市场日趋国际化。花卉生产规模化、专业化，管理现代化，产品系列化，周年供应等已成为花卉生产发展的主要特色。在花卉出口贸易方面，发达国家占绝对优势，约占世界出口销售总额的 80%，而发展中国家仅占 20%。世界最大花卉出口国是荷兰，约占出口额的 59%。哥伦比亚位居第二，占 10% 左右，以色列占 6%，其次是丹麦、比利时、意大利、美国等。盆花出口，荷兰占 48%，丹麦占 16%，法国占 15%，比利时占 10%，意大利占 4%。在国际花卉进口贸易方面，主要也是发达国家，世界最大的花卉进口国是德国，其次是法国、英国、美国和日本。

世界花卉产业发展的趋势如下：

（1）种植面积扩大，并向发展中国家转移　随着花卉需求量的增加，世界花卉种植面积在不断扩大。为了降低成本，花卉生产基地正向世界各地转移，如哥伦比亚、新加坡、泰国等已成为新兴花卉生产和出口大国。目前，荷兰、美国、日本的一些花卉公司已在哥伦比亚、马来西亚及我国等地建立了大型花卉生产基地，以降低成本，扩大其国际市场的销售份额。

（2）随着国际贸易的日趋自由化，花卉贸易将真正实现国际化、自由化　荷兰占领了欧洲市场，每年花卉出口额达 40 多亿美元。美国是哥伦比亚花卉的最大出口国，进口的花卉占哥伦比亚全国总产量的 95%。日本每年鲜切花销售额达 130 亿美元，但近几年，由于生产成本不断增加，进口比例也不断上涨，前年，其进口额已达 10 亿美元，占国内花卉消费量的 20%。

（3）世界花卉生产和经营企业由独立经营向合作经营发展　合作经营或联合经营主要表现为生产上的合作和贸易上的合作两方面。如荷兰的 CAN 和 IBC 等合作组织，农民加入后，该组织就高额投资购置大型设备，为农民提供生产加工的场地和生产花卉必需的设备，从而实现利益共享、风险共担，最大限度地保护生产者和经营者的利益。欧美多数国家的花卉企业均采取了不同程度的合作，这已成为现代花卉企业的发展方向。一些贸易公司或实业公司开始向花卉业投资，为世界花卉业的发展补充新鲜血液。

（4）国际花卉生产布局基本形成，世界各国纷纷走上特色道路　荷兰逐渐在花卉种苗、球根、鲜切花生产方面占有绝对优势，其中以郁金香为代表的球根花卉，已成为荷兰的象征；美国在草花及花坛植物育种及生产方面走在世界前列，同时在盆花、观叶植物方面也处于领先地位；日本凭借"精致农业"的基础，在育种和栽培上占有绝对优势，对花卉的生产、储运、销售能做到标准化管理,其市场最大的特点就是优质优价;泰国的兰花实现了工厂化生产,每年大约有 1.2 亿株兰花销往日本,在日本的兰花市场占有 80% 的份额;其他如以色列、意大利、哥伦比亚、肯尼亚等国则在温带鲜切花生产方面实现专业化、规模化生产。

(5)花卉生产的品种由传统花卉向新优花卉发展,同时品种日趋多样　世界切花品种从过去的四大切花为主导发展为以月季、菊花、香石竹、百合、郁金香等为主要种类,以球根秋海棠、印度橡皮榕、凤梨科植物、龙血树、杜鹃花、万年青、一品红等盆栽植物最为畅销。近年来,一些新品种受到欢迎,如乌头属、风铃草属、羽衣草属、虎耳草属等花卉以及在南美、非洲和热带地区开发的花卉种类。

2)中国花卉业

我国花卉业发展非常迅速,花卉产值年均增长 20% 以上,种植面积、产值、出口额大幅度增加。2009 年,我国花卉生产总面积为 83.4×10^4 hm^2,比 2008 年的 77.6×10^4 hm^2 增加了 7.6%;销售总额 719.8 亿人民币,比 2008 年增加了 7.9%,出口额 4.1 亿美元;2013 年,我国花卉种植面积、销售额和出口额分别达到了 112.03 万 hm^2、1 207.72 亿元和 5.33 亿美元。经过"十一五"跨越式发展,我国已成为世界最大花卉的生产基地,花卉种植面积和产量均居世界第一位。我国花卉产业表现出以下特点和发展趋势:

(1)花卉品种结构向高档化发展,价格日趋合理　近年来大量引进并生产优新品种,鲜切花如非洲菊、鹤望兰、百合、郁金香、鸢尾、热带兰、高档切叶类;盆花如凤梨类、一品红、安祖花、蝴蝶兰、大花蕙兰等,品种逐渐高档化,花色则多样、淡雅。花卉市场的价格稳中有降,尤以香石竹、月季等大宗鲜切花产品的合理性降幅较大。

(2)产业化区域性分工,花卉流通形成大市场　从国内花卉的生产格局和中远期发展趋势来看,鲜切花生产将以云南、广东、上海、北京、四川、河北为主;浙江、江苏等地的绿化苗木在国内占有重要份额;盆花则遍地开花,并涌现一批地方优势名品,如江苏华盛的杜鹃、天津的仙客来、广东的兰花、福建的多肉植物等。目前,昆明、上海是香石竹、月季和满天星等的主产地,云南省鲜花种植面积就已发展到 2.4 万亩,鲜切花产量达 22 亿枝;广东则利用其气候优势大量生产冬季的月季、菊花、唐菖蒲及高档的红掌、百合等,成为国内最大的冬春鲜花集散地。随着采后低温流通和远距离运输业的迅速发展,这些地区的优势更加明显,必然出现大生产、大市场的格局。

(3)花卉产品从价格竞争转向品质竞争　国内花卉产品的种类已十分丰富,新品种上市速度几乎与国际市场同步。随着花卉产量的不断提高,花卉产品的市场竞争越来越激烈,数量和价格的竞争将逐步变为产品质量的竞争,优质优价的概念已被消费者普遍接受。企业间花卉产品质量的个体差异将会越来越小,产品的一致性提高,花卉产品的整体水平将会有一个质的飞跃。

(4)信息网络和市场流通体系初具规模　目前,我国拥有花卉信息网站数百个,加上其他涉及花卉信息的网站,网上可查询到大量的花卉信息,许多花卉基地实现了网上交易。重点花卉产区还依托基地办市场,形成了基地、物流、批发市场、超市连锁、鲜花速递及零售花店互联的流通网络。如昆明的斗南花卉市场、北京的莱太花卉市场、广东的陈村花卉大世界、沈阳的北方花城、大连的鲜花总汇等。

(5)花卉产品进出口贸易更加活跃　近年来,我国花卉产品进出口贸易呈"双升"态势。2011 年全年,我国花卉出口总量约为 5.75 亿 kg,总额约为 2.15 亿美元。其中,出口额位居前五位的国家分别为日本、荷兰、韩国、美国和泰国。日本继续保持我国花卉的最大出口对象国地位,出口产品类别包括鲜切花、鲜切枝叶、盆栽植物、种球、种苗等大类。在我国对外花卉出口数量排前十位的国家中,越南、泰国、马来西亚三国在同比增长率上位居前三,由此也可以看出在东南亚国家经济增长的同时,其对我国花卉产品的需求增长迅速。2011 年,我国花卉进口总量约为 3.25 亿 kg,进口总额为 1.28 亿美元。进口总额排名前五位的国家和地区分别为荷兰、泰国、我国台湾地区、智利和美国。其中,荷兰依然是我国花卉进口的首选地,其进口量及进口额都遥遥领先。

【单元小结】

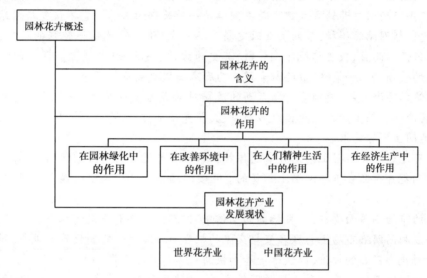

【拓展学习】

如何制订花卉网络营销方案

　　信息市场网络化的浪潮正方兴未艾,企业的生存竞争空间正逐步从传统市场转向市场网络空间市场。以 Internet 为核心支撑的市场网络营销正在发展成为现代市场营销的主流。花卉的营销方式也应从传统的市场营销转向市场网络营销。市场网络营销的产生使市场营销环境产生了深刻的变化,传统的营销组合也被赋予了新的内容,成为独特的市场网络营销策略组合。

　　市场网络营销的兴起,意味着花卉在战略思想、管理理念、运行方式、组织结构等各个方面的革命性变革。正是从这个意义上,市场网络经济对现代花卉的生存与发展,既是一种机遇,也是一种挑战。许多花卉由于长期从事传统型的市场营销,对于新兴的市场网络营销认识不够,或者不知如何开展,仓促上马,效果并不理想。花卉网络营销作为一种新兴的营销手段要做的事情还很多。

　　如果我们将花卉市场网络营销简单地分解为“市场网络销售”和“市场网络经营”两个功能模块,那么前者在今天的国内市场上显然占据着主流地位。中国的市场经济刚刚起步,消费者还保留着相当浓厚的传统消费心态,普遍处在“持有型消费”阶段,信用消费和在线结算还离中国老百姓的现实太远。而国内风险投资体系和各级证券市场也不完善,成为经营者发展过程中最大的症结所在。我国的市场网络营销有 5 个方面的明显进展:市场网络营销理论研究有重大突破;市场网络营销软件有了重要进展;市场网络营销网站有了新的发展;市场网络营销主体地位的确立和成长；市场网络营销中的诚信意识明显增强。

　　花卉市场网络营销面临着一定的环境，包括直接环境和间接环境，开展花卉市场网络营销活动也需要一定的条件。这些环境和条件就是解决问题的理论依据。通过改进市场网络营销的环境和创造更加适合市场网络营销的条件，可以使市场网络营销得以更好地发展，同时还可以解决发展中出现的问题。

　　花卉市场网络营销条件的要求开展花卉市场网络营销活动，需要具备一定的条件。包括信息传播观念，市场网络市场观念和市场网络消费观念。在市场网络营销活动中，生产者和消费者在市场网络的支持下直接构成商品流通循环，其结果是商业的部分作用逐步淡化，消费者参与花卉营销的过程，市场是不确定因素的减少，生产者更容易掌握市场对产品的实际需要。

　　另外，花卉市场网络营销方式建立花卉网站是一项长期的工作。它不仅包括网站创意和网站的开通，更包括网站的维护，如网上及时更新产品目录、价格等试销性较强的信息，以便更好地把握市场行情。而且，较之传统印刷资料，其更为方便、快捷，成本低廉。网站的维护也能集中反映花卉的营销个性和策略，最终都表现为为顾客提供更满意的服务。

　　市场网络的逐渐发展，使消费者与厂商的直接对话成为了可能，消费个性化受到厂商的重视，这使市场网络营销中产品呈现出众多新特色，花卉在制订产品策略时，应从市场网络营销环境出发，满足网上顾客需求。

　　1. 花卉可以通过分析网上的消费者总体特征来确定最适合在网上销售的产品。

　　2. 要明确花卉产品在市场网络上销售的费用要远远低于其他渠道的销售费用，像电脑软件等一些产品。

　　3. 产品的市场涵盖面要广，且目标国的电信业、信息技术要有一定的水平。

　　4. 花卉应利用网络市场上与顾客直接交流的机会为顾客提供定制化产品服务，同时应及时了解消费者对花卉产品的评价，以便改进和加快新产品研究与开发。

　　花卉市场网络营销作为一种全新的营销方式，与传统营销方式相比具有传播范围广、速度快、无时间地域限制、内容详尽、形象生动、双向交流、反馈迅速、无店面租金成本等特点。花卉市场网络营销更为花卉架起了一座通向国际市场的绿色通道。在网上，任何花卉都不受自身规模的绝对限制，都能平等地获取世界各地的信息及平等地展示自己，为中小花卉创造了一个良好的发展空间。花卉市场网络营销同时能使消费者获得比传统营销更大的选择自由，有利于节省消费者的交易时间与交易成本。

　　花卉市场网络营销是适应市场网络技术发展与信息市场网络时代社会变革的新生事物，随着信息时代的到来，人类的生产方式与生活方式将以开放型和市场网络型为导向，这是社会发展的必然结果。21世纪，将是一个全新的、无接触的、市场网络化的市场时代，市场网络蕴藏的市场无限，孕育的商机无限，花卉市场网络营销将是每一个商家的必然选择。

【相关链接】

　　[1] 郭维明.观赏园艺概论[M].北京:中国农业出版社,2001.

　　[2] 曹春英.花卉栽培[M].北京:中国农业大学出版社,2008.

　　[3] 花卉中国:http:www. flowercn. net

　　[4] 花卉论坛:http:www. huahui. cn

【单元测试】

一、名词解释

1. 花卉

2. 园林花卉

二、填空题

1. 园林花卉的作用表现在_____，_____，_____，_____ 4 个方面。

2. 在园林应用中，花卉是_____、_____、_____、_____的重要材料。花卉美丽的色彩和细腻的质感，使其形成细致的景观，常常作前景或近景，形成亮丽的色彩景观。

3. 园艺疗法是指人们从事园艺活动时，在绿色的环境里得到的_____和_____，在清新的空气和浓郁的芳香中增添乐趣，从而达到_____、_____和_____的目的。

三、判断题

1. 园林花卉泛指可供观赏的各类开花植物。 （ ）

2. 大叶黄杨、海桐、紫薇、木槿、桂花、广玉兰、杜鹃、月季、米兰、垂柳等对二氧化碳均有较强的吸附能力。 （ ）

3. 吊兰、虎尾兰、鸭跖草等能吸收甲醛、苯等有害气体。室内垂吊上 1 ~ 2 盆吊兰，24 h 以内就可将火炉、电器、塑料制品等释放出的甲醛、一氧化碳等有害气体吸收干净。 （ ）

4. 仙人掌类植物还具有夜间吸收室内二氧化碳，吐出氧气，使空气中的负离子增加，空气的新鲜度增高的特殊生理功效。 （ ）

四、问答题

1. 我国花卉产业的现状如何？怎样才能使我国成为世界花卉大国？

2. 世界花卉生产发展的趋势如何？

2 园林花卉分类

【学习目标】

知识目标：

1. 了解各类花卉实用分类方法；

2. 掌握依据生物学性状对花卉进行分类的方法；

3. 熟悉依据花卉的其他分类方法。

技能目标：

1. 会依据生物学性状对花卉进行分类；

2. 初步学会花卉其他分类方法。

花卉的种类极多，范围甚广，生态习性也多种多样，栽培应用特征也表现各异。为了便于花卉的栽培管理和科学应用，有必要对花卉进行分类。由于分类的依据不同，而有多种分类方法。下面介绍几种常用的分类方法。

2.1 按植物系统分类

这是植物学上常用的分类方法，它是以植物形态学所反映出的亲缘关系和进化程度为依据，将植物的排列由界（kingdom）、门（phylum）、纲（class）、目（order）、科（family）、属（genus）、种（species）各等级组成的分类单元中的分类方法，是一种自然分类法。其中，种是分类的基本单位，然后集相似的种为属、相似的属为科、相似的科为目，如此一直到纲、门、界，从而形成一个完整的自然分类系统。

"种"是具有一定自然分布区域和一定生理、形态特征的植物类群。"种"下又常因变异细分为"亚种（subspecies）"（变异显著，有一定分布区域）、"变种（varietas, var.）"（变异显著，无一定分布区域）和"变型（forma, f.）"（变异较小的类型）。

在花卉生产应用中，常以"品种（cultivar, cv.）"为主要研究对象。它们是在种（又称原种）的基础上，经过人工选择、培育形成的具有人类需要性状的栽培植物群体，又称栽培品种或园艺品种,是园林、农业、园艺等应用科学的主要研究对象。

植物系统分类法的优点是简单易行,便于查找;分类位置固定,不重复、不交叉。缺点是专业性太强,难以在大众中掌握和普及;有时还与生产实践存在一定差异。

2.2　按生物学性状分类

我国土地辽阔,南北地跨热、温、寒三带,形成的花卉种类繁多,生态习性各异。按植物的生物学性状分类,不受地区和自然环境条件限制。

2.2.1　草本花卉

草本花卉是植物的茎为草质,柔软多汁,木质化程度低,容易折断的花卉。按花卉形态分为6种类型。

1)一、二年生花卉

(1)一年生花卉　它是指个体生长发育在一年内完成其生命周期的花卉。这类花卉在春天播种,当年夏秋季节开花、结果、种子成熟,入冬前植株枯死。如凤仙花、鸡冠花、孔雀草、半支莲、紫茉莉等。

(2)二年生花卉　它是指个体生长发育需跨年度才能完成生命周期的花卉。这类花卉在秋季播种,第二年春季开花、结果、种子成熟,夏季植株死亡。如金鱼草、金盏菊、三色堇、虞美人、桂竹香等。

2)宿根花卉

植株入冬后,地上植物茎、叶干枯,根系在土壤中宿存越冬,第二年春天由根萌芽而生长、发育、开花的花卉。如菊花、芍药、荷兰菊、玉簪、蜀葵、楼斗菜、落新妇等。

3)球根花卉

这一类花卉地下根或地下茎已变态为膨大的根或茎,以其储藏水分、营养度过休眠期的花卉。球根花卉按形态的不同分为5类:

(1)鳞茎类　地下茎膨大呈扁平球状,由许多肥厚鳞片相互抱合而成的花卉。如水仙、风信子、郁金香、百合等。

(2)球茎类　地下茎膨大呈球形,茎内部实质,表面有环状节痕附有侧芽,顶端有肥大的顶芽的花卉。如唐菖蒲、荸荠等。

(3)块茎类　地下茎膨大呈块状,它的外形不规则,表面无环状节痕,块茎顶部分布大小不同发芽点的花卉。如大岩桐、香雪兰、马蹄莲、彩叶芋等。

(4)根茎类　地下茎膨大呈粗长的根状,外形具有分枝,有明显的节间,节间处有腋芽,由节间腋芽萌发而生长的花卉。如美人蕉、鸢尾等。

(5)块根类　地下根膨大呈纺锤体形状,芽着生在根颈处,由此处萌芽而生长的花卉。如大丽花、花毛茛等。

4)多年生常绿花卉

植株枝叶一年四季常绿,无落叶休眠现象,地下根系发达的花卉。这一类花卉在南方作露地多年生栽培,在北方需要温室多年生栽培,也称"温室花卉"。

观花花卉有:蝴蝶兰、大花蕙兰、春兰、剑兰、墨兰、红掌、凤梨、丽格海棠、大花君子兰、杜鹃花、仙客来、鹤望兰、蟹爪莲、金苞花、天竺葵、百子兰、文殊兰等。

观叶植物有:紫背竹芋、天鹅绒竹芋、波浪竹芋、孔雀竹芋、冷水花、吊兰、一叶兰、万年青、文竹、蒲葵、散尾葵、棕竹、巴西木、马拉巴栗、龙血树、富贵竹等。

5)水生花卉

水生花卉是常年生长在水中或沼泽地中的多年生草本花卉。按其生态分为4种:

(1)挺水植物　根生于泥水中,茎、叶挺出水面而生长开花。如荷花、千屈菜等。

(2)浮水植物　根生于泥水中,茎、叶不挺立,叶片浮在水面而生长开花。如睡莲、王莲等。

(3)沉水植物　根生于泥水中,茎、叶沉入水中生长,在水浅时偶有露出水面。如莼菜、里藻等。

(4)漂浮植物　根伸展于水中,叶浮于水面,随水漂浮流动而生长。如浮萍、凤眼莲等。

6)蕨类植物

蕨类植物是指叶丛生状,叶片形状各异,不开花也不结种子,叶片背面着生孢子,而依靠孢子繁殖的花卉。如肾蕨、铁线蕨、鸟巢蕨、鹿角蕨等。

2.2.2　木本花卉

木本花卉是指植物茎木质化,木质部发达,枝干坚硬,难折断的花卉。根据形态分为3类。

1)乔木类

乔木类是指植株高大,有明显的主干,而且分枝较高的木本植物。

(1)常绿乔木　如白兰、柑橘、桂花、棕榈等。

(2)落叶乔木　如白玉兰、梅花、樱花、垂丝海棠等。

2)灌木类

灌木类是指没有明显主干,由根际萌发丛生状枝条的花卉。

(1)落叶灌木　牡丹、月季、蜡梅、枸杞、贴梗海棠等。

(2)常绿灌木　南天竹、十大功劳、茉莉花、红叶小檗等。

3)藤本类

藤本类是通常指茎不能直立的木本植物,需利用自身的缠绕或借助卷须等特殊器官攀援于其他物体上。

（1）常绿藤本　如常春藤、长春油麻藤、络石、薜荔、金银花等。

（2）落叶藤本　如紫藤、地锦、爬山虎、葡萄、猕猴桃等。

2.2.3　多肉、多浆植物

植株茎变态为肥厚能储存水分、营养的掌状、球状及棱柱状；叶变态为针刺状或厚叶状并附有蜡质且能减少水分蒸发的多年生花卉。常见的有仙人掌科的仙人球、昙花、令箭荷花；大戟科的虎刺梅；番杏科的松叶菊；萝摩科的佛手掌；景天科的燕子掌、毛叶景天；龙舌兰科的虎皮兰、酒瓶兰等。

2.3　按观赏特性分类

按花卉可观赏的花、叶、果、茎等器官进行分类。

1）观花类

以观花为主的花卉，欣赏其色、香、姿、韵。如虞美人、菊花、荷花、霞草、飞燕草、晚香玉等。

此分类根据长江中下游的气候特点，从传统的二十四节气的四季划分法出发，依据诸多花卉开花的盛花期进行分类。

（1）春季花卉　指在 2—4 月期间盛开的花卉，如金盏菊、虞美人、郁金香、花毛茛、风信子、水仙等。

（2）夏季花卉　指在 5—7 月期间盛开的花卉，如凤仙花、金鱼草、荷花、火星花、芍药、石竹等。

（3）秋季花卉　指在 8—10 月期间开花的花卉，如一串红、菊花、万寿菊、石蒜、翠菊、大丽花等。

（4）冬季花卉　指在 11—翌年 1 月期间开花的花卉。因冬季严寒，长江中下游地区露地栽培的花卉能冬季花朵开放的种类较少，如山茶、梅花、腊梅等。

2）观叶类

以观叶为主，花卉的叶形奇特，或带彩色条斑，富于变化，具有很高的观赏价值，如龟背竹、花叶芋、彩叶草、蔓绿绒、旱伞草、蕨类等。

3）观果类

植株的果实形态奇特，艳丽悦目，挂果时间长，且果实干净，可供观赏。如五色椒、金银茄、金珊瑚、金橘、佛手、颠茄等。

4）观茎类

这类花卉的茎、分枝常发生变态，表现出婀娜多姿，具有独特的观赏价值。如仙人掌类、竹节蓼、佛肚竹、光棍树等。

5）观芽类

主要观赏其肥大的叶芽或花芽,如结香、银芽柳等。

6）其他类

有些花卉的其他部位或器官具有观赏价值,如马蹄莲观赏其美丽、形态奇特的苞片;热带食虫植物猪笼草叶中脉延长为须,末端膨大成瓶状叶笼。

2.4　按栽培方式分类

1）露地栽培

露地花卉是指在露地播种或在保护地育苗,但主要的生长开花阶段在露地栽培的一类花卉。如一串红、鸡冠花、万寿菊、翠菊、大花萱草、大丽花等。

2）切花栽培

切花是指整枝切取花材而用于插花装饰的花卉材料,包括切花、切叶和切枝。切花生产一般用保护地栽培,生产周期短,见效快,可规模化生产,能周年供应鲜花,是国际花卉生产栽培的主要类型。

3）盆花栽培

盆花栽培是花卉栽植于容器中的生产栽培方式。冬季进行温室栽培生产,夏季遮阳栽培生产。盆花是国内花卉生产栽培的主要类型。

4）促成栽培

为满足花卉观赏的需要,人为运用技术处理,使花卉提前开花的生产栽培方式称为促成栽培。如牡丹的自然花期在4月,要使牡丹提前到春节开花,可采用人工加温的方法,使打破休眠的牡丹在高温下栽培两个月,花期即可提前到春节。

5）抑制栽培

为满足花卉观赏需要,人为运用技术处理,使花卉延迟开花的生产栽培方式称为抑制栽培。如一品红的自然花期是12月至翌年2月,要使一品红在国庆节开花,可提前40～50 d采用遮光处理的方法,"十一"期间一品红就能达到盛花。

6）无土栽培

无土栽培是指运用营养液、水、基质代替土壤栽培的生产方式。在现代化温室内进行规模化生产栽培。如郁金香、风信子、唐菖蒲等花卉已能利用无土栽培技术进行工厂化生产。

2.5　按应用方式分类

1）室内花卉

室内花卉是指具有较强的耐阴能力,适宜在室内较长时间摆放和观赏的花卉。如广东万年青、君子兰、秋海棠、绿萝、文竹、虎尾兰、竹芋等。

2）盆花

盆花主要指观赏盛花期，株丛圆整、开花繁茂、整齐一致的花卉。如长寿花、杜鹃、菊花、一品红等。

3）鲜切花

鲜切花的栽培目的是为剪取花枝供瓶花或其他装饰用。月季、菊花、唐菖蒲、香石竹为四大切花，除此之外，可做切花的还有非洲菊、百合、马蹄莲、丝石竹属、草原龙胆等。

4）花坛花卉

花坛花卉用于花坛布置的花卉，一般要求该花卉花量大、花期集中、色彩鲜明或者具有特殊的叶色。如夏堇、一串红、矮牵牛、雨衣甘蓝等。

5）地被花卉

地被花卉是指低矮、抗性强，有较强的延展性或扩散能力的花卉。如二月兰、白三叶、酢浆草、垂盆草、过路黄等。

6）药用花卉

药用花卉是指具有药用功能的花卉。如芍药、桔梗、麦冬、贝母、百合、石斛等。

7）香料花卉

香料花卉是指可作香料的花卉。如薄荷、晚香玉、香堇、玉簪、香雪兰、玫瑰、桂花、栀子等。

8）食用花卉

食用花卉是指具有食用价值的花卉。如百合、菊花、黄花菜、落葵、藕等。

2.6　按特性相近植物类群分类

1）观赏蕨类

观赏蕨类是指蕨类植物中具有较高观赏价值的一类，主要观赏其独特的株形、叶型。如鸟巢蕨、铁线蕨、鹿角蕨、波士顿蕨、凤尾蕨等。

2）兰科花卉

兰科花卉是指兰科观赏价值高的各种花卉。依生态习性可分为地生兰和附生兰。兰科花卉中著名的有兰属、石斛属、卡特兰属、贝母属、兜兰属、万代兰属等。

3）凤梨科花卉

凤梨科花卉是指凤梨科观赏价值高的各类花卉。如较常见的有果子蔓属、铁兰属、巢凤梨属等。

4）棕榈科花卉

棕榈科植物指观赏价值较高的棕榈科植物。如散尾葵、美丽针葵、袖珍椰子、三药槟榔、夏威夷椰子等。

5) 仙人掌多肉类花卉

仙人掌多肉类花卉是指茎叶特化成肥厚具有发达的储水组织的植物。包括仙人掌科、蕃杏科、景天科、大戟科、萝摩科、龙舌兰科等。

【单元小结】

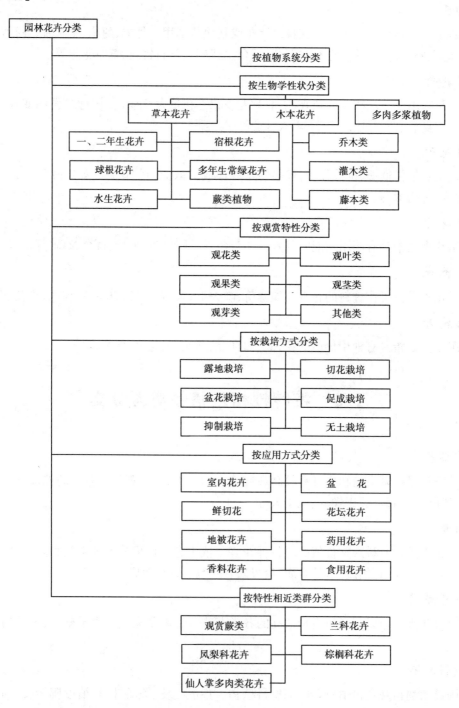

【拓展学习】

按花卉原产地气候特征分类

类别	分布区域	气候特点	花卉举例
中国气候型花卉（大陆东岸气候型花卉）	中国的华北及华东地区、日本、北美洲东部、巴西南部以及大洋洲东南部等地区	冬季寒冷，夏季炎热，年温差较大。其中，中国和日本因受季风气候的影响，夏季雨量较多	温暖型：低纬度地区。主产中国水仙、中国石竹、山茶、杜鹃、百合等花卉。 冷凉型：高纬度地区。主产菊花、芍药、牡丹等花卉
欧洲气候型花卉（大陆西岸气候型花卉）	欧洲大部分、北美洲西海岸中部、南美洲西南角及新西兰南部地区	冬季温暖，夏季温度不高，一般不超过 15～17 ℃。四季雨水均有，但北美洲西海岸地区雨量较少	雏菊、银白草、霞草、勿忘草、紫罗兰、羽衣甘蓝、毛地黄、剪秋罗、铃兰等花卉都属于该类
地中海气候型花卉	地中海沿岸、南非好望角附近、大洋洲东南和西南部、南美洲智利中部、北美洲加利福尼亚等地区	从秋季到第二年的春末是降雨期；夏季属于干燥期，极少降雨。冬季最低温度 6～7 ℃，夏季温度 20～25 ℃	风信子、郁金香、水仙、仙客来、小苍兰、石竹、蒲包花、君子兰、鹤望兰等
墨西哥气候型花卉（热带高原气候型花卉）	热带和亚热带高山地区，包括墨西哥高原、南美洲的安第斯山脉、非洲中部高山地区及中国云南省等地区	全年温度都在 14～17 ℃，温差小，降雨量因地区而异，有些地区雨量充沛均匀，也有些地区降雨集中在夏季	一年生花卉、春植球根花卉及温室花木类花卉。著名的花卉有：百日草、万寿菊、旱金莲、大丽花、球根秋海棠、一品红、云南山茶、月季等
热带气候型花卉	亚洲、非洲、大洋洲、中美洲及南美洲的热带地区	全年高温，温差较小，雨量丰富，但不均匀。分雨季和旱季	亚洲、非洲和大洋洲热带原产的主要花卉有：鸡冠花、彩叶草、蝙蝠蕨、非洲紫罗兰、猪笼草、凤仙花等。中美洲和南美洲热带原产的主要花卉有：紫茉莉、花烛、长春花、大岩桐、胡椒草、美人蕉、牵牛花、秋海棠、卡特兰、朱顶红等

续表

类别	分布区域	气候特点	花卉举例
沙漠气候型花卉	非洲、阿拉伯、黑海东北部、大洋洲中部、墨西哥西北部、秘鲁和阿根廷部分地区及我国海南岛西南部地区	全年降雨量很少,气候干旱	只有多浆植物分布。如仙人掌科植物主要产于墨西哥东部和南美洲东部。芦荟、十二卷、伽蓝菜等主要原产在南非。我国主要产仙人掌、光棍树、龙舌兰、霸王鞭等
寒带气候型花卉	阿拉斯加、西伯利亚、斯堪的纳维亚等地区	冬季寒冷而漫长,夏季凉爽而短促。生存在这样条件中的植物生长期只有2~3个月。植株低矮,生长缓慢,常成垫状	细叶百合、绿绒蒿、龙胆、雪莲等

【相关链接】

［1］刘燕.园林花卉学［M］.北京:中国林业出版社,2003.

［2］赵祥云,侯芳梅,陈沛仁.花卉学［M］.北京:气象出版社,2001.

［3］花卉图片网 http://www.fpcn.net/

［4］花之苑 http://www.cnhua.net/

【单元测试】

一、名词解释

1. 自然分类法

2. 草本花卉

二、填空题

1. 二年生草花是指个体生长发育需跨年度才能完成生命周期的花卉。这类花卉在秋季播种,第二年_____开花、结果、种子成熟,_____植株死亡。如金鱼草、金盏菊、三色堇、虞美人、桂竹香等。

2. 叶丛生状,叶片形状各异,不开花也不结种子,叶片背面着生孢子,而依靠孢子繁殖的花卉是_____。

3. 植株茎变态为肥厚能储存水分、营养的掌状、球状及棱柱状;叶变态为针刺状或厚叶状并附有蜡质且能减少水分蒸发的多年生花卉_____。

三、选择题(单选)

1. 属草本花卉的是( )。

A. 栀子花　　　　B. 腊梅　　　　C. 蝴蝶兰　　　　D. 昙花

2. 属木本花卉的是( )。

A. 栀子花　　　　B. 紫茉莉　　　　C. 蝴蝶兰　　　　D. 龙血树

3．属多肉、多浆植物的是(　　)。

A.栀子花　　　　　B.紫茉莉　　　　　C.蝴蝶兰　　　　　D.令箭荷花

4．属观花类的植物是(　　)。

A.佛肚竹　　　　　B.金珊瑚　　　　　C.晚香玉　　　　　D.蔓绿绒

5．以观叶为主的花卉是(　　)。

A.金鱼草　　　　　B.五色椒　　　　　C.晚香玉　　　　　D.旱伞草

6．以观茎为主的花卉是(　　)。

A.光棍树　　　　　B.金珊瑚　　　　　C.飞燕草　　　　　D.龟背竹

7．以观果实为主的花卉是(　　)。

A.佛肚竹　　　　　B.金珊瑚　　　　　C.晚香玉　　　　　D.蔓绿绒

四、选择题(多选)

1．下列花卉中属草本花卉的是(　　)。

A.多年生常绿花卉　B.水生花卉　　　　C.蕨类植物　　　　D.多肉、多浆植物

2．下列花卉中属一、二年生花卉的是(　　)。

A.金鱼草　　　　　B.虞美人　　　　　C.凤仙花　　　　　D.半支莲

3．下列花卉中属宿根花卉的是(　　)。

A.耧斗菜　　　　　B.唐菖蒲　　　　　C.芍药　　　　　　D.大丽花

4．下列花卉中属球根花卉的是(　　)。

A.大丽花　　　　　B.唐菖蒲　　　　　C.芍药　　　　　　D.马蹄莲

5．下列花卉中属多年生常绿花卉的是(　　)。

A.龙血树　　　　　B.金盏菊　　　　　C.仙客来　　　　　D.冷水花

6．下列花卉中属木本花卉的是(　　)。

A.十大功劳　　　　B.巴西木　　　　　C.变叶木　　　　　D.六月雪

3 园林花卉应用形式

【学习目标】

知识目标：
1. 了解花卉应用中花台、花钵、垂直绿化、混合花坛、专类花园、瓶景、室内园林等设计形式；
2. 熟悉应用形式的标题式花坛、立体造型花坛、吊篮与壁篮、组合立体装饰体、花文化；
3. 掌握花丛、花丛式花坛、模纹式花坛、花境、盆栽单株、组合栽培、插花的花卉应用形式。
技能目标：
1. 能依据室外环境特点选择适宜的花卉应用形式；
2. 能依据室内环境特点选择适宜的花卉装饰形式。

3.1 花卉的园林应用

花卉的园林应用形式主要有花坛、花丛、花境、垂直绿化、吊篮与壁篮、花钵、组合立体装饰体、专类园等应用形式构建空间。其植物选材及空间形式各具特色(图3.1)。

花丛式花坛

组合立体装饰体

立体造型花坛　　　　　　　　垂直绿化

吊 篮　　　　　　　　　　　花 境

壁 篮　　　　　　　　　　　花 钵

图3.1　花卉园林应用实景

1)花坛

花坛是在具有一定几何轮廓的种植床内种植各种色彩艳丽或纹样优美的花卉,构成一幅显示群体美的平面图案画,以体现其色彩美或图案美的园林应用形式。花坛具有规则的外部轮廓,内部植物配置也是规则式的,属于完全规则式的园林应用形式。花坛具有极强的装饰性和观赏性,常布置在广场和道路的中央、两侧或周围等规则式的园林空间中。

花坛因表现主题内容不同,可分为花丛式花坛(盛花花坛)、模纹花坛、标题式花坛、立体造型花坛、混合花坛和花台。

(1)花丛式花坛(盛花花坛)　花丛式花坛表现观花的草本花卉盛开时群体的色彩及优美的图案。根据其平面长和宽的比例不同,又分为花丛花坛(花坛平面长宽之比为1~3倍)和带状花丛花坛(花坛的宽度超过1 m,且长宽之比为3~4倍甚至更多,或称花带)。

花丛式花坛主要由观花的一、二年生花卉和球根花卉组成,开花繁茂的宿根花卉也可以使用。要求花卉的株丛紧密、整齐;开花繁茂,花色鲜明艳丽,花序呈平面开展,开花时见花不见叶,高矮一致;花期长而一致。如一、二年生花卉中的三色堇、万寿菊、雏菊、百日草、金盏菊、翠菊、金鱼草、紫罗兰、一串红、鸡冠花等;多年生花卉中的小菊类、荷兰菊、鸢尾类等。球根花卉中的郁金香、风信子、美人蕉、大丽花的小花品种等都可以用作花丛花坛的布置。

(2)模纹花坛　模纹花坛指选择观叶或花叶兼美的植物所组成的精制的图案纹样。因其纹样及植物材料不同而获得的景观效果不同。毛毡花坛(用低矮的观叶植物组成的装饰图案)的花坛表面修剪平整如地毯。浮雕花坛则通过修剪或配植高度不同的植物材料,形成表面凸凹分明的浮雕纹样效果。

不同种类的花坛中,模纹花坛和立体造型花坛需长时期维持图案纹样的清晰和稳定,因此应选择生长缓慢的多年生植物(草本、木本均可),且以植物低矮、分枝密、发枝强、耐修剪、枝叶细小的种类为宜,植株高度最好低于10 cm。尤其是毛毡花坛,以观赏期长的五色苋类等观叶植物最为理想,花期长的四季秋海棠、凤仙类等也是很好的选材,另外也可以选用株型紧密低矮的景天类(*Swdum spp.*)孔雀草、细叶百日草(*Zinnia lienaris*)等。

(3)标题式花坛　标题式花坛指用植物组成具有明确的主题思想的图案,分为文字花坛、肖像花坛、象征性图案花坛等。一般设置为适宜的斜面角度以便于观赏。

(4)立体造型花坛　立体造型花坛是将枝叶细密的植物材料种植于立体造型骨架上的一种花卉立体装饰形式,常表现为花篮、花瓶、各种动物造型、各种几何造型、建筑或抽象式的立体造型等。常用五色苋、石莲花等耐旱、多肉花卉以及四季秋海棠等枝叶细密且耐修剪的植物种类。

(5)混合花坛　混合花坛指将不同类型的花坛组合(如平面花坛与立体造型花坛结合),以及花坛与水景、雕塑结合而形成的综合花坛景观形式。

(6)花台　花台也称为高设花坛,是将花卉种植在高出地面的台座上形成的花卉景观形式。花台一般面积较小,台座的高度多在40~60 cm,多设于广场、庭院、阶旁、出入口两边、墙下、窗户下等处。

花台按形式可分为自然式与规则式。规则式花台有圆形、椭圆形、正方形、长方形等几何形状,结合布置各种雕塑以强调花台的主题。自然式花台结合环境与地形,常布置于中国传统的自然园林中,形式较为灵活。

花台的植物选择可以根据花台的形状、大小及所处的环境来确定。规则式及组合式花台常种植一些花色鲜艳、株高整齐、花期一致的草本花卉,如鸡冠花、万寿菊、一串红、郁金香、水仙等;也可种植低矮、花期长、开花繁密及花色鲜艳的灌木,如月季、天竺葵等。常绿观叶植物或彩叶植物的配置,如麦冬类、铺地柏、南天竹、金叶女贞等,能维持花台周年具有良好的景观。自然式花台多采用不规则的配置形式,花灌木和宿根花卉最为常用,如兰花、芍药、玉簪、书带草、麦冬、牡丹、南天竹、迎春、梅花、五针松、红枫、山茶、杜鹃以及竹子等,可形成富于变化的视觉效果。

（7）其他花坛形式　花坛依其平面位置不同可分为平面花坛、斜披花坛、高设花坛（花台）及俯视花坛等；因功能不同又可分为观赏花坛（包括纹样花坛、饰物花坛及水景花坛等）、主题花坛、标记花坛（包括标志、标牌及标语等）级基础装饰花坛（包括雕塑、建筑及墙基装饰）等；根据花坛所使用的植物材料不同可将其分为一、二年生花卉花坛，球根花卉花坛、宿根花卉花坛、五色花草坛、常绿灌木花坛及混合式花坛等；根据花坛所用植物观赏期的长短不同还可将其分为永久性花坛、半永久性花坛及季节性花坛。

独立花坛、高台花坛常用株型四面观均美丽的植物作为视觉中心植物，也叫顶子，常以蒲葵（*Livistona chinensis*）、棕竹（*Rpapis excelsa*）、苏铁（*Cycas revolua*）、散尾葵（*Chrysalidocarpus latescens*）等观叶植物作为构图中心。

花坛镶边植物、花缘植物选择具有低矮、株丛紧密，开花繁茂或枝叶茂盛，略匍匐或下垂更佳，保证花坛的整体美，如半支莲、雏菊、三色堇、垂盆草（*Sedym sarmentosum*）、香雪球（*Lobularia maritime*）、银叶菊等。

2）花丛

花丛属自然式花卉配置形式，注重表现植物开花时的色彩或彩叶植物美丽的叶色，是花卉应用最广泛的形式。花丛是指将数目不等、高矮及冠幅大小不同的花卉植株组合成丛，种植在适宜的园林空间的一种自然式花卉种植形式。花丛可大可小，适宜布置于自然式园林环境，也可点缀于建筑周围或广场一角。

花丛的植物材料选择，应以适应性强，栽培管理简单，且能露地越冬的宿根和球根花卉为主，既可观花，也可观叶，或花叶兼备，如芍药、玉簪、萱草、鸢尾、百合等。栽培管理简单的一、二年生花卉或野生花卉也可用作花丛。

花丛内的花卉种类应有主有次，不能太多；在混合种植时，不同花卉种类要高矮有别、疏密有致、富有层次。花丛设计避免大小相等、等距排列、种类太多、配置无序。

3）花境

花境是模拟自然界中林地边缘地带多种野生花卉交错生长的状态，运用艺术手法设计的一种带状自然式的花卉布置，以树丛、林带、绿篱或建筑物作背景，常由几种花卉自然块状混合配植而成，表现花卉自然散布生长的景观。花境的边缘常依环境的变化而变化，可以是自然曲线，也可以是直线。在园林中，不仅增加自然景观，还有分隔空间和组织游览路线的作用。

花境的种植床两边的边缘是平行的直线或是遵循几何轨迹的曲线，花境种植床的边缘通常要求有低矮的镶边植物或边缘石。单面观赏的花境通常为规则式种植，有背景，常用于装饰围墙、绿篱、树墙或篱等。花境内部的植物配置是自然式的斑块式混交，一般20 m左右为一组花丛，可以重复。每组花丛由5～10种花卉组成，每种花卉集中栽植。花境主要表现花卉群丛平面和立面的自然美，是纵向和水平方向交织的视觉效果，平面上的不同种类是块状混交，立面上则高低错落，既表现植物个体的自然美，又表现植物自然组合的群落美。花境内部的植物配置有季相变化，四季（三季）观赏，每季有3～4种花作为主基调开放，形成季相景观。

根据观赏环境与方位不同，花境又可分为单面观赏花境（前低后高）、双面观赏花境（中间高两侧低）、对应式花境（道路两侧左右列式相对应的两个花境，多用拟对称方法）等。依花境所用植物材料特点不同又可分为灌木花境、宿根花卉花境、球根花卉花境、专类植物花境（由一类或一种植物组成的花境)、混合花境(由灌木和耐寒性强的多年生花卉组成)等。其中,混合花境与宿根花卉花境是园林中最常见的花境类型。

4) 垂直绿化

垂直绿化又称立体绿化,就是为了充分利用空间,在墙壁、阳台、窗台、屋顶、棚架等处栽种攀缘植物,以增加绿化覆盖率,改善居住环境。垂直绿化在克服城市绿化面积不足,改善不良环境等方面有独特的作用。

随着工业化及城市化的飞速发展,环境污染日趋严重,城市热岛效应愈加明显,城市生态日益恶化。近二十年来,国内外对改善城市生态环境的共同主张是在城市中大力种植绿色植物,使绿色回归城市。

住是人类的基本生活需要,居住区环境质量的优劣是影响城市环境的重要因素。因此,如何在高密度人居环境中充分合理利用绿地,改善绿化结构,提高总绿量和叶面积总数,是所有园林工作者必须面对的现实问题。针对上述问题,垂直绿化是提高城市绿化覆盖率的重要途径之一。

因为,垂直绿化是利用植物材料沿建筑立面或其他构筑物表面攀附、固定、贴植、垂吊形成垂直面的绿化。垂直绿化不仅占地少、见效快、绿化率高,而且能增加建筑物的艺术效果,使环境更加整洁美观、生动活泼。在城市绿化建设中,精心设计各种垂直绿化小品,如藤廊、拱门、篱笆、棚架、吊篮等,可使整个城市更有立体感,既增强了绿化美化的效果,又增加了人们的活动和休憩空间。

5) 吊篮与壁篮

吊篮是将花卉栽培于容器中悬吊于空中或挂置于墙壁上的应用方式。悬吊装饰不仅节省地面空间,形式灵活,还可形成优美的立体植物景观。其最初流行于北欧,形式多为半球形或球形,是从各个角度展现花材立体美的一种花卉装饰形式。多用金属、塑料或木材等制成网篮,或以玻璃钢、陶土制成花盆式吊篮,广泛应用于门厅、墙壁、街头、广场以及其他空间狭小的地方,因其花卉鲜艳的色彩或观叶植物奇特的悬垂效果成为点缀环境的重要手法。

壁篮是固定于墙面的一种悬吊形式。通常是在一侧平直可固定于墙面的壁盆或壁篮中栽植观叶、观花等各种适于悬吊观赏的花卉,固定于墙面、门扉、门柱等处。用于壁挂装饰的容器要求比较轻巧,通常用木质、金属网、竹器、塑料制品等,造型上可是方形、半球形、半圆形等,固定式要使盆壁和墙壁紧贴,不能前倾,否则既不安全也不美观。

吊篮和壁篮等悬吊式装饰形式,因悬在空中,随风摇曳,须选择轻型容器及栽培基质。为防止土壤外漏并保持水分,金属网篮类的容器需在四周放些苔藓、棕皮或麻袋片铺垫。所用的悬吊用绳应选择耐水湿、坚实耐用又美观大方的塑料绳、麻绳、皮革制绳及金属链。用于悬吊花卉的吊钩必须牢固。

6) 花钵

花钵是传统盆栽花卉的改良形式,是花卉与容器融为一体,具有艺术性与空间雕塑感,是近年来普遍使用的一种花卉装饰手法。花钵的构成材料多样,可分为固定式和移动式两大类。除单层花钵以外,还有复层花钵形式,可通过精心组合与搭配而运用于不同风格的环境中。大型花钵主要采用玻璃钢材质,强度高。外表可以为白色光滑弧面,也可仿铜面、仿大理石面。形状、规格丰富多彩,因需求而异。花钵主要用于公园、广场、街道的美化装饰,丰富常规花坛的造型等。

花钵中栽植直立植物,如直立矮牵牛、百日草、长寿花、凤仙花、丽格海棠、彩叶草等颜色鲜艳的种类,以突出色彩主题。靠外侧宜栽植下垂式植物,使枝条垂蔓而形成立体的效果,也可栽植银叶菊等浅色植物,以衬托中部的色彩。

7) 组合立体装饰体

这种形式包括花球、花柱、花树、花船、花塔等造型组合体。这些组合属于立体花坛,是近年发展起来的一种集材料、工艺与环境艺术为一体的先进装饰手段,故单独列出介绍。组合装饰多以钵床、卡盆等为基本组合单位,结合先进的灌溉系统,进行造型外观效果的设计与栽植组合,装饰手法灵活方便,具有新颖别致的观赏效果,是最能体现设计者的创造力与想象力的一种花卉设计形式。其中,花塔是由从下到上半径递减的圆球形种植槽组合而成,除了底层有底面外,其余各层皆通透,形成立体塔形结构,也可以说是花钵的一种组合变异体。其上部可设计挂钩以便于在圃地栽植完成后整体运输至装饰地点。

花塔种植槽内部空间大,可以装载足够的生长基质,从而保证植物根系获得充足的养分,并减少水分的散失。因此可栽植的植物种类十分广泛,一、二年生花卉,宿根花卉及各种观花、观叶的灌木或垂蔓性植物材料均可。

8) 专类园

专类园是在一定范围内种植同一类观赏植物供游赏、科学研究或科学普及的园地。一些植物变种品种繁多并有特殊的观赏性和生态习性,其观赏期、栽培技术条件比较接近,管理方便,宜集中于一园专门展示,方便游人饱览其精华。

专类园设于植物园、公园内部,或为以公共绿地性质独立设置的以既定主题为内容的花园,即在某一园区以同一类观赏植物进行植物景观设计的园地。目前应用较普遍的各种专类园在植物学上虽然不一定有相近的亲缘关系,然而具有相似的生态习性或形态特征,以及需要特殊栽培条件的花卉基质展示于同一个园中,如水景园、岩石园、蕨类植物专类园、仙人掌及多浆植物专类园、高山植物专类园、药用植物专类园、观赏果蔬专类园、花卉专类园(牡丹园、月季园、鸢尾园、竹园等)等。将植物分类学或栽培学上统一分类单位(如科、属或栽培品种群)的花卉按照它们的生态习性、花期早晚、植株高低以及色彩上的差异等进行种植设计组成在一个园中形成专类花园,常见的有木兰园、棕榈园(同一科)、丁香园、鸢尾园、秋海棠园、山茶园、杜鹃花园(同一属)、牡丹园、菊花园、梅园(同一种的栽培品种)等。根据特定的观赏特点布置的主题花园,有芳香园、彩叶园(彩色植物专类园)、百花园、冬园、观果园(观果植物专类园)、四季花园(以四季开花为主题)等。

3.2 花卉的室内装饰

花卉的室内装饰应用形式已发展为由单独盆栽、组合盆栽、插花、迷你花园、瓶景、箱景、无土水栽、无土粒石栽培、悬吊栽培、绿雕、盆景、艺栽等多种艺术栽培形式(图3.2)。

组合盆栽

插　花

瓶　景

室内园林

图3.2　花卉室内装饰实景

1) 盆栽单株花卉

树冠轮廓清晰或具有特殊株型的室内花卉,可以用于室内花卉和室内空间,以盆栽单株花卉的方式布置美化环境,成为室内空间局部的焦点或分隔空间的主要方式。单株盆栽植物不仅应具有较高的观赏价值,布置时还需考虑植物的体量、色彩和造型,与所装饰的环境空间相适宜。

单株盆栽植物由于常作为空间的焦点,因此对容器的要求较高。目前生产上主要使用各种简易塑料制品的花盆,它们质轻,规格齐全,便于运输,但是直接用室内布置则显不雅。因此,通常在出售前或消费者购买后均将植物定植到各种质地、色彩和造型的装饰用容器中。用于室内花卉布置的装饰性容器种类繁多,有陶器、塑料、木制品、玻璃纤维、藤制品、金属制品或玻璃等,颜色也各不相同;容器的形状多为几何图形,如高低、直径不等的圆形,或长、宽、高不同的方形等。室内植物设计选择容器的原则是首先应选择容器的大小、结构能满足不同植物的生长需要,并根据室内环境的设计风格选择适宜的颜色、质地、造型。容器不应喧宾夺主,而应力求质朴、简洁,并能最大限度地衬托植物并与室内总体景观相和谐。为了便于复壮及更换植物,布置盆栽花卉时常常直接使用栽培容器,但在外面使用装饰性套盆。套盆底部通常不具备排水孔,浇水后多余的水分直接流入套盆,也便于维持土壤水分和增加局部小环境的空气相对湿度,因此对于喜湿植物常特意使用套盆。

2) 组合栽培

单一品种的盆栽由于单调,满足不了室内花卉设计的需求,一种富于变化的盆栽方式——

组合盆栽应运而生。组合栽培是指将一种或多种花卉根据其色彩、株形等特点,经过一定的构图设计,将数株集中栽植于容器中的花卉装饰技艺。可以说组合栽培是特定空间和尺度内的植物配置,也是对传统艺栽的进一步发展。组合栽培不仅可以展现某一种花卉的观赏特点,更能显示不同花卉配置的群体美。不同植物相互配合,可以使其观赏特征互为补充。如用低矮、茂盛的植物遮掩其他种类分枝少、花葶高、下部不饱满的欠缺,也可以花、叶衬或花、果相映,形成一组单株观赏价值更高的微型景观。组合盆栽由于体量不一、形式多样、趣味性强而广受欢迎,不仅可用于馈赠、家居及会场、办公场所等的美化,也广泛应用于橱窗等商业空间的装饰美化。

各种时令性花卉以及用于室内观赏的各种多年生或木本花卉都可以用于组合栽培的设计。根据作品的用途、装饰环境的特点等,应选择合适的植物种类。

3)插花

插花是一种独特的花卉艺术。在我国古代和欧美、日本等国家都有悠久的历史,各国具有不同的风格。插花即指将剪切下来的植物之枝、叶、花、果作为素材,经过一定的技术(修剪、整枝、弯曲等)和艺术(构思、造型设色等)加工,重新配置成一件精致美丽、富有诗情画意、能再现大自然美和生活美的花卉艺术品,故称其为插花艺术。插花主要有东方式插花、西方式插花、现代自由式插花三种风格。

插花的室内应用形式主要有展览馆插花布置,宾馆大堂及房间的插花布置,会议室插花布置,居家的客厅、书房、卧室、厨房、餐桌及墙体的装饰。

4)瓶景

瓶景及箱景是经过艺术构思,在透明、封闭的玻璃瓶或玻璃箱内构筑简单地形,配植喜湿、耐阴的低矮植物,并点缀石子及其他配件,表现田园风光或山野情趣的一种趣味栽培形式。前者为瓶景,后者为箱景,又统称为"瓶中花园"或"袖珍花园"。

瓶景的设计首先应确定所要表现的内容与主题,进而确定其风格与形式,在此前提下选择容器的性状、植物的种类、配件及栽培基质、栽培方式等。封闭式瓶景应选择适宜的瓶器和植物素材,注意瓶器与植物、配件、山石的比例关系以及植物生长的速度等,使构图在一定观赏期内保持均衡统一。在色彩上应综合考虑装饰物及植物素材等各种相关要素的协调性。开口式瓶器栽培则在植物选材及表现形式等方面有着更为广阔的空间,这种瓶器栽培方式也属组合栽培的范畴,同样需要考虑配植在一起的植物习性。瓶景的摆放应注意与室内空间环境协调。

5)室内园林

室内园林是以地栽为主的综合性室内植物景观。因建筑功能以及室内植物景观设计的目的不同,室内植物布置一般可分为以植物造景为主的花园式布置(室内园林)和将植物作为点缀的装饰性布置方式。以植物为主体的设计,其目的在于创造具有显著环境效益及游憩功能的室内绿色空间,绿色植物是室内空间的主导要素。这种形式在建筑设计时即考虑了植物的景观及对环境的需求,主要用于展览温室,有采光条件的宾馆、酒店、购物中心、车站、机场等公共建筑的共享空间。而将室内植物作为点缀的装饰性设计,主要应用于各种面积较小或没有良好的专用采光设施的室内空间,如私有的居住空间、办公室、会议室等。这些建筑空间强调特定的使用功能,植物在室内空间成为柔化僵硬的建筑和家具的线条、点缀和美化环境、营造空间的亲和性与生机的重要元素,也是空间色彩及立体构成的重要内容。

室内园林共享空间通常人流量较大,植物的应用不仅要具有环境效益,而且要提供游人以休息和游憩的功能。因此,这类空间通常面积较大,具有良好的采光条件,植物的应用多以室内花园的形式构筑景观。

共享空间的花卉应用应遵循以人为本的原则,根据实际条件,为人流提供足够的活动和休息空间。综合考虑植物、室内水景、山石及小品、灯光、地面铺装等各种要素,并以植物为主进行景观设计。

室内花园通常采取群植的方式形成大小不等的室内人工群落,有利于栽培管理,并形成局部空气相对湿度较大的小环境以利于植物生长。面积较大的室内共享空间还可以将许多室外园林花卉布置的形式如花坛、花台、花架等进行植物与室内墙壁及柱子的结合等,并结合各种形式的容器栽植,形成平面构图上点、线、面分布合理,竖向空间高低错落,从而构成丰富的室内植物景观。同时,在植物的体量、数量、色彩等方面应主次分明,以获得室内空间构图的多样统一。

3.3   园林花卉的花文化

同世界上所有人一样,中国人也天性爱美,爱花,视花为美,与花媲美。因此视花为美的化身,美好幸福的象征,已成为世界共同的语言。然而,中国人对花的认识和情感并不仅限于此,而是有更为深刻的认识和浓厚的情感。在中国人看来,花是有灵之物。人们赏花,除了赏识它那静态的外部形态美之外,还善于观察欣赏它那动态的生命变化之趣。另外,中国人还认为花是有情之物,不仅娱人感官,更撩人情思,能寄以心曲。中国人对花的这种看法和情感是观花之后由悟性而得来的一种艺术境界,对花产生了更深一层的情感和精神上的寄托。因此,中国人世世代代爱花赏花就是认为花能使人赏心悦目,花能畅神达意,花能陶冶情操。花中蕴含着文化,花中凝聚着中华民族的品德和节气。

3.3.1   中国十大名花

中国花卉文化源远流长,根据人们对花的喜好评选的前十大名花排序如下:

1)桂花——十里飘香

学名:*Osmanthus fragrans*

英名:Sweet Osmanthus

别名:木樨、丹桂、金桂、岩桂、九里香。

科属:木樨科   木犀属

常绿乔木。南方适地栽培,树高可达 10 m 以上;北方多用盆栽,栽培长久其高可达 1.5 ~ 2 m,北方也见栽于露地背风向阳处的耐寒品种。树皮光滑呈灰色。单叶对生,革质光亮,叶形及叶缘因品种而不同,叶形椭圆至椭圆状披针形,叶缘有全缘或具锯齿。花腋生呈聚伞花序,花形小而有浓香,花色因品种而异。有生长势强、枝干粗壮、叶形

图3.3   桂花

较大、叶表粗糙、叶色墨绿、花色橙红的丹桂;有长势中等、叶表光滑、叶缘具锯齿、花呈乳白色的银桂,且花朵茂密、香味甜郁;生长势较强、叶表光滑、叶缘稀疏锯齿或全缘、花呈淡黄色、花朵稀疏、淡香。四季桂除秋季9—10月与上列品种同时开花外,每2~3月还可又开一次(图3.3)。

桂花与其他几种传统名花不同之处是以香取胜。它的花朵细小,而且在叶底深藏,但香气浓郁,十里飘香。在嫦娥奔月的传说中,月宫也有一株砍伐不断的桂花树。可见桂花在人们心中也有圣神的地位。

2）水仙——凌波仙子

学名:*Naricissus tazeta var. chinensis*

英名:Chinese Narsissus

别名:水仙花、雅蒜、金盏银台、中国水仙、天蒜。

科属:石蒜科　水仙属

多年生鳞茎草花。高20~30 cm。叶基生,线形,扁平。花葶抽出叶间,顶端着花3~8朵,呈伞形花序,花冠口部具黄色盏状的副花冠,有"金盏银台"之称。花期1—2月,蒴果胞背开裂(图3.4)。

水仙为秋植球根花卉,早春开花并储藏养分,夏季休眠,性喜温暖湿润气候。水仙花是点缀元旦和春节最重要的冬令时花,其碧叶如带,芳花似杯,幽香沁人肺腑,常用清水养植,被人们称为"凌波仙子"。寒冬腊月,水仙花能在一盆清水、

图3.4　水仙

数粒白石中,展开青翠的叶子,开出素雅芳香的花朵,点缀在室内几案上,给人们带来生气和春意。因此,每逢新春佳节,家家户户都喜欢栽几盆水仙,作为"岁朝清供"的年花。这种风俗在我国许多地方都有,而且由来已久。

3）山茶——花中娇客

学名:*Camellia japonica*

英名:Common Camellia

别名:茶花、华东山茶、川茶花、晚山茶、耐冬、曼陀罗树。

科属:山茶科　山茶属

常绿灌木或小乔木,高可达3~4 m。树干平滑无毛。叶卵形或椭圆形,边缘有细锯齿,革质,表面

图3.5　山茶

亮绿色。花单生成对生于叶腋或枝顶,花瓣近于圆形,变种重瓣花瓣可达50~60片,花的颜色红、白、黄、紫均有。花期因品种不同而不同,从10月—翌年4月都有花开放。蒴果圆形,秋末成熟,但大多数重瓣花不能结果(图3.5)。

山茶是我国著名的花卉。它树形美观、花色鲜艳、品种繁多,可孤植、群植、盆栽。枝叶四季常绿,花期于冬春之间,正值春节前后,故备受人们的珍爱。而且山茶对二氧化硫和硫化氢有较强的抗性,可用于工厂区绿化,起到保护环境、净化空气的作用。

4) 荷花——清丽脱俗

学名:*Nelumbo mucifera*

英名:Hindu Lotus

别名:莲花、芙蕖、水芝、水芙蓉、莲。

科属:睡莲科　莲属

图3.6　荷花

多年生水生草本花卉。地下茎长而肥厚,有长节,叶盾圆形。花期6—9月,单生于花梗顶端,花瓣多数,嵌生在花托穴内,有红、粉红、白、紫等色,或有彩文、镶边。坚果椭圆形,种子卵形。荷花种类很多,分观赏和食用两大类(图3.6)。

荷花生于碧波之中,花开与炎夏之时。叶似碧玉盘,茎似绿翠柱,花如出水芙蓉,清香远溢。花后又托出一盘珍珠般营养丰富的莲子,地下埋着甜脆的藕茎。它全身是宝,既有观赏价值,又有经济效益。古时,荷花是宫廷花园或私人庭院的珍贵花后;在近代园林布置中,荷花被广泛选作水景园的主题之外。无论是绿化水面,还是美化庭院,荷花均能产生较强的风景效果,并且还有净化水质、减少污染、改善环境等功能。

5) 梅花——花中之魁

学名:*Prunus mume*

英名:Mumeplant Japanese Apricot

别名:春梅、红绿梅、干枝梅、酸梅。

科属:蔷薇科　李属

图3.7　梅花

落叶乔木,少有灌木。高可达5～6 m。树冠开展,树皮淡灰色或淡绿色。小枝细长,枝端尖,绿色,无毛。叶宽卵形或卵形,边缘有细锯齿,先端渐尖或尾尖,基部阔楔形,幼时或在沿叶脉处有短柔毛(图3.7)。

梅花不畏严寒、独步早春的精神,历来被用以象征人们刚强的意志和高洁的情操。在漫天飞雪的季节里,唯有梅花冒着严寒,傲然挺立。它给世界带来生机,给春天带来信息,给人们带来希望和鼓舞。

6) 菊花——千姿百态

学名:*Dendranthe mamorifolium*

英名:Florists Chrysanthemum

别名:菊华、秋菊、九华、黄花、帝女花。

科属:菊科　菊属

图3.8　菊花

多年生宿根草本,高30～80 cm,叶互生,卵形,具深裂或浅裂,边缘有缺刻或锯齿。顶生头状花序,四周的舌状花形大而美丽,中部为黄色筒状花,但花冠的颜色变化极大,除蓝色外,呈黄,白,红,橙,紫及各色混杂;花型变化也很大。花期夏秋至寒冬,但以10月为主。果实为瘦果(图3.8)。

菊花是中国人民喜爱的传统名花,有着3 000多年的栽培历史。菊花有其独特的观赏价值,它的花朵有的端雅大方,有的龙飞凤舞,有的洁白赛雪霜,在百花枯萎的秋冬季节,菊花傲霜怒放,它那不畏寒霜欺凌的气节,正是中华民族不屈不挠精神的体现。

7)兰花——王者之香

图3.9 兰花

学名:*Cymbidium spp*

英名:boat orchids

别名:山兰、幽兰、芝兰、兰草、中国兰。

科属:兰科 兰属

为多年生草本。高 20~40 cm,根长筒状。叶自茎部簇生,线状披针形,稍具革质,2~3 片成一束。总状花序,花被 2 轮,肉质状,内轮 3 瓣中,2 瓣向上直立,下方一瓣唇形,向外反卷,上具紫红色斑或无,雄蕊和花柱合生成合蕊柱,花色由黄褐至浅黄,以不具褐色的纯颜色者为贵异。蒴果三角形,种极小(图3.9)。

兰花通常分为中国兰和洋兰,中国兰主要产于亚洲的亚热带,主产于我国长江流域各省山区,西南、华南和台湾各地也有分布;洋兰大多产在热带和亚热带林区。

中国兰花独具阵阵幽香,其素雅的风姿,充分体现了东方特有的风格。它不以艳丽的色彩,而以宜人的幽香,深受中国人民的喜爱,被誉为"国香""香祖""王者之香""天下第一香"等。中国兰栽培已有 1 000 多年的历史,它的花色素雅,超群脱俗,花形奇特,色彩搭配富有一种神奇的美感。人民历来把兰花看作高洁、典雅的化身,与梅、竹、菊并列,合成"四君子"。我国人民常把兰花的坚贞品性作为不畏强暴、矢志不屈的中华民族的象征。

8)杜鹃——繁花似锦

图3.10 杜鹃

学名:*Rhododendron simsii*

英名:Indian Azalea

别名:映山红、山石榴、山踯躅、红踯躅。

科属:杜鹃花科 杜鹃花属

杜鹃花属种类繁多,形态各异。由大乔木(高可达 20 m 以上)至小灌木(高仅 10~20 cm),主干直立或呈匍匐状,枝条互生或轮生(图3.10)。

杜鹃花在我国从北到南都有分布。它具有四季常绿、花繁色艳、萌发力强、寿命长等特点,是一种既可观花,又可赏叶,地栽、盆栽皆宜的花卉。每当春夏之交,无论西南高原还是华南丘陵,不论是高山雪岭或是悬崖峭壁间,都会有各种不同种类和色彩的杜鹃花盛开,它们以火一般的热情倾向大地,给万里河山增添了美丽的色彩。

9)月季——花中皇后

学名:*Rosa chinese*

英名:Chinese Rose

别名:长春花、月月红、四季花、瘦客、胜春、胜花、胜红。

科属:蔷薇科 蔷薇属

落叶灌木。枝干特征因品种而不同。有高达 100~150 cm直立向上的直生型;有高度60~100 cm枝干向外侧生长的扩张型;有高不及30 cm矮生型或匍匐型;还有枝条呈藤状依附它物向上生长的攀缘型。月季的枝干除个别品种光滑无刺外，一般均具皮刺，皮刺的大小、形状疏密因品种而异。叶互生，由3～7枚小叶组成奇数羽状复叶，卵形或长圆形，有锯齿，叶面平滑具光泽，或粗糙无光。花单生或丛生于枝顶，花型及瓣数因品种而有很大差异，色彩丰富，有些品种具淡香或浓香（图3.11）。

图3.11　月季

月季由于其花容秀美、花色艳丽、花香浓郁、四季常开，深受各国人民喜爱。月季在欧洲被称为"花中皇后"，在国际上被公认为是和平美好、幸福吉祥、真诚友谊、团结胜利的象征，故又有"和平使者"的美誉。

10）牡丹——国色天香

学名：*Paeonia suffruticosa*

英名：Tree Peony

别名：花王、木芍药、洛阳花、谷雨花。

科属：毛茛科　芍药属

图3.12　牡丹

多年生落叶灌木，与芍药同科。我国以牡丹为花王，芍药为花相。它高1～2 m，老干可达3 m。叶互生，二回三出羽状复叶。花单瓣至重瓣。一般各种花冠直径15～30 cm。花色有红、粉、黄、白、绿、紫等，花期5月上中旬（图3.12）。

牡丹是我国特有的传统名花。它的品种多，花姿美，花大色艳，雍容华贵，富丽堂皇，号称"国色天香"，被尊为"花中之王"。我国把牡丹作为幸福美好、富贵吉祥和繁荣昌盛的象征。1929年前，牡丹曾多次被誉为"国花"。

3.3.2　常见花卉花语与送花习俗

人们根据花卉的生长特征，人为地赋予它某种特定愿望或思想，作为情感交流的媒介而无声地传递着信息，起着人造语言的作用。人们看到某种花卉就会产生某种情感，或流露出感情上的对某种事物的赞赏、倾慕或渴望，或想象出某种意境，或蕴涵某种寓意，以表达自己的喜怒哀乐，使心灵上获得某种满足、启迪和希望。

了解花语才能借花传情，增进人与人之间的思想沟通，不会送错花，表错情，以致弄巧成拙，产生误会或不快。花语因国度、民族不同其寓意也有所差异，"话虽无言最有情"，鲜花在现代社会交往中已成为表达情感、传递友情、装点环境的高雅礼物而被互相馈赠。鲜花以艳丽夺目的色彩、千姿百态的花形、葱翠浓郁的叶片、秀丽独特的风韵，给人以美的享受、美的熏陶、美的启迪。

1）玫瑰

在古希腊神话中，玫瑰集爱与美于一身，既是美神的化身，又溶进了爱神的血液。可以说，在世界范围内，玫瑰是用来表达爱情的通用语言。每到情人节，玫瑰更是身价倍增，是恋人、情侣之间的宠物。玫瑰其花色及数量不同可表示不同的含义。

　　红色——热情可嘉,也代表热恋,爱心真意,爱火熊熊。将盛开的紫红色花给意中人,意味着一颗炽热的心倾诉着"我爱你"的热恋深情。

　　白色——尊敬与崇高敬意,和谐美好,纯洁友谊。在日本,白玫瑰象征着父爱,是父亲节女儿给父亲的礼物。

　　黄色——道歉,妒忌,爱情半途夭折。有的国家视为爱的开始,父亲节的贺礼。

　　粉色——爱心与特别的关怀,初恋的开始,爱的宣言,铭记在心。含苞欲放的粉玫瑰花蕾象征着少女的青春和美丽,带给人似水柔情的温馨,表示"求爱""初恋"。

　　黑色——独立无二,有个性和创意。

　　蓝紫色——珍贵、珍稀。

　　橙黄——十分爱慕与真心。

　　橙红、珊瑚红——富有青春气息,且很美丽。表示渴望求爱的初恋心情。

　　绿色、白色或带青绿色——纯真、简朴,青春常驻和有赤子之心。

　　复色——矛盾,但兴盛,兴趣较多。

　　三色——博学多才,深情。

　　从数量的角度来看,玫瑰的花语为:

1 朵玫瑰:我的心中只有你	2 朵玫瑰:世界只有我和你
3 朵玫瑰:我想你、我爱你	4 朵玫瑰:至死不渝
5 朵玫瑰:由衷欣赏	6 朵玫瑰:互敬互爱互谅
7 朵玫瑰:我偷偷地爱着你	8 朵玫瑰:感谢你的关怀扶持及鼓励
9 朵玫瑰:长久	10 朵玫瑰:十全十美无懈可击
11 朵玫瑰:一心一意	12 朵玫瑰:心心相印
13 朵玫瑰:友谊长存	14 朵玫瑰:骄傲
15 朵玫瑰:对你感到歉意	16 朵玫瑰:多变不安的爱情
17 朵玫瑰:绝望无可挽回的爱	18 朵玫瑰:真诚与坦白
19 朵玫瑰:忍耐与期待	20 朵玫瑰:赤诚的心
21 朵玫瑰:真诚的爱	22 朵玫瑰:祝你好运
24 朵玫瑰:思念	25 朵玫瑰:祝你幸福
30 朵玫瑰:信是有缘	36 朵玫瑰:浪漫
44 朵玫瑰:致死不渝	48 朵玫瑰:挚爱
50 朵玫瑰:无怨无悔	51 朵玫瑰:我心中只有你
66 朵玫瑰:真爱永不变	99 朵玫瑰:长相厮守
100 朵玫瑰:白头到老	101 朵玫瑰:执著的爱
108 朵玫瑰:求婚	365 朵玫瑰:天天想你
999 朵玫瑰:天长地久	1001 朵玫瑰:直到永远

　　在情人交往中,玫瑰还可与满天星、情人草、勿忘我或绿叶相配,使玫瑰更富生机。玫瑰除用于情人交往外,与其他花卉搭配,还可用于开业、庆典、生日、探望患者、丧葬、节庆、表彰、探亲访友等礼仪。

2）唐菖蒲

唐菖蒲又名剑兰、扁竹莲、十样锦，为世界四大鲜切花之一。表示性格坚强，高雅，长寿，康宁，友谊，用心，执著，福禄，节节高之寓意。其红色表示亲密，黄色表示尊敬。其花序呈穗状，花色繁多，又有步步高升之意，是开业、祝贺、探亲访友、看望患者、祝贺乔迁之喜等常用花卉。

3）香石竹

香石竹别名麝香石竹、康乃馨，是伟大神圣而又慈祥温馨的"母爱花"。寓意真挚、不求代价的母爱，母亲我爱您，和蔼可亲，热情，真情，女性之爱，关爱之情，亲情。被欧洲人喻为"富有永不褪色和永不变迁的爱""穷人的玫瑰""真挚的友情"。香石竹还是"五月生辰花"。它那茎叶上的白粉，象征着母爱般保护着年轻的下一代。

其不同花色品种代表不同含义。

白色——表示春节真挚的友谊，真心的关怀，不讲利害关系。贞洁的爱情，我爱永在、真情、纯洁。放在遗像前寄托对亡灵的哀吊思念之情。

黄色——表示希望进一步发出友谊的光辉。也表示对母亲的感谢之恩。

浅红色——表示内心有热情，但不敢表露。

大红色——表示热心于对方合作，相互沟通，相信你的爱，热烈的爱。红色系常用于祝愿母亲健康长寿。

白心红边——表示赞赏对方节俭朴素，为人随和，平易近人。

粉（粉红）色——热爱、亮丽，我热爱你。祈祝母亲永远美丽年轻。

紫红色——表示喜欢浪漫中带温馨，讨厌奢侈。

复色——表示心情复杂又富有说不出的爱意。

带斑纹——爱的拒绝。

赠送母亲时，集合不同的色彩，香石竹与其他花卉搭配还具有幸福、安康之含义。可送爱人、同事、亲友。

4）菊花

菊花为世界四大鲜切花之一。菊花经历风霜，有顽强的生命力，具有高风亮节、长寿、我爱你、真情之含义。中国几千年文化中寓其为高雅、高傲、孤傲、清静、明朗，傲骨高洁，高尚。欧美、日本等国家则常将白色、黄色菊花用于葬礼。在日本，菊花还是皇室的象征。菊花的颜色多种多样，与其他花卉搭配可用于开心庆典、生日寿辰、葬礼、探视患者等。

黄色——淡淡的爱，脆弱的爱，长寿，丰庆。

白色——中国表示哀挽之意，以白、黄菊花为主的花饰作用于追悼逝者的场合。白色菊花似一轮满月象征团圆。在日本，白菊则是贞洁、诚实的象征。

暗红色——娇媚。

5）百合

百合被誉为世界第五大鲜切花，代表纯洁、高贵、神圣、圣洁、甜美、祥和吉利、团结友好、百年好合、往事如意、白头偕老、万事顺利、庄严、心想事成、祝福、富贵。百合分为麝香百合、东方百合、亚洲百合三大系列，其中，东方百合因多有香味而价位最高。在西方，将白色麝香百合（铁炮百合）视为耶稣基督复活的象征，故又称其为复活节百合，法国等西方国家用其做葬礼用

花。百合与其他花卉相配可用于婚礼、生日寿辰、节庆、探视患者、会议、开业庆典、丧葬、朋友相聚、乔迁之喜等礼仪。

（1）麝香百合（铁炮百合）　甜美、纯洁、心心相印、完美、百年好合。

黄色——虚伪，当女方给男方一束黄百合表示指责对方"虚假""不忠诚"。男方送女方黄百合，则表示"三心二意""虚情假意"。也有的国家将其用于求爱、初恋、快乐、喜庆。

（2）东方系列（香水）　纯洁、婚礼的祝福、富贵。

葵百合（粉色东方百合）——又名火百合，寓意为胜利，荣誉、富贵、喜气洋洋。

山百合（野百合）——庄严，送患者表示"康复"。

（3）亚洲系百合　财富、荣誉、清纯、高雅。

6）非洲菊

非洲菊别名扶郎花，太阳花。寓意为喜欢追求丰富的人生，不怕艰难困苦，有毅力，神秘，兴奋，美人，新娘扶持新郎事业有成，友爱，互助，崇高美，欣欣向荣，忠诚，扶助郎君。其单瓣品种代表着"温馨"，重瓣品种表示"热情可嘉"。扶郎花可与其他花卉搭配用于婚礼、庆典、探视患者等礼仪活动。

7）马蹄莲

象征高洁、清高、友谊、纯洁、永结同心、吉祥如意、圣洁虔诚、清净、少女的贤淑、雄壮之美，希望，气质高雅，生命力强。给人以美好、幸福、喜悦的感觉。彩色马蹄莲寓意爱心、富贵、真情。可用于婚礼、探视患者、生日、葬礼等礼仪。

8）郁金香

表示博爱，善良，名望，爱的表白，荣誉，祝福永恒，慈善，神圣幸福，魅惑，富贵吉祥，带来好运，友情亲密无间，思念，怀旧，多情，是欧美等国用于真挚感情的幸福花、求爱花。用于求爱、拒绝求爱、婚礼、庆典、葬礼等礼仪。

紫色——最爱，不灭的爱。

粉色——美人、爱、幸福。

红色——爱的宣言，喜悦，热爱，我爱你，正式求爱的心声。

黄色——高贵，珍重，财富，恋人之间的道歉，绝望之爱（拒绝求爱）。

白色——失恋，纯情，纯洁。忌送患者，表示早些魂归天国。

双色——美丽的你，喜相逢。

羽毛瓣——情意绵绵。

9）红掌

红掌又名安祖花，火鹤花，红鹤芋。寓意爱心，温馨，同心永恒之爱，心心相印，新婚，祝福，幸运，快乐，热情，热心，热血，高傲潇洒，永远有希望，红火，吉祥，充满喜庆，祥和与希望，活泼可爱，永远充满活力，心情开朗。送情人表示火热的心，大吉大利，有喜事的征兆。赠送3，6，9支，表示三三不尽、六六无穷和长长久久的吉利。可用于庆典、婚礼、生日、节庆等喜庆礼仪。

10）一品红

一品红又叫圣诞花，圣诞红。寓意为普天同庆，共祝新生，祝福您，红的耐久，我心燃烧，圣神之花，智慧，驱妖除魔，征战，胜利。中国民间以盆栽一品红赠送老人，以示老当益壮，返老还童,热忱不灭。一品红在圣诞时节开放,在欧美国家是圣诞节必不可少的花卉,象征基督诞生的喜悦。其花苞鲜红的色彩长时间不褪色,象征永恒的生命。不同品种开出不同色彩的苞片,又有不同的含义。

鲜红色——喜气洋洋,对人热情,胸怀大志,性格外向。

粉红色——祈求温情。

淡黄色——象征稀有而难得的友谊。

11)满天星

满天星又名锥花石竹,霞草。寓意为衷心欢喜,跳跃,动感,福星高照,丰满,清纯,思念,夜的快乐,喜悦,关怀。它与其他花材相配可用于各种礼仪。

配衬丁香——纯洁与喜悦。

配衬玫瑰(月季)——情有独钟。

配衬雏菊——我只想见到你。

配衬兰花(蕙兰、秋石斛、蝴蝶兰、胡姬兰等)——虔诚。

配衬洋水仙——冷酷无情,意指对方爱孤芳自赏。

配衬菊花(金黄色)——坚韧,有耐力征服环境,行为高洁自重。

配衬金色百合——心里的热忱。

配衬马蹄莲——清秀脱俗,不同凡响。

配衬唐菖蒲——大展宏图。

配衬大丽花——感激。

配衬红掌——热情相向。

配衬勿忘我——怀念,友谊长存。

12)勿忘我

勿忘我又名干枝梅,不雕花。由于其花姿花色持久,具有永恒的意味,是"花中情种",寓意爱情,永不变心,繁茂,丰盛,伴侣,友谊万岁,情浓厚意,忠贞不贰,感人至深。

13)鹤望兰

鹤望兰别名天堂鸟,火烈鸟,极乐鸟。寓意幸福,美满,快乐,自由,长寿,多情公子,爱打扮男人,热恋中的情人。与松枝相配象征松鹤延年,健康长寿。

【单元小结】

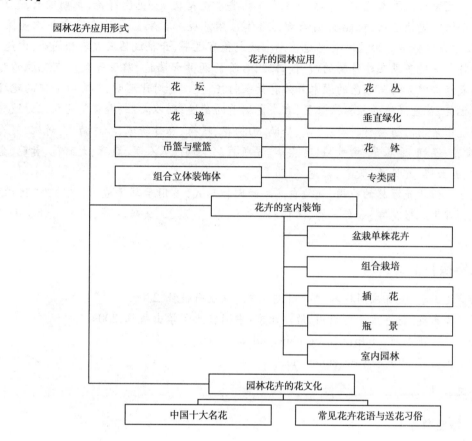

【拓展学习】

花坛、花台、花境、花丛的设计要点与植物选择标准

　　花坛是具有一定几何轮廓的植床内种植颜色、形态、质地不同的花卉,以体现其色彩美或图案美的规则式园林应用形式。花坛根据表现主题的不同分为盛花花坛和模纹花坛,前者图案简单,以色彩美为表现主题,又称花丛式花坛;后者以精细的图案为表现主题,又称图案式花坛、毛毡花坛、镶嵌式花坛。花坛根据布置形式的不同又可分为独立式花坛、组合式花坛和带状花坛。花坛花卉要求植株矮小、株型丰满、花色或叶色鲜艳、花期一致,故常用一、二年生花卉,如一串红、矮牵牛、长春花、夏堇、金盏菊、三色堇和羽叶甘蓝等。

　　花台是在40～100 cm高的空心台座中填土,栽植观赏植物称为花台。它是以观赏植物的体形、花色、芳香及花台造型等综合美为主的。花台的形状各种各样,有几何形体,也有自然形体。一般在上面种植小巧玲珑、造型别致的松、竹、梅、丁香、天竺、铺地柏、枸骨、芍药、牡丹、月季等。在中国古典园林中常采用此种形式。现代公园、花园、工厂、机关、学校、医院、商场等庭院中也常见。还可与假山、坐凳、墙基相结合作为大门旁、窗前、墙基、角隅的装饰,但在花台下面必须设有盲沟以利排水。现代的花台更像小而高的花坛,规则地种植一、二年生花卉,而其种植池已演变为可移动的、外形变化多样的花钵。

　　花境是介于规则式和自然式构图之间的一种长形花带。从平面布置来说,它是规则的,从内部植物栽植来说则是自然的。用多年生的花卉为主进行布置的花境称为花卉花境;用灌木为主布置的花境称为灌木花境。花境中观赏植物要求造型优美,花色鲜艳,花期较长,管理简单,平时不必经常更换植物,就能长期保持其群体自然景观。在配置上既要注意个体植株的自然美,还要考虑整体美。配置时要考虑花期一致或稍有迟早、开花成丛或疏密相间等,方能显示出季节的特色花境多设在建筑物的四周、斜坡、台阶的两旁和墙边、路旁等处。在花境的背后,常用粉墙或修剪整齐的深绿色的灌木作为背景来衬托,使二者对比鲜明,如在红墙前的花境,可选用枝叶优美、花色浅淡的植株来配置;在灰色墙前的花境,则以大红、橙黄花色相配为适宜。

花境中常用的植物材料有:月季、杜鹃、山梅花、蜡梅、麻叶绣球、珍珠梅、夹竹桃、笑靥花、郁李、棣棠花、连翘、迎春花、榆叶梅、飞燕草、波斯菊、金鸡菊、美人蕉、蜀葵、大丽花、黄葵、金鱼草、福禄考、美女樱、蛇目菊、萱草、紫菀、芍药等。

花丛类似于花灌丛的应用,属纯自然式的园林形式,多用于草坪边缘,也称为"岛式"种植。花丛花卉常用球根花卉,如郁金香、水仙、风信子、石蒜、葱兰、文殊兰等,或可用时令一、二年生花卉。

【相关链接】

[1] 沈玉英.花卉应用技术[M].北京:中国农业出版社,2006.

[2] 曹春英.花卉生产与应用[M].北京:中国农业大学出版社,2009.

[3] 中国花卉网　http://www.china~flower.com/

[4] 花之苑 http://www.cuhua.net/

【单元测试】

一、填空题

1. 花坛可分为_____、_____、_____、_____、_____、_____。

2. 盆栽花卉的室内应用形式有_____、_____、_____、_____、_____。

3. 室外环境园林花卉的应用形式有_____、_____、_____、_____、_____、_____、_____、_____。

4. 插花主要有_____、_____、_____三种风格。

二、简答题

1. 你认为室外地栽花卉应用形式最多的是哪三种?

2. 试述花坛、花丛、花境三种应用形式的设计要点。

3. 中国十大名花有哪些?

4 露地花卉

【学习目标】

知识目标：
1. 掌握一、二年生花卉、宿根花卉、球根花卉、水生花卉的概念及其特点；
2. 熟悉一、二年生花卉、宿根花卉、球根花卉、水生花卉常见种；
3. 熟悉常见一、二年生花卉、宿根花卉、球根花卉、水生花卉的识别特征、生态习性、繁殖方法及园林应用。

技能目标：
1. 能应用所掌握的知识识别常见一、二年生花卉、宿根花卉、球根花卉、水生花卉；
2. 能应用专业术语描述一、二年生花卉、宿根花卉、球根花卉、水生花卉形态特征；
3. 能根据生态习性和园林应用的要求科学合理地选择应用一、二年生花卉、宿根花卉、球根花卉、水生花卉。

4.1　一、二年生花卉

4.1.1　概述

一二年生花卉

1）一、二年生花卉的含义及类型

一年生花卉是在当地栽培条件下，春播后当年能完成整个生长发育过程的草本观赏植物。即指其生活周期在一个生长季内完成，经营养生长至开花结实最终死亡的花卉。一年生花卉一般是春季播种，夏秋开花结实，冬季前死亡。

典型的一年生花卉如鸡冠花、百日草、半支莲、翠菊、牵牛花等，整个生活周期在当年完成。但是有些多年生花卉，在园艺上认为有些虽非自然死亡，但为霜害杀死的；经过多年生长不良，观赏效果差的；结实率高，当年播种就能开花的也作一年生花卉，如藿香蓟、矮牵牛、金鱼草、美女樱、紫茉莉等。

一年生花卉多数喜阳光，排水良好而肥沃的土壤。花期可以通过调节播种期、光照处理或

加施生长调节剂进行促控。

二年生花卉是指秋播后次年完成整个生长发育过程的草本观赏植物。即二年生花卉生活周期经两年或两个生长季节才能完成，即播种后第一年仅形成营养器官，次年开花结实而后死亡。一般秋天播种，种子发芽，进行营养生长，第二年夏开花、结实，在炎夏来临时死亡。

典型的二年生花卉是从播种至开花、死亡跨越两个年头，第一年进行大量的生长，并形成储藏器官，第二年开花结实、死亡，如风铃草、毛地黄、美国石竹、紫罗兰等。二年生花卉中有些为多年生但作二年生花卉栽培，主要原因是对栽植地气候不适应，怕热；生长不良或两年后观赏效果差；易结实等，如蜀葵、三色堇、四季报春等。

二年生花卉耐寒力强，有的耐 0 ℃ 以下的低温，但不耐高温。苗期要求短日照，在 0~10 ℃ 低温下通过春化阶段，成长过程则要求长日照，并随即在长日照下开花。

2)一、二年生花卉园林应用特点

一、二年生花卉一般具有色彩艳丽、生长迅速、栽培简易以及价格便宜等特点。这些花卉多由种子繁殖，有繁殖系数大，自播种至开花所需时间短，经营周转快等优点；也有花期短、管理繁、用工多等缺点。一、二年生花卉为花坛主要材料，或在花境中依不同花色成群种植，也可植于窗台花池、门廊栽培箱、吊篮、旱墙、铺装岩石间以及岩石园，还适于盆栽和用作切花、干花。

4.1.2　常见一、二年生花卉识别与应用

1)一串红

别名：墙下红、撒尔维亚、草象牙红、爆竹红、西洋红。

学名：*Salvia splendens*

科属：唇形科　鼠尾草属

【识别特征】多年生草本，作一年生栽培。株高为 30~90 cm，茎四棱，光滑，茎基木质化，茎节常为紫红色。单叶对生，卵形至心脏形，先端渐尖，叶缘有锯齿，有长柄。顶生总状花序，被红色柔毛，有时分枝达 5~8 cm 长；花 2~6 朵轮生。苞片卵形深红色，早落。花萼钟状，红色 2 唇，宿存，与花冠同色；花冠筒状，伸出萼外，先端唇形，花冠鲜红色。小坚果卵形。花期 7—10 月；果期 8—10 月（图 4.1）。

图 4.1　一串红

【分布与习性】原产南美洲，世界各地广泛栽培。

较耐寒，忌霜冻，喜阳，略耐阴，耐干旱，喜疏松肥沃排水良好的土壤。最适生长温度为 20~25 ℃，在 15 ℃ 以下叶黄至脱黄，30 ℃ 以上则花叶变小，温室栽培一般保持在 20 ℃ 左右。

【繁殖方法】以春播育苗为主，也可结合摘顶芽扦插，但以播种较多。种子千粒重 3.73 g。如要使花期提前，应在 3 月初将种子播于温室或温床。播种床内施以少量基肥，将床面整平并浇透水，水渗后播种，覆一层薄土，播种 8~10 d 种子萌发，生长约 100 d 开花。

【常见栽培种】变种有矮一串红，高仅为 20~30 cm，花亮红色，还有白、粉，及丛生一串红等栽培类型。同属常见栽培的花卉有：

（1）一串紫（*var. atropurpura*）　识别要点：全株具长软毛，高 30～50 cm。花小，花冠筒长约 1.2 cm，淡紫、雪青等色。原产南欧。

（2）一串蓝（*S. farinavea*）　别名：粉萼鼠尾草、蓝花鼠尾草。

识别要点：多年生草本，全株被细毛，株高为 60～90 cm，多分枝。轮伞花序，多花密集。花萼矩圆状钟形，花朵浅蓝色或灰白色。

（3）朱唇（*S. coccinea*）　别名：红花鼠尾草。

识别要点：高为 30～60 cm，全株有毛。花筒长约 2.5 cm，深鲜红色，下唇长为上唇的两倍。原产北美南部，适应性强，栽培容易，能自播繁衍。

【园林应用】一串红花色鲜艳，为其他草花所不及，花期长，是布置花坛、花境的优良材料；大片种植或盆栽装饰，气氛热烈，效果极好；也可作岩石园、花坛边缘栽培或作地被植物。

【其他经济用途】一串红全株可入药，生长期皆可采收，鲜用或晒干备用。主要攻效是清热、凉血、消肿。

【花文化】一串红花冠及花萼均为鲜红色，花两两相对，似永结连理。因此，一串红的花语是恋爱的心。

2）鸡冠花

别名：红鸡冠、鸡冠。

学名：*Celosia cristata var. cristata*

科属：苋科　青葙属

图4.2　鸡冠花

【识别特性】一年生草本。株高 25～90 cm，茎直立，粗壮，少分枝，有棱线或沟。叶互生，有柄，长卵形或卵状披针形，宽 2～6 cm，绿色、黄绿、红绿或红色，全缘或有缺刻。先端渐尖。穗状花序顶生，肉质、扁平，顶部边缘波状，具绒质光泽，似鸡冠。花序上部花多退化而密被羽状苞片，中下部集生小花，花被片 5，干膜质。苞片及花被紫红色或黄色。叶与花色常有相关性。胞果，种子多数，黑色具光泽。花、果期 7—11 月（图4.2）。

【分布与习性】原产非洲、美洲热带和印度，世界各地广为栽培。

喜炎热、干燥、不耐寒，喜阳光充足，忌阴湿。要求肥沃疏松的砂壤土。生长迅速，栽培容易。

【繁殖方法】播种繁殖，春播育苗。能自播繁衍。种子千粒重 1.00 g。

【常见栽培种】栽培类型很多。

按株高可分：

矮茎种，高为 20～30 cm；中茎种，40～60 cm；高茎种，60 cm 以上。

按花期分有早花和晚花的种。

按花序形状分球形和扁球形。

按花色有各种黄色、红色、黄红间色或洒金、杂色等。

有两种变型：

（1）圆绒鸡冠（f. *childsii*）　识别要点：高 40～60 cm，具分枝，不开展。肉质花序，卵圆形，表面流苏状或绒羽状，紫红或玫瑰红色，具光泽。

（2）凤尾鸡冠（f. *plumosa*）　别名：芦花鸡冠或扫帚鸡冠。

识别要点:株高 60~150 cm,全株多分枝而开展,各枝端着生疏松的火焰状大花序;表面似芦花状细穗。花色极为丰富,有银白、乳黄、橙红、玫瑰色至暗紫,单或复色(图4.3)。

【园林应用】鸡冠花是夏秋花境、花坛的重要花卉。成片种植或摆设盆花群都十分壮观,还可作切花。矮鸡冠花可盆栽观赏或道路边缘种植。

【其他经济用途】鸡冠花的花序、种子都可入药,为收敛剂,有止血、凉血、止泻功效;茎叶有用作蔬菜的。

【花文化】鸡冠花色彩丰富,夏秋开花,特别是在秋季,万物待眠,而鸡冠花却生机盎然,充满活力。因此,花语是真挚的爱情,永恒的爱。

图4.3　鸡冠花
1. 凤尾鸡冠　2. 鸡冠花
3. 圆绒鸡冠

3)万寿菊

别名:臭芙蓉、蜂窝菊、臭菊、万寿灯。

学名:*Tagetes erecta*

科属:菊科　万寿菊属

【识别特性】一年生草本,株高 20~90 cm。茎粗壮、光滑有细棱、多分枝,绿色或棕褐色;单叶对生或互生,羽状全裂,裂片有锯齿,披针形或长圆形,叶缘背面有油腺点,有强臭味,长 12~15 cm;头状花序顶生,花径 5~8 cm,多为蜂窝状,花柄长,上部膨大中空;花色有亮黄、黄、橘黄、橘红、乳白等色,舌状花有长爪。花期6—10月;瘦果,种子黑色,有白色冠毛,果期7—9月(图4.4)。

图4.4　万寿菊

【分布与特性】原产墨西哥及美洲,现世界各地均有栽培。

喜温暖,也耐早霜。喜阳光充足,抗性强,耐微阴,耐干旱,对土壤要求不严。但在雨季多湿、酷暑下生长不良。生长适温 15~20 ℃,10 ℃以下生长缓慢,30 ℃以上徒长花少。

【繁殖方法】种子繁殖为主,种子千粒重 2.56~3.50 g,也可扦插繁殖。

【常见栽培种】万寿菊园艺品种、杂交种较多。近年来,园林中大多应用矮型、大花、早开的各类优良品种。高型品种在园林中应用较少。

【园林应用】万寿菊适应性强,花大色艳,株型紧凑丰满,园林上常作花坛、花丛、花境栽植,也是盆栽和鲜切花的良好花材。由于在花坛上应用广泛,与一串红、矮牵牛同称为"花坛三大草花"。

【其他经济用途】万寿菊含有丰富的叶黄素。叶黄素是一种广泛存在于蔬菜、花卉、水果与某些藻类生物中的天然色素,它能够延缓老年人因黄斑退化而引起的视力退化和失明症,以及因机体衰老引发的心血管硬化、冠心病和肿瘤疾病。美国从 20 世纪 70 年代起就开始从万寿菊中提取叶黄素,最早是加在鸡饲料里,可以提高鸡蛋的营养价值。叶黄素还可以应用在化妆品、饲料、医药、水产品等行业中。目前国际市场上,1 g 天然叶黄素的价格与 1 g 黄金相当。目前一些地区,把万寿菊作为一种经济作物栽培。

【花文化】万寿菊是一种生命力很强的植物,对土壤要求不严,抗性强。即使是剪下来的带茎鲜花,也依然美丽如昔。因此它的花语为友情长久、健康永驻。

4)孔雀草

别名:红黄草、小万寿菊。

学名:*Tagetes patula*

科属:菊科　万寿菊属

图4.5　孔雀草

【识别特征】一年生草本,株高20~40 cm,茎细长多分枝,略带紫色;头状花序,径3~5 cm,舌状花黄色、橙黄色、黄红色,基部边缘为红褐色,单瓣、重瓣或半重瓣,花期6—10月(图4.5)。

【分布与习性】原产墨西哥。分布于四川、贵州、云南等地,生于海拔750~1 600 m的山坡草地、林中,或庭园栽培。

喜温暖、阳光充足的环境,也可耐半阴,不耐寒,但经得起早霜的侵袭,不耐酷暑。对土壤要求不严。既耐移栽,又生长迅速,栽培管理又很容易。撒落在地上的种子在合适的温、湿度条件中可自生自长,是一种适应性十分强的花卉。

【繁殖方法】播种繁殖。气候暖和的南方可以一年四季播种;在北方则流行春播。栽培管理简易。适当控制水和肥,合理修枝,避免影响开花。

【园林应用】适宜盆栽及布置花坛。耐移植,栽培容易,适应性强。植株易倒伏,是很好的观花地被。

【其他经济用途】全草可入药,夏、秋季采收,鲜用或晒干。性味苦,平。有清热利湿,止咳之功效。用于咳嗽,痢疾,顿咳,牙痛,风火眼痛;外用于疔腮,乳痛。

【花文化】传说:孔雀草原本有一个俗称叫"太阳花"。后来被向日葵"抢去"。它的花朵有日出开花、日落紧闭的习性,而且以向旋光性方式生长。因此它的花语是"晴朗的天气",引申为"爽朗、活泼"。凡是受到这种花祝福而生的人,个性从不拖泥带水!

花语:爽朗、活泼,总是兴高采烈。

5)藿香蓟

别名:胜红蓟、咸虾花。

学名:*Ageratum conyzoides*

科属:菊科　藿香蓟属

图4.6　藿香蓟

【识别特征】一年生草本。高30~60 cm,茎稍带紫色,被白色多节长柔毛,基部多分枝,丛生状,幼茎幼叶及花梗上的毛较密。叶对生,卵形至或菱状卵形,两面被稀疏的白色长柔毛,基部钝、圆形或宽楔形,边缘有钝圆锯齿。头状花序径约0.6 cm,聚伞花序着生枝顶,小花筒状,无舌状花,蓝或粉白。总苞片矩圆形,顶端急尖,外面被稀疏白色多节长毛(图4.6)。

【分布与习性】原产美洲热带,我国广布长江流域以南各地,低山、丘陵及平原普遍生长。

喜温暖、阳光充足的环境,对土壤要求不严。不耐寒,在酷热下生长不良。分枝力强,耐修剪。

【繁殖方法】常以播种和扦插繁殖为主。播种,4月春播。播后2周发芽。扦插,5—6月间剪取顶端嫩枝作插条,插后15 d左右生根,成活率高。种子有自播繁衍能力。

【常见栽培种】同属栽培种有:

心叶藿香蓟(*A. houstonisnum*,*A. mexicanum*)

识别要点:多年生草本,株高 15~25 cm,丛生紧密。叶皱,基部心形。花序较大,蓝色。

【园林应用】藿香蓟花朵繁多,色彩淡雅,株丛有良好的覆盖效果。宜为花丛、花群或小径沿边种植。也是良好的地被植物。

【其他经济用途】全株有臭味,药用,清热解毒,消肿止血。

【花文化】藿香蓟的属名"*Ageratum*"是自希腊语,是"不老的意思",指花常开不败。花语是尊敬、敬爱。

6)翠菊

别名:蓝菊、江西腊、七月菊。

学名:*Callistephus chinensis*

科属:菊科　翠菊属

【识别特征】一年生或二年生草本。株高 20~90 cm,全株疏生短毛。茎直立,上部多分枝。叶互生,卵形至长椭圆形,叶缘有钝锯齿,下部叶有柄,上部叶无柄。头状花序生枝顶,径为 3~15 cm。舌状花一至数轮,花色丰富,有蓝、紫、白、红及浅黄等色;筒状花黄色,端部 5 齿裂,雄蕊 5,药囊结合,柱头 2 裂。总苞片多层,苞片叶状,外层草质,内层膜质。瘦果楔形,浅褐色。春播花期7—10月,秋播花期5—6月(图4.7)。

图4.7　翠菊

【分布与习性】原产中国北部和西南部,朝鲜。生于山坡草丛、水边地。

喜阳,要求夏季凉爽而通风的环境,耐寒性不强,忌酷暑多湿,稍耐阴。喜富含腐殖质而排水良好的砂壤土,浅根性,不宜连作。生长适温为 15~25 ℃,冬季温度不低于 3 ℃。若 0 ℃以下茎叶易受冻害。相反,夏季温度超过 30 ℃,开花延迟或开花不良。长日照植物,对日照反应比较敏感,在每天 15 h 长日照条件下,保持植株矮生,开花可提早。若短日照处理,植株长高,开花推迟。

【繁殖方法】播种繁殖,3—4 月或 9—10 月播种育苗,以春播为好。种子千粒重 1.74 g。

【常见栽培种】品种按株高分有:

高型种:高 50~100 cm,植株强健,生长期长,开花迟,花形、花色多变。

中型种:高 30~50 cm,生长势中等,花形丰富,色彩丰富。矮型种,高 10~30 cm,生长势较弱,易生病害,叶小花多,花小,生长期短。

按花型分有:

舌状花平瓣类有单瓣型、平盘型、菊花型、莲座型、驼羽型;卷瓣类有放射型和星芒型。管状花系桂瓣类有领饰型、托桂、球桂和盘桂型等类型和品种。按花期分有早花、中花、晚花三类品种,早花品种播后一般 75~90 d 开花。

【园林应用】翠菊花色丰富,品种类型繁多,适宜布置花坛、花境。矮型品种宜盆栽或花坛边缘种植;高型品种是良好的切花材料。

【其他经济用途】翠菊花叶均可入药,性甘平,具清热凉血之效。

【花文化】花语是担心你的爱、我的爱比你的深,追想可靠的爱情、请相信我。在德国的占卜之中,有一种算法命法是,一边一片地拔下花瓣,一边口中担忧地念着"爱、不爱",直到整朵花的花瓣被摘完为止。

7) 半支莲

别名:太阳花、草杜鹃、龙须牡丹、洋马齿苋、松叶牡丹。

学名:*Portulaca grandiflora*

科属:马齿苋科　马齿苋属

【识别特征】一年生肉质草本,株高为 10～30 cm。茎下垂或匍匐状斜伸,肉质,节上疏生丝状毛。叶互生,稀疏,肉质圆柱形,长约 2.5 cm,无柄。花一至数朵生于枝端,径 2～4 cm,单瓣或重瓣。有红、橙、黄、白、粉、玫瑰红、复色及斑纹等花色的栽培类型。蒴果球形盖裂,种子细小,银灰色。花、果期 6—9 月(图 4.8)。

图 4.8　半支莲

【分布与习性】原产南美巴西、阿根廷、乌拉圭等地,世界各地广为栽培。

喜光、喜温暖,不耐寒、耐干旱、瘠薄的土壤,但以疏松湿润的砂壤土为宜。在中午阳光下花朵才能盛开,阴天关闭。

【繁殖方法】播种繁殖,宜于春末夏初直播或播种育苗,发芽适温为 25 ℃左右。能自播繁衍。种子千粒重 0.10 g。

【常见栽培种】同属栽培种有阔叶马齿苋(*P. oleracea* var. *granatus*)。

【园林应用】半支莲植株低矮,花色丰富,栽培容易,是岩石园、草坪和花坛镶边的良好材料,又可盆栽摆设花坛,也是层顶绿化的良好材料。

【其他经济用途】全株可入药,主要功效是清热,解毒,散瘀,止血,利尿消肿,定痛。

【花文化】花语是阳光、热烈。

8) 地肤

别名:扫帚草、孔雀松。

学名:*Kochia scoparia*

科属:藜科　地肤属

【识别特征】一年生草本。全株被短柔毛,多分枝,分枝多而细,株形密集呈卵圆至圆球形,高 1～1.5 m,茎基部半木质化。单叶互生,叶线形,细密,草绿色,秋凉变暗红色。花小,不显著,单生或簇生叶腋。花期 9—10 月,无观赏价值(图 4.9)。

图 4.9　地肤

【分布与习性】原产欧亚两洲,我国北方多见野生。

喜阳光,喜温暖,不耐寒,极耐炎热,耐盐碱,耐干旱,耐瘠薄。对土壤要求不严。

【繁殖方法】播种繁殖,常春播。种子千粒重 0.77 g。能自播繁衍。

【常见栽培种】变种:细叶扫帚草(var. *culta* Farwell,*K. trichophylla* Voss)

识别要点:株型较小,叶细软,色嫩绿,秋转红紫色。

【园林应用】宜于坡地草坪自然式栽植,株间勿过密,以显其株型;也可用作花坛中心材料,或成行栽植为短期绿篱之用,成长迅速整齐。

【其他经济用途】幼苗可作蔬菜;果实称"地肤子",为常用中药,能清湿热、利尿,治尿痛、尿急、小便不利及荨麻疹,外用治皮肤癣及阴囊湿疹。北方农家常将老株割下,压扁晒干作扫帚用。

9)凤仙花

别名:指甲花、小桃红、急性子。

学名:*Impatiens balsamina*

科属:凤仙花科　凤仙花属

【识别特征】一年生草本,株高 20~80 cm。茎直立,肥厚多汁,光滑,有分枝,浅绿或晕红褐色,茎色与花色相关。叶互生,长约15 cm,狭至阔披针形,缘有锯齿,叶柄两侧具腺体。花大,单朵或数朵簇生于上部叶腋,两侧对称,或呈总状花序状。花径2.5~5 cm,花色有白、黄、粉、紫、红等色或有斑点。萼片3,特大 1 片膨大,中空、向后弯曲为距,花瓣状。花瓣5,左右对称,侧生 4 片,两两结合,雄蕊5,花丝扁,花柱短,柱头 5 裂。蒴果尖卵形。果实成熟后易开裂,弹出种子。花期6—9月;果期7—10月(图4.10)。

图4.10　凤仙花

【分布与习性】原产中国、印度和马来西亚。我国南北各地久经栽培。

　　喜充足阳光,温暖气候,耐炎热,畏霜冻。对土壤适应性强,喜土层深厚、排水良好,肥沃砂质壤土,在瘠薄土壤上也能生长。生长迅速。凤仙花对氟化氢很敏感,是一种很好的监测植物。

【繁殖方法】种子繁殖,有自播能力。种子千粒重约8.47 g。

【常见栽培种】同属常见栽培品种:

(1)水金凤(*I. noli~tangere*)　识别要点:一年生草本,花大,黄色,喉部常有橙红色斑点,产我国华北、华中一带,生荫蔽湿润处。

(2)大叶凤仙(*I. apalophylla* f.)　识别要点:草本,花大,黄色,4~10 朵排成总状花序,广西、贵州均有野生种(图4.11)。

(3)华凤仙(*I. chinensis*)　识别要点:茎下部平卧,上部直立,花较大,粉红色或白色。

【园林应用】宜栽于花坛、花境,为篱边庭前常栽草花。矮性品种也可进行盆栽。

【其他经济用途】全草及种子入药,有活血散瘀、利尿解毒等功效;种子可榨油。

图4.11　大叶凤仙

【花文化】希腊神话中有关于凤仙花的由来。一天,诸神在仙境深处游乐,当10个珍贵的金苹果被端上宴会厅的时候,竟然少了一个,诸神怀疑是一仙女偷的,不等她辩白,就将她逐出仙境。仙女满腹委屈流浪到人间,这时的她已经筋疲力尽,临死前她许下心愿,希望冤屈能被澄清,她死后变成凤仙花,每当凤仙花果实成熟了,只要轻轻一碰,果实马上迸裂开,仿佛迫不及待地要人看清她的“肺腑”,知道她是清白的,所以人们就叫她“急性子”或“勿碰我”。凤仙花的花语是性急,无耐心。

10）美女樱

别名:铺地草、美人樱、四季绣球。

学名:*Verbena hybrida*

科属:马鞭草科   马鞭草属

【识别特征】多年生草本,植株宽广,丛生而铺覆地面,株高为30～50 cm。茎四棱,多分枝,全株具灰色柔毛。叶对生,长圆或披针状三角形,有柄,边缘具缺刻或粗齿,或近基部稍分裂;穗状花序顶生、开花时似伞房状。花小而密集,苞片近披针形。花萼细长筒形,先端5齿裂;花冠管状,长约为萼筒的2倍,先端5裂,裂片端凹入。雄蕊4;内藏于花冠管的中部。花色有紫、粉、蓝、白、红等,还有复色类型。蒴果。花期6—9月,果期9—10月(图4.12)。

图4.12 美女樱

【分布与习性】本种为 *V. peruviana* 与其他种的种间杂种。原产南美巴西、秘鲁及乌拉圭等地。

喜温暖,能耐炎热,不耐严寒,变不耐干旱。要求疏松、湿润肥沃、排水良好的土壤。

【繁殖方法】扦插、分株,也可秋播。扦插繁殖在4—9月进行,极易生根。生长期可以利用茎基已生根的茎段于阴雨天分栽。种子细小,发芽率低,发芽缓慢,18 ℃时约21 d才发芽。播种育苗管理要精细,播苗当年开花。种子千粒重2.5 g。

【常见栽培种】变种有:白心种,花冠喉部白色;斑纹种,花冠边缘有斑纹;大花种,矮生种,株高为20～30 cm。同属栽培种有:

（1）加拿大美女樱（*V. canadensis*） 识别要点:多年生,其矮生变种一年生花卉栽培。高20～50 cm,茎上升而多分枝。叶卵形至卵状长圆形,基部截形或阔楔形,常具3深裂。花色有粉、红、紫或白色。原产美国的西南部。

（2）红叶美女樱（*V. rigida*） 识别要点:多年生,高30～60 cm,直立,叶片狭长圆形,具锐齿缘,基部楔形。穗状花序密集,花略紫色。还有白色及蓝色变种,播种当年即可开花。原产巴西、阿根廷等地。

（3）细叶美女樱（*V. tenera*） 识别要点:多年生,基部木质化。茎丛生,倾卧状,高20～40 cm。叶二回深裂或全裂,裂片狭线形。穗状花序,花蓝紫色。原产巴西。

【园林应用】美女樱茎叶平卧,花繁而美丽,花色丰富,花期长,是花坛、花境的好材料,也可用作地被植物,矮生变种适宜盆栽观赏。

【其他经济用途】全草可入药,具清热凉血的功效。

【花文化】美女樱的花冠中央有明显的白色或浅色的圆形点,它的茎铺地生长,花开似锦,花期长。花语是家庭和睦。

11）大花牵牛

别名:裂叶牵牛、喇叭花。

学名:*Pharbtis nil*

科属:旋花科   牵牛属

【识别特征】一年生缠绕性藤本。全株具粗毛。叶互叶,阔卵状心形,常呈3裂,中间裂片特大,两侧裂片有时又浅裂,常具白绿色条斑,长10～15 cm,叶柄长。聚伞花序腋生,花大,呈漏斗状喇叭形,萼片狭长,总梗短于叶柄。花冠直径达 15 cm,有不同颜色斑驳、镶嵌,或边缘有不同颜色。单或重瓣。花色有白、粉、玫红、紫、蓝、复色等。种子黑色,扁三角形。花期夏秋(图4.13)。

图4.13　大花牵牛

【分布与习性】原产亚洲热带及亚热带,各地广为栽培。

性健壮,喜阳光,喜温暖湿润气候,稍耐半阴及干旱瘠薄土壤。短日照植物。

【繁殖方法】播种繁殖。种子千粒重 43.48 g。3—5 月播种,宜采用点播法,播后 3 ~ 11 d 出苗。若要移植需带土球,以免伤根。

【常见栽培种】同属常见栽培种:

(1)牵牛花(*P. hederacea*)　别名:裂叶牵牛。

识别要点:叶 3 裂,3 裂片大小相当,裂深至叶片中部,长约 6 cm;花 1 ~ 3 朵腋生;无梗或具短总梗;花冠长 6 cm,径约 5 cm。花色先蓝紫后变紫红。萼片线形,长至少为花冠筒之半,并向外开展。原产南美(图4.14)。

(2)圆叶牵牛(*P. purpurea*)　识别要点:叶广卵形,全缘。花小,白、红、蓝等色,花冠长 5 cm,径约 5 cm,1 ~ 5 朵腋生,总梗与叶柄等长,萼片短。原产美洲,我国南北均有栽培(图4.15)。

图4.14　裂叶牵牛

图4.15　圆叶牵牛

【园林应用】大花牵牛为夏秋常见的蔓性草花,花朵朝开夕落,宜植于游人早晨活动之处,也可用于垂直绿化材料,用以攀援棚架,覆盖墙垣、篱笆;或用作地被,还可盆栽。

【其他经济用途】花籽可入药。

【花文化】牵牛花花语是爱情、冷静、虚幻。

12)茑萝

别名:游龙草、羽叶茑萝、锦屏封。

学名:*Quamoclit pennata*

科属:旋花科　茑萝属

【识别特征】一年生缠绕草本。茎细长光滑,高达 6 m。叶互生,羽状全裂,裂片线形、整齐,长 4 ~ 7 cm。聚伞花序腋生,着花一至数朵,高出叶面。萼片 5;花径为 1.5 ~ 2 cm,花冠高脚碟

状,鲜红色,呈五角星形,筒部细长,雄蕊5,外伸。蒴果卵圆形,种子
黑色。花期8—10月,果期9—11月(图4.16)。

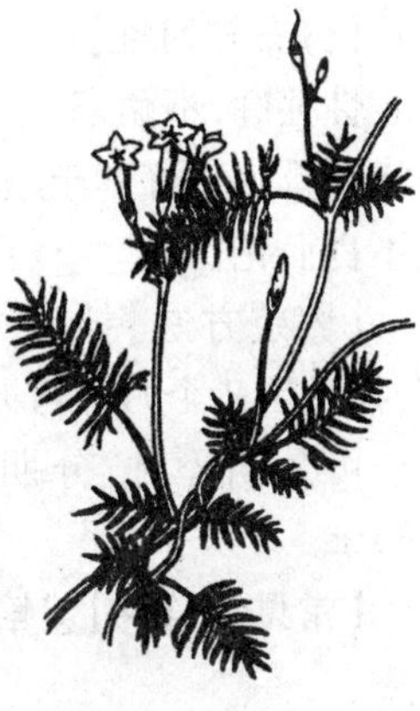

【分布与习性】原产美洲热带,全球广为栽培。

喜温暖、喜光。不耐寒,对土壤要求不严,直根性,幼苗柔弱,须根
少,不耐移植。

【繁殖方法】播种繁殖,春末夏初直接穴播。每穴播种3～5粒。
能自播繁衍。种子千粒重14.81 g。

【常见栽培种】有花纯白、粉白色等栽培类型。

同属常见栽培种:

(1)圆叶茑萝(*Q. coccinea*)　识别要点:蔓长达3～4 m,多分枝而
较茑萝繁密。叶卵圆状心形,全缘,有时在下部有浅齿或角裂。聚伞
花序腋生,较上种多,花橙红色,漏斗形,花径为1.0～1.8 cm。原产南美(图4.17)。

图4.16　茑萝

(2)槭叶茑萝(*Q. sloteri*)　别名:掌叶茑萝。

识别要点:为羽叶茑萝与圆叶茑萝的杂交种。叶宽卵形,呈5～7掌状裂,裂片长而锐尖。
花红色至深红色,花径为2～2.5 cm(图4.18)。

图4.17　圆叶茑萝 　　　　　图4.18　槭叶茑萝

【园林应用】茑萝叶纤细、翠绿,缀以鲜红色的小花,十分别致,是美化棚架、篱垣的优良材
料,还可以盆栽造型观赏。

【其他经济用途】茑萝全株均可入药,有清热解毒消肿的作用。对治疗发热感冒、痈疮肿毒
有一定的效果。

【花文化】《诗经》云:“茑为女萝,施于松柏”,意喻兄弟亲戚相互依附。

13)百日草

别名:百日菊、步步高、鱼尾菊。

学名:*Zinnia elegans*

科属:菊科　百日草属

【识别特征】一年生草本。株高为50～90 cm,茎直立粗壮,全株被毛。叶对生,全缘,长4～
15 cm,卵形至长椭圆形,基部抱茎。头状花序单生顶端,具长梗,径为6～10 cm,舌状花一至多
轮,呈紫、红、黄、白等色,结实;筒状花黄色和橙黄色,边缘5裂,结实。总苞片瓦状,瘦果扁平。
花期6—9月,果期7—10月(图4.19)。

【**分布与习性**】原产墨西哥,我国普遍栽培。

性强健,不耐寒;喜温暖,喜光,忌暑热;耐半阴,较耐旱。要求肥沃而排水良好的土壤,土壤瘠薄过于干旱,花朵则显著减少,花色不良而花径小。

【**繁殖方法**】播种繁殖,春播育苗,种子在 10 ℃以上易于发芽,播种后 2 个月即可开花,因盛夏时长势衰退,茎叶杂乱,开花不良。可分期播种,分期定植,延长观赏期。种子千粒重 4.67 ~ 9.35 g。

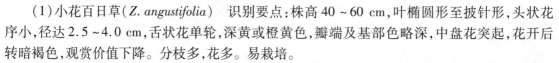

图 4.19　百日草

【**常见栽培种**】栽培类型有大花重瓣型,花径在 12 cm 以上,极重瓣;

纽扣型,花径仅为 2 ~ 3 cm,圆球形,极重瓣;

鸵鸟型,花瓣带状而扭旋;大丽花型,花瓣先端卷曲;

斑纹型,花具不规划的复色条纹或斑点;

低矮型,高仅为 15 ~ 40 cm。

同属常见栽培种:

(1)小花百日草(*Z. angustifolia*)　识别要点:株高 40 ~ 60 cm,叶椭圆形至披针形,头状花序小,径达 2.5 ~ 4.0 cm,舌状花单轮,深黄或橙黄色,瓣端及基部色略深,中盘花突起,花开后转暗褐色,观赏价值下降。分枝多,花多。易栽培。

(2)细叶百日草(*Z. linearis*)　识别要点:株高 25 ~ 40 cm,多分枝,叶线状披针形,头状花序金黄色,舌状花单轮,深黄色,边缘橙黄,中盘花不高起,也为黄色。径 4 ~ 5 cm。分枝多,花多。

【**园林应用**】百日草花从初夏至降霜为止持续开放,是夏秋花境、丛植、列植的重要花卉。矮茎种宜布置花坛或盆株观赏,也可用作切花。

【**其他经济用途**】全株可入药,主要功效是清热,利湿,解毒。主治湿热痢疾。

【**花文化**】百日草的花语是怀念远方的朋友。它的花从 6—9 月开花不断,能开百日之久,象征友谊地久天长。百日草第一朵花开在顶端,然后侧枝顶端开花比第一朵开得更高,所以又得名"步步高"。

14)蛇目菊

别名:小波斯菊、金钱菊、孔雀菊。

学名:*Coreopsis tinctoria*

科属:菊科　金鸡菊属

【**识别特征**】一、二年草本植物,基光滑,上部多分枝,株高 60 ~ 80 cm。叶对生,基部生叶 2 ~ 3 回羽状深裂,裂片呈披针形,上部叶片无叶柄而有翅,基部叶片有长柄。头状花序着生在纤细的枝条顶部,有总梗,常数个花序组成聚伞花丛,花序直径 2 ~ 4 cm。舌状花单轮,花瓣 6 ~ 8 枚,黄色,基部或中下部红褐色,管状花紫褐色。总苞片 2 层,内层长于外层。瘦果纺锤形,千粒重 0.25 g,种子寿命 3 ~ 4 年。花期 6—8 月(图 4.20)。

图 4.20　**蛇目菊**

【**分布与习性**】原产美国中西部地区,中国部分地区广为栽培,广东沿海岛屿有分布。

喜阳光充足,耐寒力强,耐干旱,耐瘠薄,不择土壤,肥沃土壤易徒长倒伏。凉爽季节生长较佳。

【繁殖方法】种子繁殖。春秋均可播种。3—4月播种,在5—6月开花。6月播种,9月开花,秋播于9月先播入露地,分苗移栽1次,移栽时要带土团10月下旬囤入冷床保护越冬,来年春季开花。

【常见栽培种】金鸡菊(*C. drummondii*)

别名:小金鸡菊

识别要点:一年生草本,高30~60 cm,茎多分枝,疏生柔毛。叶1~2回羽状裂,裂片卵圆或长圆形,上部者有时呈线性。花似蛇目菊而略大,总苞片外层近等长,舌状花冠黄色仅基部一小部分为褐紫色。原产美国南部。

【园林应用】宜作花坛、路边等整形布置,如选用矮生品种效果更好。因蛇目菊单株花期较短,每批植株仅能供短期观赏,故最适于坡地、草坪四周等较大面积的自然式地被栽植。可利用其旺盛的自播能力,因种子成熟先后不一而自播苗生长期参差,因而自春至秋开花不绝。用于花境丛植及切花也很适宜。

【其他经济用途】全草入药,味甘,性平。有清热解毒、化湿的功能,用于急、慢性痢疾,目赤肿痛、湿热痢、痢疾等,因此也称作痢疾草。

【花文化】蛇目菊的话语是恳切的喜悦、灿烂的人生。

蛇目菊又是狮子座的星座花,它的花语是爱慕、高傲、悲伤、不凡。

15)硫华菊

别名:硫磺菊、黄秋英、黄波斯菊、黄芙蓉。

学名:*Cosmos sulphureus*

科属:菊科 秋英属

【识别特征】一年生草本植物,多分枝。叶对生,二回羽状深裂,短尖,叶缘粗糙。头状花序着生于枝顶。舌状花,至橙黄连续变化,盘心管状花呈黄色至褐红色。瘦长喙,棕褐色。春播花期6—8月,夏播花期9—10

【分布与习性】原产于墨西哥,在海拔1 600 m以下地区自然生长。

图4.21 硫华菊

喜温暖,不耐寒,忌酷热。喜光,耐干旱瘠薄,喜排水良好的沙质土壤。忌大风,宜种背风处。

【繁殖方法】常用播种和扦插繁殖。4月春播,播后8~10 d发芽,发芽快而整齐。扦插,初夏用嫩枝作插条,插后15~20 d可生根。

【常见栽培种】(1)阳光系列 识别要点:矮生,高约30 cm,株形紧密、整齐度佳。株高15~20 cm即开始开花,半重瓣,非常多花。耐热性强,台湾一年四季皆可栽培。适合花坛、盆钵栽植。花色有阳金——浓金黄色、阳橙——鲜橙色、阳红——绯红橙色。

(2)光辉系列 识别要点:极矮生、极早生种,播后约50 d,株高15 cm左右即开始开花,侧芽也陆续长出。株形紧密,分枝性佳,多花性,半重瓣,花径约5 cm,花开不断,观赏期长。花色有绯红橙色、鲜橙色、混合色等。

(3)亮光系列 识别要点:高约75 cm,鲜黄、鲜橙、金黄、橙黄各色混合。生长强健,株形茂盛,适合花坛背景栽植、野地美化用。

【园林应用】硫华菊花大、色艳,但株形不很整齐,最宜多株丛植或片植。也可利用其能自播繁衍的特点,与其他多年生花卉一起,用于花境栽植,或草坪及林缘的自然式配植。植株低矮紧凑,花头较密的矮种,可用于花坛布置及作切花之用。

【花文化】硫华菊的花语是野性美。

16)福禄考

别名:草夹竹桃、洋梅花、桔梗石竹。

学名:*Phlox drummondii*

科属:花葱科　福禄考属

【识别特征】株高 15 ~ 40 cm,茎直立,多分枝,全株被腺毛。单叶,披针形,下部叶对生,上部叶互生。聚伞花序着生枝顶,花冠高肢碟状,5 裂,花色为玫红、桃红、大红、白及间色等。蒴果近圆形,种子背面隆起,腹面平胆。花期 4—6 月(图 4.22)。

【分布与习性】原产美洲北部,现各国广泛栽培。

图 4.22　福禄考

喜阳光充足、夏季凉爽的气候,略耐寒,不耐旱。要求土质疏松、湿润的壤土。

【繁殖方法】播种繁殖。千粒重 1.55 g。8—9 月播,10 d 后出苗,小苗具 3 ~ 4 枚叶片时移植。生长期追肥 2 ~ 3 次。第一批花后进行摘心,促使萌发新芽,会再度开花。

【常见栽培种】福禄考有矮生种(var. *nana*)、大花种(var. *gigantea*)。变种有星花福禄考(var. *stellaris*)、圆花福禄考(var. *rotundata*)。

【园林应用】常作夏季花坛、花境布置,也可点缀岩石园,还可作春秋球根花坛的"衬底"植物。

【花文化】花语是福禄吉祥、美丽大方。

17)夏堇

别名:蓝猪耳、蝴蝶草、花公草。

学名:*Torenia fournieri*

科属:玄参科　蓝猪耳属

【识别特征】一年生草本。株高 30 ~ 50 cm。茎光滑多分枝,四棱形,基部略倾卧,株形整齐而紧密。叶对生,端部短尾状,基部心形,叶缘有细锯齿。花着生于上部叶腋或呈总状花序;花唇形,淡青色,下唇边缘堇蓝色,中央具黄斑;萼筒状膨大,有宽翅,花形似金鱼草。花期 6—10 月(图 4.23)。

【分布与习性】原产亚洲热带、亚热带地区。

图 4.23　夏堇

喜高温、耐炎热。喜光、耐半阴,对土壤要求不严。生长强健,需肥量不大,在阳光充足、适度肥沃湿润的土壤上开花繁茂。

【繁殖方法】播种繁殖,一般春季播种。种子千粒重 1.74 g。

【园林应用】夏堇花期长,耐炎热,为夏季少花时的优良花卉,特别适合花坛、阳台、花台等用。适宜应用于半阴处的小面积地被植物,是盆栽和花坛美化的适宜材料。

【其他经济用途】可药用,主要功效是清热解毒,利湿,止咳,和胃止呕,化瘀。

【花文化】花语是思念,但有些感到迷茫。

18)醉蝶花

别名:西洋白花菜、紫龙须、凤蝶草。

学名:*Cleome spinosa*

科属:白花菜科　醉蝶花属

图4.24　醉蝶花

【识别特征】一年生草本,高90～120 cm,有强烈臭味和黏质腺毛。掌状复叶;小叶5～7枚,矩圆状披针形,长4～10 cm,宽1～2 cm,先端急尖,基部楔形,全缘,两面有腺毛;叶柄有腺毛;托叶变成小钩刺。总状花序顶生,稍有腺毛;苞片单生,几无柄;萼片条状披针形,向外反折;花瓣玫瑰紫色或白色,倒卵形,有长爪;雄蕊6,蓝紫色,伸出花瓣之外。蒴果圆柱形,长5～6 cm,具纵纹;种子近平滑。花期7—9月(图4.24)。

【分布与习性】原产南美,我国各大城市均有栽培。

适应性强,喜高温,较耐暑热,不耐寒,忌寒冷,生长适温20～32 ℃;喜阳光充足地,半遮阴地亦能生长良好。对土壤要求不苛刻,沙壤土或带黏重的土壤或碱性土生长不良,喜湿润土壤,亦较能耐干旱,忌积水。

【繁殖方法】播种繁殖,种子千粒重1.7～2.2 g。于夏末秋初,陆续成熟,可分期采集,种子细小,采收阴干后,袋置室内阴凉处或冰箱内储藏。早熟的种子,可以随采随播,秋末冬初观花。一般将种子储藏越冬,至翌年早春播种。

【园林应用】醉蝶花的花瓣轻盈飘逸,盛开时似蝴蝶飞舞,颇为有趣,可在夏秋季节布置花坛、花境,也可进行矮化栽培,将其作为盆栽观赏。在园林应用中,可根据其能耐半阴的特性,种在林下或建筑阴面观赏。醉蝶花对二氧化硫、氯气均有良好的抗性,能吸收甲醛,是非常优良的抗污花卉,在污染较重的工厂矿山也能很好地生长。

【其他经济用途】醉蝶花是一种极好的蜜源植物,可以提取优质的精油。

全株入药,辛、涩、平,有小毒,祛风散寒,杀虫止痒。果实入药,民间试用于肝癌。

【花文化】醉蝶花的奇特之处在于花序上的花蕾由内而外次第开放,而且花色先淡白转为淡红,最后呈现粉白色,似翩翩起舞的蝴蝶,非常美丽。花在傍晚开放,第二天白天就凋谢,此花可谓是夏夜之花,短暂的生命给人虚幻无常的感觉,所以花语是神秘。

19)金盏菊

别名:金盏花、黄金盏、长春菊、长生菊。

学名:*Calendula officinalis*

科属:菊科　金盏菊属

【识别特征】一、二年生草本。株高30～60 cm,全株有白色糙毛,多分枝。叶互生,矩圆形至矩圆状卵形,全缘或有不明显锯齿。基生叶有柄,茎生叶基部抱茎。头状花序顶生,圆盘形,径为4～10 cm,舌状花平展,黄色或桔红色,结实;筒状花黄色,不结实。总苞1～2轮,苞片线状披针形。瘦果弯曲。花期3—6月,果期5—7月(图4.25)。

【分布与习性】原产地中海和中欧、加那利群岛至伊朗一带。

喜阳光,能耐－10 ℃的低温,较耐寒,喜冬季温暖,夏季凉爽;忌炎热、干燥的气候,对土壤及环境条件要求不严,但种在疏松肥沃的土壤和日照充足的地方,生长、开花更好。

【繁殖方法】播种繁殖,秋播育苗为主,也可春播。种子千粒重8.3 g。能自行繁殖。生长期间应控制水、肥管理,使植株低矮、整齐。

【常见栽培种】主要品种有:

(1)邦·邦(BonBon)　株高30 cm,花朵紧凑,花径5~7 cm,花色有黄、杏黄、橙等。

(2)吉坦纳节日(FiestaGitana)　株高25~30 cm,早花种,花重瓣,花径5 cm,花色有黄、橙和双色等。

(3)卡布劳纳(Kablouna)系列　株高50 cm,大花种,花色有金

图4.25　金盏菊

黄、橙、柠檬黄、杏黄等,具有深色花心,其中1998年新品种米柠檬卡布劳纳(Kablouna Lemon Cream),米色舌状花,花心柠檬黄色。

(4)红顶(TouchofRed)　株高40~45 cm,花重瓣,花径6 cm,花色有红、黄和红/黄双色,每朵舌状花顶端呈红色。

(5)宝石(Gem)系列　株高30 cm,花重瓣,花径6~7 cm,花色有柠檬黄、金黄。

【园林应用】金盏菊早春开花,花期一致,花大色艳,是布置春季花坛、花境、花径的常见花卉,应随时剪除残花,则开花不绝。也可作切花和盆花。

【其他经济用途】可用作药材。花、叶有消炎和抗菌作用。

【花文化】金盏菊花色金黄,花圆盘状,如同金盏,故而得名。它的花语是表达分离的悲伤、悲叹。

20)大花三色堇

别名:蝴蝶花、鬼脸花。

学名:*Viola × wittrockiana*

科属:堇菜科　堇菜属

【识别特征】多年生草本作二年生栽培,株高15~30 cm。茎多分枝、光滑,稍匍匐状生长。叶互生,基生叶近心形,茎生叶较狭长,边缘浅波状;托叶大,宿存,基部呈羽状深裂。花大腋生,径达4~6 cm,下垂,两侧对称,花瓣5枚,一瓣有短钝之矩,两瓣有线状附属体;花有黄、白、紫三色或单色。近期培育的还有白、乳白、黄、橙黄、粉紫、紫、蓝、褐红、栗等色。蒴果,椭圆形,3瓣裂。花期4—6月,果期5—8月(图4.26)。

图4.26　大花三色堇

【分布与习性】原产欧洲,世界各地广为栽培。

较耐寒,喜凉爽,忌酷热,炎热多雨的夏季常生长不良,不能形成种子。要求肥沃、湿润的砂壤土。在昼温15~25 ℃、夜温3~5 ℃的条件下发育良好。

【繁殖方法】播种为主,也可进行扦插或分株,在适宜条件下一年四季均可进行。种子千粒重1.40 g。

【常见栽培种】同属的栽培种:

(1)香堇(*V. odorata*)

识别要点:被柔毛,有匍匐茎,花深紫堇、浅紫堇、粉红或纯白色,芳香。2—4月开花。产欧、亚、非各地。

（2）角堇(*V. cornuta*)

识别要点:茎丛生,短而直立,花堇紫色,品种有复色、白、黄色者,距细长,花径2.5~3.7 cm,微香。

【园林应用】早春重要花卉,宜植花坛、花境、窗台花池、岩石园、野趣园、自然景观区树下,或作地被、盆栽以及用作切花。

【其他经济用途】三色堇全草,可用作药物,茎叶含三色堇素,主治咳嗽等疾病。也可杀菌、治疗皮肤上的青春痘、粉刺、过敏。

【花文化】三色堇的花语是活泼、思念。因它的原种在一朵花上常同时呈现蓝、白、黄3种颜色而得名。它的5个大花瓣有4个分两侧对称排列,形同两耳,两平颊、一嘴,花瓣中央还有一对深色的"眼",又叫猫脸花、人面花,又被称为"植物寒暑表"。20 ℃以上时叶面斜向上,15℃时叶子向下运动直至与地面平行,10 ℃时叶子向下弯曲。

21）雏菊

别名:马兰头花、春菊、延命菊。

学名:*Bellis perennis*

科属:菊科　雏菊属

【识别特征】多年生草本,常作一、二年生栽培。株高3~15 cm。叶基生,匙形或倒长卵形,基部渐狭成叶柄,先端钝,叶缘微有波状齿。花葶自叶丛中抽出,高出叶面。头状花序着生葶端,单生,径为3~5 cm,舌状花平展,线形,淡红色或白色;筒状花黄色,结实。还有单性小花全为筒状花的品种。瘦果扁平。花期3—6月,果期5—7月(图4.27)。

图4.27　雏菊

【分布与习性】原产西欧、地中海沿岸、北非和西亚。

性强健,较耐寒,但重瓣大花品种耐寒力较弱。喜凉爽,忌炎热、多雨。喜肥沃、疏松、排水良好的土壤。

【繁殖方法】播种繁殖,一般秋播育苗。种子千粒重0.17 g。播种后10 d左右萌发。

【常见栽培种】经过多年的栽培与杂交选育,在花型、花期、花色和株高方面较野生型有了很大改进,已筛选出许多园艺品种,形成不同的系列品种群。国内外常见的栽培品种群有:

（1）哈巴内拉系列(*Habanera Series*)　识别要点:花瓣长,花径长达6 cm,花期初夏,白色、粉色、红色。

（2）绒球系列(*Pomponette Series*)　识别要点:花重瓣花径4 cm,白色、粉色、红色,具有褶皱花瓣。

（3）塔索系列(*Tasso Series*)　识别要点:花重瓣,具有褶皱花瓣,花径6 cm,粉色、白色、红色。

【园林应用】雏菊植株小巧玲珑,花期早,宜布置花坛、花径、草坪的边缘。与三色堇、金盏菊,或春季开花的球根花卉配合应用,效果很好。还可盆栽观赏。

【其他经济用途】是良好的药材;具有挥发油、氨基酸和多种微量元素;黄铜和锡的含量高。

【花文化】雏菊娇小玲珑,拉丁属名"*Bellis*"是美丽的意思,花语是清白、守信、天真和平。是意大利的国花,据说能体现意大利人民的君子风度和天真烂漫。

22) 猴面花

別名:锦花沟酸浆、黄花沟酸浆。

学名:*Mimulus luteus*

科属:玄参科　酸浆属

图4.28　猴面花

【识别特征】多年生草本常作一、二年生栽培。株高 30～40 cm。茎粗壮中空,匍匐生长,伏地处生根。叶交互对生,广卵形,5～7脉。稀疏总状花序或单朵生于叶腋;花冠钟形略呈二唇形;花多为黄底色,上具各色斑点。花期冬春季节(图4.28)。

【分布与习性】原产智利,我国各地温室有栽培。

喜温暖而凉爽的环境,不耐寒,越冬温度 5～10 ℃。喜半阴环境,不耐强光直射。喜肥沃湿润土壤。

【繁殖方法】播种繁殖,也可分株或扦插。播种宜在秋季,种子细小。播后不必覆土,2～3周出苗。来年春天晚霜过后露地定植。

【常见栽培种】

(1)智利沟酸浆(*M. cupreus*)　识别要点:植株丛生,较圆整。花初开时黄色,后转为鲜铜黄色。变种有鲜红、深紫红、火红等色,并具褐斑。

(2)多色沟酸浆(*M. variegatus*)　识别要点:植株较矮,花较大。通常喉部白色,下唇中部裂片有两条黄色条纹,上有褐点,裂片红紫色,背部青莲色。

(3)红花沟酸浆(*M. cardinalis*)　识别要点:株高 30～90 cm。叶卵形,有尖齿,基部抱茎。花红色或红、黄两色,花形大,上唇外翻。

(4)麝香沟酸浆(*M. rnoschatus*)　识别要点:多年生草本,具匍匐茎,有香气。

【园林应用】猴面花株丛嫩绿、娇柔,花型新颖,色泽艳丽,多作盆栽欣赏,也可作花境镶边材料或在草坪及台阶石级旁点缀。一般温室栽培用于室内观赏,也可布置春季花坛。

23) 石竹

別名:中国石竹、洛阳花、草石竹、竹节花。

学名:*Dianthus chinensis*

科属:石竹科　石竹属

图4.29　石竹

【识别特征】多年生草本,常作一、二年生栽培。株高 30～50 cm,茎疏丛生,茎直立或基部稍呈匍匐状,节膨大,无或顶部有分枝。单叶对生,灰绿色,线状披针形,长约 8 cm,基部抱茎,中脉明显。开花时基部叶常枯萎。花单生或数朵成疏聚伞花序,花径约 3 cm,花梗长,单瓣5枚或重瓣,边缘不整齐齿裂,呈红、紫、粉、白及复色,喉部有斑纹,微具香气。蒴果,果矩圆形,种子黑色,扁圆形。花期4—9月,果期6—10月(图4.29)。

【分布与习性】原产中国及日本、欧洲等国,分布于东北、华北、西北和长江流域各省,朝鲜也有。性喜光照充足、耐寒、耐旱、忌水涝,不耐酷暑,夏季多生长不良或枯萎。适宜栽植在向阳通风、疏松肥沃的石灰质土上,不宜在黏土中生长。

【繁殖方法】播种、扦插和分株繁殖。播种多于晚秋进行,一周后出苗,冬季要防冻。扦插于9月剪取健壮而稍硬化的枝条,切成8 cm长的小段,插入沙中一半,置于温暖向阳处,保持湿润并适当遮阴,20多天便可生根。

【常见栽培种】变种:

锦团石竹(*D. chinensis* var. *heddewigii*)　识别要点:株高20~30 cm,茎被白粉,花大,花径为5~6 cm,色彩丰富,有重瓣类型。还有羽瓣石竹,花瓣先端有明显细齿及矮石竹等栽培类型。

【园林应用】石竹株形整齐,花朵繁密,色彩丰富、鲜艳,花期长,可片植作地被;广泛用于花坛、花境及镶边植物,也可布置岩石园;可用于切花,也可作盆栽欣赏。

【其他经济用途】全草作利尿药。

【花文化】石竹常生在山间坡地,与岩石为伴,其叶又似竹叶,故得名。石竹的花语为真情、天真。

24)金鱼草

别名:龙头花、龙口花、洋彩雀。

学名:*Antirrhinum majus*

科属:玄参科　金鱼草属

【识别特征】多年生草本作一、二年栽培。株高15~120 cm。茎直立,有分枝,基部木质化。叶对生或上部螺旋状互生,披针形,全缘,长约8 cm,光滑。总状花序顶生,长为25~60 cm,被细软毛,具短梗。花冠筒状唇形,基部囊状,上唇直立2裂,下唇开展3裂,有红、紫、黄、橙、白或具复色。蒴果孔裂,种子细小,多数。花期在5—7月,果熟期7—8月(图4.30)。

图4.30　金鱼草

【分布与习性】原产地中海沿岸及北非,我国园林绿地多见栽培。

性喜凉爽气候,为典型长日照植物,但有些品种不受日照长短影响。较耐寒,忌炎热。喜阳,略耐阴。要求疏松、排水良好的肥沃土壤。在中性或稍碱性土壤中生长更好。茎色与花色有相关性,如茎红晕者花色为红、紫。

【繁殖方法】播种繁殖。千粒重0.16 g。秋播育苗应播前将种子置于2~5 ℃低温中数日,或用50~400 g/L赤霉素液浸泡种子,均可提高发芽率。春播应在3—4月,但不及秋播的开花好。优良品种春、秋季还可以扦插繁殖,约14 d生根。

【常见栽培种】金鱼草品种多达数百种。按株高分有:

高型种,高为99~120 cm,花期较晚,且长。

中型种,高为45~60 cm;矮型种,高为15~25 cm,花期早。

按花形分有金鱼形,花形正常;钟形,上下唇间不合拢,唇瓣向上开放。还有单瓣和重瓣品种之分。

【园林应用】金鱼草花形别致,花色丰富,宜群植于花坛、花丛、花境、花径中。高型种宜作切花;矮型种适用于岩石园,布置花坛或盆栽观赏。

【其他经济用途】全草入药,味苦,性凉。有清热解毒,凉血消肿的功能。外用用于跌打扭伤、疮疡肿毒。

【花文化】金鱼草的每朵花像一张笑得合不拢的嘴,奇特别致。花语是愉快、丰盛、好运、喜庆。也有寓意为多嘴。

25)香雪球

别名:庭荠、小白花。

学名:*Lobularia maritima*

科属:十字花科　香雪球属

【识别特征】多年生草本,作一、二年生栽培。株高 15～30 cm,株形松散,茎细,多分枝而匍生,茎具疏毛。叶互生,线形或披针形,全缘,顶端稍尖,长达 8 cm。总状花序顶生,总轴短,小花密集成球状,花瓣 4 枚,花色多,微香。短角果球形。花期 3—6(10)月(图 4.31)。

【分布与习性】原产于地中海沿岸地区,世界各地广为栽培。

图4.31　香雪球

喜冷凉干燥的气候,稍耐寒,忌湿热,喜阳光,也耐半阴。不择土壤,但在湿润、肥沃、疏松、排水良好条件下生长尤佳。耐海边盐碱空气。

【繁殖方法】播种繁殖,秋或春播,也可扦插繁殖。环境适宜地区可自播繁衍。种子千粒重 0.31 g。

【园林应用】香雪球植株低矮而多分枝,花开一片银白色,花朵密集且芳香,是重要的花坛植物,也是花坛、花境的优良镶边材料。宜布置岩石园和花境,也可小面积片植作地被,也可供盆栽或窗饰。

【花文化】香雪球的花呈白色,明快、轻盈。它的花语是轻快。

26)诸葛菜

别名:二月兰。

学名:*Orychophragmus violaceus*

科属:十字花科　诸葛菜属

【识别特征】一年或二年生草本。株高 10～50 cm,无毛,有粉霜。基生叶和下部叶具柄,下部叶片大头状羽裂,基部心形,具钝齿;中部叶具卵形顶生裂片,抱茎;上部叶矩圆形,不裂,基部两侧耳状,抱茎。总状花序顶生,花瓣 4 枚,紫色,直径约 2 cm,长角果线形。花期 3—5 月,果期 4—6 月(图 4.32)。

【分布与习性】原产于华东、华北、东北地区。生于平原、山地、路旁或地边。

图4.32　诸葛菜

耐阴,耐寒,不择土壤,自播能力强。

【繁殖方法】播种繁殖,宜秋季直播。管理粗放。果实成熟后,易开裂,应及时采收。

【园林应用】诸葛菜是我国一种春季常见的野花,冬季绿叶葱翠,早春花开成片,十分壮观,且花期长,适宜作疏林下观花地被。

【其他经济用途】嫩茎叶可作野菜食用,用开水烫后,再用清水漂洗去苦味,即可炒食。据测定,每 100 g 鲜品中含胡萝卜素 3.32 mg、维生素 B_2 0.16 mg、维生素 C 59 mg。种子含油量高达 50%以上,又是很好的油料植物。

【花文化】传说诸葛亮率军出征时曾采嫩梢为菜,故得名。另因农历二月开蓝紫色花,得名二月兰。花语是谦逊质朴,无私奉献。

27）虞美人

别名:丽春花。

学名:*Papaver rhoeas*

科属:罂粟科　罂粟属

图4.33　虞美人

【识别特征】一年生草本。株高30～80 cm,茎细长,分枝,全株被糙毛,具白色乳汁。叶互生,不规则羽状深裂,裂片披针形或条状披针形,顶端急尖,边缘有粗锯齿,两面有糙毛。花单生于枝顶,花蕾下垂,卵球形,花开后花朵向上;花瓣4枚,近圆形,质薄似绢,有光泽,呈红、白、粉等色,或红色镶有白边,及基部有紫色斑等;花色丰富。蒴果孔裂,种子多数,细小。花期4—7月,果期6—8月(图4.33)。

【分布与习性】原产于欧亚大陆的温带地区,现世界各地广泛栽培。

性喜温暖、阳光充足的环境,耐寒,忌高温高湿。要求深厚、肥沃、疏松的土壤。春夏冷凉的地区生长良好,开花艳丽而花期较长。

【繁殖方法】播种繁殖,秋季直播。能自播繁衍。夏季凉爽的地区可于早春直播。播后约2周萌发。种子千粒重0.07 g。

【常见栽培种】有重瓣及花色呈斑纹等栽培类型。

同属常见栽培种:

(1)东方罂粟(*P. orientale*)　识别要点:多年生草本,作二年生栽培。茎粗壮,高1 m左右,叶羽裂,花径10～20 cm,花瓣6枚,栽培者多为重瓣,一般鲜红色,也有白、粉及复色。原产地中海地区及伊朗。

(2)冰岛罂粟(*P. nudiaule*)　识别要点:多年生草本。叶基生,花单生无叶葶上,高30～60 cm,花瓣白色而基部黄色或黄色而基部绿黄色,栽培者桔红色,芳香。原产北极地区,极耐寒而怕热。

其变种山罂粟(*P. nudiaule* ssp. *Rubroaurantiacum var. chinense*),花瓣4枚,桔黄色,产我国河北、山西山区,北方可栽培观赏。

【园林应用】虞美人姿态轻盈,花色绚丽,花瓣质薄如绢。可成片栽植作地被,也可布置花坛、花境。

【其他经济用途】药用价值高。入药叫作雏罂粟,无毒,有止咳、止痛、停泄、催眠的作用,其种子可抗癌化瘤,延年益寿。

【花文化】虞美人在古代寓意着生离死别、悲歌。

28）花菱草

别名:金英花、人参花。

学名:*Eschscholtzia californica*

科属:罂粟科　花菱草属

【识别特征】多年生草本,作一、二年生栽培。株高20～70 cm,全株被白粉,无毛,蓝灰色,株形铺散或直立、多汁,根肉质。叶基生为主,叶长10～30 cm,有柄,数回三出羽状深裂至全裂,裂片线形至长圆形。花单生于茎或分枝顶端,杯状,花梗长5～15 cm,花径5～7 cm;萼片2

枚,连合成杯状;花瓣4枚,橙黄色,扇形,日中盛开。蒴果细长,达7 cm,种子多数。花期4—8月(图4.34)。

【分布与习性】原产于美国加利福尼亚州。

喜冷凉干燥、光照充足的环境,较耐寒,忌高温高湿。炎热的夏季处于半休眠状态,常枯死,秋后再萌发。

【繁殖方法】播种繁殖,宜直播,能自播繁衍。种子千粒重1.5 g。

【园林应用】花菱草姿态飘逸,叶片细腻,花色艳丽,中午盛开时遍地锦绣,为美丽的春季花卉。适宜布置花带、花境,也可片植于草坪作地被,也可用于切花和盆栽观赏。

【其他经济用途】全株入药,味苦,性温和,有毒。可强心利尿、活血祛风、滋阴理气。

【花文化】花菱草的花语:答应我,不要拒绝我。

图4.34　花菱草

29）羽衣甘蓝

别名:叶牡丹、花苞菜。

学名:*Brassica oleracea* var. *acephala.* f. *tricolor*

科属:十字花科　甘蓝属

【识别特征】二年生草本。叶倒卵形,宽大而肥厚,叶面皱缩,被白粉,叶缘细波状褶皱。总花梗由叶丛中抽生,高1 m左右,上部着生总状花序,小花数十朵,淡黄色。花萼4枚,花瓣4枚。长角果细圆条形,有喙。观叶期在11—翌年2月(图4.35)。

【分布与习性】原产欧洲北部,中国各地有栽培。

耐寒、喜光,喜凉爽湿润的气候。要求富含有机质,疏松、湿润、排水良好的土壤。

图4.35　羽衣甘蓝

【繁殖方法】播种繁殖。作花坛或盆花宜在7月中旬播种。

【常见栽培种】羽叶甘蓝为甘蓝的变种。有赤紫叶、黄绿叶、绿叶等栽培类型。

【园林应用】叶色鲜艳,色彩丰富,耐寒,是冬季露地重要的观叶花卉。在长江流域及其以南地区,多用于布置冬季花坛、花台,也可盆栽观赏。

【其他经济用途】羽衣甘蓝是甘蓝的变种,可食用。

【花文化】羽衣甘蓝叶色丰富,色彩斑斓,美丽如鸟的羽毛而得名。一株羽衣甘蓝的叶片像一朵牡丹花,故名叶牡丹。其花语是卑微的爱。

30）厚皮菜

别名:观赏甜菜、紫波菜、牛皮菜。

学名:*Beta vulgaris* var. *cicla*

科属:藜科　甜菜属

【识别特征】多年生草本,在园林中常作一、二年生栽培。是叶用甜菜的一个变种。叶在根颈处丛生,叶片肥大,卵形或长卵形,叶面皱缩或平坦,有光泽,叶色浅绿、深绿或紫红。叶柄较长而扁凹,叶柄及叶脉有乳白、绿色、黄色、红色或紫红色,肥厚而多肉。花茎自叶丛中间抽生,高20~80 cm,花小,单生或2~3朵簇生叶腋处。聚花果,内含2~3粒种子,种子肾形,种皮棕红色有光泽,千粒重100~160 g(图4.36)。

【分布与习性】原产南欧,台湾各地均有零星栽培。我国南方栽培较多。叶供蔬菜用。

喜温暖湿润气候,生长适宜的温度为15~25 ℃,是需水较多的作物,在土壤温度和空气温度较高的条件下,生长迅速,质地柔软。适应性较强,在各种土壤中均能生长,耐盐碱。对水肥要求较高,喜排灌良好的肥沃土壤,在氮肥充足的情况下,可以大大提高鲜叶产量。

图4.36 厚皮菜

【繁殖方法】播种繁殖。条播或点播,播前将种子压碎单粒状,温水浸种后播种。南方一般9月播种,北方在2—3月播种。

【园林应用】厚皮菜叶片整齐美观,初冬、早春露地栽培观叶,晚秋花坛或花境内与羽衣甘蓝搭配,点缀秋色。也可盆栽,作室内摆设观赏。

【其他经济用途】可食用,叶及叶柄可作为蔬菜食用,厚皮菜做蔬菜均以炒食为主。

可入药(本草纲目)厚皮菜茎叶敷疥疮肿毒。茎叶有清热凉血,行瘀止血的功效,可治麻疹透发不快、热毒下痢、经闭、淋浊、痈肿、骨折;种子可治小儿发热、痔疮出血。

31) 非洲凤仙

别名:沃勒凤仙

学名:*Impatiens sultanii* (*I. wallerana.*) × *I. holstii*

科属:凤仙花科 凤仙花属

【识别特征】多年生草本,作一年生栽培。株高20~25 cm,茎直立,肉质,多分枝,在株顶呈平面开展。叶心形,边缘钝锯齿状。花腋生,1~3朵,花形扁平,直径3 cm的花朵可覆盖整个植株,花瓣分单瓣和重瓣,且花色丰富,有杏红、橙红、樱桃红、白和鲜红等20多种颜色,可四季开花。蒴果纺锤形,果皮有弹性,熟后卷缩,将种子弹出。花期6—9月,果期7—10月(图4.37)。

图4.37 非洲凤仙

【分布与习性】原产非洲东部热带地区,现今在世界各地常广泛引种栽培。在我国广东、香港、河北、北京、天津、云南等地温室中常见栽培。

性喜阴,耐酷暑,不耐高温和烈日暴晒。适宜湿润环境和疏松、肥沃土壤。生长适温为17~20 ℃,新几内亚凤仙为21~23 ℃。冬季温度不低于12 ℃。5 ℃以下植株受冻害。花期室温高于30 ℃,会引起落花现象。

【繁殖方法】播种繁殖。全年均可播种,非洲凤仙种子细小,每克种子1 700~1 800粒,播种用消毒的培养土、腐叶土和细沙的混合土。发芽适温为22 ℃。

【常见栽培种】同属种:

新几内亚凤仙(*I. hawkeri*) 识别要点:茎肉质,分枝多。叶互生,有时上部轮生状,叶片卵状披针形,叶脉红色。花单生或数朵成伞房花序,花柄长,花瓣桃红色、粉红色、橙红色、紫红白色等。花期6—8月。

【园林应用】可植于花坛、花带、花境、草坪边缘。也可用于适于盘盒容器、吊篮、花墙、窗盒和阳台栽培。

【其他经济用途】可药用,可治泻热、降火、小便赤涩。

【花文化】非洲凤仙的果皮有弹性,一碰即开。因此,花语是不耐心、性急。

32) 长春花

别名:日日草、山矾花。

学名:*Catharanthus roseus*

科属:夹竹桃科　长春花属

图4.38　长春花

【识别特征】多年生草本或半灌木状。株高30～60 cm,茎直立,基部木质化。单叶对生,膜质,倒卵状矩圆形,基部楔形具短柄,顶端圆形,常浓绿色而有光泽。聚伞花序顶生或腋生,有花2～3朵,花筒细长,高脚碟状,约2.5 cm,花冠裂片5枚,倒卵形,径2.5～4 cm。品种花色有蔷薇红、纯白、白而喉部具红黄斑等。萼片线状,具毛。蓇葖果2个,直立,长2.5 cm,有毛。花期春季至深秋(图4.38)。

【分布与习性】原产地中海沿岸、印度、热带美洲。中国栽培长春花的历史不长,主要在长江以南地区栽培,广东、广西、云南等省(自治区)栽培较为普遍。

长春花喜温暖、稍干燥和阳光充足环境。生长适温3—7月为18～24 ℃,9月至翌年3月为13～18 ℃,冬季温度不低于10 ℃。忌湿怕涝,盆土浇水不宜过多,过湿影响生长发育。尤其室内过冬植株应严格控制浇水,以干燥为好,否则极易受冻。露地栽培,盛夏阵雨,注意及时排水。长春花为喜光性植物,宜肥沃和排水良好的土壤,耐瘠薄土壤,但切忌偏碱性。

【繁殖方法】播种繁殖,种子千粒重1.33 g。也可扦插繁殖,但生长势不及实生苗强健。

【常见栽培种】栽培种有白长春花(cv. *albus*),花白色;黄长春花(cv. *alavus*),花黄色。

【园林应用】长春花花期长,病虫害少,多应用于布置花坛;尤其矮性种,株高仅25～30 cm,全株呈球形,且花朵繁茂,更宜栽于春夏之花坛。北方也常盆栽作温室花卉,可四季观赏。

【其他经济用途】全草药用,可治高血压、急性白血病、淋巴肿瘤等。

【花文化】花语是愉快的回忆。

33) 锦绣苋

别名:锦绣苋、红绿草。

学名:*Alternanthera bettzickiana*

科属:苋科　莲子草属

图4.39　锦绣苋

【识别特征】多年生草本,作一年生栽培。株高20～50 cm,茎直立或基部匍匐,多分枝,上部四棱形,下部圆柱形,两侧各有一纵沟,在顶端及节部有贴生柔毛。叶片矩圆形、矩圆倒卵形或匙形,长1～6 cm,宽0.5～2 cm,顶端急尖或圆钝,有凸尖,基部渐狭,边缘皱波状,绿色或红色,或部分绿色,杂以红色或黄色斑纹。叶柄长1～4 cm。头状花序顶生及腋生,2～5个丛生,长5～10 mm,无总花梗。苞片及小苞片卵状披针形。果实不发育。花期8—9月(图4.39)。

【分布与习性】原产巴西,现我国各大城市均有栽培。

喜温暖而畏寒,宜阳光充足,喜高燥的沙质土。盛夏生长甚速,入秋后叶色艳丽。

【繁殖方法】播种繁殖。种子千粒重0.15 g。

【常见栽培种】栽培变种:

(1)黄叶五色草(cv. *aurea*)　识别要点:叶黄色而有光泽。

(2)花叶五色草(cv. *tricolor*)　识别要点:叶具各色斑纹。

【园林应用】可用作布置模纹花坛。

【其他经济用途】全植物可入药,有清热解毒、凉血止血、清积逐瘀功效。

【花文化】五色草又称锦绣苋,顾名思义,其花语是前程似锦。

34)毛地黄

图4.40　毛地黄

别名:自由钟、洋地黄。

学名:*Digitalis purpurea*

科属:玄参科　毛地黄属

【识别特征】二年生或多年生草本,株高90～120 cm。茎直立,少分枝,全体密生短柔毛。叶粗糙、皱缩,基生叶具长柄,卵形至卵状披针形;茎生叶柄短或无,长卵形,叶形由下至上而渐小。顶生总状花序,长时50～80 cm;花冠钟状而稍偏,长时5～7.5 cm,于花序一侧下垂,花梗、苞片、花萼都有柔毛;花紫色,筒部内侧色浅白,并有暗紫色细点及长毛;蒴果卵球形。花期6—8月,果熟期8—10月(图4.40)。

【分布与习性】原产欧洲西部,中国各地广泛栽培。

略耐干旱,较耐寒,可在半阴环境下生长,要求中等肥沃、湿润而排水良好的土壤。

【繁殖方法】播种繁殖,也可分株繁殖。北方于4月上、中旬土壤解冻后,或11月土壤冻结前播种;南方宜晚秋播种。

【常见栽培种】栽培品种有白、粉和深红等色。白花自由钟(var. *alba*),花白色。大花自由钟(var. *gloxiniaeflora*),性强健,花序长,花大而有深色斑点。重瓣自由钟(var. *monstrosa*),花部分重瓣。高型品种株高达2 m以上。

【园林应用】毛地黄植株高大,花序挺拔,花形优美,色彩明亮。宜应用于花境的背景材料,也可应用于大型花坛的中心植物材料,也可丛植,也可用于盆栽植物。

【其他经济用途】毛地黄叶为重要药材,可提取强心剂。

【花文化】传说坏妖精将毛地黄的花朵送给狐狸,让狐狸把花套在脚上,以降低它在毛地黄间觅食所发出的脚步声,因此毛地黄还有另一个名字——狐狸手套。此外,毛地黄还有其他如巫婆手套、仙女手套、死人之钟等别名。

毛地黄花语:隐藏的恋情。

35)蜀葵

别名:蜀季花、一丈红、熟季花、端午锦。

学名:*Althaea rosea*

科属:锦葵科　蜀葵属

【识别特征】二年生草本。茎直立,株高达2～3 m,不分枝,枝、叶被毛。叶大,互生,近圆形或心形,直径6~15 cm,5~7掌状浅裂,表面凹凸不平,粗糙,边缘有齿,具长柄。花单生叶腋,径7~9 cm,花瓣倒卵状三角形,有白、黄、粉、红、紫、墨紫及复色,单瓣、复瓣或重瓣品种。小苞片6~7片,基部合生;萼钟形,5片齿裂。果圆盘形,由排为环形多心皮组成,种子肾形易脱落。花期5—9月,由下向上逐渐开放(图4.41)。

图4.41　蜀葵

【分布与习性】原产我国西南部,为一古老栽培种,未见野生,现世界各地广为栽培。

性喜凉爽气候,忌炎热与霜冻,喜阳光,略耐阴,宜土层深厚、肥沃、排水良好土壤。无须特殊管理,仅在大风地区应设支柱。对二氧化硫、氯化氢抗性强,是良好的抗污染绿化植物。

【繁殖方法】播种繁殖,能自播,一般当年仅形成营养体,次年开花。种子千粒重4.67~9.35 g。也可分株或扦插繁殖。

【园林应用】宜列植于花境作背景,或植建筑物前、庭园周边与群植林缘,均极相宜,或用作切花。

【其他经济用途】茎皮纤维可代麻用;种子可榨油;花和种子入药,能利尿通便。

【花文化】蜀葵花生奇态,开如绣锦夺目,组成繁花似锦的绿篱、花墙,美化园林环境,给绿篱、花墙的主人带来一种温和的感觉。因此,蜀葵的花语是温和。

36)彩叶草

别名:五彩苏、洋紫苏、锦紫苏。

学名:*Coleus blumei*

科属:唇形科　鞘蕊花属

【识别特征】多年生草本,作一年生栽培。高50~80 cm,全株有毛,茎通常紫色,四棱形,具分枝。叶对生,卵形,叶膜质,其大小、形状及色泽变异很大,通常卵圆形,先端长渐尖,缘具钝齿,常有深缺刻,叶有金黄、玫瑰红或混色,或绿色叶着浅黄、鲜红色叶脉,两面被微毛,下面常散布红褐色腺点,叶柄伸长,长1~5 cm,扁平,被微柔毛。轮伞花序顶生,组成圆锥花序,花多,花上唇白色,下唇蓝色,花丝基部连成筒状。小坚果宽卵圆形或圆形,压扁,褐色,具光泽。花期7月(图4.42)。

图4.42　彩叶草

【分布与习性】原产印度尼西亚爪哇,全国各地普遍栽培。自印度经马来西亚、印度尼西亚、菲律宾至波利尼亚,其他各地也有栽培。

喜温暖、湿润、光照充足环境,适宜肥沃、疏松、排水良好的沙质土壤。耐寒力较强,生长适温15~25 ℃,越冬温度10 ℃左右,降至5 ℃时易发生冻害。

【繁殖方法】播种繁殖,也可扦插繁殖。扦插一年四季均可进行,极易成活。也可结合植株摘心和修剪进行嫩枝扦插,剪取生长充实饱满枝条,截取10 cm左右,插入干净消毒的河沙中,入土部分必须常有叶节生根,扦插后疏荫养护,保持盆土湿润。

【常见栽培种】栽培品种繁多,叶色丰富,除蓝色系之外,其他各色应有尽有。

【园林应用】叶色美丽,可植于花坛、花带、花境、草坪边缘或山坡图案栽植,也可用于室内装饰和切叶瓶插。

【花文化】花语是绝望的恋情。

37）旱金莲

别名:旱金莲花、草荷花、大红雀。

学名:*Tropaeolum majus*

科属:金莲花科 金莲花属

图4.43 旱金莲

【识别特征】多年生稍带肉质草本,作一、二年生栽培。茎细长,半蔓性或倾卧,长可达1.5 m,光滑无毛。叶互生,具长柄,近圆形,长5~10 cm,有主脉9条,具波状钝角,盾状着生,叶被蜡质层,形似莲叶。花单生叶腋,左右对称,梗细长,萼片5枚,基部合生,其中有1枚延伸成距,花瓣5枚具爪,大小不等,上面2瓣具常较大,下面3瓣较小,花有乳白、浅黄、深紫红、桔红及红棕等色。花期7—9月(图4.43)。

【分布与习性】原产于南美的墨西哥、智利等地,我国各地区广泛栽培。

喜温暖湿润,不耐寒,一般能耐0 ℃的低温,越冬温度10 ℃以上。喜阳光充足,稍耐阴,宜肥沃而排水良好的沙质土壤,忌过湿或过涝。

【繁殖方法】播种繁殖,种子千粒重约0.96 g。也可扦插繁殖。播种繁殖春秋均可进行。

【常见栽培种】有重瓣、无距、具网纹及斑点等品种。有茎直立的矮生变种。

同属栽培种:

(1)小旱金莲(*T. minus* L.) 识别要点:比旱金莲矮小,叶圆状肾脏形,主脉的先端呈短突起状;花径4 cm以下,花瓣狭,下方3枚的中带有暗紫红色斑点;茎近直立或匍地。原产南美,宜盆栽或丛植。

(2)盾叶旱金莲(*T. peltophorum* Benth.) 识别要点:茎长,蔓性,全株具毛。花桔红色,上面2片花瓣大而圆;下面3片小形,具爪及粗锯齿缘。原产哥伦比亚。可作篱垣装饰或盆栽促成。

(3)五裂叶旱金莲(*T. peregrinua* L.) 识别要点:茎细长蔓性;叶五深裂,花黄色,径1.8~2.5 cm,上方2枚花瓣大,下部3片小,边缘毛状细裂。原产秘鲁及厄瓜多尔等地。

(4)多叶旱金莲(*T. polyphyllum* Cav.) 识别要点:多年生草本,叶7~9深裂,裂片狭;花黄色,具红纹。原产智利。

【园林应用】旱金莲茎叶优美,花大鲜艳,形状奇特,花期较长,可应用于垂直绿化、配植花坛、种植于假山石旁、盆栽。

【其他经济用途】其嫩梢、花蕾及新鲜种子可用作辛辣的调味品。

38）紫茉莉

别名:胭脂花、夜晚花、地雷花。

学名:*Mirabilis jalapa*

科属:紫茉莉科 紫茉莉属

【识别特征】多年生草本,常作一年生栽培。高可达1 m。块根肥粗,肉质。主茎直立,侧枝散生,节膨大。单叶对生,卵状心形,全缘。花瓣缺,花萼花瓣状,喇叭形,花常数朵簇生枝端;花色有黄色、白色、玫红色、或有斑纹及二色相间等;花傍晚开放,清晨凋谢,有香气。瘦果球形,黑色,靓面皱缩如核。花期6—10月,果期8—11月(图4.44)。

【分布与习性】原产于南美洲热带地区。喜温暖湿润的环境,不耐寒,喜半阴,不择土壤。

【繁殖方法】播种繁殖,春季播种,能自播繁衍。种子千粒重109 g左右。

【园林应用】紫茉莉性强健,生长迅速,黄昏散发浓香,宜作地被植物,也可丛植于房前屋后、篱垣旁。对二氧化硫、一氧化碳有较强的抗性,可用于污染区绿化。

【其他经济用途】根、叶可供药用,有清热解毒、活血调经和滋补的功效。种子白粉可去面部癍痣粉刺。

【花文化】花语是臆测、猜忌、小心。

图4.44　紫茉莉

39) 银边翠

别名:高山积雪、象牙白、初雪草。

学名:*Euphorbia marginata*

科属:大戟科　大戟属

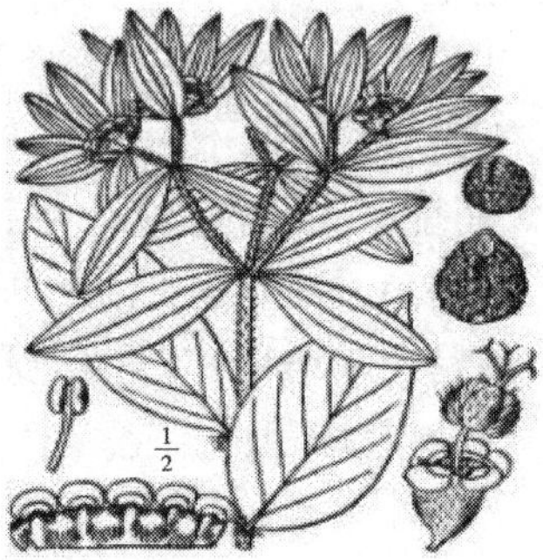

【识别特征】一年生草本。株高50~70 cm,茎直立,全株被柔毛或无毛,中部以上叉状分枝。茎下部叶互生;叶卵形至矩圆形或椭圆状披针形,长3~7 cm,宽约2 cm,下部的叶互生,绿色,顶端的叶轮生,边缘白色或全部白色,全缘。杯状聚伞花序,生于上部分枝的叶腋处,总苞杯状,密被短柔毛,顶端4裂,有白

图4.45　银边翠

色花瓣状附属物。蒴果扁球形,直径5~6 mm,密被白色短柔毛;种子椭圆状或近卵形,长约4 mm,宽近3 mm,表面有稀疏的疣状突起,熟时灰黑色。花期7—8月,果期9月(图4.45)。

【分布与习性】原产北美洲,我国各地广泛栽培。

喜光亦耐半阴,适宜湿润环境和疏松、肥沃土壤。

【繁殖方法】以播种繁殖为主,也可扦插繁殖。播种一般是在3月下旬至4月中旬进行。

【园林应用】为良好的花坛背景材料,栽植于风景区、公园及庭院等处布置花坛、花境、花丛,亦可作林缘地区及盆栽。也可作切花材料,还可作插花配叶。

【其他经济用途】能用作药材,拔毒消肿,用于痈疽疔疮、红、肿、热、痛之症。

【花文化】银边翠点点翠、残松幽绿,花叶色幽然,若隐若现。因此,花语是好奇心。银边翠的花粉有致癌因子,因此不适合室内栽培。

40) 麦秆菊

别名:蜡菊、贝细工、干巴花。

学名:*Helichrysum bracteatum*

科属:菊科　蜡菊属

【识别特征】多年生草本,常作一、二年生栽培。全株被微毛,茎粗硬直立,仅上部有分枝。叶互生,长椭圆状披针形,全缘,近无毛。头状花序单生枝顶,径为3~6 cm;总苞片多层,膜质,

覆瓦状排列,外层苞片短,内部各层苞片伸长酷似舌状花,有白、黄、橙、褐、粉红及暗红等色。筒状花黄色,花期7—9月(图4.46)。

【分布与习性】原产澳大利亚。在东南亚和欧美栽培较广,中国也有栽培,新疆有野生。

不耐寒、怕暑热,夏季生长停止,多不能开花。喜肥沃、湿润而排水良好的土壤上生长。喜向阳处生长,施肥不宜过多以免花色不艳。

【繁殖方法】播种繁殖,多在3—4月播种,温暖地区也可秋播,冬季在温床或冷床中越冬。

【园林应用】多应用于花坛、林缘自然丛植,也可用作干花材料,因其花干后不凋落,如蜡制成,是制作干花的良好材料,是自然界特有的天然"工艺品"。色彩干后不褪色。

图4.46 麦秆菊

【花文化】古希腊语中意为"太阳"和"金子"。花语是永恒的记忆、铭刻在心。

41)紫罗兰

别名:草紫罗兰、草桂花。

学名:*Matthiola incana*

科属:十字花科 紫罗兰

【识别特征】多年生草本,作一、二年生栽培。株高30~60 cm,全株具灰色星状柔毛,茎直立,多分枝,基部稍木质化。叶互生,长圆形至倒披针形,全缘,灰蓝绿色,先端圆钝,基部渐狭。总状花序顶生或腋生,花梗粗壮,花白、紫、红色及复色,萼片4枚,两侧萼片基部垂囊状;花瓣4枚;长角果圆柱形,有柔毛,种子近圆形,扁平,具白色膜质翅。花期4—5月,具香气;果期6月(图4.47)。

图4.47 紫罗兰

【分布与习性】原产欧洲地中海沿岸,中国南部地区广泛栽培,欧洲名花之一。中国大城市中常有物种。

喜冷凉气候,冬季能耐−5 ℃温度,忌燥热,于梅雨季节易遭病虫害。要求肥沃湿润及深厚之土壤中,喜阳光充足,能稍耐半阴。除一年生品种外,均需低温以通过春化阶段而开花,故作二年生栽培。

【繁殖方法】播种繁殖,种子千粒重0.8~1.0 g。

【常见栽培种】栽培品种很多,根据株高分为高、中、矮三类。花型有单瓣及重瓣。花期不同分有夏紫罗兰、秋紫罗兰及冬紫罗兰等品种;根据栽培习性不同分为一年生及二年生类型。

同属栽培种:

(1)香紫罗兰(var. *annua*) 识别要点:一年生,茎叶较矮小,花期早,香气浓,有白色及杂色等重瓣品种。

(2)夜香紫罗兰(*M. bicornis*) 识别要点:一年生或二年生草本。多分枝,长而细。叶为线状披针形;缘具疏齿。花无柄,淡紫色,长角果顶端分叉。白天闭合,傍晚开花,很香。原产希腊。

【园林应用】紫罗兰是春季花坛的主要花卉,也是很好的切花材料。

【其他经济用途】为重要的香料植物。

【花文化】紫罗兰的花瓣较薄,如绫罗,花香清幽,并含有桂花般甜润、醇和,给人以亲切舒适的感受。它的花语是永恒的美、信任、宽容、盼望。

42)月见草

别名:山芝麻、夜来香、束风草。

学名:*Oenothera biennis*

科属:柳叶菜科　月见草属

图4.48　月见草

【识别特征】二年生草本,也可作一年生栽培。株高1~1.5 m,全株具毛,分枝开展,基部带木质。叶互生,倒披针形至卵圆形。花黄色,径4~5 cm,成对簇生于枝上部之叶腋。傍晚开花至凌晨凋谢,具清香。花期6—9月(图4.48)。

【分布与习性】原产北美(尤加拿大与美国东部),早期引入欧洲,后迅速传播于世界温带与亚热带地区。在中国东北、华北、华东(含台湾)、西南(四川、贵州)有栽培,并早已沦为逸生。

喜阳光充足而高燥之地,耐寒、耐旱、耐贫瘠。

【繁殖方法】播种繁殖,自播能力强,种子千粒重0.3~0.5 g。

【常见栽培种】同属栽培种还有大花月见草(*O. grandiflora*)、美丽月见草(*O. speciosa*)、待霄草(*O. odorata*)和白花月见草(*O. tricocalyx*)等。

【园林应用】高大种类可用作开阔草坪的丛植、花境或基础栽植,有近似花灌木的效果;中矮种类可用于小路沿边布置或假山石点缀,也宜作大片地被花卉。因傍晚开放,清香沁人;夜幕中色彩尤为明丽,更宜植于傍晚或夜间游人散步游息之地,是夜花园的良好植物材料。

【其他经济用途】种子油可食用;花含芳香油可制成浸膏;茎皮为纤维原料;也可制酒。

【花文化】月见草傍晚开放,清香沁人,默默无语。花语是默默的爱、不屈的心、自由的心。

43)霞草

别名:满天星、丝石竹。

学名:*Gypsophila elegans*

科属:石竹科　丝石竹属

图4.49　霞草

【识别特征】一、二年生草本,株高30~45 cm。全株平滑,上部分枝纤细而开展,具白粉。叶披针形,粉绿色。花小,径0.6~1 cm,白或水红色,花梗细长,聚伞花序组成疏松的大型花丛。花期5—6月(图4.49)。

【分布与习性】原产高加索至西伯利亚。我国大部分地区广泛栽培。

性耐寒,要求阳光充足而凉爽环境。耐瘠薄和干旱,但以排水良好、具腐殖质的石灰性壤土为好。

【繁殖方法】播种繁殖,种子千粒重0.3~0.9 g。

【常见栽培种】同属常见栽培种有锥花丝石竹又名满天星(*G. paniculata*),多年生草本,常作一年生栽培,花小,白色,具浓香。栽培品种还有矮生种、重瓣与大花种类型。

【园林应用】霞草繁花点点,姿态轻盈,极为优美。常用于与其他草花混种,也可用作切花配材。

【其他经济用途】可药用,有祛风清热的作用。

【花文化】满天星的花语为清纯、关怀、恋爱、配角、真爱、纯洁的心。

4.2　宿根花卉

宿根花卉

4.2.1　概述

1)宿根花卉的含义与类型

宿根花卉(perennials),是指地下部分器官不发生变态的,能生活多年而茎部不发生木质化的一类草本植物。但事实上,有一些种类多年生长后,基部也会有些木质化,但其茎干上部仍然呈现柔嫩多汁的草质状,也将其归纳到宿根花卉中。宿根花卉分为两大类。

(1)常绿宿根植物　冬季时,整个植株能安全越冬,四季常绿,但是温度低时即停止生长,呈现出半休眠状态,温度适宜时休眠不明显,这一类称为常绿宿根植物。这类植物主要产于热带、亚热带和暖温带地区,如酒瓶兰、紫鹅绒、冷水花等。我国北方地区常作温室观赏。

(2)落叶宿根植物　地上部分的茎、叶当年全部枯死,只有地下部分能够越冬的一类称为落叶宿根植物。主要原产于温带寒冷地区,耐寒力较强。这类植物一次种植可多年生长,管理比较简单,在园林中多用以布置花境、花丛等,也可作室内装饰应用。

2)宿根花卉园林应用特点

宿根植物一旦栽植成活后,可供多年观赏,园林中多用来布置花境、花带、花丛、花钵、花坛、岩石园、园路镶边、基础栽植、地被及垂直绿化等。园林应用的特点如下:

①一次种植可多年观赏,简化了种植手续,节省了人力、物力、财力,这是宿根花卉在园林花境、花坛、地被中广泛应用的优点。

②观赏期不一致,可周年选用,四季皆能繁花似锦。

③是花境的主要材料,还可布置成宿根花卉专类园,如芍药园、鸢尾园等。兼具观赏和科普的双重功效。

④大多数种类(品种)性情强健,对环境要求不严,管理相对比较粗放。

⑤种类繁多,花色丰富,适应范围广,可用于多种园林应用形式中。

⑥宿根花卉大多数可进行播种繁殖,而应用最为普遍的是分株繁殖,可利用脚芽、根蘖、茎蘖分株。有的种类还可利用叶芽扦插。有利于保持良好的性状,但繁殖数量有限,大量繁殖较难。

⑦不同地区可露地越冬的宿根花卉种类不同,因此每个地区可利用宿根花卉形成自己的地方特色景观。

⑧宿根花卉一旦栽种后生长年限较长,植株在原地不断扩大生长面积,因此在栽培中应预留出适宜空间。定植前做好土壤改良和施基肥,每年做好水肥管理、病虫害防治。出现植株过密、植株衰老、花量下降等情况,应及时更新。

4.2.2　常见宿根花卉识别与应用

1)菊花

别名:黄花、节花、秋菊、九花、帝女花、女节、女华、寿客、金英、黄华、白帝、更生、金蕊。

学名:*Dendranthema marifolium*

科属:菊科　菊属

【识别特征】宿根草本,株高60~150 cm。茎基部半木质化,直立或开展,粗壮,分枝多,枝青绿色或带紫褐色,被灰色柔毛。叶互生,随品不同叶形变化较大,卵形至广披针形,叶缘羽状浅裂或深裂,基部楔形,有柄;托叶有或无,菊叶为识别品种的依据之一。头状花序单生或数个聚生茎顶,微有香气,一般花序周围为舌状花,雌花,具各种鲜艳的颜色;中心为管状花,两性,多黄绿色,聚药雄蕊5枚,柱头2裂,子房下位1室;瘦果常不发育;外层总苞片绿色,条形,边缘膜质;花序直径2~30 cm。花色由白、淡黄、黄、棕黄、粉

图4.50　菊花

红、雪青、玫红、紫红而至墨红;此外更有淡绿、红面粉背、红面黄背以及一个花序中生有两种显著不同色彩的小花称作"乔色"者。花期一般在10—12月,亦有夏季、冬季开花种等。"种子"(实为瘦果)褐色,细小,成熟期为12月下旬至翌年2月(图4.50)。

【分布与习性】本种原产我国,是种间杂交种,只见于栽培。其主要原种是野菊[*Dendranthema indicum*(L.)*Pes* Manl.]、甘野菊[*D. borcale*(Makino)ling(*chrysanthemum lavandulaefolium*(Fisch)Mokino)]及小红菊[*D. rubesaens*(Stapf)Tzval.]等。中国菊花传至日本后,又渗入日本若干野菊的血统在内。目前,菊花已在世界各地广为栽培。

菊花喜凉爽气候,生长适温为15~25 ℃,开花适温为10~15 ℃。有一定耐寒性,地下宿根能耐-10 ℃的低温。小菊类在5 ℃以上即可萌芽,10 ℃以上新芽生长。喜深厚肥沃、排水良好的沙质壤土,忌积涝和连作,要求pH值在6.0~7.9。喜光照,但在炎炎夏日应遮阴防暴晒。菊花为短日照植物,人工控制光照,可以催延花期,周年开花。

【繁殖方法】以无性繁殖为主,几乎所有无性繁殖的方法对菊花均适用,如扦插、分株、嫁接、压条及组织培养等。但以分株、扦插繁殖较为常见,在18~21 ℃的温度条件下,3周左右即可生根。

【常见栽培种】

(1)依花径(头状花序)的大小分　大菊:直径18 cm以上;中菊:直径9~18 cm;小菊:直径9 cm以下。

(2)依自然花期分　春菊(4—5月),夏菊(6—7月),秋菊(10—11月),寒菊(12—翌年1月)。

(3)依花瓣形态分　平瓣、匙瓣、管瓣、桂瓣、畸瓣等(图4.51)。

(4)依整枝方式不同而分　独本菊(标本菊):一株一花;立菊:一株数花;大立菊:一株有数百朵花以上;悬崖菊:小菊整枝成悬垂状。

常见的切花品种有我国选育的"大荷仙子""银荷""金碧辉煌""惊涛拍浪""绿水长流"等;

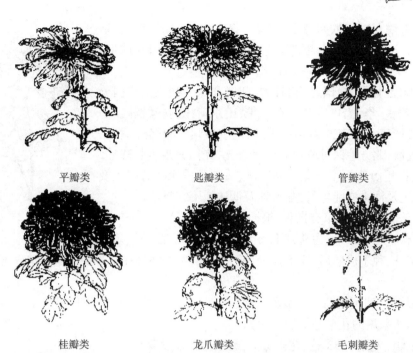

平瓣类　　　　　　　　　匙瓣类　　　　　　　　　管瓣类

桂瓣类　　　　　　　　　龙爪瓣类　　　　　　　　毛刺瓣类

图 4.51　依据花瓣形态分类

还有从日本引进的品种,如"四季之光"(紫红色)"新东亚"(白色)"黄云仙"(黄色)"柠檬女皇"(淡黄色)"乙女樱"(粉色)"日本雪青""日本橙"等;港澳引进的品种,如"丽金"(朱砂红)"贵妃红"(粉红)"泥金黄""六月黄""六月白""罗兰""烟菊""红安妮""马加利玫瑰"等。

【园林应用】菊花种类繁多,用途广泛,室内外的盆花装饰是常见的应用方式。选取早花品种或岩菊布置花坛、花境和岩石园效果亦佳,也可以单独组成大规模展览会。切花可供插花、花束、花圈、花篮之用。千姿百态的菊花盆景,令人赏心悦目。

【其他经济用途】在国外,专门选育出许多菊花的切花品种,切花生产成为重要的产业。菊花具有平肝明目、散风清热、消咳止痛的功效,用于治疗头痛眩晕、目赤肿痛、风热感冒、咳嗽等病症效果显著。将菊花、槐花一起用开水冲泡,代茶饮用,能治疗高血压。杭菊、怀菊、亳菊,可与茶叶混用,亦可单独饮用,可去火、养肝明目。黄菊、白菊、贡菊、泸菊、川菊、野菊花等具有抗菌、消炎、降压、防冠心病、化解伤风、清热解毒、降脂等作用。蜡黄、细黄、细迟白、广州红等食用菊,是汤类、火锅的名贵配料。菊花脑,可用于作汤或炒食,具有清热明目之功效。

【花文化】菊花是中国十大名花之一,在中国古典文化中与梅、兰、竹合称四君子。早在三千多年前就有其栽培历史。中国人极爱菊花,从宋朝起民间就有一年一度的菊花盛会,历史上咏菊、画菊的诗作更是比比皆是。菊花在古神话传说中,被赋予了吉祥、长寿的含义。其花语是清净、真情、成功、我爱你、令人怀恋、品格高尚、高风亮节、高雅傲霜。

2)芍药

别名:没骨花、将离、梦尾春、余容、犁食。

学名:*Paeonia lactiflora*

科属:芍药科(毛茛科)　芍药属

【识别特征】宿根草本,具肉质根。茎丛生,株高 50～110 cm。二回三出羽状复叶互生,在顶梢处为单叶,小叶通常 3 深裂,裂片长圆形或披针形,先端长尖。花单生茎顶,少数 2～3 朵花并出,单瓣或重瓣,具长梗,呈紫红、粉红、黄或白色;萼片 5 枚,宿存;离生心皮 5 至数个,无毛;雄蕊多数。蓇葖果,种子数枚,球形,黑色。花期 4—5 月,果熟期 8—9 月(图 4.52)。

图 4.52　芍药

【分布与习性】原产中国北部、日本、朝鲜和西伯利亚。我国分布于东北、内蒙古、华北、华中及华东一带,山东菏泽、安徽铜陵、亳州为芍药重要产区。除南部炎热地区外,均有栽培。芍药性耐寒,夏季喜冷凉气候,北方地区可露地越冬。喜光,光照充足生长旺盛,花多且大,但在稍荫处亦可开花。喜肥沃,适宜土质深厚的壤土及沙质壤土,黏土及沙土亦能生长,盐碱地及低洼地不宜栽培。

【繁殖方法】芍药的繁殖有播种、根插及分株法。通常以分株繁殖为主,应在秋季进行,一般为 9 月下旬至 10 月上旬。播种繁殖应选择优良的植株,种子成熟后,应即播种,随采随播,常规播种在 9 月中、下旬,培育管理 4～5 年即可开花。

【常见栽培种】我国芍药名贵品种甚多,花色艳丽,花型变化大,品种分类不一,今就北京林业大学园林系所采用的花型分类法说明如下:

(1)单瓣类　花瓣 1～3 轮,花瓣宽大,雌雄蕊正常发育。

单瓣型:特征同上,如"紫蝶献金""紫双玉"。

(2)千层类　花瓣多轮,花瓣宽大,自外向内层层排列,逐渐变小,无外瓣与内瓣之分。

荷花型:花瓣 3～5 轮,花瓣外形宽大,大小差异不多,雄蕊雌蕊发育正常,如"乌龙棒盛""荷花红"。

菊花型:花瓣多轮,自外向内逐渐变小,雄蕊数目减少;雌蕊退化变小,但心皮数目或减少为 2～3 枚,或增多至 10 枚以上,如"朱砂盘""红云映日"。

蔷薇型:花瓣数极度增多,自外向内显著变小;雄蕊、雌蕊消失,如"杨妃出浴""白玉冰"。

(3)楼子类　有显著、宽大的外轮花瓣 1～3 轮;部分雄蕊瓣化,雌蕊正常或部分瓣化。花型扁平或逐渐高起。

金蕊型:外瓣正常,花药变大,花丝伸长,散粉时花蕊呈金黄色,如"大紫""金楼"。

托桂型:外瓣正常,雄蕊瓣化成细长花瓣,雌蕊正常,如"砚池漾波""粉银针"。

金环型:外瓣正常,近花心部分的雄蕊瓣化,在此种雄蕊瓣之外围,仍残留一圈正常雄蕊,如"紫袍金带""金环"。

皇冠型:全部雄蕊瓣化,中心部分高出,雌蕊正常或部分瓣化,外瓣明显,同时在雄蕊瓣中常杂以完全雄蕊及不同程度的瓣化雄蕊,如"西施粉""大富贵"。

绣球型:雄蕊瓣化程度高,其长度与外瓣相等,全花如球状。雌蕊及雄蕊近全部瓣化,有时残存雄蕊,于内外瓣之间,或散生于雄蕊瓣之间,如"花红重楼"。

(4)台阁类　全花可区分为上下两花,在两花之间有显著颜色的雌蕊瓣或退化雌蕊,有时亦出现完全雄蕊或退化雄蕊。

千层台阁型:花瓣排列具有千层类花型特征,无内外瓣之区别,自外向内依次渐小,如"大红袍"。

楼子台阁型:花瓣排列具有楼子类特征,外瓣与内瓣有显著差别,内瓣排列无层次,如"胭脂点玉"。

【园林应用】芍药是我国传统名花之一，花大、色艳、花型丰富，可与牡丹媲美，且花期较牡丹长，生长强健，在园林中广泛栽培。可布置花坛、花境、专类园，适宜丛植、片植、孤植于庭院及自然式栽植，与山石搭配，亦可作切花。

【其他经济用途】芍药根可供药用，对妇女的腹痛、胃痉挛、眩晕、痛风、利尿等病症有效。芍药的种子可榨油供制肥皂和掺和油漆作涂料用。根和叶富有鞣质，可提制栲胶，也可用作土农药，可以杀大豆蚜虫和防治小麦秆锈病等。

【花文化】我国古代传说中认为芍药不是凡间的花种，是某年为了拯救人间的疫情，花神盗了王母娘娘的仙丹撒下人间。西方人也一直认为芍药具有某种魔力，凡其生长的地方，恶魔都会消失，甚至可以对抗曼陀罗那种至毒之花。因此芍药的花语为情有所钟、羞耻心、害臊，寓意着思念，是富贵和美丽的象征，是我国的传统名花，号称"花相"。

3）鸢尾

别名：蓝蝴蝶、铁扁担、蝴蝶花、扁竹叶。

学名：*Iris tectorum*

科属：鸢尾科　鸢尾属

图 4.53　鸢尾

【识别特征】宿根草本，株高 30～50 cm。根状茎粗壮多节，圆柱形，淡黄色。叶剑形，直立，二列嵌叠状着生，基部相互抱合，无明显中肋，长 30～50 cm，宽 2.5～3.0 cm。花葶从叶丛中抽出，稍高于叶丛，具 1～2 分枝，每枝着花 1～3 朵，花蝶形，蓝紫色，径约 10 cm；花被片 6 片，外 3 片多为垂瓣，外弯或下垂，倒卵形，蓝紫色，具深褐色脉纹，上面中央有一行鸡冠状白色着紫纹的肉质突起；内 3 片较小为旗瓣，直立或成拱形，倒卵形，淡蓝色；花柱花瓣状，与旗瓣同色。蒴果长椭圆形，具 6 棱；种子球形、半球形或扁球形，有假种皮。花期 5 月（图 4.53）。

【分布与习性】原产于我国，云南、四川、江苏、浙江等省均有分布，多生于海拔 800～1 800 m 的灌木丛中。喜光，耐半阴，耐寒，耐旱，耐水湿，喜微碱性土壤。

【繁殖方法】鸢尾以播种、分株繁殖为主。种子繁殖应在种子成熟后即播，不宜干藏。分株繁殖通常 2～4 年进行 1 次，秋季或春季花后均可进行，宜浅植。

【常见栽培种】我国鸢尾类野生分布多达 45 种以上，同属常见的观赏种有以下几种。

（1）矮鸢尾（*I. chamaeiris*）　识别要点：常绿，植株矮小，株高 5～20 cm，根状茎形成密丛。叶宽 0.5～2.5 cm。旗瓣大于垂瓣，黄色、紫色或两色。原产西班牙、法国及意大利。可用于花境、花坛镶边材料，点缀假山石旁，还可盆栽观赏。

（2）德国鸢尾（*I. germanica*）　识别要点：根状茎粗壮，肉质，茎高 60～90 cm，多分枝。叶剑形，直立，长 20～50 cm，宽 2.5～4.0 cm，有白粉，灰绿色，基部边缘带紫色。花葶长 60～90 cm，常着花 3～4 朵；花大，花径 10～13 cm；花为白、黄、淡红、淡紫或淡紫红色，有香气。花期 5—6 月。原产欧洲中部。常用于花坛、花境，可作切花材料。

（3）花菖蒲（*I. kaempferi*）　识别要点：根茎粗壮，须根多，株高 45～75 cm。茎生叶 1～2 个，通常分出 1 个侧枝，顶端着花 2 朵；基生叶剑形，具极狭的膜质边，长 60～90 cm，有明显中肋。花葶高 45～80 cm，花径大，可达 9～15 cm，栽培品种有黄、白、红、堇、紫等色。花期 6—7 月。原产我国东北、日本、俄罗斯及朝鲜。喜酸性、肥沃、湿润土壤。可布置花境，在湿地、水边散植。

（4）溪荪（*I. sangunea*）　识别要点：株高可达 100 cm，根茎粗壮，斜伸。叶线形，长约 30

cm,宽为1.3 cm。花葶高40~60 cm,花径约7 cm;花蓝色,垂瓣基部有黑褐色网纹及淡黄色斑点,瓣片较宽,无附属物。花期6—7月。原产亚洲西部、北非及南欧,我国黑龙江、吉林、辽宁、内蒙古有栽培。喜生长于沼泽地、湿地、河湖边或向阳坡地。可丛植,布置花境,也可散植于溪流、湖边,或点缀岩石园。

(5)黄菖蒲(*I. pseudacorus*)　识别要点:基生叶剑形,直立,长60~100 cm,稍被白粉,茎与叶近同高。花葶粗壮,高60~70 cm;花黄色,径约10 cm;垂瓣具紫褐色脉或在脉间有紫褐色斑点。花期5—6月。原产欧洲及亚洲西部,我国广泛栽培。适宜各种不同的生态环境,耐寒、喜光、喜水湿、酸性及微碱性土均可生长。可用于专类园、自然风景区的旱坡、水岸边、溪流边,丰富园区水景绿化,也可植于林缘、路边或作花境。

(6)蝴蝶花(*I. japonica*)　识别要点:常绿,根茎匍匐状横向伸展。叶3~4枚丛生,深绿色,有光泽,无显著中脉,长30~60 cm,宽2.5~3.0 cm。花茎高30~70 cm,总状聚伞花序;花径约5 cm,淡紫色,垂瓣具橙色斑点,下半部淡黄色,旗瓣稍小。花期4—5月。产于我国中部及日本,常丛生于树林或竹林之中。可于林下作地被。

【园林应用】鸢尾可作为布置春季花坛、花境、花径、路边、石旁的镶嵌材料及自然式栽植,可植于林下作地被,布置成专类园,也可作切花之用。

【其他经济用途】鸢尾根茎可以药用,可当吐剂及泻剂,可治疗眩晕及肿毒、治跌打损伤。叶子与根有毒,会造成胃、肠道瘀血及严重腹泻,花苦、平、有毒。国外也有用此花作成香水。

【花文化】鸢尾是法国的国花。因其花瓣形如鸢鸟尾巴而得名,属名 Iris 为希腊语"彩虹"之意,俗称为"爱丽丝"。爱丽丝在希腊神话中是彩虹女神,她能将善良人死后的灵魂,经由彩虹桥带回天国。因此,鸢尾的花语是爱的使者、彩虹女神。鸢尾在古埃及是力量与雄辩的象征。以色列人认为黄色鸢尾是"黄金"的象征,常在墓地种植鸢尾,盼望能为来世带来财富。鸢尾在中国常用以象征爱情和友谊、鹏程万里、前途无量、明察秋毫。

4)荷兰菊

别名:紫菀、柳叶菊、返魂草、茈菀。

学名:*Aster novi-belgii*

科属:菊科　紫菀属

【识别特征】宿根草本,株高50~150 cm。茎直立,基部木质化,上部多分枝,全株光滑。单叶互生,长圆形至线状披针形,近全缘,基部略抱茎,暗绿色。头状花序小,径约2.5 cm,排列成伞房状,花暗紫色、粉蓝色、桃红色或白色。总苞片线形,端急尖,微向外伸展。花期8—10月。瘦果,有冠毛(图4.54)。

图4.54　荷兰菊

【分布与习性】原产北美及欧洲,我国各地园林广泛栽植。

耐寒性强,耐旱,喜阳光充足、通风良好的环境。对土壤要求不严,在疏松、肥沃、排水良好的砂质土壤中生长更好。

【繁殖方法】播种、分株或扦插繁殖。3月中、下旬用盆播或温床播种,4月中旬定植。分株繁殖可于春秋两季进行。扦插繁殖多在5—6月进行。

【常见栽培种】荷兰菊园艺品种较多,常见的栽培变种有:'蓝花束'(cv. Blue Bouquet),花复色,重瓣;'丁香红'(cv. DingXiangHong),株高40 cm,花径3.8 cm,花紫红色;'粉雀'(cv. FenQue),株高40 cm,花径3.2 cm,花粉色;'劲吹'(cv. Fluffy Rufflesa),花复色;'皇冠紫'(cv.

HuangGuanZi),株高40～50 cm,植株茂密,花径大,约4.4 cm,花色红带紫,花色较亮;'蓝夜'(cv. LanYe),株高40 cm,分枝密集,花径3.9 cm,花色深蓝;'红日落'(cv. Red Sunset),花重瓣,淡紫红色;'九月红'(cv. September Ruby),花重瓣,复色。

同属植物约600种,常见栽培的有:

(1)紫菀(A. tataricus) 别名:青菀,青牛舌头花。

识别要点:株高40～200 cm。茎直立,上部有分枝。叶披针形或卵状披针形,叶缘有疏锯齿。头状花序排成复伞房状,花径2.5～4.5 cm;总苞半球形,具3层苞片,边缘宽膜质,紫红色;舌状花淡紫色,管状花黄色。花期7—9月。原产我国东北、华北、西北,朝鲜、日本也有分布。耐寒,喜夏季凉爽的环境。可作庭园绿化及作切花。

(2)美国紫菀(A. Novae-angliae) 别名:红花紫菀。

识别要点:株高60～150 cm,全株具粗毛,上部伞房状分枝。叶披针形或长披针形全缘,具黏性绒毛,叶基部稍抱茎。聚伞状头状花序,花较大,花径约5 cm;舌状花深紫、堇色,少有粉红、白等色;管状花黄、白、红或紫色。花期9—10月。原产北美洲东北部,现栽培广泛。可作花坛。

(3)高山紫菀(A. alpinus) 识别要点:株高15～30 cm。头状花序,花径3～3.5 cm,舌状花浅蓝或蓝紫色。花期夏季。原产欧、亚及北美洲,我国中部山区和华北有分布。因其植株低矮,适合作边缘植物及岩石园的布置。

(4)意大利紫菀(A. Amellus) 识别要点:植株高45～60 cm。头状花序,花径2.5 cm,花色雪青、深紫及桃红,花期夏、秋季。原产欧洲、亚洲。

(5)圆苞紫菀(A. maackii) 识别要点:茎被短毛。头状花序,花径3.5～4.5 cm,舌状花紫红色。原产我国东北及朝鲜。

(6)重冠紫菀(A. diplostephioides) 识别要点:株高20～45 cm,下部叶莲座状。头状花序,花径6～9 cm,花蓝色或蓝紫色。原产于我国西南部。

【园林应用】荷兰菊枝繁叶茂,花色清新淡雅,适宜布置花坛、花境、花台,也可作切花或进行盆栽摆放。

【其他经济用途】荷兰菊根茎可入药,有祛痰、镇咳、抗菌、抗癌的作用。菊苣中含有一般蔬菜中没有的苦味物质,有清肝、利胆和养胃的功效。

【花文化】荷兰菊夏秋开花,适应性强,因此它的花语是不畏艰苦。

5)宿根福禄考

别名:锥花福禄考、天蓝绣球。

学名:*Phlox paniculata*

科属:花葱科 福禄考属

【识别特征】宿根草本,根茎呈半木质,多须根。茎粗壮直立,高60～120 cm,通常不分枝或分枝少。单叶交互对生或3枚轮生,长椭圆状披针形或卵状披针形,叶缘具细硬毛。圆锥花序顶生,花朵密集,花冠高脚碟状,先端5裂;花萼狭细,裂片刺毛状,花径约2.5 cm;花色有粉、白、紫、橙、红等不同深浅颜色的品种。花期7—9月。蒴果(图4.55)。

【分布与习性】原产北美。中国各地庭园常见栽培。

喜阳光充足,过于庇荫处不宜栽植。耐寒,忌夏季炎热多雨。喜肥沃、湿润而排水良好的石灰质土壤。

【**繁殖方法**】播种、扦插或分株繁殖。以春、秋两季分株繁殖为主。种子宜秋播或经过低温沙藏后早春播种。选择健壮而充实的枝条,在秋季结合入冬修剪进行硬枝扦插。

【**常见栽培种**】同属植物约 70 种,可引种栽培的有:

图 4.55   宿根福禄考

(1)穗花福禄考(*P. divaricata*)   识别要点:宿根草本,株高 25～50 cm。茎直立,细而具粘毛。不育枝匍匐状,节处生根,叶卵形;可育枝叶片长椭圆形。花具梗,花瓣楔状倒心形,有缺刻,花蓝色至粉蓝色,芳香,花期 5 月。园艺品种较多。原产北美。可用于花境、丛植及盆栽。

(2)斑茎福禄考(*P. maculata*)   识别要点:株高 120～150 cm,茎直立,常丛生,茎上有紫色条纹或斑块。叶线形至卵圆形,近无柄,长约 13 cm。圆锥花序长达 30 cm,小花径 1.8～2.5 cm,;花白色、粉紫色,有芳香。花期夏季。生长强健,一般土质均可栽植,尤喜肥沃、湿润的石灰质壤土,向阳处生长最佳。

(3)高山福禄考(*P. subulata*)   别名:丛生福禄考。

识别要点:常绿、丛生,株高 15 cm。茎密集匍匐,基部稍木质化。叶线形至钻形簇生,质硬,长至 2.5 cm。花多数,具梗,高于叶丛,花瓣倒心形,有深缺刻,花径约 2 cm。花色有白、粉红、深粉、粉紫及有条纹等。花期夏季。原产北美东部。可分株或扦插繁殖。耐寒,耐热,耐干旱,喜向阳排水良好的壤土,冬季不能过湿。适宜布置岩石园、花坛边缘或作地被。

(4)蓝花福禄考(*P. divaricata*)   识别要点:茎匍匐,株丛开展,高达 45 cm,开花侧枝在茎节上生根。叶卵形至矩形,长达 5 cm。花蓝紫色至淡紫色,小花径 2～3 cm,花期春季,有白花品种。

(5)厚叶福禄考(*P. carolina*)   识别要点:株高达 120 cm。叶披针形至卵形,质地厚,长达 12 cm。圆锥花序,小花径 1.9 cm,紫色、粉红色,偶有白色,花期夏秋季。

【**园林应用**】宿根福禄考花色艳丽,花开密集,适宜布置花坛、花境或于林缘、草坪等处丛植或片植,高型品种可作切花,矮生品种亦可盆栽,匍匐类型可布置岩石园或大面积栽植作地被。

【**花文化**】福禄考是一种多年生草本花卉,开花时繁花似锦,争奇斗艳。它的花语是欢迎、大方、温和、多姿多彩、一致同意。

6)金鸡菊类

学名:*Coreopsis*

科属:菊科   金鸡菊属

【**识别特征**】宿根草本。茎直立,株高 30～90 cm。叶多对生,稀互生,全缘、浅裂或深裂。花单生或圆锥花序;总苞 2 列,每列 8 片,外层狭,基部合生;舌状花 1 列,宽舌状,黄、棕或粉色;管状花黄色至褐色。同属植物 100 种以上。

【**分布与习性**】主要分布于美洲、非洲南部及夏威夷群岛等地。我国引种栽培。

性情强健,喜光,耐半阴,耐寒,耐旱,耐瘠薄,对土壤要求不严。植株根部极易萌蘖,有自播繁殖的能力。对二氧化硫有较强的抗性。

【**繁殖方法**】金鸡菊类栽培容易,不择土,生产中多采用播种或分株繁殖,夏季亦可进行扦插。

【常见栽培种】

（1）大花金鸡菊（*C. grandiflora*）　别名：箭叶波斯菊。

识别要点：宿根草本。茎直立，多分枝，稍被毛，株高 30～60 cm。叶对生，基生叶披针形或匙形，具长柄，全缘；茎生叶 3～5 深裂，裂片披针形线性。头状花序，具长柄；舌状花端 2～3 裂，与管状花全为黄色；花期6—9月。有重瓣品种。瘦果圆形，具膜质翅（图4.56）。

（2）大金鸡菊（*C. lanceolata*）　别名：狭叶金鸡菊。

识别要点：宿根草本。株高30～60 cm，全株无毛或疏生长毛。叶多簇生基部或少数对生，茎生叶向上渐小，长圆状匙形至披针形，全缘，基部有 1～2 个裂片。头状花径4～6 cm，花黄色，有长梗。花期6—8月（图4.57）。

图4.56　大花金鸡菊

（3）轮叶金鸡菊（*C. verticillata*）　识别要点：宿根草本，株高40～60 cm。茎直立，无毛，分枝少。叶轮生，无柄，掌状三裂，裂片再裂成线形或丝状。花深黄色，花径约 5 cm，花期6—7月。

【园林应用】金鸡菊类枝叶纤细，花色艳丽，可布置花坛及花境，亦可作切花。因其自播能力较强，可作疏林地被，或用于屋顶绿化中，覆盖效果极好。

【其他经济用途】金鸡菊属植物含有挥发油类、黄酮类、炔类、苯丙素类、萜类、甾类等化学成分。该属植物具有调血脂、降血压、降血糖、抗氧化、抑制 α-葡萄糖苷酶及抗菌等活性，还具有很高的观赏价值。蛇目菊清热解毒、化湿，用于急、慢性痢疾，目赤肿痛、湿热痢、痢疾等。金鸡菊疏散风热，也可用于肝火、风热所致的目赤肿痛、肝肾不足或近视、夜盲等，还有清热解毒作用，可用于疮疖肿毒。

图4.57　大金鸡菊

【花文化】有"永远""始终""愉快""高兴""竞争心"之意。

7）金光菊

别名：太阳菊、九江西潘莲。

学名：*Rudbeckia laciniata*

科属：菊科　金光菊属

【识别特征】宿根草本。多须根，具地下走茎。株高 60～250 cm，茎有分枝，全株无毛或稍被短粗毛。单叶互生，叶片较宽，基生叶羽状5～7 裂；茎生叶 3～5 深裂或浅裂，边缘具稀锯齿。头状花序单生或数个着生于长梗上，总苞片稀疏、叶状；花径 8～10 cm；边缘舌状花倒披针形，下垂，金黄色；中心管状花，黄绿色；雄蕊 5 枚，花药联合；花柱 2 裂。有重瓣变种。瘦果。花期7—9月（图4.58）。

图4.58　金光菊

【分布与习性】原产加拿大和美国。我国园林有栽培，东北地区沈阳以南较多。适应性强，喜光，耐寒、耐旱。不择土，易栽培，以肥沃、湿润、排水良好的砂壤土更佳。植株生长快且粗壮，易倒伏，花期怕风。

【繁殖方法】可采用播种或分株繁殖。生产中多采用分株繁殖，宜在早春进行。播种可于春、秋两季进行,但以秋播为好,次年即可开花。

【常见栽培种】同属常见观赏栽培种有以下几种:

(1)大金光菊(*R. maxima*)　识别要点:宿根草本。株高可达200 cm以上,茎光滑,灰绿色。单叶互生,叶卵形至长椭圆形,叶片较大,长可达30 cm,全缘或具细齿;茎生叶心形,抱茎。头状花序10至数个,花梗长,边缘舌状花黄色,长2.5~5 cm,先端下垂;中心管状花近圆柱形,带褐色。花期8月。原产北美。本种植株高大,宜作花境背景或沿篱垣下种植。

(2)全缘叶金光菊(*R. fulgida*)　识别要点:宿根草本。株高30~60 cm,全株被柔毛。茎生叶长圆状披针形,全缘;基生叶匙状披针形。舌状花金黄色或基部桔色,管状花黑紫色。花期7—8月。原产北美。宜配植花境或自然式丛植、群植。

(3)齿叶金光菊(*R. speciosa*)　识别要点:宿根草本。株高30~90 cm,茎稍有柔毛。基生叶卵圆形或矩圆形,有柄;茎生叶卵圆状披针形至披针形,有不规则齿牙。舌状花黄色,基部橙黄色;管状花褐紫色;总苞片紫色。花期8—10月。原产北美。

(4)亮叶金光菊(*R. nutida*)　识别要点:宿根草本。株高300 cm,全株光滑,茎少分枝或不分枝。叶全缘或具疏齿,有光泽;基生叶卵圆状匙形,具长柄;茎生叶长圆形至披针形,无柄。头状花序单生或数朵顶生;舌状花黄色,下垂;管状花褐色。花期7—8月。原产北美。

(5)抱茎金光菊(*R. amplexicaulis*)　识别要点:一年生草本。株高80~150 cm,全株无毛。单叶互生,基生叶矩圆状匙形,茎生叶抱茎生长。头状花序,舌状花黄色,略下垂;管状花柱状,黄绿色;花期5—7月。原产北美。宜作花丛、花境或群植于路边、坡地等处。

【园林应用】金光菊植株高大,花朵繁多,花色艳丽,花期较长且性情强健,适用于布置花境,自然式丛植、片植于坡地、路缘、林缘,亦可作切花。

【其他经济用途】金光菊为中国植物图谱数据库收录的有毒植物,全草有毒,牲畜中毒症状为食欲减退、呆滞、排泄增加、视觉障碍。同时,它也具备一定的药用价值,有清热解毒之功效,可用于湿热蕴结于胃肠之腹痛、泄泻。

【花文化】女诗人舒婷在《神女峰》一诗中有对金光菊的描写,通过对其生动的描写,表达了作者为女性争取自由、追求解放的心理。因此,金光菊的花语是公平、正义,能激起人们对生活的无限热爱。

8)景天类

学名:*Sedum* spp.

科属:景天科　景天属

【识别特征】多年生低矮草本或亚灌木。通常根茎显著或无,茎直立,斜上或下垂。叶多互生,覆瓦状排列,对生或轮生,多肉质。顶生聚伞花序,花瓣4~5枚,花萼4~5裂;雄蕊与花瓣同数或2倍。花色多为黄、粉、白或红色。蓇葖果。

【分布与习性】景天类原产中国东北及朝鲜,分布于北温带及热带高山上,现在世界各地广泛栽培。

喜光,部分种类耐阴,耐寒,耐干旱,不择土,忌水湿,自然界多生于路边及石缝间。

【繁殖方法】可采用播种、分株、扦插繁殖。播种繁殖多于早春时节进行。分株繁殖适用于春、秋两季。扦插繁殖在其生长季节均可进行。

【常见栽培种】景天属约有400种,我国约有150种。园林中常见栽培种及品种如下:

(1)八宝景天(*S. spectabile*)　别名:蝎子草、八宝、长药景天。

识别要点:宿根草本,株高30~50 cm。地下茎肥厚,地上茎粗壮直立不分枝,全株被白粉,灰绿色。叶对生或3~4枚轮生,卵形,叶缘稍具波状齿,叶肉质而扁平。顶生伞房花序密集;花序直径10~13 cm;萼片5,绿色;花瓣5,淡红色,披针形;雄蕊10,排列为两轮,高出花瓣;心皮5,离生。蓇葖果。花期7—9月,果期10月(图4.59)。

(2)佛甲草(*S. lineare*) 别名:白草。

识别要点:宿根草本,肉质,株高10~20 cm。茎初时直立,后斜卧,有分枝。叶3枚轮生,线形至线状披针形,扁平,无柄,长2.5 cm。聚伞花序顶生,花小密集,中心有1个具短梗的花,花瓣5,黄色。花期5—6月(图4.60)。

(3)费菜(*S. aizoon*) 别名:土三七、三七景天、景天三七、养心草。

识别要点:宿根草本,株高50~80 cm。有明显根状茎,地上茎直立,不分枝或少分枝,全株无毛。单叶互生,长披针形至倒卵形,中上部分有粗齿,下半部分全缘,基部楔形,叶深绿色,无柄。聚伞花序,小花密集,花瓣5,黄色,雄蕊10;心皮5,基部合生。蓇葖果呈星芒状排列,黄色至红色。花期7月(图4.61)。

图4.59 八宝景天   图4.60 佛甲草   图4.61 费菜

(4)堪察加景天(*S. kamtschaticum*) 别名:金不换。

识别要点:宿根草本,肉质,株高15~40 cm。根状茎粗壮,木质化。茎斜伸,簇生,稍有棱,地上部分冬季枯萎。单叶互生,偶有对生,倒披针形至狭匙形,上部叶缘有钝锯齿,先端钝,基部渐狭,长2.5~5 cm,无柄,叶绿、黄绿至深绿色。聚伞花序顶生,大而密集小花,花橙黄色。花期6月(图4.62)。

(5)凹叶景天(*S. emarginatum*) 识别要点:单叶对生,匙状倒卵形,顶端凹缺。聚伞花序顶生,常3分枝。花期5—6月。

(6)金叶景天(*S.* ' Aurea') 识别要点:茎匍匐、丛生,分枝能力强,株高5~8 cm。单叶对生,叶片小而圆,金黄色,鲜亮,是一种极好的彩叶地被材料。

图4.62 堪察加景天

【园林应用】景天类植物大多植株低矮,抗旱、抗寒力强,在园林中可布置花坛、花境、岩石园,可大面积成片栽植作地被,也可用作镶边、室内盆栽摆放及屋顶绿化。

【其他经济用途】景天类植物大多具有药用价值。八宝景天可全草入药,有祛风利湿、活血

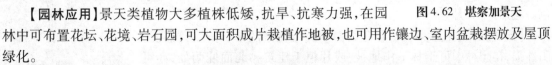

散瘀、止血止痛之功效。用于喉炎、荨麻疹、吐血、小儿丹毒、乳腺炎;外用治疗疮痈肿、跌打损伤、鸡眼、烧烫伤、毒虫、毒蛇咬伤、带状疱疹、脚癣;茎皮纤维可制绳索或供编织用。三七景天全草含景天庚糖、蔗糖、果糖及蛋白质。可止血消炎,安神宁心,并有抑菌作用,还是一种保健蔬菜,鲜食部位含蛋白质、碳水化合物、脂肪、粗纤维、多种维生素、微量元素、谷甾醇、生物碱、景天庚糖、黄酮类、有机酸等多种成分。常食可增强人体免疫力,有很好的食疗保健作用。佛甲草药可清热解毒、利湿、止血。

9) 玉簪类

学名:*Hosta*

科属:百合科　玉簪属

图4.63　玉簪

【识别特征】宿根草本。玉簪类植物具粗大的地下茎,植株低矮。叶基生,具长柄。花葶顶生,多为总状花序,高于叶丛,花被片基部联合成长管,喉部扩大,花为蓝、紫或白色。

【分布与习性】多分布在中国、日本等东亚国家。

玉簪类植物性强健,耐寒,喜阴,忌阳光直射,在林下或建筑物北面生长繁茂。喜肥沃、湿润、排水良好的土壤。

【繁殖方法】多采用分株繁殖,可于春季4—5月或秋季进行。也可采用播种繁殖及组织培养。

【常见栽培种】玉簪属植物有40多种。园林中常见栽培种如下:

(1)玉簪(*H. plantaginea*)　别名:玉春棒、白玉簪、白鹤花、小芭蕉。

识别要点:宿根草本。具粗壮的根状茎,有多数须根,株高40~60 cm。叶基生成丛,具长柄,卵形至心脏状卵形,叶边缘全缘,基部心形,弧形脉。总状花序顶生。花管状漏斗形,蒴果三棱状圆柱形。花期6—8月,芳香袭人(图4.63)。

(2)紫萼玉簪(*H. ventricosa*)　别名:紫花玉簪。

图4.64　紫萼玉簪

识别要点:宿根草本。叶基生,卵圆形,叶柄边缘常由叶片下延呈翅状,叶柄沟槽较玉簪浅。总状花序顶生,着花10朵左右,花冠长4~5 cm,淡堇紫色,无香味,较玉簪花小。花期6—8月(图4.64)。

(3)狭叶玉簪(*H. lancifolia*)　别名:水紫萼、日本玉簪、狭叶紫萼。

识别要点:宿根草本。株高40 cm,根茎细。叶较窄,卵状枝针至披针形,长10 cm,宽5 cm,两端渐狭,灰绿色。花葶高出叶面,中空,花小,淡紫色。花期8月(图4.65)。

(4)波叶玉簪(*H. undulata*)　别名:皱叶玉簪、白萼、花叶玉簪。

识别要点:宿根草本,株高70 cm。叶卵形,叶缘微波状,叶面有乳黄或白色纵纹,叶长15 cm,宽7 cm。花葶高于叶面,花冠长5 cm,暗紫色。花期7—8月。

【园林应用】玉簪类植物开花洁白如玉或蓝紫淡雅,叶丛繁茂且耐阴性强,在园林中可于林下作地被,或片植于建筑物北面庇荫处,亦可

图4.65　狭叶玉簪

用于岩石园,矮生品种可盆栽观赏。

【其他经济用途】玉簪类植物具有药用价值,其药学应用可追溯至唐代。嫩芽可入菜,全株可入药,具有清热解毒、消肿止痛的功效。鲜花含芳香油,可提制芳香浸膏。

【花文化】玉簪的传说:相传王母娘娘对女儿的管教非常严,小女儿性格刚烈,自小喜欢自由,向往人世间无拘无束的生活。一次,她趁赴瑶池为母后祝寿之机,她想乘机下凡到人间走一遭。不想王母娘娘早就看透她的心事,使她不得脱身。她便将头上的白玉簪子拔下,对它说:"你代我到人间去吧。"一年后,在玉簪落下的地方长出了像玉簪一样的花,散发出清淡幽雅的香味。人们喜欢它花形的脱俗,称它为"江南第一花"。宋代诗人黄庭坚有诗道:"宴罢瑶池阿母家,嫩惊飞上紫云车。玉簪落地无人拾,化作江南第一花。"

玉簪的花语是脱俗、冰清玉洁。

10) 随意草

别名:芝麻花　假龙头花。

学名:*Physostegia virginiana*

科属:唇形科　假龙头花属

图 4.66　随意草

【识别特征】宿根草本。株高 30 ~ 120 cm,根茎匍匐状,地上茎直立、丛生,四棱形。叶长椭圆形至披针形,叶缘有整齐的锐齿,先端渐尖,长 7.5 ~ 12.5 cm。穗状花序顶生,长 20 ~ 30 cm,单一或有分枝,每轮着花 2 朵,花筒长约 2.5 cm,唇瓣短,排列紧密,花深红、粉红或淡紫色。花期 7—9 月(图 4.66)。

【分布与习性】原产地北美洲,在中国华东地区随意草分布较为广泛。

喜温暖,较耐寒。喜阳光充足,耐半阴。喜疏松肥沃、排水良好的砂质壤土,夏季干旱则生长不良,且叶片易脱落,应勤浇水。

【繁殖方法】分株或播种繁殖。园林中多采用分株繁殖,早春、秋季或花后均可进行分株繁殖,每 2 ~ 3 年分栽 1 次即可,残根留在土中易萌发繁衍。4—5 月可播种繁殖,种子发芽力可保持 3 年。

【常见栽培种】随意草在园林中应用广泛,常见的变种有:白花假龙头花(var. *alba*)花期稍早,大量结籽,性强健;大花假龙头花(var. *grandiflora*)花大,鲜粉色,花序较长,花期 7—9 月。

【园林应用】假龙头花期长,花枝挺拔,花色秀丽,群体观赏效果好,极大地丰富了夏秋时节的园林景观。适宜布置花坛、花境、片植或丛植,亦可盆栽或作切花。

【花文化】随意草形如其名,花开飘逸,性情强健,因此它的花语是情随意动,心随情动。

11) 萱草类

学名:*Hemerocallis*

科属:百合科　萱草属

【识别特征】宿根草本。根茎短,常肉质。叶基生,带形,二列状排列。花茎高出叶片,上部有分枝。花大,花冠漏斗形至钟形,内外两轮,每轮 3 片,裂片外弯,基部呈长筒状,内被片较外被片宽;雄蕊 6,背着药。花黄色至桔红色。蒴果。

【分布与习性】分布于中欧至东亚,我国各省均有分布。

萱草类性强健,对环境适应性较强。喜光又耐半阴,耐寒,耐干旱,耐低湿。对土壤适应性强,尤以肥沃、排水良好的沙质土为宜。

【繁殖方法】以分株繁殖为主,也可播种或扦插繁殖。分株繁殖可于春、秋两季进行,一般3~5年分株1次。播种繁殖时,需经冬季低温后才能萌发,因此采种后应即时播种,次春发芽。花后扦插茎芽易成活,次年即可开花。

【常见栽培种】本属植物约14种,我国有约11种,常见的栽培种及品种如下:

(1)萱草(*H. fulva*)　别名:忘忧草、忘郁、黄花。

识别要点:宿根草本。根状茎粗短、肉质,根纺锤形,株高50~80 cm。叶基生,二列状,长带形。花葶自叶丛中抽出,高于叶丛,高达100 cm以上;顶生圆锥花序,着花6~12朵,花冠漏斗形,橘红色,花瓣中有褐红色斑纹,芳香。花期6—8月。常见的栽培变种有:长筒萱草(var. *longituba*)花筒较长,花被片较狭;玫瑰红萱草(var. *rosea*)花玫瑰红色;斑花萱草(var. *Maculata*)花较大,内部有显明红紫色条纹;千叶萱草(var. *kwanso*)为半重瓣(图4.67)。

图4.67　萱草

(2)黄花萱草(*H. flava* L.)　别名:金针菜、北黄花菜。

识别要点:宿根草本。叶片深绿色,带状,长30~60 cm,宽0.5~1.5 cm,拱形弯曲。顶生圆锥花序,小花6~9朵,花淡柠檬黄色,浅漏斗形,花葶高约125 cm,花径约9 cm。傍晚开放,次日午后凋落。有芳香。花期5—7月。

(3)黄花菜(*H. citrina*)　别名:黄花、金针菜、柠檬萱草。

识别要点:宿根草本。肉质根纺锤形。植株相对矮小,叶基生二列状,叶片宽带形,深绿色,长75 cm。总状花序,花茎稍长于叶,有分枝,花小而量多,着花可达30朵,花淡柠檬黄色,背面有褐晕,花被长13~16 cm,裂片较狭,花梗短,具芳香。花期7—8月。花在强光下不能完全开放,常在傍晚开花次日午前闭合(图4.68)。

图4.68　黄花菜

(4)小黄花菜(*H. minor*)　识别要点:宿根草本。根细索状,植株低矮,高30~60 cm。叶纤细,二列状基生,绿色,长约50 cm,宽6 mm。花茎高于叶丛,着花2~6朵,黄色,外有褐晕,花被片6枚,内层花被较宽而钝,边缘膜质,有香气,傍晚开花次日中午凋谢。花期6—8月(图4.69)。

(5)大苞萱草(*H. middendorffii*)　别名:大花萱草。

识别要点:宿根草本,植株低矮。叶短而窄,长30~45 cm,宽2~2.5 cm。花茎高于叶丛,小花2~4朵簇生,花冠长8~10 cm,花梗极短,花朵紧密,具有大型三角状苞片,外被片宽1.3~2.0 cm,内被片较宽而钝,具膜质边缘。花黄色,有芳香。花期4—5月。

(6)童氏萱草(*H. Thunbergii*)　识别要点:宿根草本。叶深绿色而狭长,长约74 cm,生长强健而紧密。花葶高达120 cm,顶端分枝,着花12~24朵,杏黄色,喉部较深,短漏斗形。具芳香。花期7—8月。

图4.69　小黄花菜

【园林应用】萱草类春季萌发较早,叶丛茂密,花朵大,花色艳,具有很高的观赏价值。适宜布置花境,可将其丛植于庭园、林缘、路旁,也可作切花。

【其他经济用途】萱草类根可入药,有利水、凉血之功效。一些种类的花朵作蔬菜,干鲜均可。最为著名的干菜——黄花菜,即是在花蕾期采集晾晒的花朵,其营养价值很高,富含多种维生素、蛋白质、糖和矿物质。

【花文化】萱草的花语:遗忘的爱。萱草又名忘忧草,代表"忘却一切不愉快的事"。

12) 荷包牡丹

别名:铃儿草、兔儿牡丹、鱼儿牡丹。

学名:*Dicentra spectabilis*

科属:罂粟科 荷包牡丹属

【识别特征】宿根草本,株高 30～60 cm。地下茎稍肉质。茎带红紫色,丛生。二回三出羽状复叶互生,全裂,具长柄,叶被白粉。总状花序横生,花朵偏向一侧下垂;花瓣 4 枚,长约 2.5 cm,外 2 枚粉红色基部囊状,先端反卷,内 2 枚狭长近白色,仅顶部呈红紫色;雄蕊 6 枚,合生成两束,雌蕊条形。蒴果。花期4—6月(图4.70)。

图4.70 荷包牡丹

【分布与习性】原产我国、西伯利亚及日本。河北及东北等省均有野生分布,各地园林多栽培。

荷包牡丹耐寒,不耐夏季高温,喜半阴,凉爽湿润的气候。喜阴湿、肥沃、蓬松适度的壤土。在砂土及黏土中生长不良。生长期间喜侧方遮阴,忌日光直射。

【繁殖方法】可采用分株法、扦插法、播种法。园林中多采用春秋分株法进行繁殖,约 3 年分株 1 次。种子繁殖,可秋播或层积处理后春播,实生苗 3 年开花。扦插繁殖,当花全部凋谢后,剪去花序,取枝下部有腋芽的嫩枝作插条进行扦插。

【常见栽培种】

同属植物约 15 种,分布于北美和亚洲,我国有 6 种,产西北、东北及云南。常见的栽培种有:

(1)缝毛荷包牡丹(D. eximia) 识别要点:宿根草本,株高 30～50 cm,地下茎鳞状横伸、粗壮。叶基生,裂片长圆形,稍带白粉。总状花序无分枝,花红色,下垂、长圆形,距稍内弯,急尖,花期5—8月。原产美洲东海岸(图4.71)。

(2)美丽荷包牡丹(D. formosa) 识别要点:宿根草本。植株丛生而开展,株丛柔细,株高50～60 cm。叶二回三出羽状全裂,裂片稍粗糙,翠绿色。总状花序有分枝,花粉红或暗红。花期5—6月。原产北美。

(3)加拿大荷包牡丹(D. canadensis) 识别要点:宿根草本。株高 50～80 cm。三出羽状复叶,叶背有白粉,裂片线形。总状

图4.71 缝毛荷包牡丹

花序,有花4～8 朵,花冠心脏形,绿白色带红晕,有短距,花梗短,花期4—6月。原产北美。

(4)奇妙荷包杜丹(D. peregrina var. pusilla) 识别要点:宿根草本,全株粉白色。叶具长柄,三角形至狭三角形,再 3 分裂,最小裂片线状长椭圆形。顶生聚伞花序,花茎高 10～20 cm,花淡红至深红色,花期7—8月。原产日本,多盆栽观赏。

(5)华丽荷包牡丹(D. chrysantha) 识别要点:宿根草本,株高 90～150 cm。叶绿色被白粉、细裂。总状花序,着花多达 50 朵。原产美国加利福尼亚,多用于花坛。

（6）大花荷包牡丹（*D. macrantha*）　识别要点:宿根草本。株高100 cm,全株无毛。叶片为三回三出羽状全裂,下部茎生叶长达30 cm,具长柄。花数少,花瓣淡黄绿色或白色,花序长30～45 cm。原产我国,分布在四川、贵州及湖北。

【园林应用】荷苞牡丹叶丛优雅,花朵玲珑,外形奇特,是园林中春季观赏的主要花卉之一。宜布置花坛、花境、庭院栽植,可丛植于建筑物旁,因此耐半阴,也可用于林下作地被或点缀岩石园。低矮品种可盆栽观赏,亦可作切花。

【其他经济用途】荷包牡丹根可入药,有活血镇痛、消疮毒、除风之功效。内服可用于治疗金疮、疮毒、胃痛,外敷可用于治疗跌打肿痛。不过,荷包牡丹全草有潜在毒性,部分人接触该植物皮肤会有刺痛感。

【花文化】荷包牡丹的种加词 spectabilis 意为"艳丽的",属名 Dicentra 意为"双花距的",堪称中国的玫瑰花。其中文名字源于民间的美丽传说"玉女思君"。相传玉女思念塞外充军两载、杳无音信的心上人,每月绣一个荷包聊作思念之情,并一一挂在窗前的牡丹枝上,久而久之,荷包形成了串,变成了人们所说的那种"荷包牡丹"。因此它的花语是答应追求和求婚。

13）桔梗

别名:僧冠帽、梗草、六角荷、铃铛花。

学名:*Platycodon grandiflorum*

科属:桔梗科　桔梗属

【识别特征】宿根草本。块根肥大多肉,圆锥形。地上茎直立,高30～120 cm,植物体有乳汁,无毛。叶互生、对生或3枚轮生,近无柄,叶片卵形,边缘有锐锯齿,先端尖,叶背有白粉。花常单生叶腋或数朵组成总状花序,花冠钟状,径2.5～6 cm,裂片5,三角形;雄蕊5,花丝基部扩大,花柱长,5裂而反卷;花蓝色、白色或蓝紫。花期6—10月(图4.72)。

图4.72　桔梗

【分布与习性】原产日本,我国南北各省均有分布。

性喜凉爽湿润环境,生长适温15～25 ℃,喜阳光充足,稍耐阴,忌积水,喜排水良好、富含腐殖质的砂质壤土。自然界多生于山坡、草丛间或沟旁。

【繁殖方法】播种或分株繁殖,播种通常3—4月进行直播,分株繁殖在春秋季均可进行。

【常见栽培种】常见变种有:白花变种(var. *album*),晚花变种(var. *autumnale*),星状变种(var. *japomocum*)具10个裂片,大花变种(var. *mariesii*),半重瓣变种(var. *semiduplex*)等,其中又分高杆、矮生、斑纹等品种。

【园林应用】桔梗抗逆性强,管理简便粗放,花朵大,花期长,花色淡雅,有很强的田园气息,高品型品种可用于花境,中矮型品种可点缀岩石园,矮型品种多用于切花。

【其他经济用途】桔梗的根茎是一种常用的中药材,清肺止咳,还有食用价值,渍成咸菜,干鲜可口,桔梗根富含淀粉,可以酿酒。

【花文化】传说,桔梗花开代表幸福再度降临。可是有人能抓住幸福,有的人却注定与它无缘,抓不住它,也留不住花。于是桔梗有着双层含义——永恒的爱和无望的爱。

14）飞燕草

别名:萝卜花、南欧翠雀。

学名:*Consolida ajacis*

科属:毛茛科 翠雀属

【识别特征】二年生草本。株高 60～120 cm。茎直立,上部疏分枝。叶互生,数回掌状分裂至全裂,裂片线形,茎生叶无柄,基生叶具长柄。总状花序顶生,不整齐花冠;花萼 5 枚,形状不一致;花瓣 2 枚,合生,有钻形长距,呈飞鸟状,与萼同色;花有红、白、蓝、紫等色,并有重瓣品种。花期 5—6 月(图 4.73)。

【分布与习性】原产南欧,多分布于我国北方,华北、西北及内蒙古均有分布。

喜冷凉,耐寒。喜阳光充足,耐半阴,耐旱。喜通风、高燥,忌积涝。喜肥沃、富含腐殖质、排水良好的砂质壤土。

【繁殖方法】采用播种、分株及扦插繁殖。播种繁殖,可于秋季或临冬直播。分株繁殖,春、秋季均可进行。扦插繁殖,可在花后剪取基部萌发的新芽,插于沙中,或于春季剪取新枝扦插。

【常见栽培种】同属植物,本属约有 250 种,我国产 100 余种,各地均有分布,以西南部较多。常见栽培的有:

(1)大花飞燕草(*D. Grandiflorum*) 别名:翠雀花。

识别要点:宿根草本。主根肥厚,呈梭形或圆锥形。茎直立,疏散,分枝多,株高 80～100 cm,全株被柔毛。叶互生,掌状深裂,裂片线形,基生叶及茎下部叶有长柄,茎生叶近无柄。总状花序顶生,着花 3～15 朵;花大,花径 3～4 cm;萼片 5 枚,瓣状,淡蓝、蓝或莲青色,距直伸或弯曲,其长等于或超过花萼;花瓣 4 枚,2 侧瓣蓝紫色,有距,2 后瓣白色,无距;心皮 3～7 枚离生。花期 6—9 月。原产我国及西伯利亚(图 4.74)。

(2)高飞燕草(*D. elatum*) 别名:穗花翠雀。

识别要点:宿根草本。植株高大,株高达 180 cm 以上,多分枝成帚状。叶大,稍被毛,掌状 5～7 深裂,上部叶 3～5 裂。总状花序穗状,花序长,蓝色,径约 2.5 cm,距等于或稍长于萼,花色有紫红、白、淡紫等。花期夏季。原产我国内蒙古、新疆等地及西伯利亚(图 4.75)。

(3)唇花翠雀(*D. cheilanthun*) 识别要点:宿根草本。株高达 140 cm,茎直立,多分枝。叶互生,掌状深裂。花序松散扩展,着花较少,2～6 朵,花深蓝色或带白色。花期 5—7 月。有黄花品种。产我国华北及西南地区(图 4.76)。

(4)美丽飞燕草(*D. Belladonna*) 别名:颠茄翠雀。

识别要点:宿根草本。茎多分枝。叶互生,掌状分裂。总状花序顶生,花蓝色;萼片 5 枚,花瓣状,后面一枚延伸成距;花瓣 2 枚,分生。花期 5—6 月。耐寒性较强,易倒伏,生长期多施磷、钾肥。

(5)丽江翠雀(*D. likiangense*) 识别要点:总状花序,花蓝紫色,有芳香。产我国云南。生

图 4.73 飞燕草

图 4.74 大花飞燕草

图 4.75 高飞燕草

长在山地草坡,适宜布置岩石园。

(6)康定翠雀(*D. tatsienense*)　别名:康定飞燕草。

识别要点:株高仅约 50 cm。伞房花序,着花 3 ~ 12 朵,花径 2.5 cm,距长 3 cm,花蓝紫色。产我国四川西部及云南北部地区。

【园林应用】飞燕草花序长,花色艳,花形独特,是园林中布置花境的一种很好的竖线条型花材,可丛植于路旁角隅,布置岩石园、庭院栽植,本种还是一种低耗能的切花材料。

【其他经济用途】根、种子及全草可入药。有毒,可泻火止痛;煎水含漱(有毒勿咽)可治风热牙痛,也可以采根含口中治牙痛。茎叶浸汁可杀虫。

【花文化】传说古代有一族人遭受迫害,不幸遇难,其魂魄化作飞燕,飞回故乡,伏藏于草丛的枝条上。后来这些飞燕化成了美丽的花朵,年年开在故土上,渴望还给它们"正义"和"自由"。因此飞燕草的花语为清静、轻盈、正义、自由。

图 4.76　唇花翠雀

15)宿根石竹类

学名:*Dianthus*

科属:石竹科　石竹属

【识别特征】宿根草本花卉,植株直立或成垫状。茎节膨大。单叶对生,叶狭,禾草状。花单生或为顶生聚伞花序及圆锥花序,萼管状,5 齿裂,下有苞片 2 至多枚,是分类学上的特征;花瓣 5 枚,具爪,被萼片及苞片所包裹,全缘或具齿及细裂。花色以粉红及深红为主,亦有白及黄色。花期为春、夏、秋季。蒴果。

【分布与习性】宿根石竹类植物分布于欧洲、亚洲和非洲。原产地为地中海地区,在中国东北、西北至长江流域山野均有分布。

喜光,喜凉爽,喜高燥、通风、稍湿润的环境,不耐炎热。喜肥沃、排水良好的沙质土或黏壤土,忌湿涝。

【繁殖方法】繁殖可用播种、分株及扦插法。通常以播种法为主,春播或秋播于露地,寒地可于春季或秋季在冷床或温床内进行。分株繁殖多在春季进行。扦插法生根较好,可在春、秋季插于沙床之中。

【常见栽培种】本属约有 300 种,我国约产 14 种。大致可分为露地和温室栽培两类。一类耐寒力强,可露地越冬,常作二年生花卉栽培;另一类是亚灌木状,四季开花,在温室作切花栽培。常见栽培种及品种如下:

(1)须苞石竹(*D. barbatus*)　别名:美国石竹。

识别要点:宿很草本。株高 40 ~ 50 cm。茎粗壮直立,少分枝,节间长于石竹。叶较宽,阔披针形至狭椭圆形,具平行脉,中脉明显。花小而多,有短梗,头状聚伞花序,叶状苞片细长如须;花色丰富,有紫、绯红、白、粉红等深浅不一;花瓣上常有异色环纹或镶边而形成复色。花期5—6月(图4.77)。

图 4.77　须苞石竹

（2）常夏石竹（*D. plumarius*）　别名：羽裂石竹。

识别要点：宿根草本。植株丛生，密集低矮。植株光滑而具白粉，灰绿色，株高约 30 cm。茎簇生，上部有分枝，越年基部木质化。叶厚、紧密，长线形，叶缘具细锯齿，中脉在叶背隆起。花 2~3 朵生于枝顶，花瓣边缘裂达中部，喉部多具暗紫色斑纹。花多变异，有粉红、紫、白等色，且高度、斑点、花瓣数目等亦富于变化，具芳香。花期 5—10 月。

（3）西洋石竹（*D. deltoids*）　别名：少女石竹。

识别要点：宿根草本。植株低矮，灰绿色，株高约 25 cm。营养茎匍匐状生长，着花茎直立。茎生叶小，密而簇生，线状披针形；基生叶倒卵状披针形，端钝。花茎上部分枝，花单生于茎端，有紫、红、白等色，瓣缘成齿状，有簇毛，喉部常有"一"形或"V"形斑纹，花径约 2 cm，具芳香。花期 6—9 月。

（4）瞿麦（*D. superbus*）　别名：长萼瞿麦。

识别要点：宿根草本。株高 60 cm，植株不具白粉，光滑，有分枝。叶片质软，浅绿色，线形，先端尖，具 3~5 脉。花单生或呈稀疏的圆锥花序；花瓣具长爪，深裂成羽状；萼细长，圆筒状，长 2~3 cm，先端有长尖；花径 4 cm；花色多为淡粉红、白色，少有紫红色，具芳香。花期 7—8 月（图 4.78）。

图 4.78　瞿麦

（5）石竹梅（*D. latifolius*）　别名：美人草。

识别要点：宿根草本。本种为须苞石竹与石竹的杂交种，形态介于两者之间。花瓣表面常具银白色边缘，背面全为银白色，多复瓣或重瓣。花期 5—6 月（图 4.79）。

【园林应用】宿根类石竹花枝纤细，花色丰富，花朵繁密，叶似竹节，是传统的园林花卉。高生型品种可布置花坛、花境及切花用，低矮型及簇生种可作镶边材料、布置岩石园或盆栽观赏，亦可大量直播作地被。

图 4.79　石竹梅

【其他经济用途】石竹可以全草或根入药。具清热利尿、破血通经之功效。

【花文化】石竹花语：热心、大胆、纯洁的爱。

16）耧斗菜

别名：西洋耧斗菜、洋牡丹。

学名：*Aquilegia vulgaris*

科属：毛茛科　耧斗菜属

【识别特征】宿根草本。株高 60 cm。茎直立，多分枝，具细柔毛。二回三出复叶，小叶菱状倒卵形或宽菱形，裂片浅而微圆，叶表面无毛，背面疏被短绒毛，具长柄。一茎多花，花朵下垂，花瓣长约 2 cm；花萼花瓣状，先端急尖，常与花瓣同色；花瓣基部漏斗状，自萼片向后伸出成距，距与花瓣等长向内曲。花紫、蓝或白色。蓇葖果，种子黑色，光滑。花期 5—7 月（图 4.80）。

图 4.80　耧斗菜

【分布与习性】原产中欧、西伯利亚及北美。

楼斗菜性强健，耐寒，喜凉爽、湿润气候，忌高温炎热，夏季宜种植于半阴处。喜肥沃、湿润、排水良好、富含腐殖质的砂质土壤。

【繁殖方法】可播种或分株法繁殖。播种可于3—4月或8—9月进行。分株繁殖可于早春发芽前或落叶后进行。

【常见栽培种】楼斗菜栽培变种甚多，主要有以下几种。大花品种 (var. *olympica*)，花大，萼片暗紫色或淡紫色，花瓣白色；白花品种(var. *alba*)，花白色；重瓣品种(var. *flore-pleno*)，花重瓣，多色；红花品种(var. *atrorosea*)，花深红色；斑叶品种(var. *vervaeneana*)，叶有黄色斑点。

同属植物有70多种，常见栽培的有：

(1)杂种楼斗菜(A. *hybrida*)　别名：大花楼斗菜。由蓝楼斗菜(A. *caerulea*)与黄花楼斗菜(A. *chrysantha*)杂交而成。

图4.81　杂种楼斗菜

识别要点：宿根草本，株高90 cm。茎多分枝，二至三回三出复叶。花朵侧向，萼片及距较长，可达8~10 cm，花瓣先端圆唇状，花色丰富，有紫红、深红、黄等深浅不一的色彩，花大，花期5—8月(图4.81)。

(2)华北楼斗菜(A. *yabeana*)　识别要点：宿根草本。株高达60 cm，茎上部密生短腺毛。基生叶具长柄，一至二回三出复叶；茎生叶较小。花顶生下垂，花瓣紫色，长约1.2 cm；萼片狭卵形，花瓣状，与花瓣同数同色；距末端狭，内弯。花期5—7月。我国华北各省均有栽培(图4.82)。

图4.82　华北楼斗菜

(3)加拿大楼斗菜(A. *canandensisi*)　识别要点：宿根草本。株高30~60 cm。二回三出复叶，黄绿色。花大，数朵着生于茎上，径约4 cm；花瓣柠檬黄色，截形，长约1.3 cm；萼片黄色，或背面有红晕不反卷，距近直伸，长约2 cm。花期5—7月(图4.83)。

(4)红花楼斗菜(A. *formosa*)　识别要点：花径4~5 cm，萼片红色，花瓣黄色，距瓣红、深红、黄等色，粗壮而直伸。原产北美和西伯利亚。

(5)黄花楼斗菜(A. *chrysantha*)　别名：金花楼斗菜、垂丝楼斗菜。

识别要点：宿根草本，株高90~120 cm。茎直立，多分枝，稍被短柔毛。二回三出复叶，茎生叶数个。花多数，萼片深黄色，有红晕，开展；花瓣淡黄色，花期5—8月。

【园林应用】楼斗菜叶色优美，花形独特，品种多，花期长，是园林中重要的观花观叶草本花卉。常用于花坛、花境及岩石园中栽植。可丛植于灌木丛间、林缘，片植于疏林下、山地草坡间，可以形成美丽的自然景观。高生品种可作切花。

图4.83　加拿大楼斗菜

【其他经济用途】楼斗菜具有药用价值，有去瘀、止血、镇痛的功效，用于月经不调，经期腹痛，功能性子宫出血，产后流血过多。

【花文化】楼斗菜花色淡雅，花形奇特，它的花语是必定要得手，坚持要得胜。

17）千叶蓍

别名：西洋蓍草、欧蓍草、锯叶蓍草、多叶蓍草。

学名：*Achillea millefollum*

科属：菊科　蓍草属

【识别特征】宿根草本，株高 30 ~ 90 cm，全株鲜绿色。茎直立，稍有棱，上部有分枝，密生白色长柔毛。叶互生，无柄，矩圆状披针形至近条形，一至三回羽状深裂至全裂，裂片披针形或线形。头状花序复伞房状着生，径 5 ~ 7 mm；缘花舌状，舌片近圆形，为雌性能结实，有白、粉红、黄、紫等色；中心管状花，黄色，两性亦结实；具香味。瘦果压扁状。花期 6—10 月，果期 8—11 月（图 4.84）。

【分布与习性】原产欧洲、亚洲及美洲。我国东北、华北有分布。

图 4.84　千叶蓍

喜光，耐半阴，耐寒，喜温暖、湿润，对气候、土壤要求不严，耐贫瘠，在排水良好、富含腐殖质及石灰质的沙壤土中生长尤佳。

【繁殖方法】播种、扦插或分株繁殖。春播、秋播均可，多行条播。生长期扦插繁殖。春秋两季均可分株。栽培管理租放。

【常见栽培种】常见的变种有：红花蓍草（var. *rubrum*），株高近 100 cm，花红色或淡红色，花期 6—8 月；粉花蓍草（var. *rosea*）等。

同属植物有 100 余种，分布在温带地区，常见的栽培种有：

（1）珠蓍（*A. Ptarmica*）　识别要点：宿根草本，株高 30 ~ 100 cm。叶长披针状线形，叶缘有细锯齿。头状花序伞房状着生，较大，舌状花多轮，花白色。花期 7—9 月。有重瓣、半重瓣品种。原产欧洲及日本。

（2）蓍草（*A. sibirica*）　识别要点：宿根草本，株高 80 cm。茎直立，具疏贴柔毛，上部分枝。叶条状披针形，羽状浅裂，基部裂片抱茎，顶端有软骨质小尖，无柄。头状花序多数，密集成伞房状，径 7 ~ 9 mm；总苞钟形，舌状花单轮，着花 7 ~ 8 朵，白色，顶端有 3 个小齿；管状花白色。花期 7—9 月（图 4.85）。

图 4.85　蓍草

（3）高山蓍（*A. alpina*）　识别要点：宿根草本，株高 80 cm。茎直立，疏生柔毛。叶互生，无柄，羽状深裂，基部裂片抱茎。伞房状头状花序；舌状花 7 ~ 8 朵，白色，管状花白色，花小；花期 7—8 月。

（4）蕨叶蓍（*A. filipendulina*）　别名：凤尾蓍。

识别要点：宿根草本，株高约 100 cm，全株灰绿色，茎秆挺立，茎具纵沟及腺点。叶色浅绿，羽状复叶互生，椭圆状披针形，小叶羽状细裂，叶轴下延；茎生叶稍小，上部叶线形。头状花序伞房状着生，花径 12 cm，芳香，花黄色。花期 6—9 月。

（5）银毛蓍（*A. ageratifolia*）　识别要点：宿根草本，株高 10 ~ 20 cm。叶被银色柔毛。花白色，花期夏季。

（6）常春蓍（*A. ageratum*）　识别要点：宿根草本，株高 40 cm。叶片矩圆形，有腺点，具柔毛。花黄色，花期夏季。

【园林应用】千叶蓍株型饱满,叶形奇特,花团锦簇,色彩丰富,在园林中可作花境、花坛,布置岩石园,丛植作疏林地被,也可作切花及盆栽、水养之用。

【其他经济用途】全株可入药。具有解毒消肿、止血、止痛之功效。用于风湿疼痛、牙痛、经闭腹痛、腹部痞块、痢疾;外用治毒蛇咬伤、痈疖肿毒、跌打损伤、外伤出血。另外,它还能消除腹腔内各种积块,能滋润肌肤,益气、明目、能令人头脑灵活,长期服用,让人身材轻健,延年益寿。茎叶含芳香油,可作调香原料。

【花文化】蓍草是一种观花观叶效果俱佳的草本花卉,它的适应性比较强。在中国古代蓍草跟龟壳的作用一样,可将其烧来作卦,用来占卜。花语是粗心大意、安慰。

18)马蔺

别名:马莲、紫兰草、蠡实。

学名:*Iris lactea* var. *chinensis*

科属:鸢尾科　鸢尾属

【识别特征】宿根草本,株高 30~40 cm。根茎粗短,须根细而坚韧。叶丛生,线形,革质且质地较硬,基部具纤维状老叶鞘。花莛自叶丛间抽出,与叶等高,着花 1~3 朵,花淡蓝紫色,花径约 6 cm,花被片 6 枚,淡蓝色,狭长,外轮花瓣(通称垂瓣)稍大,中部有黄色条纹,无须毛,内轮花瓣(通称旗瓣)直立,花柱呈花瓣状,端 2 裂。蒴果纺锤形细长,长 4~6 cm,具 3 棱。花期 5—6 月(图 4.86)。

图 4.86　马蔺

【分布与习性】原产中国、朝鲜及中亚西亚。

耐旱,耐湿,耐寒,耐热,耐践踏。喜阳光充足,耐半阴,不择土。

【繁殖方法】分株繁殖为主。春季花后或秋季进行,也可秋季播种繁殖,种子采后即播。

【园林应用】本种根系发达,可用于水土保持和盐碱地改良,园林中可用于花境及地被,也可丛植于路边、山石旁,还可切叶作插花。

【其他经济用途】马蔺具有重要的药用、饲用和工业价值。马蔺的花、种子、根均可入药。花晒干服用可利尿通便;种子和根可除湿热、止血、解毒、退烧、驱虫的功效。马蔺利用年限长,产草量高,营养成分丰富,为各类牲畜尤其是绵羊喜食。作为纤维植物,可以代替麻生产纸、绳,叶是编制工艺品的原料,根可以制作刷子。

【花文化】马蔺俗称马莲花或马兰花,又叫"祝英台花"。相传马蔺是天宫仙女送给人间的快乐花,以其朴素纯洁的风格备受人们青睐。因为它具有旺盛的生命力,极强的适应力、繁殖力,耐践踏,可自我恢复,因而被称为"千年不死草"。它的花语是恋爱使者、宿世的情人、相信者的幸福。

19)冷水花

别名:田鸡海棠、白雪草、花叶荨麻、白斑海棠、铝野草、透白草。

学名:*Pilea cadierei*

科属:荨麻科　冷水花属

【识别特征】多年生常绿草本,株高 20~40 cm。植株直立,茎光滑,多分枝,节上具气生根,茎叶多汁。单叶对生,长椭圆形,先端突尖,叶缘上部具浅齿,下部全缘,长 5~8 cm,基出 3 主脉;叶肉质,叶面深绿色,叶在侧脉间呈波浪状凸起,凸起处有银白色斑块。二歧聚伞花序腋生,花黄白色。瘦果。花期10月(图4.87)。

图4.87　冷水花

【分布与习性】原产东南亚地区,我国华南有分布。

喜温暖、湿润气候,不耐干旱,冬季温度不能低于6 ℃,生长适温18~25 ℃。耐阴性强,长时间在微弱光照下也能生长良好,忌阳光暴晒。对土壤要求不严,以富含有机质的壤土最好。

【繁殖方法】常用扦插法繁殖。一般在5—10月剪取枝条顶端,扦插于沙床中1周后生根,或水插10 d后可生根。也可分株繁殖。

【常见栽培种】同属常见的栽培种及品种有:

(1)密生冷水花(P. c. cv. Nana)　识别要点:枝叶密生,较矮小,株高不超过20 cm。

(2)蔓性冷水花(P. nummulariifolia)　别名:蛤蟆草、毛虾蟆草。

识别要点:多年生常绿草本,株高20~30 cm。全株具毛。茎匍匐,分枝细,着地即可生根,茎枝褐紫色。单叶对生,圆形,叶缘有粗锯齿,叶脉凹,茶褐色,叶面稍皱,具长叶柄,叶翠绿色。

(3)皱叶冷水花(P. spruceanus)　识别要点:宿根草本。植株低矮,高约10 cm。叶卵形,褐绿色,有光泽;叶面皱缩,叶脉深陷,叶脉色较叶面深。原产南美的秘鲁(图4.88)。

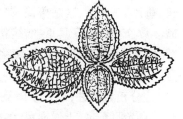

图4.88　皱叶冷水花

【园林应用】冷水花为优良的小型室内观叶植物,可盆栽或水培,摆放于花架、窗台、茶几上。华南地区可露地过冬,适宜作花坛的镶边材料,或植于疏林下作地被,也可作切花。

【其他经济用途】冷水花全草皆可药用,有清热利湿、生津止渴和退黄护肝之效。主治湿热黄疸、赤白带下、淋浊、尿血、小儿夏季热、消化不良、跌打损伤、外伤感染。

【花文化】冷水花的花语是顽皮、寻求刺激。

20)虎眼万年青

别名:鸟乳花、海葱、葫芦兰。

学名:*Ornithogalum caudatum*

科属:百合科　虎眼万年青属

【识别特征】多年生球根花卉。鳞茎卵球形,直径可达10 cm,被外膜,灰绿色。叶基生,5~6枚,带状或长条状披针形,拱形下垂,近革质。花葶粗壮,长可达100 cm;总状花序长15~30 cm,花多而密集,呈开展的伞形花序;花被片矩圆形,长约8 mm,白色,中央有绿脊;雄蕊稍短于花被片,花丝下半部极扩大。蒴果倒卵状球形。花期7—8月(图4.89)。

图4.89　虎眼万年青

【分布与习性】原产非洲南部。

喜温暖,不耐寒,冬季温度不低于10 ℃,喜半阴,稍耐旱,忌夏季强烈直射光,适宜肥沃且排水好的砂质土壤。

【繁殖方法】常用分球和播种繁殖。自然分球繁殖,8—9月起鳞茎栽种,待鳞茎拥挤时再行分球。播种繁殖,实生苗需培育3~4年才能开花。

【园林应用】虎眼万年青常年嫩绿,耐半阴,耐干旱,可置于室内观赏,也可布置自然式园林和岩石园,亦可作切花。

【其他经济用途】虎眼万年青有治疗肿毒和消炎的药用价值。

【花文化】虎眼万年青花朵的中心看起来像是黑珍珠,娇小而别致。它的花语是生机勃勃、纯真。

21)香石竹

别名:麝香石竹、康乃馨、丁香石竹、荷兰石竹、康乃馨、荷兰翟麦。

学名:*Dianthus caryophyllus*

科属:石竹科　石竹属

图4.90　香石竹

【识别特征】常绿亚灌木。园林中多作宿根草本栽培,切花作一、二年生栽培。株高70～100 cm。全株光滑,被白粉,呈灰绿色。茎直立,多分枝,基部半木质化,茎干硬而脆,节部膨大。单叶对生,线状披针形,叶边缘全缘,基部抱茎,叶质较厚,上半部分向外弯曲。花常单生或2～3朵呈聚伞状排列,花冠石竹形,花径8～9 cm,花梗长;苞片2～3层,紧贴萼筒,花萼长筒状,顶部5裂,裂片广卵形;花瓣多数,广倒卵形,具爪,皱缩状,瓣片先端有不规则齿裂;花色有白、黄、粉、红、紫红,还有复色、斑纹及镶边等;有香气。自然花期4—6月,切花栽培全年有花,1—2月最盛。果熟期5—7月,在栽培中极少结果(图4.90)。

【分布与习性】原产于南欧、地中海北岸,法国到希腊一带。现世界各地广泛栽培。

喜光照充足、干燥通风、冬暖夏凉的气候,忌高温多湿,能稍耐低温,在长江以南地区可露地越冬,但在冬季不能开花,最适生长温度为20 ℃左右,冬、春季节白天适温为15～18 ℃,晚间适温为10～12 ℃;夏秋季节,白天适温为18～21 ℃,晚间适温为12～15 ℃。喜通气和排水良好、肥沃的粘壤土,pH 值为6～6.5 为宜,忌连作及低涝地。

【繁殖方法】香石竹可用播种、扦插、压条、组织培养法进行繁殖。在其切花生产中,主要采用组织培养、扦插法。组织培养法可以周年进行。扦插法,除炎热的夏季,其他时间均可进行,在生产中以1—3月为宜。播种繁殖多在秋季。

【常见栽培种】香石竹栽培品种很多,可分为露地栽培种和温室栽培种。温室栽培种四季开花,常用作切花用,根据花的大小和数目又分成两大类。

(1)大花香石竹(*Standard*)

①白色系:"埃维瑞斯待"(*Everest*),早花,丰产,易栽培;"白卡斯梯拉罗"(*White castellaro*),早花,丰产,抗病虫害,保鲜性能好;"白乔莉"(*White Jole*),极早开花,易栽培;"白卡蒂"(*White candy*),丰产,抗病。

②粉色系:"粉卡斯梯拉罗"(*Pink castellaro*),早花,丰产,抗病虫,保鲜性能好;"玛白尔"(*Mabell*),极早花,丰产,抗病,保鲜性能好;"费格罗"(*Figaro*),花深粉色,保鲜性能好。

③深鲑肉红色系:"奥玛格欧"(*Omagglo*),早花,丰产,耐保鲜;"法罗"(*Faro*),早花,丰产,易栽培。

④红色系:"卡斯梯拉罗"(*Castellaro*),花大红,早花,丰产,抗病虫,保鲜性能好;"弗朗西斯科"(*Francesco*),花大红,极早花,丰产,极耐保鲜性;"伊罗斯"(*Eros*),深红色,早花丰产,品质优育,极耐保鲜性。

⑤黄色系:"伊萨贝尔"(*Isabel*),极早花,丰产,易栽培,极耐保鲜,"卡蒂"(*Candy*),早花,极

丰产,极抗病虫害。

⑥橙色系:"伊里亚斯"(*Elias*),早花,丰产,品质好,极耐保鲜;"橙色卡蒂"(*orange candy*),早花,极丰产,极抗病虫害。

⑦紫晕系:"皮诺克柴欧"(*Pinochio*),花橙色,边缘带紫晕,早花,极丰产,抗病虫。

⑧斑纹系:"弗拉维欧"(*Flavio*),花淡粉色,有红色斑纹,早花,丰产,极抗病虫害;"帕瑞斯法尔"(*Parsifal*),花浅鲑肉色,有红色斑纹,早花,丰产,品质中等。

(2)小花散枝香石竹(*Sprays carnation*) 多分枝,一主枝上有多朵小花,插花效果好。

①白色系:"伊坦思妮"(*Etienne*),极早花,丰产,抗虫性极好,保鲜性能强,能露地栽培;"皮克卡罗"(*Pieeola*),极早花,丰产,极耐保鲜。

②粉色系:"格罗兹拉"(*Graziella*),品质极好,很抗病,能露地栽培,极耐保鲜。

③红色系:"卡萨布兰卡"(*Casablanca*),花品质好,保鲜性能好。

④黄色系:"斯特罗尼拉"(*Citronella*),极早花,丰产,能露地栽培。

⑤斑纹系:"哥本"(*Gabun*),早花,极丰产,极耐保鲜,能露地栽培,花黄色,花瓣边缘有红色斑纹;"米兹黑里拉"(*Miz hillela*),花浅粉色,花瓣边缘有紫色斑纹,极早花,丰产,保鲜性能良好,能露地栽培。

⑥复色系:"美晨"(*Mei cheng*),花瓣正面大红色,边缘白色,花瓣背面白色,极早花,极丰产;"美宝"(*Mei bao*),花瓣正面深粉色,边缘白色,花瓣背面白色,极早花,极丰产。

【园林应用】香石竹园艺品种多,花色多,花期长,芳香,与月季、菊花、唐菖蒲合称为世界四大鲜切花。可用于制作花篮、花束、花圈、花环、插花。可露地栽植,布置花坛、花台。

【其他经济用途】香石竹含人体所需的各种微量元素,能加速血液循环,促进新陈代谢,具有美容养颜、安神止渴、调节内分泌、清心明目、消炎除烦、生津润喉、健胃消积的功效。对治疗头痛牙痛有明显疗效。花朵可提取香精。

【花文化】香石竹是著名的"母亲节"之花,代表慈祥、温馨、真挚、热恋、不求代价的母爱。不同的花色有不同的花语,红色代表相信您的爱、热情;母亲节送红色香石竹,代表祈祷健康;黄色花语是侮蔑;桃红色表示热爱着您,女性之爱;白色代表仰慕的爱、吾爱永存。香石竹是西班牙、捷克等国的国花。

22)镜面草

别名:镜面掌、翠屏草、象耳朵草。

学名:*Pilea peperomioides*

科属:荨麻科 冷水花属

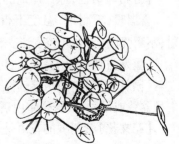

【识别特征】多年生常绿草本,株高 15～25 cm,具根状茎。茎极短,老茎木质化。叶近丛生,叶圆形或卵圆形,盾状着生,革质,表面有光泽,鲜绿色,具长柄,因形似一面镜子而得名(图4.91)。

【分布与习性】原产中国云南。

耐寒,喜阴,忌干旱,春季和夏季要避免阳光直射,适于在比较湿润、排水良好的泥炭土上生长。

图4.91 镜面草

【繁殖方法】分株或扦插繁殖。分株繁殖可于春季进行。夏末秋初可扦插繁殖。

【园林应用】适合于温室、庭院和室内栽培,是一种比较理想的值得推广的观叶植物,同时也是制作和装饰盆景的良好材料。

【其他经济用途】镜面草具有药用价值,能清热解毒、祛瘀消肿,主治丹毒、骨折。

23) 酒瓶兰

图4.92　酒瓶兰

别名:象腿树、大肚树兰。

学名:*Nolina recurvata*

科属:龙舌兰科　酒瓶兰属

【识别特征】常绿小乔木,在原产地可高达300 cm,盆栽种植的一般为50~100 cm。地下根肉质。茎干直立,茎基部膨大成球形,状如酒瓶,膨大茎干具有厚木栓层的树皮,呈灰白色或褐色,老株表皮龟裂,状似龟甲。叶聚生茎顶,细长线状,革质,长90~180 cm,全缘反卷。花白色,花期春秋两季(图4.92)。

【分布与习性】原产于墨西哥东南部。

性强健,喜温暖湿润及日光充足环境,耐干燥、耐寒、较耐旱。生长适温为16~28 ℃,越冬温度为0 ℃。喜肥沃、排水良好、富含腐殖质的砂质壤土。

【繁殖方法】多用播种繁殖,种子多从产地进口。也可分切芽体,扦插繁殖。

【园林应用】酒瓶兰为观茎赏叶花卉,用其布置客厅、书室,装饰宾馆、会场,都给人以新颖别致的感受,极富热带情趣。

【花文化】酒瓶兰茎干奇特,叶潇洒飘逸,它的花语是落落大方。

24) 紫鹅绒

图4.93　紫鹅绒

别名:紫绒三七、爪哇三七。

学名:*Gynura aurantiana*

科属:菊科　三七草属

【识别特征】宿根草本。茎幼时直立,后卧俯蔓生。茎、叶的表面密被紫色或紫红色绒毛。叶互生,卵形或椭圆形,叶缘粗锯齿,叶柄有狭翅。头状花序顶生,花冠为两性的管状花,花色为黄色或橙黄色。花期4—5月(图4.93)。

【分布与习性】原产印尼的爪哇山地。

喜温暖,不耐寒,温度不得低于10 ℃。喜半阴,忌强光直射,不耐强阴,否则叶色变淡。喜疏松、肥沃、排水良好的壤土。

【繁殖方法】常用扦插法,可于春、夏两季进行。

【园林应用】紫鹅绒茎、叶之幼嫩部分具紫色或紫红色的绒毛,状如天鹅绒,别具特色,适宜中型盆栽或吊盆种植,供室内观赏,常摆放在客厅及会议室等。

【花文化】紫鹅绒的花语是轻松柔和,温柔婉约。

25) 黑心菊

别名:黑眼松果菊。

学名:*Rudbeckia hybrida*

科属:菊科　金光菊属

【识别特征】宿根草本,全株具粗糙硬毛,株高60~80 cm。单叶互生,茎下部叶匙形,三出脉,茎上部叶长椭圆形或披针形,无柄,叶缘有粗齿。头状花序,花序直径约为 10 cm;边缘舌状花黄褐色,基部暗红色;中心管状花古铜色,半球形。花期 5—9 月。栽培变种舌状花边有铜棕、栗褐色,重瓣和半重瓣类型,有来自美国的花心为绿色的"爱尔兰眼睛"(图 4.94)。

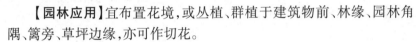

【分布与习性】本种为园艺杂种,原产北美。

适应性强,喜向阳通风的环境,耐寒,耐旱。喜疏松、肥沃、排水良好的砂质土壤。

【繁殖方法】播种、分株、扦插均可繁殖。可于 9 月播种繁殖。可自播繁衍,性强健,管理粗放。多年生栽培宜 2~3 年分株 1 次,以利复壮。

图 4.94 黑心菊

【园林应用】宜布置花境,或丛植、群植于建筑物前、林缘、园林角隅、篱旁、草坪边缘,亦可作切花。

【花文化】黑心菊的花语是诚信、公平正义。

26)红花酢浆草

别名:三叶酢浆草、三叶草。

学名:*Oxalis rubra*

科属:酢浆草科　酢浆草属

【识别特征】宿根草本。地下部分具鳞状根茎,纺锤形,外被棕褐色硬质皮层,球茎直径 0.5~3 cm。株高 20~25 cm,茎基部稍具匍匐性,全株具白色细纤毛,尤以叶缘及叶背较多。叶片、叶柄及花柄均有酸味。掌状复叶基生,具细长柄,小叶 3 枚,倒心形,全缘,先端微凹。花茎从叶基部抽出,伞形花序稍高于叶丛,长10~15 cm,小花 3~10 朵;花瓣 5 枚,基部联合,深红色带纵裂条纹;萼片覆瓦状排列。蒴果角状,种子细小。花期 10 月至翌年 3月。其花、叶对光有敏感性,白天和晴天开放,晚上及阴雨天闭合(图 4.95)。

图 4.95 红花酢浆草

【分布与习性】原产南美巴西。

喜温暖,忌盛夏炎热,不耐寒,华东、华北常作温室栽培,或夏季露地栽培,冬季移入温室。耐阴性极强,喜腐殖质丰富、排水良好的砂质壤土。

【繁殖方法】以分株繁殖为主,其根茎增殖力强,易分生,全年均可进行。播种繁殖,春秋两季均可进行。也可播种繁殖,播种宜 3—4 月进行,当年秋季开花。越冬温度不低于 5 ℃。

【常见栽培种】常见栽培种及品种如下:

(1)大花酢浆草(*O. bowieana*)　识别要点:宿根草本。根状茎肥厚,纺锤形。掌状复叶 3 小叶,基生,具长柄,倒卵形,先端微凹。伞形花序,总花梗高出叶丛,小花梗及花萼背面具毛;花大,紫红色。花叶晴日开放,阴天及傍晚闭合。花期春夏。原产南非(图 4.96)。

(2)多花酢浆草(*O. martiana*)　别名:酸味草、铜锤草。

识别要点:宿根草本,鳞茎状块茎,肉质。植株簇生。掌状三出复叶,基生,小叶阔倒心形,宽大于长,基部楔形,叶背具毛,叶缘散生橙黄色油腺点,叶柄长。复伞状伞房花序,着小花 5~10 朵,花紫红色。花期 4—11 月。花叶晴日开放,阴天及傍晚闭合。

(3)酢浆草(*O. corniculata*)　识别要点:宿根草本。茎匍匐或斜生,多分枝,无鳞茎。掌状三出复叶,互生,叶柄细长,被柔毛,小叶倒心形,无柄。伞状聚伞花序腋生,小花一至数朵,花黄色。蒴果近圆柱形,被短柔毛。种子小,扁圆形,黑褐色。花果期4—8月。

【园林应用】红花酢浆草株型整齐矮小,叶色青翠,花叶秀美,覆盖地面迅速,又能抑制杂草生长,是一种良好的观花地被植物,尤宜在疏林或林缘应用。花期长,花色艳,株丛稳定,宜布置花坛、花境或盆栽摆放于书桌、几案、窗台等室内环境,也可用于点缀岩石园。

【其他经济用途】植株茎叶含草酸,可作打磨剂。全株可入药,有清热解毒、散瘀消肿、调经之功效。用于肾盂肾炎、痢疾、水泻、咽炎、牙痛、淋浊、月经不调;外用治毒蛇咬伤、跌打损伤、痈疮、烧烫伤。

图4.96　大花酢浆草

【花文化】传说中,如果谁找到了有四瓣叶片的红花酢浆草,谁就会得到幸福。所以在欧洲一些国家,人们看到四个叶片的红花酢浆草,都会把它收好,赠送他人,以此来表达他们对友人的美好祝愿。因此红花酢浆草的花语是幸福。

27)射干

别名:扁竹兰、蚂螂花、蝴蝶花、开花剑、扁竹卜草姜、野萱花、凤翼。

学名:*Belamcanda chinensis*

科属:鸢尾科　射干属

【识别特征】宿根草本,株高50~100 cm。根状茎短粗,横生,常呈不规则的结节状,须根多数。叶广剑形,斜向上,二列嵌叠状着生,扁平成扇状互生,基部抱茎,长30~50 cm,宽约4 cm,稍被白粉。二歧状伞房花序顶生,花多,每花序可着生15~20朵花,但仅有3~4朵同时开放,每朵花可维持4~5 d;花橙色至桔黄色,花径5~8 cm;花被片6枚,基部合生成短筒,外轮花瓣长倒卵形至椭圆形,开展而有红色斑点,内轮花瓣与外轮相似而稍小,先端钝;雄蕊3枚,花丝红色,着生于花被基部,花柱棒状,顶端3浅裂。花期7—8月。蒴果椭圆形,秋季成熟,种子黑色,似黑莓,宿存,亦可观赏。北方常见的也有白花、紫花种类(图4.97)。

图4.97　射干

【分布与习性】原产中国、日本及朝鲜,广布于我国南北各省,多生于山坡、草地、沟谷及滩地。

射干性强健,喜干燥气候,耐寒性强,对土壤要求不严,以肥沃的砂质土壤为好,要求排水良好及日光充足之地,低洼积水地易烂根。

【繁殖方法】播种、分株或根茎繁殖。春、秋播种均可,春播在3月初进行,秋播在10月,种苗当年或翌年开花。分株宜3—4月间进行。根状茎繁殖,可于早春时节进行。

【常见栽培种】本属植物仅2种。矮射干(*B. chinensis* var. *cruenta* f. *vulgaris* Makino)别名达摩射干。植株稍矮,高约60 cm。叶片宽,花梗短。茎叶反转。花淡黄色而无红色斑点,初秋开花。原产日本。

【园林应用】射干生长健壮,适应性强,花色艳丽,花形飘逸。园林中可作林缘、隙地丛植,基础栽植,作花坛、花境等配置,可作切花、干花。

【其他经济用途】根茎入药,有清热解毒、降气祛痰、散血消肿的作用,近年来用于抗流感。茎叶可供造纸。

【花文化】射干花色艳丽,株形洒脱,迎风摇曳,甚是美丽。它的花语是花枝招展。

28)风铃草

别名:钟花、瓦筒花、吊钟花。

学名:*Campanula medium*

科属:桔梗科 风铃草属

图4.98 风铃草

【识别特征】宿根草本。茎直立,株高 50～120 cm,粗壮有硬毛。基生叶多数,卵形至倒卵形;茎生叶对生,披针状矩圆形,长 7～12 cm,无柄,略抱茎,叶缘圆齿状或波形。总状花序顶生,花冠长约 5 cm,钟状或坛形,5 浅裂,基部略膨大。花色有蓝、紫、淡红或白色,花期 5—6 月。蒴果 5 室,种子色彩和花色相对应,如蓝紫花的种子褐色,淡红花的种子浅褐色,白花的种子近白色(图4.98)。

【分布与习性】原产南欧。主产地为北半球温带至亚寒带,在我国主要分布于西南地区,北部较少。

喜冷凉干燥气候,在高温多湿之地难以栽培。能耐寒,忌炎热。喜向阳、肥沃、通气性与排水性好的砂质壤土,在中性或碱性土中均能生长良好。

【繁殖方法】可用播种、分株法进行繁殖。播种在 3—4 月进行。分株在春、秋两季都可进行,但以秋季分株为好。

【常见栽培种】风铃草有重瓣品种,即有 2～4 个花冠套叠在一起,长度近相等。有萼花种(var. *calycanthema*),其萼部瓣化与花冠同色,形成在花冠筒外又有另一个花冠筒的形状,可分二种形态:其一为杯碟型,即外层萼变花冠平展,形如一个茶杯连一个茶碟放在一起的样子;其二为双托型,即萼变花冠筒呈钟状,与原来的花冠筒长度相近,套在原有花冠筒外边,形成内外两层。

风铃草类同属植物约 350 种,我国产 13 种,园林中常见种有:

(1)丛生风铃草(*C. glomerata*) 别名:聚花风铃草。

识别要点:株高 60～100 cm。茎直立,不分枝。叶互生,粗糙,卵状披针形,边缘具不整齐细牙齿,基生叶有长柄;茎上部叶片半抱茎。花近无梗,数个集生于上部叶腋,顶端更为密集,花蓝色或白色,长 2.5 cm,径 0.8～1.8 cm,多重瓣。花期 5—9 月。尚有大花、矮生及浓紫色品种。原产欧洲及亚洲,我国东北有野生。

(2)桃叶风铃草(*C. persicifolia*) 识别要点:生长强健,直立,多不分枝。株高 90 cm,光滑。叶狭长,倒披针形至线形,全缘,长 10～20 cm。花径可达 4 cm,蓝色。花期 5—6 月。尚有白花及重瓣品种。原产欧洲。

(3)圆叶风铃草(*C. rotundifolia*) 识别要点:植株直立,高 14～40 cm,多分枝,或于基部开展。基生叶卵形或圆形,有长柄;茎生叶线形或被针形,长 7.5 cm。花浅蓝色,长 2.5 cm,稀疏或单生。花期 6—9 月。尚有白花、大花及重瓣品种。原产欧洲、亚洲及北美洲。

(4)紫斑风铃草(*C. punctata*) 识别要点:茎高 20～50 cm,中部以上有分枝,具短柔毛。基生叶卵形,有长柄,基部心形,缘有浅锯齿;茎生叶卵形至披针形,比基生叶小。花通常 1～3

朵生于茎及分枝顶端,下垂;花冠白色,有紫点,钟状,长约 3.5 cm;雄蕊 5 枚,花丝有疏毛;花萼疏生白色毛。我国四川、湖北、甘肃、河北、东北等省均有野生。

(5)阔叶风铃草(*C. latifolia*)　识别要点:株高 120 cm,有毛。叶长圆状卵形,长 15 cm,有齿牙,下部叶有长柄。花蓝紫色,长 3 cm,单生,花期 6—7 月。原产欧洲、亚洲。

【园林应用】风铃草花色明丽素雅,花冠钟状似风铃,是夏季庭院中常见的草本花卉。园林中将高株型作花境、林地镶边及切花使用;将中株型、低矮型用于岩石园及盆栽观赏。在欧美常作为重要的切花。

【其他经济用途】风铃草全草可入药,具有清热解毒、止痛的功能。用于咽喉炎、头痛。

【花文化】希腊神话中太阳神阿波罗热爱风铃草,结果被嫉妒的西风打破了头,流出来的鲜血溅在地面上,便开出了风铃草的花朵。因此,它的花语是嫉妒。还有一种说法,风铃草是为了纪念公元五世纪意大利坎帕尼亚洲的大主教——圣帕里努斯,他的艺术天分为人们创造了许多优美的诗歌。因此其花语是创造力。同时,它的花语还有温柔的爱、来自远方的祝福、感谢、忠实、正义。

29)矢车菊

别名:蓝芙蓉、翠兰、荔枝菊。

学名:*Centaurea cyanus*

科属:菊科　矢车菊属

图 4.99　矢车菊

【识别特征】宿根草本。株高 30~80 cm,茎直立,枝细长,多分枝,灰绿色,茎叶上均生有蛛丝状白毛。单叶互生,基生叶长椭圆状披针形,全缘或羽状裂,有柄;茎生叶条形,全缘或有疏锯齿,无柄。头状花序单生枝顶,径 3~5 cm,有长柄;总苞钟状,多层,覆瓦状排列,边缘篦齿状;盘边的小花有时不育,舌状花偏漏斗形,6 裂,向外伸展,花瓣边缘具齿;盘心的小花管状,细小,花 5 裂,两性,结实。花有蓝、白、紫、红等色,花期 4—5 月。瘦果,长卵形(图 4.99)。

【分布与习性】原产欧洲东南部。适应性很强,我国北方各地均有栽培。矢车菊的名称来自日本,花如矢车射向四方,全形如车轮辐射,因此得名。

喜光,较耐寒,忌炎热,不耐阴湿,喜向阳、排水良好的砂质土壤。

【繁殖方法】播种繁殖,9 月初进行。也能自播。

【常见栽培种】栽培品种繁多,变种花色有浅蓝、蓝紫、深紫、雪青、淡红、玫红等;另有矮生种(var. *nana*),株高 40~50 cm,丛株较圆整。园艺变种的近舌状小花多数,形近重瓣、半重瓣。同属植物约 500 种,主要产于欧洲、亚洲和北非,我国产 6 种。

(1)山矢车菊(*C. montana*)　识别要点:宿根草本,株高 30~50 cm。茎匍匐,少分枝。叶阔披针形,有齿,幼叶银白色。总苞片边缘具黑边,花径 5~7 cm,边缘花发达伸长,舌状花蓝色,有白色、紫色和粉色等变种。花期 5—6 月。原产欧洲及小亚细亚。

(2)大花矢车菊(*C. macrocephala*)　识别要点:宿根草本,株高 40~90 cm。茎直立,单生。叶互生,卵状披针形,具齿牙。头状花序单生,无舌状花,全为管状花,花黄、紫或粉色,苞片具膜质缱缘,径 10 cm,近球形。花期 6—7 月。原产高加索。

(3)软毛矢车菊(*C. dealbata*)　识别要点:宿根草本,株高 40~60 cm。叶羽状深裂,裂片具粗齿牙,叶背有白色软毛。头状花序单生,中心管状花红色,外围花粉或白色,无舌状花。花期5—6月。原产小亚细亚。

【园林应用】矢车菊花序丰满,花色鲜艳,具有高矮不同的品种。高生品种适宜作花境、花丛、草地镶边、林地片植,庭院和建筑物的基础种植。矮性品种可用于花坛及盆花。本种花梗长,水养持久,也是切花的好材料。

【其他经济用途】矢车菊具有药用功效,可帮助消化,舒缓风湿疼痛,有助于治疗胃痛,防治胃炎,胃肠不适,支气管炎。同时,矢车菊还能养颜美容,帮助消化。矢车菊纯露是很温和的天然皮肤清洁剂,花水可用来保养头发与滋润肌肤。

【花文化】矢车菊是德国国花。它的花语是合作、团结、单身的幸福。

30）紫露草

别名:水竹草、美洲鸭跖草、紫叶草、紫竹兰、紫鸭跖草。

学名:*Tradescantia virginiana*

科属:鸭跖草科　紫露草属

【识别特征】宿根草本花卉。株高30~50 cm。茎直立,圆柱形,淡绿色,光滑。叶线形至披针形,长30 cm,苍绿色,稍被白粉,叶面内折,基部鞘状。花多朵簇生枝顶,蓝紫色,外被2枚长短不等的苞片;萼片3枚,绿色有光泽;雄蕊6枚,花丝毛念珠状。花期5—7月。单花只开放1 d(图4.100)。

图4.100　紫露草

【分布与习性】原产北美,我国各地都有引种栽培。

喜阳光充足,能耐半阴。性强健,耐寒,在华北地区可露地过冬。对土壤要求不严,但在肥沃、疏松的砂质壤土中生长较好。

【繁殖方法】可采用分株或扦插繁殖。扦插法,一年四季均可以进行。分株繁殖,可于春秋两季进行。

【常见栽培种】同属常见观赏栽培种:

白花紫露草(*T. fluminensis*)　别名:淡竹叶。

识别要点:常绿宿根草本,茎匍匐,带紫红色晕,节处膨大。叶狭卵圆形,先端尖,长约4 cm,有短柄,叶面鲜绿色具白色条纹,有光泽。伞形花序,花小,白色。原产南美(图4.101)。

【园林应用】园林中多用于花坛、花境、道路两侧丛植,也可用于盆栽室内摆设或于亭廊、书柜、高脚花架上垂吊式栽培。

图4.101　白花紫露草

【其他经济用途】紫露草具有药用价值,能活血、利水、消肿、散结、解毒。治疗痈疽肿毒、瘰疬结核、淋病。

【花文化】紫露草的花语是尊崇。

31）铁线莲

别名:番莲、铁线牡丹、山木通、威灵仙、金包银。

学名:*Clematis florida*

科属:毛茛科　铁线莲属

【识别特征】多年生藤本。茎棕色或紫红色,长1~2 m,具棱,节部膨大。二回三出复叶,对生。小叶卵形至披针形,全缘。花单生于叶腋,具长花梗;花萼较大,呈白色花瓣状;雌、雄蕊多数,花丝宽线形。花色有白、蓝紫、紫红等色。花期6—9月(图4.102)。

【分布与习性】原产中国,主要分布于西北和华北,1776年传入欧洲。

喜石灰质壤土,忌积水或夏季干旱而不能保水的土壤,耐寒性强,耐半阴。

【繁殖方法】采用扦插、压条营养繁殖法进行繁殖。每年5—8月可进行扦插繁殖。

图4.102　铁线莲

【常见栽培种】同属植物约300种,广布于北半球温带,中国约有108种,常见同属品种有:

(1)大花铁线莲(*C. patens*)　别名:转子莲。

识别要点:多年生攀援木质藤本,长达1 m。茎棕黑或暗红色,具棱。羽状复叶,小叶常3~5枚,近卵圆形,全缘,小叶柄常扭曲,叶片纸质。单花顶生,较大,直径8~14 cm,花梗直立而粗壮,萼片8枚,白色至淡黄色,花丝线形,花期5—6月。原产中国。山东及辽宁东部有分布(图4.103)。

图4.103　大花铁线莲

(2)杰克曼氏铁线莲(*C. jackmani*)　识别要点:多年生攀援木质藤本,为多亲本杂种。茎高可达3 m。植株及叶片与毛叶铁线莲相似。叶对生,三角形,长5~10 cm。3朵花组成圆锥花序,花大,扁平,花径12~15 cm;萼片4~6枚,宽大,天鹅绒紫色;花期6—9月,有白、紫堇、红色等许多著名园艺品种(图4.104)。

(3)毛叶铁线莲(*C. lanuginosa*)　识别要点:多年生攀缘木质藤本,茎可长1.5~2 m。茎圆柱形,棕色至紫红色,具棱,幼时被淡黄色柔毛,后近无毛。常为单叶对生,偶有三出复叶,质薄,卵圆至卵状披针形,新叶密被淡黄色绒毛,叶柄常扭曲。花单生茎顶,花梗粗壮、直立;花大,萼片淡紫色至紫灰色;雄蕊淡红褐色;花柱纤细,被黄色毛,宿存;花期5—6月。特产中国浙江东北部地区。

图4.104　杰克曼氏铁线莲

(4)辣蓼铁线莲(*C. terniflora var. mandshurica*)　识别要点:多年生攀援木质藤本。茎及分枝仅在节处具白毛。一回羽状复叶,小叶5枚,具小叶柄,卵形至卵状披针形。圆锥状聚伞花序较长,长达25 cm,花径1.5~3 cm;萼片4枚,白色;花期6—8月。原产中国东北及西北地区(图4.105)。

【园林应用】铁线莲茎叶优美,花期较长,花大色艳,适宜作篱垣棚架的垂直绿化,可布置阳台、庭院,与假山、岩石相配植,也可作切花。

【其他经济用途】种子含油量约18%,供工业用油。根及全草可入药。有利尿、理气通便、活血止痛的功效。用于小便不利、腹胀、便闭;外用治关节肿痛、虫蛇咬伤。

【花文化】铁线莲的花语是温柔、多愁善感、高洁、美丽的心、欺骗、贫穷、宽恕我、我因你而有罪。

32）天竺葵

别名:洋绣球、洋葵、石蜡红、入腊红、洋蝴蝶。

学名:*Pelargonium hortorum*

科属:牻牛儿苗科　天竺葵属

【识别特征】天竺葵是蹄纹天竺葵(*P. zonale*)及小花天竺葵(*P. inquinans*)与其他种杂交而成。宿根草本或亚灌木,株高 30～60 cm。茎直立,肉质多汁,基部木质化,全株具强烈气味,被细毛和腺毛。单叶互生,圆形至肾形,基部心形,边缘波状 7～9 浅裂,掌状脉,表面常有暗红色或褐色马蹄形环纹。顶生伞形花序,有总苞,总花梗长,小花多数,花蕾期下垂;花瓣近等长,外瓣大,内瓣小,下 3 瓣稍大;雄蕊 5 枚;有红、桃红、玫红、肉红、白等色。蒴果,成熟时呈螺旋形。花期 10 月至翌年 6 月(图 4.106)。

【分布与习性】原产南非,现我国各地都有栽培。

喜阳,稍耐干燥,不耐水湿。喜冷凉湿润,忌炎热气候,不耐寒。喜排水良好、富含腐殖质的土壤。在温暖地区可露地越冬,夏季为其半休眠期,宜置半阴处;冬季要求充足日照。

【繁殖方法】以扦插繁殖为主,也可播种繁殖。扦插以春秋为宜。成熟即可播种,亦可在秋季或春季进行。

【常见栽培种】天竺葵有单瓣、重瓣、花叶、各种花色的园艺品种。常见的品种如下:'真爱'('True Love'),花单瓣,红色;'幻想曲'('Fantasia'),花半重瓣,红色;'紫球 2 佩巴尔'('Purpurball 2 Penbal'),花半重瓣,紫红色;'美洛多'('Meloda'),花半重瓣,鲜红色;'阿拉瓦'('Arava'),花半重瓣,淡橙红色;'葡萄设计师'('Designer Grape'),花半重瓣,紫红色;'迷途白'('Maverick White'),花为纯白色;'探戈紫'('Tango Violet'),花纯紫色;'口香糖'('Bubble Gum'),双色,花心粉红,花深红色;'贾纳'('Jana'),花心洋红色,花深粉红。

天竺葵属植物 200 余种。常见的栽培种有:

(1)蝴蝶天竺葵(*P. domesticum*)　别名:大花天竺葵、洋蝴蝶、毛叶入腊红本种系由大红天竺葵、篙天竺葵(*P. cucullatum*)、心叶天竺葵(*P. cordatum*)及硬叶天竺葵(*P. angulosum*)等杂交而成。

识别要点:亚灌木,茎直立,株高 50 cm,全株具软毛。叶广心脏状卵形至近肾脏形,叶缘浅裂不明显,有锯齿,叶片微皱,不具蹄纹。花大,径约 5 cm,数朵簇生总花梗上,花有白、淡红、红、绯红、紫、淡紫等色。花期 4—6 月(图 4.107)。

(2)蹄纹天竺葵(*P. zonale*)　别名:马蹄纹天竺葵。

识别要点:亚灌木,株高 30～80 cm。茎直立,肉质,圆柱形。叶倒卵形或卵状盾形,叶缘具钝锯齿,叶面有深褐色马蹄状斑纹。花瓣为同一颜色,深红到白色。花期夏或冬季。原产南非。园艺品种较多(图 4.108)。

(3)盾叶天竺葵(*P. peltaum*)　别名:藤本天竺葵、常春藤叶天竺葵。

图 4.105　辣蓼铁线莲

图 4.106　天竺葵

图 4.107　蝴蝶天竺葵

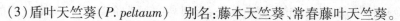

识别要点:茎半蔓性,多分枝,匍匐或下垂。叶盾形,5浅裂。花梗长达20 cm,着小花4~8朵,花色桃红、白、粉和紫色,花瓣有暗色斑点及条纹。花期冬春。原产南非好望角(图4.109)。

(4)香叶天竺葵(*P. graveolens*)　别名:香草、摸摸香。

识别要点:亚灌木,株高60~100 cm。叶掌状5~7深裂,裂片再羽状浅裂,有香味。花桃红或淡红色,有紫色条脉,上两瓣较大。花期夏季。原产好望角(图4.110)。

(5)菊叶天空葵(*P. Radula*)　识别要点:亚灌木。株高约80 cm,全株具白粉,茎具长毛。叶似香叶天竺葵,三角形或五角形,二回羽状深裂,裂片成狭线形,宽约1 cm,叶缘外旋。花小,淡红色,中心有紫红色斑点和条纹。花期夏季。原产好望角。

图4.108　蹄纹天竺葵

【园林应用】天竺葵花色多彩艳丽,繁花锦簇,花序大如绣球,是重要的室内盆栽花卉。京、沪、东北等地常用于春夏花坛布置;在少数冬暖夏凉地区,可露地栽植,在园林中适宜丛植或作花境,全年具有观赏价值。

【其他经济用途】全株可药用,有解毒、收敛之功能,对改善经前症候群、更年期问题、沮丧、阴道干涩、经血过多有显著疗效。天竺葵的花、叶可通过蒸馏制作精油。精油具有护肤功效,能深层洁肤,平衡皮脂分泌,促进皮肤细胞新生,修复疤痕、妊娠纹,特别适用于油性肌肤和痘性肌肤;能止痛、收敛抗菌、伸进织疤、增强细胞防御功能。还可用于制造女性香水。

图4.109　盾叶天竺葵

【花文化】天竺葵的花语是偶然的相遇,幸福就在你身边。

33)垂盆草

别名:爬景天、狗牙齿、柔枝景天。

学名:*Sedum sarmentosum*

科属:景天科　景天属

【识别特征】多年生肉质草本。植株光滑无毛,低矮、常绿、肉质,株高9~18 cm。不育枝和花枝细弱,匍匐状延伸,近地面茎节易生根,上部茎直立。单叶,3枚轮生,无叶柄,倒披针形至矩圆形,长15~25 mm,基部有距,全缘。聚伞花序顶生,有3~5个分枝,花少、无梗;萼片5枚;花瓣5枚,淡黄色,披针形至矩圆形,长5~8 mm,顶端有短尖;雄蕊较花瓣短。蓇葖果。花期5—6月,果期7—8月(图4.111)。

图4.110　香叶天竺葵

【分布与习性】分布于我国长江中下游及东北地区。日本、朝鲜也有,栽培广泛。自然界中,常生于低谷山坡。

耐寒,耐热,耐干旱,耐瘠薄,喜稍阴湿的环境和肥沃的黑砂壤土。

【繁殖方法】可采用扦插、分株、播种繁殖。扦插繁殖多在4—9月进行。分株繁殖,可于4—5月或秋季用匍匐枝繁殖。播种繁殖可在3—4月进行。

【园林应用】垂盆草植株低矮,枝叶细腻,绿色期长,有很高的观赏价值,是园林中较好的耐阴地被植物。可作庭院绿化及大面积的坡地使用,但叶片质地肥厚多汁,不耐践踏。也可用于花坛、花境、岩石园,盆栽吊盆,屋顶绿化。

　　【其他经济用途】全草入药,有清热解毒、消肿利尿、排脓生肌等功效,尤对肝炎疗效较好,也可作猪饲料。

34)银叶菊

　　别名:雪叶菊。

　　学名:*Senecio cineraria*

　　科属:菊科　千里光属

　　【识别特征】宿根草本,多作一、二年生栽植。茎直立,多分枝,株高 20~40 cm,全株被白色绒毛。单叶互生,叶质地厚,匙形,一至二回羽状深裂,叶两面被银白色柔毛。头状花序单生枝顶,花小,金黄色,单瓣花型。花期6—9月(图4.112)。

　　【分布与习性】银叶菊原产南欧,地中海沿岸,现已广布于华南各地。

　　喜光,较耐热,不耐高温,忌积水,高温高湿易死亡。较耐寒,耐霜冻,在长江流域能露地越冬。喜凉爽湿润、阳光充足的气候和疏松肥沃的砂质壤土。生长最适合的温度为 20~25 ℃。

　　【繁殖方法】银叶菊常用种子繁殖。一般在 8 月底 9 月初播种。也可用扦插繁殖。

　　【常见栽培种】常见的同属栽培品种:细裂银叶菊('*Silver Dust*')叶质较薄,叶裂图案如雪花。不同属的相似品种:芙蓉菊(*Crossostephium chinense*)半灌木,植株高约40 cm 及以上,叶聚生枝顶,先端全缘或浅裂。

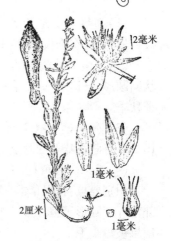

图 4.111　垂盆草

图 4.112　银叶菊

　　【园林应用】银叶菊是重要的观叶植物,叶片常年银白色,用于花坛、花境、盆栽摆放或是与其他色彩的纯色花卉配置,成片栽植的效果较好。

　　【花文化】银叶菊株型丰满,叶片雪白,花开亮丽,花期在夏秋两季。它的花语是收获。

35)一枝黄花

　　别名:加拿大一枝黄花。

　　学名:*Solidago canadensis*

　　科属:菊科　一枝黄花属

　　【识别特征】宿根草本。植株高大、直立,株高 150 cm,茎光滑,仅上部被短毛。单叶互生,叶长圆状披针形,质薄,离基三出脉,叶缘有锯齿,叶长至 13 cm,表面粗糙,背面具柔毛。圆锥花序生于枝端,稍弯曲而偏于一侧,花黄色。花期7—8月(图4.113)。

　　【分布与习性】原产北美。喜阳,喜凉爽,耐寒,耐旱。生长强健,适合各种类型土壤,但在排水良好的壤土或砂质壤土上生长最适宜。

　　【繁殖方法】采用播种繁殖,春秋均可。

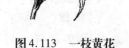

图 4.113　一枝黄花

　　【常见栽培种】同属植物约有 30 种。主产北美,欧、亚也有分布。园林中常见的栽培种或可引种栽培的有:

（1）高茎一枝黄花(*S. altissima*)　识别要点:宿根草本。株高达300 cm,全株被白柔毛。叶披针形,叶缘有锯齿,长达13 cm。头状花序偏向一侧成圆锥伞房状。花期秋季。

（2）丛生一枝黄花(*S. cutleri*)　识别要点:宿根草本,株高达30 cm。基生叶长披针形至匙状卵圆形,长达15 cm,近无毛,具锯齿;茎生叶少,上部多无柄。头状花序总状或伞房状。花期夏秋季。

（3）香一枝黄花(*S. odora*)　识别要点:宿根草本,株高100～120 cm。叶披针形,全缘,长10 cm,有茴香味及油腺点。花序大,顶生偏向一侧的总状圆锥花序。花期7—8月。

（4）毛果一枝黄花(*S. virgaurea*)　别名:一枝黄花。

识别要点:宿根草本,株高30～90 cm。茎粗糙而强健。茎下部叶卵形至圆形,柄具翅;中部茎叶矩圆形至披针形。头状花序大,排成密集的圆锥花序,生于枝顶,花黄色。花期7—9月。瘦果被短柔毛。

（5）美丽一枝黄花(*S. speciosa*)　识别要点:全株光滑近无毛,株高200～300 cm。叶披针形至长卵形,叶缘有锯齿,长达25 cm。花序大,顶生聚伞状的圆锥花序,花黄色。花期夏秋季。

【园林应用】一枝黄花株丛繁茂,浓绿色的叶丛中抽出黄色的圆锥花序,分外艳丽。园林中多丛植于花境背景、疏林地被、高速公路两旁;亦可作切花。因其有入侵性,不宜大面积片植。

【其他经济用途】全草入药,具有活血止痛、利水消肿、消热解毒、祛痰止咳作用;又是良好的蜜源植物。

【花文化】一枝黄花花序大型,花开黄色,成片栽植金黄一片,蔚为壮观。因此它的花语是丰收的喜悦。

36）四季秋海棠

别名:秋海棠、虎耳海棠、瓜子海棠、玻璃海棠。

学名:*Begonia semperflorens*

科属:秋海棠科　草秋海棠属

【识别特征】多年生草本。茎直立,肉质,内含大量水分,光滑无毛,有光泽,多分枝,节部膨大,呈折弯状向上生长。叶互生,一侧较偏斜,表面光亮,绿、紫红或绿带紫晕等色,具肉质叶柄。花着生在叶腋处,雌雄同株异花,雄花较大,花瓣和萼片均为2枚;雌花较小,花被5片,或重瓣,有白、粉、红色及中间色(图4.114)。

图4.114　四季秋海棠

【分布与习性】原产巴西。中国有栽培。

不耐寒,喜温暖、湿润和半阴环境,忌高温和阳光直射,既怕干旱,又怕水涝。

【繁殖方法】播种、扦插和分株繁殖均可。因种子粒太小,应拌细沙撒播,忌过密,不能覆土。早期施少量的肥料,进入花期要增施磷肥。浇水应充足,保持盆土湿润,但过湿叶会泛黄。冬季应适当浇水。冬季喜阳光充足,光照过弱茎细长柔弱。

【常见栽培种】园艺品种主要有:

（1）'舞会'系列　杂交一代种。

识别要点:有绿叶和铜色叶两种,旱生,巨大花,多花,高约30 cm,生长强健,快速,耐候性好。适于花坛、草花带植,特别适于大型花坛和公园布置。绿色系有绯红色、纯白色花;铜色系有绯红色、粉红色、百色花。各种混合色。

（2）'翡翠'系列 杂交一代种。

识别要点：大叶形，叶色浓绿，旱生大华，花径约2 cm。植株紧密，高15~20 cm，适于花坛及草花带苗。花有粉红色、红色、白花镶红边、鲑菊色、鲑红色、白色、各种混合色。

（3）'天使'系列 绿叶杂交一代种。

识别要点：极旱生，大花，花径2~2.5 cm。植株紧密而茂盛、整齐，花期一致，高20~25 cm，基部分枝性好，多花，生育季节花开不断。气候适应广，耐热，有10种色及混合色。绿叶，花有珊瑚色、粉红色、胭脂红色、绯红色、白色、浓桃红色、桃红色、鲑红色、浅粉红色、各种混合色。

（4）'安琪'系列 铜色叶系杂交一代种，是'天使'系列的姐妹系。

识别要点：有6种花色和组合色。粉红色、白色、浓桃红色、桃红色、绯红色、各种混合色。

（5）'前奏曲'系列 绿叶杂交一代种。

识别要点：中叶形，叶色鲜绿，株形紧密，高20~25 cm，植株整齐，大花，花径2~2.5 cm。耐热、耐雨，花期长，花色有百合镶珊瑚色红边、珊瑚红色、粉红色、绯红色、白色、桃红色和混合色。

（6）'鸡尾酒'系列。

识别要点：深铜色叶，株型紧密，高15~20 cm，花径约2.5 cm，花色鲜明，花色有粉红色、桃红色、白色滚红边、浓红色（多花，耐暑）、纯白色（耐暑、耐雨，生育强健）和各种混合色。

【园林应用】四季秋海棠植株低矮，花叶均美，既可布置大型平面花坛，也可做立体植物造型材料，应用十分广泛。

【其他经济用途】花和叶入药，全年均可采，多为鲜用。化学成分含干叶、草酸、延胡索酸、琥珀酸和苹果酸等；味苦，性凉；主治清热解毒、疮疖；外用，适量，鲜品捣敷。

【花文化】秋海棠的花语是相思、呵护、诚恳、单恋、苦恋。

4.3 球根花卉

4.3.1 概述

球根花卉

1）球根花卉的含义及类型

球根花卉是指植株的地下部分具有肥大变态器官的多年生草本花卉。多数的球根花卉每年更新球体，并进行球根增生，在生产中可采用分生繁殖。依据习性及种植季节的不同，球根花卉可分为秋植球根花卉和春植球根花卉。

秋植球根花卉一般原产在地中海沿岸，通常在秋季栽植，春季生长开花，夏季休眠，其较耐寒，喜凉爽气候而不耐炎热，如郁金香、水仙、百合、风信子等。春植球根花卉则以原产南非为代表的夏雨地区为主，一般春季栽植，夏秋季生长开花，冬季休眠，其生长期要求较高温度，不耐寒，如美人蕉、大丽花等。依据球根的来源不同，球根花卉可分为块根类、鳞茎类、块茎类、根茎类和球茎类。

（1）块根类 块根是由植物的侧根或不定根膨大发育而成，通常一个植株能产生多个。块根上只长有须根，没有节和芽，但一般在块根上部能形成不定芽。如大丽花、花毛茛、彩叶甘薯等。

（2）块茎类 块茎是由地下茎顶端膨大发育而成的,具有明显的节与节间,节部长有侧芽,顶端有顶芽。如马蹄莲、菊芋、马铃薯等。

（3）鳞茎类 鳞茎是短缩成盘状的一种地下茎,其下端产生大量的须根,顶端为生长点,周围着生多枚排列紧密的肉质鳞叶。根据鳞片排列的形式不同,可分为层状鳞茎与鳞状鳞茎。

层状鳞茎鳞片呈同心圆层状排列,肉质鳞叶为闭合状,外层鳞片呈干燥的薄膜状,对鳞茎起保护作用,如水仙、风信子、朱顶红、石蒜、郁金香、洋葱等。鳞状鳞茎是鳞片呈覆瓦状叠合着生,彼此分离,球体外围无皮膜包被,如百合、贝母等。

（4）根茎类 根茎类是地下茎直接膨大发育而成,主轴沿水平方向延伸,具有明显的节和节间,侧芽和顶芽,并着生有不定根。通常以顶芽形成花芽开花,侧芽形成分枝,如美人蕉、德国鸢尾、铃兰等。

（5）球茎类 球茎是由茎轴基部的地下部分膨大发育而成的实心球体,其上有明显的节,节上着生叶鞘,呈膜质包于球体上。顶端生有顶芽,节上生有侧芽。母球生长开花后营养耗尽而萎缩退化,被新生的子球茎所代替,如唐菖蒲、小苍兰、番红花、球根鸢尾等。

2）球根花卉园林应用特点

丰富的园林景观需要园林植物的多样性,除了常见应用的球根花卉种类外,众多原产亚洲、小亚细亚、欧洲、巴尔干半岛等地的球根花卉种类多,生长适应性强,可应用于我国的园林建设,并日益受到园林界的重视。

（1）应用于园林花境及庭院 球根花卉是营造园林花境的主要植物材料之一,不仅种植简便、养护省工、不需经常更换,而且还体现出季相变化。更为重要的是,球根花卉能为花境带来丰富的色彩。球根花卉不仅可广泛应用于花境,也是庭院栽植的优良植物材料。具有种球交流方便、种植简易、管理相对粗放的特点,且盛花期的成景效果好,还常用作露地钵式栽植、阳台挂箱栽培。

（2）应用于水景配置 水生球根花卉常植于水边湖畔,点缀风景,使园林景色生动起来。叶常作为水景园或沼泽园的主景植物材料。不仅应用常见的挺水、浮水植物如荷花、睡莲等,有些适应于沼泽或低湿环境生长的球根花卉,如泽泻、慈姑、洋水仙、马蹄莲等,也开始应用于园林水景。

（3）应用于园林地被 地被植物要求植株低矮,能覆盖地面且养护简单,还要求有观赏性强的叶、花、果等。球根花卉中有很多种类能满足此要求,因此能作为地被植物广泛地应用。球根花卉的地被应用有其优势,如观花效果强烈、花谢后不需修剪、繁殖量较小不易造成生物侵害等。很多球根花卉如水仙、番红花、匍匐风信子均可以连续种植2年以上而不需起掘。

（4）其他园林应用 随着我国城市化建设进程的加快,球根花卉作为城市景观花卉的重要组成部分,叶越来越受到人们的重视。在城市改造、绿地建设、居住区绿化等方面都得到了大量的应用。特别是石蒜、美人蕉等生长适应性强的球根花卉,常常作为先锋植物材料在新建绿地中大量应用。

4.3.2　常见球根花卉识别与应用

1)郁金香

别名:洋荷花、草麝香。

学名:*Tulipa gesneriana*

科属:百合科　郁金香属

【识别特征】鳞茎扁圆锥形,外被棕褐色皮膜,周径 8～12 cm,内有白色肉质鳞片 3～6 枚。茎直立,单生,高 20～40 cm。茎叶光滑,被白粉。叶 3～5 枚,阔披针形,全缘波状,肥厚多汁。花单生茎顶,大型、直立,杯状,花色丰富,花被片 6 枚,基部具有黑紫色斑。花形有杯状、碟状、形状、碗状等。白天开放,夜间或阴雨天闭合。花期 3—5 月,有早、中、晚之别。蒴果,种子扁平(图 4.115)。

图 4.115　郁金香

【分布与习性】郁金香原产地中海南北沿岸及中亚细亚和伊朗、土耳其,东至中国的新疆地区等。

喜冬季湿冷、夏季凉爽干燥的气候;秋冬生根,第二年春季生长茎叶并开花,夏季休眠。郁金香为长日照植物,喜光也耐半阴,耐寒性强,冬季能耐 -35 ℃低温。喜肥沃、腐殖质丰富、排水良好的沙壤土,pH 6.5～7.5,忌盐碱土及连作。

【繁殖方法】常用的繁殖方式有分球、播种和组织培养。

分球繁殖在秋季 9—10 月分栽子鳞茎,大者 1 年、小者 2～3 年可培育成开花球。

【常见栽培种】郁金香是经过近百年由多亲本参加、人工杂交的杂种,品种多达 8 000 个。花型、花色、花期、株型有很大变化。按照花期的不同通常可分为以下品种类型。

(1)早花种

早花单瓣系:株高 20～25 cm,花色美艳丰富,单瓣(花被片 6 枚),早春开花。

早花重瓣系:花期早,重瓣,植株矮壮。

(2)中花种

凯旋系:花大,单瓣,株高 45～55 cm。

达尔文杂种系:花大,杯状,花色鲜明,株高 50～70 cm。

(3)晚花种

单瓣晚花系:株高 65～80 cm,花杯状,品种较多,花色多,如夜皇后(Queen of Night)呈紫黑色等。

百合花系:花瓣先端尖,平展开放,形似百合花。

花边系:花瓣边缘有晶状流苏花边。

绿花系:花被部分变绿。

伦布朗系:花冠上有异色斑条。

鹦鹉系:花瓣扭曲,具锯状花边。

重瓣晚花系:花重瓣,形似牡丹花型。

【园林应用】郁金香春季开花,花色丰富、花型多样、花色各异、花大色艳、花型美观、开花整齐,是非常重要的春季球根花卉,宜布置花坛、花镜及主题花展,也可作鲜切花和盆栽。

【其他经济用途】郁金香茎和叶含有抗菌效果的郁金香甙,具有抗菌作用,化湿辟秽。主治脾胃湿浊、胸脘满闷、呕逆腹痛、口臭苔腻。

【花文化】郁金香被视为胜利和美好的象征,同时它还代表着爱的表白和永恒的祝福。郁金香花色繁多,不同的颜色也代表着不同的含义。

2)百合类

别名:强瞿、番韭、山丹、倒仙。

学名:*Lilium* spp.

科属:百合科　百合属

【识别特征】鳞茎扁球形或阔卵状球形,由多个披针形肉质鳞叶抱合而成。生长数年后,因其内部蚜数增多,便分裂成数个鳞茎。地上茎直立,不分枝,高 50~150 cm。叶互生或轮生,线形、披针形至心形,平行叶脉。有些种类的叶腋处易生珠芽。花单生、簇生或为总状花序;花大型,漏斗状、喇叭状或杯状等,下垂、平伸或向上着生;花被片 6 枚,平伸或翻卷,基部具有蜜腺;花色丰富,具有芳香。花期 5—8 月。蒴果,种子扁平。

【分布与习性】主要原产北半球的温带和寒带地区。

喜冷凉湿润气候,要求肥沃、腐殖质丰富、排水良好的微酸性至中性土壤及半阴环境。多数种类耐寒性强,耐热性较差。秋植,忌连作。

【繁殖方法】常用分球繁殖,也可分珠芽、鳞片扦插、组织培养。

分球繁殖将茎轴旁形成的小鳞茎与母鳞茎分离,选择冷凉地或海拔 800 m 以上的山地,于 10 月中旬至 11 月中旬下种,适当深栽 15~20 cm,翌年春追施肥水,及时中耕除草并摘除花蕾,10—11 月中旬可收获种球。

【常见栽培种】百合属约有 100 种,其中我国有 20 种,以云南为分布中心,日本也有 20 种。其野生种主要有:

(1)百合(*L. brownii* var. *viridulum*)　别名:野百合。

识别要点:鳞茎扁平状球形,径 6~9 cm,黄白色有紫晕。地上茎高 0.6~1.2 m,叶披针形,花 1~4 朵,平伸,乳白色,背面中肋带紫褐色纵条纹,花药褐红色;极芳香;花期 8—9 月。原产我国南北各地(图 4.116)。

(2)细叶百合(*L. pumilum*)　别名:山丹丹、山丹花。

识别要点:鳞茎圆锥形,径 2~3 cm。鳞片小而密集。地上茎 30~60 cm,叶线形,多而密集。花橘红色,下垂,有芳香,花期 6—7 月。原产我国东北、西北等地。喜生于向阳山坡岩石草地间,性强健,耐寒,易结实。

图 4.116　百合

(3)卷丹(*L. lancifolium*)　别名:虎皮百合。

识别要点:鳞茎近宽球形,直径 4~8 cm;鳞片宽卵形,白色。茎高 0.8~1.5 m,带紫色条纹,具白色绵毛。叶披针形,上部叶腋有珠芽。花 3~6 朵或更多;花下垂,花被片披针形,反卷,橙红色,有紫黑色斑点。花期 7—8 月。原产中国东部及中部各省,朝鲜、韩国和日本也有分布。生山坡灌木林下、草地、路边或水旁,海拔 400~2 500 m 处种植尤佳。

（4）麝香百合（*L. longiflorum*）　别名：白百合、夜合、铁炮百合。

识别要点：鳞茎球形或近球形，鳞叶抱合紧密，黄白色。茎高45～90 cm，绿色。叶散生，披针形或矩圆状披针形。花单生或2～3朵生于短花梗上，平伸或略下垂；花喇叭形，白色，筒外略带绿色，长达19 cm；具浓香。花期6—7月。原产我国台湾及日本，变种及品种很多，常用作鲜切花。

（5）大百合（*Cardiocrinum giganteum*）　识别要点：鳞茎暗绿色，径5～12 cm。地上茎1～2 m，中空粗壮。叶宽大呈心形。总状花序有花10～16朵，无苞片；花狭喇叭形，白色，里面具淡紫红色条纹；花被片条状倒披针形，长12～15 cm。花期7—8月。原产西藏、四川、陕西、湖南和广西。生林下草丛中，海拔1 450～2 300 m处生长尤佳。也见于印度、尼泊尔、不丹等地（图4.117）。

图4.117　大百合

（6）川百合（*L. davidii*）　别名：兰州百合。

识别要点：鳞茎扁圆形，径4～5 cm。地上茎高60～180 cm。叶多而密集，线形。着花3～18朵，下垂；砖红色至橘红色，袋子黑色斑点；花被片翻卷；花期7—8月。原产我国西南及西北地区。鳞茎可食用（图4.118）。

在实际应用中，根据品种亲缘关系的不同，通常可分为东方百合杂种系、亚洲百合杂种系和麝香（铁炮）百合系。

【园林应用】百合花大、色艳、具有芳香、花姿优美，在园林中宜林缘或疏林下片植、丛植。多数种类更宜作鲜切花。

图4.118　川百合

【其他经济用途】百合、卷丹、川百合、山丹等鳞茎可食用，还可入药，为滋补上品。芳香的百合还可提制芳香浸膏，用于化妆品。

【花文化】在我国百合具有百年好合、美好家庭、伟大的爱之含义，有深深祝福的寓意。

3）风信子

别名：洋水仙、五等色水仙。

学名：*Hyacinthus orientalis*

科属：百合科　风信子属

【识别特征】鳞茎卵形，有膜质外皮，皮膜颜色与花色成正相关。叶4～6枚，基生，狭披针形，肉质，上有凹沟，绿色有光泽。花茎肉质，长15～45 cm，总状花序顶生，小花10～20朵密生上部，横向或下倾，漏斗形，花被筒形，上部4裂，反卷，有紫、玫瑰红、粉红、黄、白、蓝等色，芳香，蒴果。自然花期3—4月（图4.119）。

【分布与习性】原产地中海沿岸及小亚细亚一带。

喜阳光充足和比较湿润的环境，要求排水良好和肥沃的沙壤土。较耐寒，在冬季比较温暖的地区秋季生根，早春新芽出土，3月开花，5月下旬果熟，6月上旬地上部分枯萎而进入休眠。秋植。

图4.119　风信子

【繁殖方法】以分球繁殖为主。风信子不易形成子球，可采用刻伤法或刮底法促使子球形成。

【常见栽培种】风信子栽培品种较多，品种间差异较小，难以分辨，通常根据花色分类。

白色系主要有：'carnegie'、'white pearl'等。

粉色系主要有：'anna marie'、'pink surprise'浅粉色；'early bird'、'pink pearl'深粉色。

红色系主要有：'jan bos'洋红色。

蓝色系主要有：'bluue giant'、'selft'蓝色；'jacket'深蓝色；'atlantie'紫罗兰色。

紫色系主要有：'amethyst'淡蓝紫色、'anna lisa'紫色。

【园林应用】风信子植株低矮整齐，花序端庄，花色丰富，花姿美丽，色彩绚丽，在光洁鲜嫩的绿叶衬托下，恬静典雅，是早春开花的著名球根花卉之一，也是重要的盆花种类。适于布置花坛、花境和花槽，也可作盆栽或水养观赏。

【其他经济用途】可提取芳香油。

【花文化】花语为胜利、竞技、喜悦、爱意、幸福、浓情、倾慕、顽固、生命、得意、永远的怀念。只要点燃生命之火，便可同享丰富人生。

4) 葡萄风信子

别名：蓝瓶花、蓝壶花、串铃花。

学名：*Muscari botryoides*

科属：百合科　蓝壶花属

图4.120　葡萄风信子

【识别特征】鳞茎卵圆形，皮膜白色，球茎1～2 cm。叶基生，线形，稍肉质，暗绿色，边缘常内卷，长10～20 cm。花茎自叶丛中抽出，1～3支，花茎高15～25 cm，总状花序，小花多数密生而下垂，花冠小坛状顶端紧缩，花朵呈葡萄粒状，整个花序则犹如一串葡萄，花色有白、蓝紫、浅蓝等色。花期3—5月(图4.120)。

【分布与习性】原产欧洲。我国各地亦广泛栽培。

性喜温暖、凉爽气候，较耐寒，喜光亦耐阴，适生温度15～30 ℃，宜于在疏松、肥沃、排水良好的砂质壤土上生长。夏季休眠，秋季种植。

【繁殖方法】分球繁殖为主，也可播种繁殖。分球繁殖于夏、秋季分栽小鳞茎，培养1～2年后开花；播种繁殖于秋季盆中撒播，勿入温室。

【常见栽培种】

(1)紫葡萄(*Cantat*)　识别要点：紫花系品种，具有较高的植株，开紫蓝色的葡萄串状花朵，但花尖为白色，蓝白相间十分美丽。

(2)天蓝(*Heavenly Blue*)　识别要点：紫花系品种，具有矮生的植株，开天蓝色的葡萄状小花，犹似一串成熟的葡萄，优雅美丽。

(3)菲尼斯(*Valerie Finis*)　识别要点：紫花系品种，具有密生的葡萄状小花，花浅蓝色，并略带银色反光，产生梦幻般的色彩。

(4)深蓝(*Neglectum*)　识别要点：紫花系品种，特点是花朵初开时候天蓝色，后变为深紫蓝色，形成二色的花序，加上花朵尖端有一白色的环，色彩对比明显。

(5)白葡萄(*Album*)　识别要点：白花系品种，特点是株形矮小，小花白色，密生成葡萄串状，十分芳香。

(6)白美人(*White Beauty*)　识别要点：白色系品种，特点是叶片条形，肉质，开纯白色葡萄状小花，花朵密生成串，与深绿色的花杆和绿叶形成鲜明对照。

【园林应用】花期早、开花时间较长，常作疏林下的地面覆盖或用于花境、草坪的成片、成带与镶边种植,也用于岩石园作点缀丛植,家庭花卉盆栽或作为切花亦有良好的观赏效果。

【花文化】花语为悲伤、妒忌,忧郁的爱。

5)石蒜

别名:红花石蒜、蟑螂花、老鸦蒜。

学名:*Lycoris radiata*

科属:石蒜科　石蒜属

【识别特征】多年生草本,鳞茎椭圆状球形,皮膜褐色,直径2～4 cm。叶基生,线性,晚秋叶自鳞茎抽出,至春枯萎。入秋抽出花茎,高30～60 cm,顶生伞形花序,着花5～7朵,鲜红色具白色边缘;花被6裂,瓣片狭倒披针形,边缘邹缩,反卷,花被片基部合生呈短管状(图2.121)。

【分布与习性】石蒜以我国和日本为分布中心,原产我国,分布于华中、西南、华南各省。

图4.121　石蒜

喜温暖湿润半阴环境,但也能耐阳光和干旱环境,生命力颇强。喜弱酸性至中性土壤,以疏松、肥沃的沙壤性土壤土为好。通常春季长叶,夏季叶片干枯,鳞茎进入休眠;夏秋之交,花茎破土而出;叶在花茎枯萎后又即抽出。

【繁殖方法】以分球繁殖为主,也可播种繁殖。春秋两季用鳞茎繁殖。

【常见栽培种】石蒜属植物在全世界约有20余种,我国分布有16种,按花叶特征可初步分为:红花品系、白花品系、黄花品系及复色品系等。

(1)红花品系

①鹿葱(*L. squamigera*)　识别要点:杯状花型,花粉红色,边缘基部微皱缩;秋出叶,淡绿色,质地软。

②玫瑰石蒜(*L. rosea*)　识别要点:裂瓣反卷花型,花玫瑰红色,中度褶皱和反卷;秋出叶,带状,淡绿色,中间淡色带明显。

③香石蒜(*L. incarnate*)　识别要点:杯状花型,花瓣基部边缘微浪状,花蕾白色,具红色中肋,初开时白色,渐变肉红色,花被裂片腹面散生红色条纹,背面具紫红色中肋,边缘微皱缩。

(2)黄花品系

①忽地笑(*L. aurea*)　识别要点:大花型,花鲜黄色或橙色,花被裂片背面具淡绿色中肋,强度褶皱和反卷;秋出叶,叶片阔条形,粉绿色,中间淡色带明显(图4.122)。

②安徽石蒜(*L. anhuiensis*)　识别要点:花黄色,较反卷而展开,边缘微皱缩;春季抽叶,带形。

③中国石蒜(*L. Chinensis*)　识别要点:大花型,花鲜黄色,花被裂片背面具淡黄色中肋,强度褶皱和反卷。

图4.122　忽地笑

④广西石蒜(*L. guangxiensis*)　识别要点:花蕾黄色,具红色条纹,开放时黄色,花被裂片腹面具画笔状红色条纹,边缘皱缩,尖端急尖,基部具爪。

⑤稻草石蒜(*L. straminea*)　识别要点:花稻草色,花被裂片腹面散生少数粉红色条纹或者斑点,盛开时消失,强度褶皱和反卷,秋出叶。

（3）白花品系

①乳白石蒜（*L. albiflora*）　识别要点：花型属中等，花蕾桃红色，开放时奶黄色，渐变为乳白色，腹面散生少数粉红色条纹，背部具红色中肋，倒披针型，中度褶皱和反卷，春出叶。

②江苏石蒜（*L. Houdyshelii*）　识别要点：花白色，花被裂片背面具绿色中肋，强度褶皱和反卷；秋季展叶，也带状，宽1.2~1.5 cm。

③长筒石蒜（*L. longituba*）　识别要点：花型较大，花朵纯白色，花被裂片腹面稍有淡红色条纹，顶端稍反卷，边缘不皱缩。花谢后不长叶。

④陕西石蒜（*L. Shaanxiensis*）　识别要点：花白色，花被裂片腹面散生少数淡红色条纹背部具红色中肋，反卷微皱缩；春出叶。

⑤短蕊石蒜（*L. Caldwellii*）　识别要点：花蕾桃红色，开放时奶黄色，渐变为乳白色，微皱缩；早春出叶，带形叶，绿色，顶端钝圆，中间淡色带不明显。

（4）复色品系

①换锦花石蒜（*L. sprengeri*）　识别要点：杯状花型，花型中等，花淡紫红色，花被裂片顶端带蓝色，边缘不皱缩。

②变色石蒜（*L. bicolor*）　识别要点：始花时，花朵为鲜红色，且花瓣不反曲或少反曲。花瓣逐渐反卷，双边逐渐变淡到白色，成为红白相间；其叶始于秋季。

【园林应用】石蒜是园林中不可多得的地被花卉，素有中国的"郁金香"之称，冬春叶色翠绿，夏秋红花怒放，城市绿地、林带下自然式片植、布置花境或点缀草坪、庭院丛植，效果俱佳。石蒜对土壤要求不严，花叶共赏，花葶苗壮，又能反映季相变化，可作专类园，也可用作切花，矮生种亦作盆花观赏。

【其他经济用途】鳞茎气特异，味极苦，有毒。药用具有消肿解毒、利尿、催吐之功效。

【花文化】日本为"悲伤回忆"、朝鲜为"相互思念"、中国为"优美纯洁"。由于石蒜的花和叶子具有不能见面的特性，故石蒜又被称为无情无义的花。

6）水仙

别名：中国水仙、金盏银台、天蒜、玉玲珑。

学名：*Narcissus tazetta* var. *chinensis*

科属：石蒜科　水仙属

【识别特征】多年生草本，地下鳞茎肥大，卵圆形至球形，外被棕褐色皮膜。叶基生，狭长带状，常排成互生二列状，长30~50 cm，叶面上有白粉。花葶自叶丛中抽出，高于叶面；伞形花序，具膜质总苞，着花4~6朵，多者达10余朵；花被片6枚，花被中央有杯状或喇叭状的副冠，花白色，芳香；花期1—3月（图4.123）。

图4.123　水仙

【分布与习性】水仙属原产北非、中欧，及地中海沿岸，现在世界各地广为栽培。

性喜温暖、湿润气候及阳光充足的地方，尤以冬无严寒，夏无酷暑，春秋多雨的环境最为适宜。以疏松肥沃、土层深厚的冲积沙壤土为最宜，土壤pH以弱酸至中性为宜。夏季休眠，秋植。

【繁殖方法】常用分球繁殖。可将母球上自然分生的小鳞茎瓣下来作为种球，另行栽培。从种球到开花球，需培养3~4年。

【常见栽培种】水仙属约30个种，有众多变种与亚种，园艺品种近3 000个。根据英国皇家园艺学会制订的水仙分类新方案,依花被裂片与副冠长度的比以及色泽异同可分为喇叭水仙群、大杯水仙群、小杯水仙群、三蕊水仙、重瓣水仙、仙客来水仙、丁香水仙、多花水仙、红口水仙、原种及其野生品种和杂种、裂副瓣水仙和所有不属于以上者共12类。

目前国内广泛栽培和应用的原种和变种有中国水仙、喇叭水仙、明星水仙、丁香水仙、红口水仙、仙客来水仙及三蕊水仙,包括:

(1)喇叭水仙(*N. pseudo-narcissus*) 别名:洋水仙、欧洲水仙。

识别要点:原产南欧地中海地区。多年生草本,鳞茎球形,直径3~4 cm,叶扁平线形,灰绿色,端圆钝。花单生,大型,花径约5 cm,黄或淡黄色,副冠与花被片等长或比花被片稍长,钟形至喇叭形,边缘具不规则的锯齿状邹褶。花冠横向开放,花期3—4月(图4.124)。

图4.124 喇叭水仙

(2)明星水仙(*N. incomparubilis*) 别名:橙黄水仙。

识别特性:为喇叭水仙与红口水仙的杂交种。鳞茎卵圆形,叶扁平线性,花葶有棱,与叶同高,花平伸或稍下垂,大型,黄或白色,副冠为花被片长度的一半。花期4月。

(3)红口水仙(*N. poeticus*) 别名:口红水仙。

识别要点:原产西班牙、南欧、中欧等地。鳞茎较细,卵形,叶线形,30 cm左右。一葶一花,花径5.5~6 cm,有香气。花被片纯白色,副冠浅杯状,黄色或白色,边缘波皱带红色。花期4月。

(4)丁香水仙(*N. jonquilla*) 别名:灯心草水仙、黄水仙。

识别要点:原产葡萄牙、西班牙等地。鳞茎较小,外被黑褐色皮膜,叶长柱状,有明显深沟。花高脚蝶状,侧向开放,具浓香。花被片黄色,副冠杯状,与花被片等长,同色或稍深呈橙黄色,有重瓣变种。花期4月。

(5)多花水仙(*N. tazetta*) 别名:法国水仙。

识别要点:分布较广,自地中海直到亚洲东南部。鳞茎大,一葶多花,3~8朵,花径3~5 cm,花被片白色,倒卵形,副冠短杯状,黄色,具芳香。花被片与副冠同色或异色,有多数亚种与变种,花期12月至翌年2月。

(6)仙客来水仙(*N. cyclamineus*) 识别要点:原产葡萄牙、西班牙北部。植株矮小,鳞茎也小,叶狭线形,背面隆起呈龙骨状。一葶一花或2~3朵聚生,花冠筒极短,花被片自基部极度向后反卷,形似仙客来,黄色,副冠与花被片等长,花径1.5 cm,鲜黄色。花期2—3月。

中国水仙为多花水仙即法国水仙的主要变种之一,大约于唐代初期由地中海传入我国。在我国,水仙的栽培分布多在东南沿海温暖湿润地区。从瓣型来分,中国水仙有两个栽培变种:一为单瓣,花被裂片6枚,称金盏银台,香味浓郁;另一种为重瓣花,花被通常12枚,称百叶花或玉玲珑,香味稍逊。从栽培产地来分,有福建漳州水仙、上海崇明水仙和浙江舟山水仙。漳州水仙鳞茎形美,具两个均匀对称的侧鳞茎,呈山字形,鳞片肥厚疏松,花葶多,花香浓,为我国水仙花中的佳品。

【园林应用】水仙株丛清秀,花色淡雅,芳香馥郁,花期正值春节,深受人们喜爱,是我国传统的十大名花之一,被誉为"凌波仙子"。既适宜室内案头、窗台点缀,又宜在园林中布置花坛、花境,也宜在疏林下、草坪中成丛成片种植。

喇叭水仙较中国水仙的植株高大,花大色艳,品种繁多,但无香气。由于其耐寒和生长势强、花期早,可露地配置于疏林草地、河滨绿地,早春开花,景观秀致,并且花朵水养持久,是良好的切花材料。

【其他经济用途】水仙鳞茎可入药,浆汁含拉可丁,用作外科镇痛剂,鳞茎捣烂可敷治痈肿。花作香泽,涂身理发,去风气,又疗妇人五脏心热。

【花文化】每逢百花凋零的年尾岁首开花,它那亭亭玉立的秀姿,雪白晶莹的花朵,沁人心脾的芳香受到我国人民的喜爱,被人们视为辞旧迎新、吉祥如意的象征。

水仙花的中国花语有两说:

一是"纯洁",或作"纯洁的爱情",专用于妇女,赞扬其品德。

二是"吉祥",用于亲友及其家庭,祝愿走好运。

西方水仙花的花语是坚贞爱情,与我国相似。

7) 美人蕉类

别名:小芭蕉。

学名:*Canna* spp.

科属:美人蕉科　美人蕉属

【识别特征】多年生草本,球根为肥大的根状茎。株高可达100～150 cm,地上茎肉质,不分枝茎叶具白粉,叶互生,宽大,长椭圆状披针形。总状花序自茎顶抽出,花径可达10～20 cm,花瓣直伸,具四枚瓣化雄蕊。花色有乳白、鲜黄、橙黄、桔红、粉红、大红、紫红、复色斑点等。花期6—10月(北方),南方全年。果实为略似球形的蒴果,有瘤状突起,种子黑色,坚硬。

【分布与习性】原产美洲、亚洲及非洲热带。

喜温暖湿润、充足阳光,不耐寒。对土壤要求不严,在疏松肥沃、排水良好的沙土壤中生长最佳,也适应于肥沃黏质土壤生长。北方须在下霜前将地下根茎挖起,储藏在温度为5 ℃左右的环境中。露地栽培的最适温度为13～17 ℃。江南可在防风处露地越冬。喜湿润,忌干燥,在炎热的夏季,如遭烈日直晒,或干热风吹袭,会出现叶缘焦枯;浇水过量也会出现同样现象。春季栽植。

【繁殖方法】以分株繁殖为主,多在春季切割分栽根茎,注意分根时每丛需带2～3个芽眼,直接下种,当年开花。培育新品种可用播种繁殖。

【常见栽培种】

(1)美人蕉(*C. indica*)　别名:小花美人蕉。

识别要点:原产美洲热带,为现代美人蕉的原生种之一。株高1.5～2 m,叶长椭圆形,花序总状,着花稀少,花小,花瓣狭细而直立,鲜红色(图4.125)。

(2)蕉藕(*C. edulis*)　别名:食用美人蕉。

识别要点:株高2～3 m,茎紫色。叶长圆形,长30～60 cm,宽18～20 cm,表面绿色,背面及叶缘有紫晕。花序基部有宽大总苞,花瓣鲜红色,花期8—10月,但在我国大部分地区不见开花。原产印度及南美洲。其肥大的根状茎可食用,加工成粉丝、粉条等。

图4.125　美人蕉

（3）黄花美人蕉（*C. flaceida*）　别名：柔瓣美人蕉。

识别要点：株高 1.2～1.5 m，叶长圆状披针形，茎叶浅绿色，花黄色，一般生长于河边、湿地。原产美国。

（4）粉美人蕉（*C. glauca*）　别名：白粉美人蕉。

识别要点：株高 1.5～2 m，茎叶为绿色，有白粉。着花稀少，花小，花瓣狭长，黄色。有具红色或带斑点品种。原产南美洲及印度。

（5）大花美人蕉（*C. generalis*）　别名：法国美人蕉。

识别要点：是美人蕉的改良种。株高 1～1.5 m，茎叶均被白粉，叶大，深绿色，阔椭圆形，长约 40 cm，宽约 20 cm。总花梗长，花大，色彩丰富，花萼被白粉，瓣化瓣 5 枚，圆形，直立而不反卷。花期 6—10 月（图 4.126）。

（6）紫叶美人蕉（*C. warscewiczii*）　别名：红叶美人蕉。

识别要点：株高 1～1.5 m，茎叶均紫褐色，并具白粉，总苞褐色，花冠裂片披针形，深红色或橙黄。原产南美洲。

图 4.126　大花美人蕉

【园林应用】枝叶茂盛，花大色艳，花期长，开花时正值火热少花的季节，可大大丰富园林绿化中的色彩和季相变化，使园林景观轮廓清晰，美观自然。适合大片的自然栽植，或用来布置花境、花坛。一些低矮品种可盆栽观赏。美人蕉抗污染能力较强，特别适于道路绿化。

【其他经济用途】根状茎及花入药，性凉，味甘、淡。清热利湿，安神降压。

【花文化】花语为美好的未来。

8）大丽花

别名：大理花、大理菊、天竺牡丹、东洋菊、苕菊、洋芍药、红苕花等。

学名：*Dahlia hybrida*

科属：菊科　大丽花属

【识别特征】多年生草本，地下部为粗大的纺锤状肉质块根。茎直立，多分枝，粗壮，高 0.5～1.5 m。叶对生，1～3 回羽状深裂，下面灰绿色，两面无毛。头状花序大，有长花序梗，常下垂，花径 5～20 cm。舌状花 1～多轮，花色丰富，常卵形，顶端有不明显的 3 齿，或全缘；管状花黄色。瘦果长圆形，黑色，扁平，有 2 个不明显的齿。花期 6—12 月（图 4.127）。

【分布与习性】原产墨西哥高原地区海拔 1 500 m 的地方。

喜冷凉湿润、光照充足的环境，不耐寒，畏酷暑，怕积水。喜地势高燥、排水良好、阳光充足而又背风的地方。适生于疏松、富含腐殖质和排水性良好的砂壤土。北方地区冬前需要采收块根，可在地窖中越冬。

图 4.127　大丽花

【繁殖方法】分球、扦插、播种或嫁接繁殖。

大丽花的块根由茎基部发生的不定根肥大而成，肥大部分无芽，仅在根颈发生新芽，因此分割块根时每株须带有根颈部 1～2 个芽眼。通常春季分球或利用冬季休眠期在温室催芽后分割。

扦插以早春为好。通常取自根颈部发生的脚芽进行扦插。

播种繁殖主要用于花坛或盆栽用的矮生品种系列。

【常见栽培种】大丽花栽培品种繁多,全世界约3万余种。

按花朵的大小划分为:大型花(花径20.3 cm以上)、中型花(花径10.1~20.3 cm)、小型花(花径10.1 cm以下)3种类型。

按花朵形状划分为:葵花型、兰花型、装饰型、圆球型、怒放型、银莲花型、双色花型、芍药花型、仙人掌花型、波褶型、双重瓣花型、重瓣波斯菊花型、莲座花型和其他花型11种花型。

其主要栽培品种有:

(1)新泉　花鲜红色,花瓣边白色,花形美。极早花品种。

(2)朝影　花鲜黄色,花瓣先端白色,重叠圆厚,不露花心,花径约12 cm,株高约120 cm,易栽培。

(3)华紫　花纯紫色,花径约12 cm。紫色系中最佳品种。

(4)福寿　花鲜红色,花瓣先端有白色斑痕。

(5)珠宝　夏、秋季朱红色,10月后花橙红色,花径约12 cm。

(6)新晃　花鲜黄色,花瓣先端白色,花多。株高约90 cm。

(7)红妃　花深红色。叶直立,枝多。容易栽培。

(8)红簪　花粉色,花瓣浑圆,玫瑰形,花径约12 cm。植株紧凑协调,非常美丽。

【园林应用】大丽花花大色艳,花型丰富,品种繁多,适宜花坛、花径或庭前丛植,矮生品种可作盆栽。花朵用于制作切花、花篮、花环等。

【其他经济用途】块根含有菊糖,医药上同葡萄糖相似,可入药,有活血散瘀、清热解毒的功效。

【花文化】花语为大吉大利,是大方、富丽的象征。

9)花毛茛

别名:芹菜花、陆莲花、波斯毛茛、洋牡丹。

学名:*Ranunculus asiaticus*

科属:毛茛科　毛茛属

图4.128　花毛茛

【识别特征】多年生草本,地下具小块根,块根纺锤形,长约2 cm,常数个聚生于根颈部。株高30~60 cm,茎单生,或少数分枝,有毛。基生叶阔卵形,具长柄,茎生叶无柄,为2回3出羽状复叶,形似芹菜。花单生或数朵顶生,花径5~9 cm,花瓣5~10枚,花色丰富,有红、白、橙、黄、紫、褐色等色,花形蔷薇状;花期4—5月。蓇果,种子扁平,被一层非常薄的膜包裹(图4.128)。

【分布与习性】原产于欧洲东南与亚洲西南部,现各地广为栽培。

喜凉爽及半阴环境,忌炎热,适宜的生长温度白天20 ℃左右,夜间7~10 ℃,具有一定的耐寒力,既怕湿又怕旱,宜种植于排水良好、肥沃疏松的中性或偏碱性土壤。秋季栽植,春季开花,夏季休眠。

【繁殖方法】用分株和播种繁殖,以秋季分栽带根茎的块根为主。播种以秋播为宜。

【常见栽培种】花毛茛有许多变种与品种,根据种子资源可分为4个系统,根据现代栽培品种可分为7个品系。

种子资源系统:

(1)波斯花毛茛(Persian Ranunculus)　识别要点:花毛茛原种。色彩丰富,花朵小型,单瓣或重瓣。

（2）塔班花毛茛（Turban Ranunculus）　识别要点：花毛茛变种。大部分品种为重瓣，花瓣向内侧弯曲，呈波纹状。与波斯花毛茛相比，植株矮小，早花，更容易栽培。

（3）法国花毛茛（French Ranunculus）　识别要点：花毛茛园艺变种。本体系的部分花瓣为双瓣，花朵的中心部有黑色色斑，开花期较迟。

（4）牡丹花毛茛（Paeonia Ranunculus）　识别要点：为杂交种。其花朵数量比法国花毛茛多，植株也更高大，部分花瓣为双瓣，花朵较大，开花时间长，能够通过栽培管理促成开花。

现代栽培品种：

（1）"复兴"品系

'复兴白'（'Renaissance White'）：植株生长旺盛，高大，花朵重瓣，花色纯洁无瑕，常用切花品种。

'复兴粉'（'Renaissance Pink'）：植株生长旺盛，健壮，花朵重瓣，大花型，花色娇艳动人，常用切花品种。

'复兴黄'（'Renaissance Yellow'）：植株生长旺盛，健壮高大，花朵重瓣，花色鲜黄，常用切花品种。

'复兴红'（'Renaissance Red'）：植株生长旺盛，健壮，花朵重瓣，大花型，花色鲜橘红，常用切花品种。

（2）"梦幻"品系

'梦幻红'（'Dream Scarlet'）：植株高大，超巨大型花朵，鲜红色，适合于切花或盆花生产。

'梦幻粉'（'Dream Rose-pink'）：植株高大，超巨大型花朵，鲜粉色，适合于切花或盆花生产。

'梦幻黄'（'Dream Yellow'）：植株高大，超巨大型花朵，鲜黄色，适合于切花或盆花生产。

'梦幻白'（'Dream White'）：植株高大，超巨大型花朵，鲜白色，适合于切花或盆花生产。

（3）"超大"品系

'超级粉'（'Super-jumbo Rose-pink'）：植株高35～40 cm，株型紧凑，重瓣花，色泽肉粉，花径15～16 cm，适合于切花或盆栽。

'超级黄'（'Super-jumbo Dolden'）：植株高35～40 cm，株型紧凑，重瓣花，色泽金黄，花径15～16 cm，适合于切花或盆栽。

'超级白'（'Super-jumbo White'）：植株高35～40 cm，株型紧凑，重瓣花，色泽纯白，花径15～16 cm，适合于切花或盆栽。

（4）"维多利亚"品系

'维多利亚红'（'Victoria Red'）：花色粉红，重瓣花，花茎粗壮，株形美丽，适合于促成栽培，低温感应强，花径多，产量高。

'维多利亚橙'（'Victoria Orange'）：植株强健高大，重瓣花，花色橘黄，有光泽，适合于促成栽培，低温感应强，花径多看，产量高。

'维多利亚黄'（'Victoria Golgen'）：巨大花茎，花茎粗壮，充实感强，重瓣花，花色金黄，保鲜性良好，适合于促成栽培。

'维多利亚玫瑰'（'Victoria Rosa'）：花茎直立性强，植株紧凑，花色深红至深粉，重瓣花，大花型，适合于切花栽培。

'维多利亚粉'（'Victoria Pink'）：花色从深粉至浅粉，巨大花型，花瓣数多，保鲜性良好，适合于切花栽培。

'维多利亚白'（'Victoria White'）：花色从乳白至纯白，巨大花型，重瓣花，株形良好，适合于切花栽培。

（5）"福花园"品系

'福花园'（'Fukukaen Strain'）：花朵重瓣率高，花瓣数多，色彩鲜明，大型花，适用于切花或盆花，有红色、黄色、粉色、白色等各种品种。

（6）"幻想"品系

'幻想曲'（'Perfect Double Fantasia'）：植株矮小，花朵重瓣，大型花，花色各异，适用于切花或花坛栽培。

（7）"种子繁殖"品系

'多彩'（'High Collar'）：植株高 60 cm，花径 8~10 cm，大花型，花色有黄色、橙色等多种色彩，适合作切花或盆花栽培，多为种子繁殖。

'湖南之红'：植株高达 55~65 cm，花色白底具有鲜粉色边缘，花径 12 cm，大型花，重瓣，多花头，最适合切花栽培，适合于种子繁殖。

'相模之虹'：鲜黄色底，橘红色边缘，大花型，直立性强，适合切花栽培和种子繁殖。

【园林应用】花大而美丽，常种植于花坛、草坪边缘，以及建筑物的阴面。矮生或中等高度的品种多用于花坛、花带和家庭盆栽。园艺上有专门的切花种和盆栽种。切花种可作室内瓶插等。

【其他经济用途】块根入药，有解毒消炎的功效。

【花文化】花毛莨的花语就是受欢迎。

10）朱顶红

别名：百枝莲、柱顶红、朱顶兰、孤挺花。

学名：*Hippeastrum rutilum*

科属：石蒜科　朱顶红属

【识别特征】多年生草本，鳞茎肥大，近球形，直径 5~7.5 cm，外皮淡绿色或黄褐色。叶基生，两侧对生，鲜绿色，带状，先端渐尖，长约 30 cm，基部宽约 2.5 cm。花茎中空，稍扁，高约 40 cm，具有白粉；伞形花序顶生，花 2~6 朵，喇叭形，大型，花径 10~20 cm，花被裂片 6 枚，长圆形，顶端尖；花色红、橙、白等，略带绿色，喉部有小鳞片。花期 4—5 月（图 4.129）。

图 4.129　朱顶红

【分布与习性】朱顶红原产南美秘鲁、巴西，现在世界各国广泛栽培。

喜温暖湿润气候，生长适温为 18 ℃~25 ℃，忌酷热，阳光不宜过于强烈，应置荫棚下养护，怕水涝。冬季休眠期，要求冷凉的气候，以 10~12 ℃ 为宜，不得低于 5 ℃。喜富含腐殖质、排水良好的砂壤土。

【繁殖方法】用播种、分球、切割鳞茎、组织培养等方法繁殖。多采用人工切球法大量繁殖子球，即将母鳞茎纵切成若干份，再在中部分为两半，使其下端各附有部分鳞茎盘为发根部位，然后扦插于泥炭土与沙混合之扦插床内，适当浇水，经 6 周后，鳞片间便可发生 1~2 个小球，并在下部生根。这样一个母鳞茎可得到仔鳞茎近百个。

【常见栽培种】常见的栽培品种有：

红狮(Redlion)：花深红色。

大力神(Hercules)：花橙红色。

赖洛纳(Rilona)：花淡橙红色。

通信卫星(Telstar)：大花种，花鲜红色。

花之冠(FlowerRecord)：花橙红色，具白色宽纵条纹。

索维里琴(Souvereign)：花橙色。

智慧女神(Minerva)：大花种，花红色，具白色花心。

比科蒂(Picotee)：花白色中透淡绿，边缘红色。欧洲推出的适合盆栽的新品种。

拉斯维加斯(Las Vegas)：为粉红与白色的双色品种。

卡利默罗(Calimero)：小花种，花鲜红色。

艾米戈(Amigo)：晚花种，花深红色，被认为是最佳盆栽品种。

纳加诺(Nagano)：花橙红色，具雪白花心。

同属原生品种有：

(1)美丽孤挺花(*H. aulicum*)　识别要点：花深红或橙色。

(2)短筒孤挺花(*H. reginae*)　识别要点：花红色或白色。

(3)网纹孤挺花(*H. reticulatum*)　识别要点：花粉红或鲜红色。

【园林应用】朱顶红花葶直立，花朵硕大，色彩极为鲜艳，适宜盆栽，也可配置花境、花丛或作切花。

【其他经济用途】鳞茎入药。甘、辛，温，有小毒。入肝、脾、肺三经，有活血解毒、散瘀消肿的功效，用于各种无名肿毒、跌打损伤、瘀血红肿疼痛等。

【花文化】希腊传说中，一个美丽的牧羊女爱上了英俊的牧羊人，可是，村里所有的牧羊女都爱上了他，而牧羊人的眼光只注视着花园里的花朵。怎样才能得到牧羊人的欢心喜爱？美丽的牧羊女求助女祭司，得到的建议是：用一枚黄金箭头刺穿自己的心脏，并每天都沿相同的道路去探望牧羊人。在去往牧羊人小屋的路上开满了红色的花朵，如血一般。牧羊女兴奋地采了一大把敲响了木屋的门：刹那间，红花和红颜打动了骄傲的牧羊人。爱情染就了如此艳丽的花朵，也能使我们了解到为什么每次见到它时都会有种为之悸动的心灵感受。于是，牧羊人用爱人的名字命名了这种鲜红的花朵——朱顶红。

朱顶红花语是渴望被爱，追求爱。另外还有表示自己纤弱渴望被关爱的意思。

11)铃兰

别名：君影草、山谷百合、风铃草、香水花、鹿铃、草寸香。

学名：*Convallaria majalis*

科属：百合科　铃兰属

【识别特征】多年生草本，地下有多分枝而匍匐平展的根状茎，根茎末端具有小鳞茎。株高15～25 cm，叶2～3枚，基生，叶长13～15 cm，宽7～7.5 cm，先端急尖，基部稍狭窄，基部抱有数枚鞘状叶，窄卵形或广披针形，具弧状脉，基部有数枚鞘状膜质鳞片叶抱。叶柄长约16 cm。总状花序偏向一侧，花钟状，下垂，总状花序，着花6～10朵，花径约1 cm，乳白色，花被先端6裂，裂片卵状三角形。花期4—5月(图4.130)。

【分布与习性】分布于我国、朝鲜、日本至欧洲、北美洲等地。在我国东北、西北及中部地区,生长于山地阴湿地带之林下或林缘灌丛。

图4.130　铃兰

性喜凉爽湿润和半阴的环境,在温度较低的条件下,阳光直射也可繁育开花。极耐寒,忌炎热干燥,气温30℃以上时植株叶片会过早枯黄,在南方需栽植在较高海拔、无酷暑的地方。喜富含腐殖质、湿润而排水良好的砂质壤土,忌干旱。喜微酸性土壤,在中性和微碱性土壤中也能正常生长。夏季休眠。

【繁殖方法】用根状茎或根茎的小鳞茎分株繁殖。春秋均可,但以秋季分栽生长开花好。

【常见栽培种】

(1)大花铃兰('Fortunei')　识别要点:花和叶均较大,生长健壮,花大而多,开花比较迟。

(2)粉红铃兰('Rosea')　识别要点:花被上有粉红色条纹。

(3)重瓣铃兰('Prolifieans')　识别要点:花白色,重瓣。

(4)花叶铃兰('Variegata')　识别要点:叶片上有黄或白色条纹。

【园林应用】铃兰植株矮小,幽雅清丽,芳香宜人,喜阴耐寒,适用于落叶林下、林缘和林间空地及建筑物背面作为地被植物。也可与其他花卉配置于花坛和花境。

【其他经济用途】全草入药,具有强心、利尿之功效。它还是一种名贵的香料植物,它的花可以提取高级芳香精油。

【花文化】铃兰花语为幸福归来。

在法国,铃兰是纯洁、幸福的象征。每年5月1日,是法国的铃兰节,在这一天,浪漫的法国人会互赠铃兰花,祝福对方一年幸福。获赠人通常会将这白色的小花挂在房间里保存全年,象征幸福永驻。瑞典、芬兰等国都把铃兰定为国花。

12)晚香玉

别名:夜来香、月下香。

学名:*Polianthes tuberosa*

科属:石蒜科　晚香玉属

图4.131　晚香玉

【识别特征】多年生草本,地下具鳞块茎,鳞茎圆锥状。高50~80 cm。叶带状披针形,基生和茎生。穗状花序顶生,小花成对着生,每穗着花12~32朵,花白色,漏斗状,具浓香,至夜晚香气更浓,因而得名。露地栽植通常花期为7月上旬—11月上旬,盛花期8—9月。蒴果(图4.131)。

【分布与习性】原产地墨西哥及南美。在其原产地为常绿草本,气温适宜则终年生长,四季开花,但以夏季最盛。而在我国作露地栽培时,因大部分地区冬季严寒,故只能作春植球根栽培。春季萌芽生长,夏秋开花,冬季休眠。自花授粉,但由于雌蕊晚于雄蕊成熟,所以自花结实率很低。

性喜温暖湿润、阳光充足的环境,生长适温20~30℃。花芽分化于春末夏初生长时期进行,此时期要求最低气温20℃。对土质要求不严,以黏质壤土为宜,喜肥沃、潮湿但不积水的土壤。较耐寒。

【繁殖方法】一般采用分球繁殖,育种时也可用种子繁殖。分球繁殖多种春季进行,小块茎栽种一年后即成为开花球。母球自然增值率较高,通常一个母球能分生 10～25 个子球。

【常见栽培种】晚香玉同属的种类有 12 种,但栽培利用的只有晚香玉,而且品种不多,主要有以下几种:

(1)珍珠('Pearl') 重瓣品种。茎高 75～80 cm,花白色,大花型,花穗短而密,花冠较短。

(2)白珍珠('Albino') 花白色,单瓣。

(3)高重瓣('Tall Double') 花葶高。大花,白色重瓣。

(4)墨西哥早花('Early Mexican') 单瓣,花白色,早生品种,周年开花。

(5)香斑叶('Variegale') 叶长而弯曲,具金黄色条斑。

【园林应用】花色纯白,香气馥郁,入夜尤盛,最适宜布置夜花园。主要用作切花,也宜庭院中布置花坛、花境、丛植、散植于石旁、路边及林缘。

【其他经济用途】花朵可提取香精。药用叶、花、果,清肝明目,拔毒生肌。

【花文化】因香味太浓,会让人感觉呼吸困难,故花语是危险的快乐。

13)六出花

别名:秘鲁百合。

学名:*Alstroemeria aurantiaca*

科属:百合科 六出花属

【识别特征】多年生草本,具块茎。茎直立,高 60～120 cm,不分枝。叶多数,互生,披针形,呈螺旋状排列。伞形花序,10～30 朵,花小而多,喇叭形,花被片橙黄色、水红色等,内轮有紫色或红色条纹及斑点。花期 6—8 月(图 4.132)。

【分布与习性】原产南美的智利、秘鲁、巴西、阿根廷和中美的墨西哥。

图 4.132 六出花

喜温暖湿润和阳光充足环境。夏季需凉爽,怕炎热,耐半阴,不耐寒。属长日照植物。土壤以疏松、肥沃和排水良好的砂质壤土,pH 在 6.5 左右为好。

【繁殖方法】以分株繁殖为主,也可播种繁殖,快繁时用茎尖组培。分株繁殖于秋季将根茎分段切开后栽植即可。

【常见栽培种】同属观赏种有:

(1)智利六出花(*A. chilensis*) 花淡红色。

(2)深红六出花(*A. haemantha*) 花深红色。

(3)粉花六出花(*A. ligru*) 花淡红或粉红色。

(4)紫斑六出花(*A. pelegrina*) 花黄色,具紫色或紫红色斑点。

(5)美丽六出花(*A. pulchella*) 花深红色。

(6)多色六出花(*A. versicolor*) 花黄色。

主要品种有:

金黄六出花('Aurea'):花金黄色。

纯黄六出花('Lutea'):花黄色。

橙色多佛尔('Dover Orange'):花深橙色。

英卡·科利克兴('IncaCollection'):株高 15～40 cm,花淡橙色,具红褐色条纹斑点,耐寒,

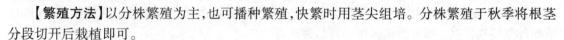

花期6—10月。

小伊伦尔('LittleElanor'):花黄色。

达沃斯('Davos'):花蝴蝶形,白色,具淡粉晕。

卢纳('Luna'):花黄色,具紫绿色斑块和褐红色条纹斑点。

托卢卡('Toluca'):花玫瑰红色有白色斑块,具褐红色条纹斑点。

黄梦('YellowDream'):花黄色,有红褐色条纹斑点。

【园林应用】适于排水良好的花坛、花园、岩石园栽培,也可温室盆栽和作切花栽培。

【花文化】六出花花语为友谊。

14)唐菖蒲

图4.133 唐菖蒲

别名:剑兰、菖兰、扁竹莲、十样锦、十三太保。

学名:*Gladiolus hybrids*

科属:鸢尾科 唐菖蒲属

【识别特征】多年生草本,地下球茎扁圆球形,直径2.5~4.5 cm,外包有棕色或黄棕色的膜质包被。叶基生或在花茎基部互生,6~9片,剑形。长40~60 cm,宽2~4 cm,基部鞘状,顶端渐尖,嵌迭状排成2列,灰绿色,有数条纵脉及1条明显而突出的中脉。花茎直立,高50~80 cm,不分枝;蝎尾状聚伞花序长25~35 cm,着花8~24朵,花朵硕大,径6~8 cm,无花梗,单生,二列,花色丰富,阔漏斗形,花被裂片6枚,2轮排列,裂片卵圆形或椭圆形,上面3片略大。蒴果,种子扁而有翅。花期7—9月(图4.133)。

【分布与习性】原产非洲热带与地中海地区。

喜光性长日照植物,忌寒冻,夏季喜凉爽气候,不耐过度炎热,球茎在4-5 ℃条件下即萌动;20~25 ℃生长最好。性喜肥沃深厚的砂质土壤,要求排水良好,不宜在黏重土壤、易有水涝处栽种,土壤pH值在6~7。在东北、华北地区夏季生长均较广州、上海为好。在上海冬季可在露地安全过冬,北方则须挖出球茎放于室内越冬。

【繁殖方法】可用分球繁殖、组培繁殖和播种播种。通常多采用春季分子球繁殖,也可进行成年球茎切割繁殖。播种繁殖多用于新品种选育。

【常见栽培种】唐菖蒲为多种源多世代杂交种,其分类方法很多。

(1)依开花习性分类

①春花品种:植株较矮小,球茎亦矮小,茎叶纤细,花轮小型。耐寒性强。

②夏花种类:植株高大,花多数,大而美丽。

(2)依花型大小分类

①巨花型:花冠直径14 cm,以上,如辽宁的'龙泉'、武汉的'银光'、吉林的'含娇'等。

②大花型:花冠直径大于11 cm,小于14 cm。如甘肃临洮的'洮阳红'、荷兰的'苏格兰'。

③中花型:花较小,花冠直径崴~11 cm之间,如甘肃临洮的'蓝玉'等。

④小花型:花冠直径小于7.9 cm ,一般春花类多属于此种类型。

(3)依生长期分类

①早花类:生长60~65 d,有6~7片叶时即可开花。

②中花类:生长70~75 d后即可开花。

③晚花类:生长期较长,80~90 d,需8~9片叶时才能开花。

(4)依花色分类 唐菖蒲品种的花色十分丰富又极富变化,大致可以分为10个色系:白色系、粉色系、黄色系、橙色系、红色系、浅紫色系、蓝色系、紫色系、烟色系及复色系。

【园林应用】唐菖蒲花色鲜艳多彩,花期长,花容极富装饰性,适合布置花坛、花境等,一些矮生品种也可用于盆栽。唐菖蒲与月季、香石竹、菊花并称"世界四大鲜切花",有切花之王的美誉。唐菖蒲对氟化氢气体十分敏感,可作监测大气中氟化氢的指示植物。

【其他经济用途】球茎可入药,味苦,性凉,有清热解毒的功效,用于治疗腮腺炎、淋巴腺炎及跌打损伤等。茎叶可提取维生素C等。

【花文化】唐菖蒲花序呈穗状,花色繁多,表示性格坚强、高雅、长寿、康宁、友谊、用心、执著、富禄,具有节节高之寓意,又有步步高升之意,是开业、祝贺、探亲访友、看望病人、乔迁之喜等常用花卉。西方人视之为欢乐、喜庆、和睦的象征,每逢婚礼、宴会或名人互访时所献的礼花中都少不了它。

15)蜘蛛兰

别名:美洲水鬼蕉、水鬼蕉、海水仙、鳌蟹花、蜘蛛百合。

学名:*Hymenocallis americana*

科属:石蒜科 鳌蟹花属

【识别特征】多年生常绿草本,鳞茎球形,直径7~10 cm,外被褐色薄片。株高1~2 m。叶基生,狭长线形,长60~80 cm,柔软、肉质性,深绿色而有光泽。花葶粗壮,压扁,实心;伞形花序顶生,着花10~15朵;花大型,花径可达23 cm,白色,有香气,花由外向内顺次开放;花筒部带绿色,长8~10 cm;花被片线形,比筒部长2倍;副冠齿状漏斗形,长约4 cm。整朵花形似蜘蛛或鸡爪,故有蜘蛛兰、蜘蛛百合之称。花期夏秋季(图4.134)。

图4.134 蜘蛛兰

【分布与习性】原产热带丛林,我国南方亦有分布。

喜温暖、湿润、半阴的环境。不择土壤。夏天炎热季节应放于荫棚下,越冬温度不低于15℃。南方温暖地区可地栽,但要适当荫蔽,宜拌水良好的土壤。

【繁殖方法】分球繁殖,一般在春天结合换盆进行,分栽小鳞茎,培育1~2年成为开花球。也可播种繁殖,种子发芽适温为19~24 ℃。

【常见栽培种】蜘蛛兰属植物约50种。主要栽培种有:

(1)秘鲁蜘蛛兰(*H. narcissiflora*) 别名:秘鲁水鬼蕉。

识别要点:原产秘鲁。叶片基生,带状,半直立,冬季枯萎。花白色,具芳香,小型,中部杯状副冠为细长、狭窄、平展的花瓣所绕,有时内侧具绿色条纹。花期夏季。

(2)美洲蜘蛛兰(*H. speciosa*) 别名:美洲水鬼蕉。

识别要点:原产印度群岛。鳞茎球形,径7.5~10 cm。叶片10~20枚,倒披针状长椭圆形,先端锐尖,鲜绿色,长约60 cm,基部有纵沟。伞形花序,着花10~15朵,雪白色,有香气。花期春夏季。

(3)篮花蜘蛛兰(*H. calathia*) 别名:篮花水鬼蕉、秘鲁水仙。

识别要点:原产秘鲁。鳞茎球形,叶互生,带状。花莛扁,呈二棱形。伞形花序着花2~5朵,无花梗,小花白色,喇叭形,具浓香,裂片与花筒近等长,弯曲似蜘蛛。花期夏秋季。

【园林应用】园林中作花境丛植、带植、草地丛植。其叶形美丽,花型别致,温室盆栽供室内、门厅、道旁、走廊摆放。

【其他经济用途】鳞茎部位有毒,若误食它的鳞茎,将引起呕吐、腹痛、腹泻、头痛等症状。

【花文化】花语为丽质天生花占卜,即本质上拥有令人难以抗拒的魅力,集众多优点于一身,可惜,别人只懂欣赏你的外表,看不到你的努力,令人误会你只是一个美丽的花瓶。

16)蛇鞭菊

别名:麒麟菊、猫尾花、舌根菊。

学名:*Liatris spicata*

科属:菊科　蛇鞭菊属

【识别特征】多年生草本,茎基部膨大呈扁球形。地上茎直立,株形锥状。基生叶,线形或披针形,下部叶长约17 cm,宽约1 cm,平直或卷曲,上部叶5 cm左右,宽约4 mm,平直,斜向上伸展。头状花序排列成密穗状,长30～60 cm,淡紫和纯白色,从基部依次向上开放。花期7—8月(图4.135)。

【分布与习性】原产美国东部地区。中国各地广泛栽培。

图4.135　蛇鞭菊

喜阳光,耐寒,耐热,耐水湿,耐贫瘠,要求疏松、肥沃、湿润土壤。

【繁殖方法】多用分球繁殖,春、秋季均可分栽块茎。也可播种,秋播为主。

【常见栽培种】白花蛇鞭菊(*L. spicata var. alba*)　识别要点:小花白色,较为少见。

【园林应用】宜做花境背景,与较矮和浅色调花卉搭配,或在林缘、路边成片、成带种植。可用作切花。

【其他经济用途】全株含蛇鞭菊素,其对白血病有抑制作用,对鼻咽癌亦有疗效。

【花文化】蛇鞭菊作切花适合布置居室,民间有"镇宅"之说,故花语为警惕。

17)马蹄莲

别名:慈姑花、水芋马、观音莲。

学名:*Zantedeschia aethiopica*

科属:天南星科　马蹄莲属

【识别特征】多年生草本,株高60～70 cm,地下具肥大肉质块茎。叶基生,具长柄,叶柄一般为叶片长的2倍,下部具鞘;叶片较厚,绿色,心状箭形或箭形,全缘,无斑块。花梗高出叶丛,肉穗花序包藏于佛焰苞内,佛焰苞形大、开张呈马蹄形,白色;肉穗花序圆柱形,鲜黄色,花序上部生雄蕊,下部生雌蕊。果实肉质。自然花期3—8月(图4.136)。

图4.136　马蹄莲

【分布与习性】原产南非和埃及,现世界各地广泛栽培。常生于河流旁或沼泽地中。

性喜温暖气候,不耐寒,不耐高温,生长适温为20 ℃左右,0 ℃时块茎就会受冻死亡。冬季需要充足的日照,光线不足则花少,稍耐阴。夏季阳光过于强烈灼热时适当进行遮阴。喜潮湿,不耐干旱。喜疏松肥沃、腐殖质丰富的黏壤土。

【繁殖方法】以分球繁殖为主。在花后或夏季休眠期,取多年生块茎进行剥离分栽即可,注意每丛须带有芽。一般种植两年后的马蹄莲可按1:2甚至1:3分栽。分栽的大块茎经一年培育即可成为开花球。也可播种繁殖,于花后采种,随采随播,经培育2~3年后才能开花。彩色马蹄莲现多采用组织培养繁殖。

【常见栽培种】马蹄莲属约有8个种,园艺栽培的有4~5种,其中著名的有黄花马蹄莲、红花马蹄莲等彩色种,均原产南非。

(1)主要园艺栽培种

①银星马蹄莲(*Z. albo-maculata*) 别名:斑叶马蹄莲

识别要点:株高60 cm,叶片大,上有白色斑点,佛焰苞白色或淡黄色,基部具紫红色斑,自然花期7—8月。

②黄花马蹄莲(*Z. dlliottiana*) 识别要点:株高90 cm,叶片呈光卵状心脏形,鲜绿色,具白色透明斑点。佛焰花苞大型,深黄色,自然花期7—8月。

③红花马蹄莲(*Z. rehmannii*) 识别要点:植株较矮小,高约30 cm,叶呈披针形,佛焰苞较小,粉红或红色,自然花期7—8月。

(2)国内栽培类型 目前国内用作切花的马蹄莲,其主要栽培类型有:

①青梗种 识别要点:地下块茎肥大,植株较为高大健壮。花梗粗而长,花呈白色略带黄,佛焰苞长大于宽,即喇叭口大、平展,且基部有较明显的皱褶。开花较迟,产量较低,上海及江浙一带较多种植。

②白梗种 识别要点:地下块茎较小,1~2 cm的小块茎即可开花。植株较矮小,花纯白色,佛焰苞较宽而圆,但喇叭口往往抱紧、展开度小。开花期早,抽生花枝多,产量较高,昆明等地多此种。

③红梗种 识别要点:植株生长较高大健壮,叶柄基部稍带紫红晕。佛焰苞较圆,花色洁白,花期略晚于白梗种。

【园林应用】马蹄莲挺秀雅致,花苞洁白,宛如马蹄,叶片翠绿,缀以白斑,可谓花叶两绝。清吞的马蹄莲花,是素洁、纯真、朴实的象征。国际花卉市场上已成为重要的切花种类之一。

常用于制作花束、花篮、花环和瓶插,装饰效果特别好。矮生和小花型品种盆栽用于摆放台阶、窗台、阳台、镜前,充满异国情调,特别生动可爱。马蹄莲配植庭园,尤其丛植于水池或堆石旁,开花时非常美丽。

【其他经济用途】马蹄莲花有毒,内含大量草本钙结晶和生物碱,误食会引起昏迷等中毒症状。该物种为中国植物图谱数据库收录的有毒植物,其毒性为块茎、佛焰苞和肉穗花序有毒。咀嚼一小块块茎可引起舌喉肿痛。马蹄莲可药用,具有清热解毒的功效。治烫伤,鲜马蹄莲块茎适量,捣烂外敷。预防破伤风,在创伤处,用马蹄莲块茎捣烂外敷。

【花文化】马蹄莲的花语为博爱,圣洁虔诚,永恒,优雅,高贵,尊贵,希望,高洁,纯洁、纯净的友爱,气质高雅,春风得意,纯洁无瑕的爱。

白色马蹄莲:清雅而美丽,它的花语是"忠贞不渝,永结同心"。

红色马蹄莲:象征圣洁虔诚、永结同心、吉祥如意、清净、喜欢。

粉红色马蹄莲:象征着爱你一生一世。

18) 大岩桐

别名:六雪尼、落雪泥、紫蓝大岩桐。

学名:*Sinningia speciosa*

科属:苦苣苔科　苦苣苔属

【识别特征】多年生常绿草本,地下具扁球形的块茎。株高15~25 cm,茎极短,全株密布茸毛。叶对生,长椭圆形或长椭圆状卵形,叶缘钝锯齿。花顶生或腋生,花梗长,每梗一花,花冠阔钟形,裂片5枚,矩圆形,花径6~7 cm。花色丰富,包括红、粉、白、紫、堇和镶边的复色等(图4.137)。

图4.137　大岩桐

【分布与习性】原产巴西热带高原,现世界各地普遍栽培。

喜冬季温暖、夏季凉爽的环境。忌阳光直射,生长适温18~24℃,冬季休眠,越冬室温在5℃以上,生长期要求较高的空气湿度,宜流松、肥沃而又排水好的壤土。花期长,自春至秋。

【繁殖方法】采用播种或扦插繁殖。种了极细小,春播为主,播后轻轻镇压,通常不覆土,两周左右发芽。大岩桐叶片肥厚,也可采用叶插繁殖,保持25℃左右,约2周后生根。

【常见栽培种】

(1)常见同属观赏种

①细小大岩桐(S. pusilla)　识别要点:属迷你型大岩桐,花淡粉红色,其品种有白鬼怪(Whitesprite),花白色;小娃娃(DollBaby),花淡紫色。

②王后大岩桐(S. regina)　识别要点:花淡紫红色。

③优雅大岩桐(S. concinna)　识别要点:花淡紫色,喉部白色。

(2)常见品种

威廉皇帝(Emperor William):花深紫色,具白边。

挑战(Defiance):花深红色。

弗雷德里克皇帝(Emperor Frederick):花红色白边。

瑞士(Switzerland):花褶红色。

泰格里纳(Tigrina):花橙红色。

另外,还有火神(Vulcan Fire)、格雷戈尔·门德尔(Gregor Mendel)、赫巴·奥塞纳(Heba Osena)、维纳斯(Venus)等。

重瓣种有:

芝加哥重瓣(Double Chicago):花淡橙红色,重瓣。

巨旱(Early Giant)系列:花色有深紫具淡紫边、深红等,开花早,从播种至开花只需4个月。

重瓣锦缎(Double Brocade):花有深红、红色具紫色花心和白边、玫瑰红具白边、深红具紫色花心等,矮生,重瓣花,叶片小。

【园林应用】大岩桐花大色艳,雍容华贵。如温度合适,周年有花,尤其室内摆放花期长,适宜窗台、几案等室内美化装饰。

【花文化】花语为欲望、华美。

19)香雪兰

别名:小苍兰、小菖兰、剪刀兰、素香兰、香鸢尾、洋晚香玉。

学名:*Fressia hybrida*

科属:鸢尾科　香雪兰属

【识别特征】多年生球根草本花卉。球茎狭卵形或卵圆形,外包有薄膜质的包被,包被上有网纹及暗红色的斑点。叶剑形或条形,黄绿色,中脉明显。花茎直立,上部有2~3个弯曲的分枝,下部有数枚叶;花无梗,每朵花基部有2枚膜质苞片,花直立,淡黄色或黄绿色,有香味,直径2~3 cm;花被管喇叭形,长约4 cm,直径约1 cm,花被裂片6枚,2轮排列。蒴果近卵圆形。花期4—5月(图4.138)。

图4.138 香雪兰

【分布与习性】原产非洲南部好望角一带,现广为栽培。

喜凉爽湿润与光照充足的环境,耐寒性较差,生长适宜温度为15~20 ℃,越冬最低温为3~5 ℃。13.5~15 ℃的温度条件能促进球茎生根、发芽。花芽分化要求8~13 ℃的低温,花芽发育期要求适宜温度为13~18 ℃,低于18 ℃会推迟花期,花茎缩短。较高的温度可以促进提早开花,但植株生长衰弱。

【繁殖方法】分球繁殖为主,也可播种繁殖。生产上多用分球法。香雪兰的球茎栽种后,在老球的基部能形成新球,在新球的基部又能产生子球,这种子球需培养1~2年后才能成开花的大球。培养的方法是,在夏季休眠期将子球挖起储藏,秋季将子球播种,第二年5月即发育成成球。

播种多在秋季,2周左右发芽,实生苗需3~4年才能开花。

【常见栽培种】主要品种有淡紫色的"蓝姐",鲜黄色的"奶油杯",红色的"快红",白色的"优美"和橙色的"春日"等。

【园林应用】适于盆栽或作切花,其株态清秀,花色丰富浓艳,芳香酸郁,花期较长,花期正值缺花季节,在元旦、春节开放,深受人们欢迎,可作盆花点缀厅房、案头,也可切花瓶插或做花篮。在温暖地区可栽于庭院中作为地栽观赏花卉,用作花坛或自然片植。

小苍兰花色鲜艳、香气浓郁,除白花外,还有鲜黄、粉红、紫红、蓝紫和大红等单色和复色等品种。可用来点缀客厅和橱窗,也是冬季室的内切花、插瓶的最佳材料。

【其他经济用途】球茎药用,主治清热解毒,凉血止血。主血热衄血,吐血,便血,崩漏,痢疾,疮肿,外伤出血,蛇伤。

香雪兰俗名"姜花",香味有镇定神经、消除疲劳、促进睡眠的作用。

【花文化】

花语:纯洁。

花占卜:你天真甜美的脸容就如画中的纯情少女一样,不食人间烟火,同时亦不知人心险恶。听到甜言蜜语,你显得无力招架,沉醉于如诗如画般的恋爱,这是很危险的,应赶快学习保护自己,提高警觉。

花箴言:你要知道爱的背后隐藏着快乐与痛苦、悲伤与后悔。

20)花叶芋

别名:彩叶芋、二色芋。

学名:*Caladium bicolor*

科属:天南星科 花叶芋属

【识别特征】为多年常绿生草本。地下具膨大块茎,扁球形。基生叶盾状箭形或心形,绿色,具白、粉、深红等色斑,佛焰苞绿色,上部绿白色,呈壳状。有红脉镶绿,红脉绿叶,红脉带斑,绿脉红斑,有的叶色纯白而仅留下绿脉或红脉,有的绿色叶面布满油漆或水彩状斑点。夏季是它的主要观赏期,叶子的斑斓色彩充满着凉意。入秋叶渐凌乱,冬季叶枯黄,进入休眠期,到春末夏初又开始萌芽。佛焰花序,肉穗花序稍短于佛焰苞,浆果白色。花期4—5月(图4.139)。

图4.139　花叶芋

【分布与习性】原产南美热带地区,在巴西和亚马逊河流域分布最广。我国广东、福建、台湾、云南常栽培。

喜高温、多湿和半阴环境,不耐寒。生长期6—10月,适温为21～27 ℃;10月至翌年6月为块茎休眠期,适温18～24 ℃。生长期低于18 ℃,叶片生长不挺拔,新叶萌发较困难。气温高于30 ℃新叶萌发快,叶片柔薄,观叶期缩短。块茎休眠期如室温低于15 ℃,块茎极易腐烂。土壤要求肥沃、疏松和排水良好的腐叶土或泥炭土。土壤过湿或干旱对花叶芋叶片生长不利,块茎湿度过大容易腐烂。

【繁殖方法】以分株繁殖为主,也可播种、组织培养繁殖。

分株繁殖是在块茎开始抽芽时,用利刀切割带芽块茎,阴干数日,待伤口表面干燥后即可上盆栽种。

【常见栽培种】花叶芋常见品种:

(1)白叶芋　识别要点:叶白色,叶脉翠绿色。

(2)亮白色叶芋　识别要点:叶白色呈半透明、半亮。

(3)东灯　识别要点:叶片中部为绛红色,边缘绿色。

(4)海鸥　识别要点:叶深绿色,具突出的白宽脉,双色。

(5)红云　识别要点:叶具红斑。

【园林应用】花叶芋是生性喜阴的地被植物,可用于耐阴观赏植物。由于花叶芋喜高温,在气候温暖地区,也可在室外栽培观赏,但在冬季寒冷地区,只能在夏季应用在园林中。花叶芋的叶常常嵌有彩色斑点,或彩色叶脉,是观叶为主的地被植物。

【其他经济用途】根入药,外用治骨折。

【花文化】花叶芋的花语是欢喜、愉悦。

21)葱兰

别名:莲、玉帘、白花菖蒲莲。

学名:*Zephyranthes candida*

科属:石蒜科　葱兰属

图4.140　葱兰

【识别特征】多年生草本,株高20 cm左右,地下具小而颈长的有皮鳞茎。叶基生,扁线形,稍肉质,暗绿色,花葶中空,自叶丛中抽出,花单生,花被6片,白色外被紫红色晕,花冠直径4～5 cm,花期7—11月。蒴果近球形,3瓣开裂,种子黑色,扁平(图4.140)。

【分布与习性】原产墨西哥及南美各国,现全世界各地广泛栽培。

喜阳光充足,耐半阴和低湿,宜肥沃、带有黏性而排水好的土壤。较耐寒,在长江流域可保持常绿,0 ℃以下亦可存活较长时间。在 -10 ℃左右的条件下,短时不会受冻,但时间较长则可能冻死。适宜排水良好、肥沃而富含腐殖质的稍带黏质土壤。

【繁殖方法】常用分球繁殖,也可种子繁殖。多在早春土壤解冻后进行分球繁殖。

【常见栽培种】

(1)韭莲(*Z. grandiflora*) 别名:红花菖蒲莲、韭菜莲、韭兰、风雨花、红花葱兰、韭叶莲、红菖蒲、假番红花、赛番红花。

识别要点:原产中南美墨西哥、古巴等。鳞茎卵球形,径3~4 cm。基生叶5~7枚,扁平线形,与花同时伸出。花单生于花莛先端,长5~7 cm,具佛焰状苞片,一年开多次花,通常干旱后即可开花,故有"风雨花"之称。花粉红至玫红(图4.141)。

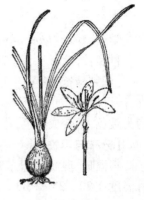

图4.141 韭莲

(2)橘黄葱莲(*Z. citrine*) 识别要点:分布于西印度地区。本种与葱莲杂交种花为乳黄色。

(3)阿塔马斯柯葱莲(*Z. atamasco*) 识别要点:原产于美国西南各州。花白色或粉红色,花大型,花莛可达10 cm。

【园林应用】翠绿而花洁白,植株低矮整齐,花朵繁多,花期长,盆栽装点几案亦很雅致。常用作花坛的镶边材料,也宜绿地丛植,最宜作林下半阴处的地被植物,或于庭院小径旁栽植。

【其他经济用途】全草含石蒜碱、多花水仙碱、网球花定碱、尼润碱等生物碱。具有消肿、散瘀之功效。

【花文化】因葱兰花开时洁白一片,人们赋予它的花语是初恋、纯洁的爱。

22)网球花

别名:绣球百合、网球石蒜。

学名:*Haemanthus multiflorus*

科属:石蒜科 网球花属

【识别特征】多年生草本,鳞茎较大,呈扁球形。叶广披针形,叶柄基部下延呈鞘状。叶从鳞茎上方的短茎抽出,3~6枚集生。花茎直立,先叶抽出;伞形花序顶生;花小,多达30~100朵,血红色。浆果球形。花期6—7月(图4.142)。

图4.142 网球花

【分布与习性】原产非洲热带,我国云南亦有野生分布。

喜温暖、湿润及半阴的环境,不耐寒,生长期适温16~21 ℃,冬季温度不得低于5 ℃,温室栽培。土壤以疏松的砂质壤土为好。

【繁殖方法】常用分球和播种繁殖。分球繁殖在春季换盆时进行,将母球周围的小子球瓣离分栽即可;鳞茎因形成子球能力差,一般2~3年进行1次分球繁殖。

播种繁殖,花谢后50~60 d,种子成熟时采种,随采随播。

【园林应用】网球花花色艳丽,呈球状,花朵密集,四射如球,为优美的盆栽球根花卉。南方室外丛植成片布置,花期景观别具一格。

【其他经济用途】鳞茎可入药,具有消肿止痛、祛痰催吐、解毒散结的功效。

主治:喉风、单双乳蛾、咽喉肿痛、痰涎壅塞、食物中毒、胸腹积水、恶疮肿毒、痰核瘰疬、痔漏、跌打损伤、风湿关节痛、顽癣、烫火伤、蛇咬伤。

【花文化】网球花的花语是:野性的热爱。网球花,执著于回归、执著于自我的野性追求。

23）百子莲

别名：紫君子兰、蓝花君子兰。

学名：*Agapanthus africanus*

科属：石蒜科　百子莲属

【识别特征】多年生草本。有鳞茎；叶线状披针形，近革质；花茎直立，高可达60 cm；伞形花序，有花10～50朵，花漏斗状，深蓝色，花药最初为黄色，后变成黑色；花期7—8月（图4.143）。

【分布与习性】原产南非，中国各地多有栽培。

图4.143　百子莲

喜温暖、湿润和阳光充足的环境。要求夏季凉爽、冬季温暖，5—10月温度在20～25 ℃，11—翌年4月温度在5～12 ℃。如冬季土壤湿度大，温度超过25 ℃，茎叶生长旺盛，妨碍休眠，会直接影响翌年正常开花。夏季避免强光长时间直射，冬季栽培需充足阳光。土壤要求疏松、肥沃的砂质壤土，pH在5.5～6.5，切忌积水。

【繁殖方法】常用分株和播种繁殖。分株，在春季3—4月结合换盆进行，将过密老株分开，每盆以2～3丛为宜。分株后翌年开花，如秋季花后分株，翌年也可开花。播种，播后15 d左右发芽，小苗生长慢，需栽培4～5年才开花。

【园林应用】百子莲叶色浓绿，光亮，花蓝紫色，也有白色、紫花、大花和斑叶等品种。6—8月开花，花形秀丽，适于盆栽作室内观赏，在南方置半阴处栽培，作岩石园和花径的点缀植物。也可适于盆栽作室内观赏。

【花文化】在春夏相交之际，充满着神秘和浪漫色彩的爱情之花——百子莲，在充分享受雨水的滋润下，逐步抽苞吐信，传递爱的讯息。百子莲在花市里还有一个很浪漫的别名"爱情花"。

百子莲又称紫百合，名来自于希腊语"爱之花"，花语为"浪漫的爱情""爱情降临"。

24）欧洲银莲花

别名：冠状银莲花、罂粟秋牡丹、白头翁。

学名：*Anemone coronaria*

科属：毛茛科　银莲花属

【识别特征】多年生草本，地下具褐色的块茎。株高25～40 cm。叶多基生，掌状三深裂。花单生于茎顶，有大红、紫红、粉、蓝、橙、白及复色，花径4～10 cm。花期3—5月。瘦果（图4.144）。

【分布与习性】原产地中海沿岸地区。

喜冷凉湿润和光照充足的环境，耐寒性强，畏酷热和干燥。要求土壤富含腐殖质且稍带黏性，以中性偏碱的沙性壤土为好，过于黏重，易烂根。夏季休眠，秋季栽植。

图4.144　欧洲银莲花

【繁殖方法】常用分植块根和播种繁殖。块根于6月挖出，用干沙贮藏于荫凉处。10月栽植，将块根先放在湿沙或水中浸泡，便充分吸水，发芽整齐。播种繁殖，6月种子成熟，采下即播，播后10～15 d发芽，翌春可开花。

【常见栽培种】银莲花属约有120个种，主要分布在北半球的温带地区，少量分布于南半球温带。同属栽培的还有：

（1）湖北秋牡丹（*A. hupehensis*）　别名：打破碗碗花、野棉花、中国银莲花。

识别要点：原产我国西部及中部的四川、陕西、湖北、云南等省，花紫红色。花期仲夏至秋季。

（2）银莲花（*A. cathayensis*）　别名：华北银莲花、毛蕊莨莲花。

识别要点：原产我国山西、河北等省，花白色或带粉红色。花期夏秋。

【园林应用】欧洲银莲花花朵硕大，色彩艳丽丰富，有白、黄、橙、粉、红、紫各色，另有重瓣和半重瓣品种，花形如同罂粟花，适宜于布置岩石园及花坛、花径，也可供盆栽与切花。

【其他经济用途】银莲花可入药，作为一种传统药物，具有抗肿瘤、抗炎、镇痛、抗惊厥等作用。

【花文化】它的花语源自希腊神话，银莲花是由花神芙洛拉（Flora）的嫉妒变来的。这则神话是说，嫉妒阿莲莫莲（Anemone）和风神瑞比修斯恋情的芙洛拉，把阿莲莫莲变成了银莲花。

也有另一种说法是，美神阿芙洛狄忒（Aphrodite）所爱的美少年阿多尼斯（Adonis）在狩猎时被野兽所杀，从他胸口中流出的鲜血，就变成了银莲花。因此，银莲花是一种凄凉而寂寞的花。但是，人世间的凄凉则是，如果你所爱的人爱着别人。假如真的是这样，就不妨送他一束银莲花吧。只有懂得寂寞凄凉的人，才能理解别人的寂寞与凄凉。

银莲花的花语为：

①失去希望。

②渐渐淡薄的爱。

③期待被抛弃。

25）文殊兰

别名：文珠兰、罗裙带、文兰树、十八学士、水蕉、海带七、郁蕉、海蕉、玉米兰、白花石蒜。

学名：*Crinum asiaticum var. sinicum*

科属：石蒜科　文殊兰属

【识别特征】多年生粗壮草本。鳞茎长柱形。叶 20 ~ 30 片，多列，带状披针形，长 80 ~ 120 cm，宽 7 ~ 12 cm，边缘波状，暗绿色。花葶直立，伞形花序顶生，着生小花 10 ~ 24 朵；花高脚碟状，绿白色，花被裂片线形，有芳香，花被裂片白色，线形。蒴果近球形，直径 3 ~ 5 cm，通常有 1 颗种子。花期夏季（图 4.145）。

图 4.145　文殊兰

【分布与习性】原产印度尼西亚、苏门答腊等地，中国南方热带和亚热带省区有栽培，但在云南省的西双版纳栽培得尤其多，因为该地区的傣族全民信仰南传上座部佛教，几乎每个村寨里都有佛教寺院，文殊兰被佛教寺院定为"五树六花"（即佛经中规定寺院里必须种植的五种树、六种花）之一，所以广泛种植。野生于河边、村边、低洼地草丛中，或栽植于庭园，分布于福建、台湾、广东、广西、湖南、四川、云南等地。

喜温暖湿润。各种光照条件都可生长，夏季忌烈日暴晒。性强健、耐旱、耐湿、耐阴。耐寒力因种而异，华南地区露地栽培。耐盐碱土壤，肥沃、湿润的土壤生长好。一般生长适温为25 ~ 30 ℃，冬季休眠温度 10 ℃为宜。

【繁殖方法】常采用分株和播种繁殖。分株可在春、秋季进行，以春季结合换盆时进行。将母株从盆内倒出,将其周围的鳞茎剥下,分别栽种即可。播种繁殖以 3—4 月为宜。宜采后即播。

【常见栽培种】红花文殊兰(*C. amabile*)　别名:苏门答腊文殊兰。

识别要点:株高 60～100 cm。鳞茎小;叶鲜绿色;花大,花瓣背面紫红色,内面白色有明显的白红色条纹,有强烈芳香。花期夏季。不结实。

【园林应用】文殊兰花叶并美,具有较高的观赏价值,既可作园林景区、校园、机关的绿地、住宅小区的草坪的点缀品,又可作庭院装饰花卉,还可作房舍周边的绿篱;如用盆栽,则可置于庄重的会议厅、富丽的宾馆、宴会厅门口等,雅丽大方,满堂生香,令人赏心悦目。

【其他经济用途】叶与鳞茎药用,有活血散瘀、消肿止痛之效,治跌打损伤、风热头痛、热毒疮肿等症。误食文殊兰可能会引起腹痛,腹泻,发烧。

【花文化】文殊兰被佛教寺院定为"五树六花"(即佛经中规定寺院里必须种植的五种树、六种花)之一。

花语为与君同行,夫妇之爱。

26) 大花葱

别名:巨葱、高葱、硕葱、吉安花。

学名:*Allium giganteum*

科属:百合科　葱属

【识别特征】多年生草本植物;鳞茎具白色膜质外皮;基生叶宽带形;伞形花序径约 15 cm,有小花 2 000～3 000 朵,红色或紫红色。叶灰绿色,长达 60 cm。叶片出土后 35～45 d,花莛从叶丛中抽出,伞形花序呈大圆球形,直径可达 15 cm 以上;小花多达上千朵;桃红色。花期 5—7 月(图 4.146)。

图 4.146　大花葱

【分布与习性】原产中亚地区和地中海地区,在我国主要集中在北部地区。

喜凉爽、半阴,适温 15～25 ℃。要求疏松肥沃的沙壤土,忌积水,适合我国北方地区栽培。夏季休眠,秋季播种或栽植。

【繁殖方法】常用种子和分株繁殖。7 月上旬种子成熟,阴干,5～7 ℃低温贮藏。9—10 月秋播,翌年 3 月发芽出苗。分株繁殖于 9 月中旬将主鳞茎周围的子鳞茎剥下种植即可。

【常见栽培种】

(1)花葱翼豆(*A. atropurpureum*)　识别要点:株高 50～60 cm,夏季开花,深红色,花茎 8 cm。

(2)波斯之星(*A. christophii*)　识别要点:花朵满天星斗多达 100 颗,银紫水晶的金属色花,花茎 20～30 cm。

(3)角斗士(*A. gladiator*)　识别要点:株高 90～120 cm,晚春至初夏开花,花紫蓝色,是所有葱花最大的。

【园林应用】大花葱花色艳丽,花形奇特,管理简便,很少病虫害,是花径、岩石园或草坪旁装饰和美化的品种。

【花文化】花语内涵,聪明可爱。大花葱因花序硕大而得名。它的花梗自叶丛中抽出,球状花序由上千朵小花组成,紫红色的小花呈星状展开。花球也随着小花开放而逐渐增大,美丽异常。它的花序大而新奇,色彩明丽,深得人们的喜爱。又因"葱"谐音"聪",所以适宜送青少年或小朋友,祝愿其越来越聪明,越来越有智慧。

27)冠花贝母

别名:皇冠贝母、帝王贝母、王贝母、花贝母。

学名:*Fritillaria imperialis*

科属:百合科　贝母属

图4.147　冠花贝母

【识别特征】多年生草本植物,鳞茎较大,直径可达15 cm。有数枚鳞片。茎高60～120 cm,多叶。植株带臭鼬所味。叶互生,披针形,长15 cm。花被片6枚,分离,红橙色,下垂,多数轮生于顶生总花梗上端,梗顶叶丛之下。有黄色花、橙红大花、大红大花、硫黄色花等园艺品种。花期5—6月(图4.147)。

【分布与习性】原产印度北部、阿富汗、苏丹及伊朗。

喜凉爽温和气候,宜排水良好的砂质壤土。冬季地上部枯萎,地下鳞茎须保护越冬。可连续开花数年。夏季炎热地区,地下鳞茎越夏困难,宜掘取低温储存,至秋再种。

【繁殖方法】繁殖以分生小鳞茎为主。

【常见栽培种】

(1)波斯贝母(*F. persica*)　识别要点:株高80 cm,花穗长,初夏开花,可以用作花境。

(2)禾贝母(*F. michailovskyi*)　别名:米其拉维基贝母。

识别要点:株高20 cm,叶片细,灰绿;花穗小,花铃形,下垂,花期5—6月。

【园林应用】适用于庭院种植,布置花境或基础种植均可,矮生品种则适合盆栽,观赏性极强。

【其他经济用途】研究发现其水提液有镇痛的作用。

【花文化】花语为忍耐。

4.4　水生花卉

4.4.1　概述

1)水生花卉的含义及类型

水生花卉指生长于水体中、沼泽地、湿地上,观赏价值较高的花卉,包括一年生花卉、宿根花卉、球根花卉。

根据水生花卉的生活习性和生长特性,可将水生花卉分为挺水类、浮水类、漂浮类、沉水类4种类型。

(1)挺水类　根生长于泥土中,茎叶挺出水面之上,包括沼生到1.5 m水深的植物。栽培种一般是80 cm水深以下,是最理想的水景园林应用种类,如荷花、千屈菜、水生鸢尾、香蒲、菖蒲、旱伞草等。

（2）浮水类　根生长于泥土中,叶片漂浮在水面上,包括水深 1.5～3 m 的植物,栽培中一般是 80 cm 水深以下。多用于水面景观的布置,如睡莲类、萍蓬草、王莲、芡实等。

（3）漂浮类　根系漂于水中,叶完全浮于水面,可随水漂移。主要用于水面景观造景,如凤眼莲、大薸、满江红、浮萍等。

（4）沉水类　根扎于泥中,茎叶沉于水中,是净化水质或布置水下景观的优良植物材料。园林中应用较少,如金鱼藻、黑藻、苦草、眼子菜等。

2）水生花卉园林应用特点

中国园林特色之一是无园不水,水是构成景观的重要元素,有水的园林更具活力和魅力。因此水生花卉应用广泛。水生花卉在现代园林造景中是必不可少的材料。一泓池水清澈见底,令人心旷神怡,但若在池中、水畔栽数株植物,定会使园景徒然增色。其水生花卉不仅具有较高的观赏价值,更重要的是还能吸收水中的污染物,净化水质,是天然的净化器。充分合理地利用好水生花卉,可以改善园林景色,还能改善水体,消除污染。

利用多姿多彩的水生花卉可布置出风格独特的水景园。水生花卉应用中应注意以下问题:

（1）要注意种植水生花卉的季节要求　夏天时种植和引进各种热带水生花卉的最佳季节。每年秋天是花卉种植的淡季,在天气变冷前,必须建好温室大棚,把夏天从南方引进的热带水生花卉全部搬进大棚里。

（2）要因地制宜,依山伴湖种植水生花卉　水生花卉在水面布置中,要考虑到水面的大小、水体的深浅,选用适宜种类,并注意种植比例,协调周围环境。栽植的方法有疏有密,多株、成片或三五成丛,或孤植,形式自然。种植面积宜占水面的 30%～50% 为好,不可满湖、塘、池种植,影响园林景观。种类要多样化,应在水下修筑图案各异、大小不等、疏密相间、高低不等及适宜水生花卉生长的定值池,以防止各类植物相互混杂而影响植物的生长发育。

（3）要注意色彩搭配　水生花卉配置应色调丰富,活泼大方而不呆板。春季彩色植物的配置给人们带来清新感、醒目感,盛夏彩叶转绿又可成为缤纷花季的背景绿幕,点红染绿,幽院披霞,给酷暑的夏日带来无尽的生机与静谧。

（4）遵循配置原则　水生花卉配置原则是根据水面绿化布置的角度与要求,首先选择观赏价值高、有一定经济价值的水生花卉配置水面,使其形成水天一色、四季分明、静中有动的景观。根据株形大小,高低错落,自然而不造作。

（5）根据植株姿态,注意线条搭配　自然界的水生花卉茎秆、叶形多种多样,茎秆有圆形、菱形,叶有条形、线性、剑形、伞形、圆形、心形,不同形态的茎秆与叶形搭配得体,与周围环境协调一致,融为一体,为紧张快节奏的现代生活创造出一方宁静清爽的新天地。

4.4.2　常见水生花卉识别与应用

1）荷花

别名:莲、芙蓉、芙蕖、藕、菡萏、六月花神。

学名:*Nelumbo nucifera*

科属:睡莲科　莲属

【识别特征】多年生挺水植物。叶基生,具长柄,有刺,挺出水面;叶盾形,全缘获稍呈波状,表面蓝绿色,被蜡质白粉,背面淡绿色;叶脉明显隆起;幼叶常自两侧向内卷。地下根茎有节,其上生根,称为藕;在节内有多数通气的孔眼。花单生于花梗顶端,具清香;花色有红、白、乳白、黄、群体花期在6—9月;雌蕊多数,埋藏于倒圆锥形,海绵质的花托(莲蓬)内,以后形成坚果,称莲子(图4.148)。

图4.148 荷花

【分布与习性】原产亚洲热带地区级大洋洲。中国是世界上栽培荷花最普遍的国家,除西藏、内蒙古和青海等地外,绝大部分地区均有栽培。

喜光和温暖,炎热的夏季是其生长最旺盛的时期。耐寒性也很强,只要池底不冻,即可越冬。生长发育最适温度为23～30 ℃。喜湿怕干,缺水不能生存,但水过深淹没立叶,则生长不良,严重时导致死亡。喜肥土,尤其喜磷、钾肥。要求富含腐殖质的微酸性壤土和黏质壤土种植。

【繁殖方法】以分株繁殖为主,也可播种繁殖。分株在清明前后,挑选生长健壮的根茎,切成带2～3个节的藕段,每段必须带顶芽,保留尾节,用手指保护顶芽斜插入盆、缸或池塘中;播种繁殖春、秋均可,拨前刻伤种子后浸种,每天换1次水,长出2～3片幼叶时,再播种,次年可开花。

【常见栽培种】荷花栽培品种很多,依用途不同可分为藕莲、子莲和花莲三大系统。

藕莲株高100 cm,根茎粗壮,生长势强健,但不开花或开花少。

子莲类开花繁密,单瓣花,但根茎细。

花莲根茎细而弱,生长势弱,但花的观赏价值高;开花多,群体花期长,花型、花色丰富。

荷花品种繁多,有300多种,根据《中国荷花品种图志》的分类标准共分为3系、50群、23类及28组。花色丰富,分为大中花群、小花群(碗莲)两大类,大类下再分为单瓣和重瓣品种。其下分为红莲、白莲、粉莲等。

【园林应用】荷花,中国十大名花之一,它不仅花大色艳,清香远溢,凌波翠盖,而且有着极强的适应性,既可广植湖泊,蔚为壮观,又能盆栽瓶插,别有情趣;自古以来,就是宫廷苑囿和私家庭园的珍贵水生花卉,在现代风景园林中,愈发受到人们的青睐,应用更加广泛。

主要用于荷花水景、荷花盆栽和盆景、荷花插花中。其中,在荷花水景应用中,主要配置为荷花专类园,在山水园林中作为主题水景植物,作四季有花可赏中的夏花,作多层次配置中的前景、中景、主景,作工业三废水污染水域的"过滤器"等园林应用。

【其他经济用途】中国人自古就视莲子为珍贵食品,如今仍然是高级滋补营养品,众多地方专营莲子生产。莲藕是最好的蔬菜和蜜饯果品。莲叶、莲花、莲蕊等也都是中国人民喜爱的药膳食品。可见荷花食文化的丰富多彩。传统的莲子粥、莲房脯、莲子粉、藕片夹肉、荷叶蒸肉、荷叶粥等。叶为茶的代用品,又作为包装材料。

《本草纲目》中记载说荷花,莲子、莲衣、莲房、莲须、莲子心、荷叶、荷梗、藕节等均可药用。荷花能活血止血、去湿消风、清心凉血、解热解毒。莲子能养心、益肾、补脾、涩肠。莲须能清心、益肾、涩精、止血、解暑除烦,生津止渴。荷叶能清暑利湿、升阳止血,减肥瘦身,其中荷叶筒成分对于清洗肠胃,减脂排瘀有奇效。藕节能止血、散瘀、解热毒。荷梗能清热解暑、通气行水、泻火清心。

【花文化】由于"荷"与"和""合"谐音,"莲"与"联""连"谐音,中华传统文化中,经常以荷花(即莲花)作为和平、和谐、合作、合力、团结、联合等的象征;以荷花的高洁象征和平事业、和谐世界的高洁。

荷花象征清白。荷花花朵艳丽,清香远溢,碧叶翠盖,十分高雅。周敦颐之名篇《爱莲说》称其"出淤泥而不染",赞美荷花的高贵品格,将其视为清白、高洁的象征。荷花是花中品德高尚的花。花语为清白、坚贞、纯洁。

2)睡莲类

学名:*Nemphaea*

科属:睡莲科　睡莲属

【识别特征】地下根状茎平生或直生。叶基生,具细长叶柄,浮于水面;叶光滑近革质,圆形或卵状椭圆形,上面浓绿色,背面暗紫色。花单生于细长的花柄顶端,有的浮于水面,有的挺出水面;花色有深红、粉红、白、紫红、淡紫、蓝、黄、淡黄等。

【分布与习性】大部分原产于北非和东南亚的热带地区,少数产于北非、欧洲和亚洲的温带和寒带地区。我国从东北至云南,西至新疆皆有分布。

喜温暖、湿润、喜阳光充足、通风良好、水质清。要求肥沃的中性黏质土壤。适宜水位 30 ~ 80 cm,温度 15 ~ 32 ℃,低于 10 ℃时停止生长。

【繁殖方法】通常以分株繁殖为主,也可播种。分株时,耐寒类于 3—4 月进行,不耐寒类于 5—6 月水温较暖时进行。将根茎挖出,用刀切数段,每段长约 10 cm,另行栽植。播种繁殖宜于 3—4 月进行。因种子沉入水底易于流失,故采种时应在花后加套纱布袋使种子散落袋中。又因种皮很薄,干燥即丧失发芽力,故宜以种子成熟即播或贮藏于水中。通常盆播,盆土距盆口 4 cm,播后将盆浸入水中或盆中放水至盆口。温度以 25 ~ 30 ℃为宜,不耐寒类约半月发芽,翌年即可开花;耐寒类常需 3 个月甚至 1 年才能发芽。

【常见栽培种】本属常见栽培种或变种有 10 多个,按抗寒力分为两类:

(1)不耐寒类　原产热带,耐寒力差,需越冬保护,许多为夜间开花种类。主要种类有:

①蓝睡莲(*N. caerulea*)　别名:蓝莲花。

识别要点:叶全缘,叶正面绿色,背面有紫色斑点,两面光滑无毛,叶柄绿色,无毛;花浅蓝色,花瓣 15 ~ 20 枚,花径为 7 ~ 15 cm,花上午开放,下午闭合,有香气。原产非洲。

②埃及白睡莲(*N. lotus*)　别名:齿叶睡莲。

识别要点:叶深绿,圆形、叶缘微波状,具尖齿,叶背及长叶柄红褐色;花白色至淡雪青色,花径 15 ~ 25 cm,外瓣平展,内瓣直立,花瓣呈窄矩形,先端圆;傍晚开花,午前闭合;根茎肥厚。原产非洲。

③红花睡莲(*N. rubra*)　别名:子午莲。

识别要点:叶卵形,革质,表面绿色,背面紫红色,幼叶红色;花瓣多数,花红色,昼开夜合,中午开得最大,半夜闭合,故名"子午莲",花期 7—8 月。原产印度。

④黄花睡莲(墨西哥黄睡莲)(*N. mexicana*)　识别要点:叶表面浓绿具褐色斑,叶缘具浅锯齿;花浅黄色,稍挺出水面,花径为 10 ~ 15 cm,中午开放。原产墨西哥。热带睡莲在叶基部于叶柄之间有时生小植株,称"胎生"。

(2)耐寒类　原产温带,白天开花。适宜浅水栽培。

①睡莲(*N. tetragona*)　别名:子午莲、莲蓬花、瑞莲、水耗子、玉荷花。

识别要点:叶小而圆,表面绿色,背面暗红色;花白色,花径为5~6 cm,每天下午开放到傍晚;单花期3 d。为园林中最常栽种的原种(图4.149)。

②香睡莲(*N. odorata*)　识别要点:叶革质全缘,叶背紫红色。花白色,花径为8~13 cm,具浓香,午前开放。原产美国东部和南部。有很多杂交种,是现代睡莲的重要亲本。

③白睡莲(*N. alba*)　别名:欧洲白睡莲。

识别要点:叶圆,幼时红色。花白色,花径为12~15 cm。有许多园艺品种,是现代睡莲的重要亲本。

图4.149　睡莲

【园林应用】早在16世纪,意大利就把睡莲作为水景园的主题材料。两千年前,中国汉代的私家园林中也曾出现过睡莲的身影。睡莲花叶俱美,花色丰富,开花期长,深为人们所喜爱,睡莲的根能吸收水中的铅、贡、苯酚等有毒物质,是难得的水体净化的植物材料,因此在城市水体净化、绿化、美化建设中备受重视。睡莲是花、叶俱美的观赏植物,是水景主题材料。

【其他经济用途】睡莲的根状茎不仅可以消暑、清肺、安神、解酒,而且能吸收水中的铅、汞、苯酚等有毒物质和过滤水中的微生物,对污水有净化作用。

【花文化】睡莲被称为水中女神,它静卧在一泓秋水之中,置凡事于身外,不受尘世污染,具有一般难以抗拒的魅力。洁净纯真,给人一种静谧之感。

睡莲的花语是纯洁,高高在上、不谙世事、纤尘不染。

3)王莲

别名:亚马逊王莲。

学名:*Victoria amazornica*

科属:睡莲科　王莲属

【识别特征】多年生宿根浮叶花卉。地下具短而直立的根状茎。叶有多种形态,从第1到第10片叶,一次为针形、剑形、戟形、椭圆形、近圆形,皆平展。第11片及以后的叶具有较高的观赏价值,圆形而大,直径1~2.5 m,叶缘直立高8 cm左右;表面绿色,背面紫红色,有凸起的具刺网状叶脉,叶柄粗有

图4.150　王莲

刺。成叶可承重50 kg以上。花单性,花瓣多数,倒卵形,长10~22 cm,每朵花开2 d,第一天白色,第二天淡红色至深紫红色,第三天闭合,沉入水中;雄蕊多数,花丝扁平,长8~10 mm。子房下位密被粗刺。浆果球形,种子黑色。花色有白、淡红、深红。观赏期6—9月(图4.150)。

【分布与习性】原产南美亚马逊河流域,不少国家的植物园和公园已有引种。中国北京、华南及云南的植物园和各地园林机构也已引种成功。

为典型的热带植物,喜高温高湿、阳光充足的环境,在气温30~35 ℃,水温25~30 ℃,空气湿度80%左右时生长良好。耐寒力极差,气温下降到20 ℃时,生长停滞。喜肥沃的土壤。

【繁殖方法】一般采用播种繁殖。方法是冬季或春季在温室播种于装有肥沃河泥的浅盆中,连盆放在能加温的水池中,水温保持30~35 ℃。播种盆土在水面下5~10 cm,10~20 d即可发芽,发芽后逐渐增加浸水深度。

【常见栽培种】同属的克鲁兹王莲(v. cruziana)也有栽培。其叶茎小于前种,生长期始终为绿色,叶背也为绿色,叶缘直立部分高于前种,花色也淡,要求的温度较低,生长温度18～32 ℃,低于20 ℃停止生长。

【园林应用】王莲以巨大的盘叶和美丽浓香的花朵而著称。观叶期150 d,观花期90 d,若将王莲与荷花、睡莲等水生植物搭配布置,将形成一个完美、独特的水体景观,让人难以忘怀。如今王莲已是现代园林水景中必不可少的观赏植物,也是城市花卉展览中必备的珍贵花卉,既具很有高的观赏价值,又能净化水体。家庭中的小型水池同样可以配植大型单株具多个叶盘,孤植于小水体效果好。在大型水体多株形成群体,气势恢弘。不同的环境也可以选择栽种不同品种的王莲,克鲁兹王莲株型小些,叶碧绿,适合庭院观赏;亚马逊环形莲株型较大,更适合大型水域栽培。

【其他经济用途】王莲果实成熟时,内含五六百粒种子,大小形状似豌豆,含有丰富淀粉,可食用,南美洲人因此称之为"水玉米";一片巨大的王莲叶直径达1.5～2.5 m,负重约60 kg,可以当临时小船使用。

【花文化】王莲的花语为警戒、不屈、孤独、威严。

4)千屈菜

别名:水枝柳、水柳、对叶莲、鞭草、败毒草。

学名:*Lythrum salicaria*

科属:千屈菜科　千屈菜属

【识别特征】多年生挺水或湿生草本。株高为30～100 cm,地下根茎粗硬,木质化,地下茎直立,多分枝。茎四棱形,直立多分枝,基部木质化。植株丛生状。叶对生或轮生,披针形,全缘,有毛或无毛。穗状花序顶生,小花多而密集,紫红色。花期7—9月,果期8—11月(图4.151)。

图4.151　千屈菜

【分布与习性】原产于欧亚两洲的温带,广布全球,中国南北各省均有野生,现全国各地均有栽培。

喜强光、喜水湿及通风良好的环境,通常在浅水中生长最好,但也可露地旱栽。耐寒性强,在中国南北各地均可露地越冬。对土壤要求不严,但以表土深厚、含大量腐殖质的壤土为好。

【繁殖方法】以分株为主,也可播种、扦插。分株在早春或秋季进行,将母株丛挖起,切取数芽为一丛。另行栽植即可。扦插可于夏季进行,嫩枝盆插或地床插,及时遮阴并放置阴处,30 d左右生根。播种繁殖宜在春季盆播或地床播,盆播时将播种盆下部浸入另一水盆内,在15～20 ℃下经10 d左右即可发芽。

【常见栽培种】主要变种有以下几个:

(1)紫花千屈菜(var. *atropur pureum*)　识别要点:花穗大,花深紫色。

(2)大花千屈菜(var. *roseum superbum*)　识别要点:花穗大,花暗紫红色。

(3)大花桃红千屈菜(var. *roseum*)　识别要点:同前者,唯花色为桃红色。

(4)毛叶千屈菜(var. *tomentosum*)　识别要点:全株被白绵毛。

(5)帚状千屈菜(*Lythrum anceps*)　识别要点:叶基狭楔形,叶腋着生短而小的聚伞花序,小花3或5朵聚集一起,似轮生花序。常作盆栽观赏或供切花用。

【园林应用】千屈菜姿态娟秀整齐,花色鲜丽醒目,可成片布置于湖岸河旁的浅水处。如在规则式石岸边种植,可遮挡单调枯燥的岸线。其花期长,色彩艳丽,片植具有很强的绚染力,盆植效果亦佳,与荷花、睡莲等水生花卉配植极具烘托效果,是极好的水景园林造景植物。其适用于花坛、花带栽植模纹块,小区、街路彩化,水域点缀,庭园绿化等,也可盆栽摆放庭院中观赏,亦可作切花用。

千屈菜多用于水边丛植和水池片植,也做水生花卉园花境背景。还可盆栽摆放庭院中观赏。可与其他水生植物进行配置后种植。具有花钱少、美化效果好、见效快的特点,在城市生态建设中发挥了很大的作用。

【其他经济用途】全草含千屈菜甙(Salicarin)、鞣质,且含有少量挥发油、果胶、树脂和生物碱,可药用,具有抗菌、降压、抗炎、解痉及止血功效。千屈菜马齿苋粥:味甜润,粥糯软,爽口。功用为清热凉血、解毒利湿,用于肠炎、痢疾、便血等症。

【花文化】千屈菜的花语为孤独。

5)凤眼莲

别名:水葫芦、凤眼蓝、水葫芦苗、水浮莲。

学名:*Eichhornia crassipes*

科属:雨久花科　凤眼莲属

图4.152　凤眼莲

【识别特征】多年生漂浮植物。须根发达,悬垂水中。茎极短。叶丛生,卵圆形或菱状扁圆形,全缘,鲜绿色,有光泽,质厚。叶柄基部膨大成葫芦形海绵质气囊。花茎单生,顶生短穗状花序,着花6~12朵,小花呈紫色,花被片6枚,上面1枚较大,中央具深蓝色斑块,斑中又有鲜黄色眼点,即所谓"凤眼"。花期7—9月(图4.152)。

【分布与习性】原产于南美洲亚马逊河流域,1901年引入中国,现已广布于我国华北、华东、华中和华南的19个省(自治区、直辖市)。

喜温暖湿润、阳光充足的环境,适应性强,在水田、水沟、池塘、河流湖泊及低洼的积水田中均可生长。喜生浅水、静水、流速不大的水体,漂浮于水面或在浅水淤泥中生长。凤眼莲可通过叶柄的气囊悬浮于水面上,繁殖迅速,常形成密集的垫状群落。花后,花茎弯入水中生长,子房在水中发育膨大,花谢后35 d种子成熟。生长适宜温度为20~30 ℃;在高湿条件下,气温超过35 ℃也能正常生长,且分株迅速;气温低于10 ℃停止生长。冬季在北方须保护越冬,温度不低于5 ℃。

【繁殖方法】以分株繁殖为主,也可种子繁殖。分株春夏两季进行,将根茎切成10 cm左右的小段,每段根茎带2~3芽,栽植后根茎上的芽在土中水平生长,待伸长30~60 cm时,顶芽弯曲向上抽出新叶,向下发出新根,形成新株,其根茎再次向四周蔓延,继续形成新株。

【常见栽培种】常见栽培种(品种)有:

(1)大花凤眼莲(var. *major*)　识别要点:花大,粉紫色。

(2)黄花凤眼莲(var. *aurea*)　识别要点:花黄色。

【园林应用】凤眼莲不仅叶色光亮,花色美丽,叶柄奇特,颇受人们喜爱,而且其适应性强、管理粗放,又有很强的净化污水能力,可以清除废水中的砷、汞、铁、锌、铜等重金属和许多有机污染物质,因此是美化水面、净化水质的良好花材。其花还可做切花。

【其他经济用途】全株入药,有清热解暑、散风发汗、利尿消肿的功效,主治皮肤湿疹、风疹、中暑烦渴、肾炎水肿、小便不利,叶可作饲料。还有以下用途:

(1)巧做家具　一种新型的环保家具在上海悄然面世。用经过特殊加工的水葫芦编制成的各种家具及装饰品,不仅成本低于藤制和木制家具,而且不含甲醛,价格也不贵。经过处理后的水葫芦家具还能将室内多种有害气体分解成水和二氧化碳,起到净化环境的作用。

(2)制胶黏剂　武汉一生物公司利用水葫芦制成无毒的生物胶黏剂,广泛用于复合地板中。这项专利技术吸引了众多企业的关注。

(3)功能饮料　水葫芦的花和嫩叶可以直接食用,其味道清香爽口,并有润肠通便的功效,马来西亚等地的土著居民常以水葫芦的嫩叶和花作为蔬菜。

(4)造纸　水葫芦是很好的造纸原料。20 世纪 80 年代,印度海得拉巴地区研究所就开始用水葫芦的叶片生产出写字纸、广告纸和卡片纸等。

【花文化】凤眼莲的花语是此情不渝,对感情、对生活的追求至死不渝。

6)香蒲

别名:长苞香蒲、水烛、蒲黄、鬼蜡烛、东方香蒲。

学名:*Typha angustata*

科属:香蒲科　香蒲属

【识别特征】多年生宿根挺水花卉。株高 150 ~ 350 cm,地下具匍匐状根茎。地上茎直立,不分枝。叶由茎基部抽出,二列状着生,长带形,向上渐细,端圆钝,基部鞘状抱茎,色灰绿。穗状花序成蜡烛状,浅褐色,雄花序在上,雌花序在下,中间有间隔,露出花序轴。小坚果,长形。种子褐色,微弯。花果期 5—8 月(图 4.153)。

图 4.153　香蒲

【分布与习性】香蒲广布于我国东北、西北和华北地区,生于海拔 700 ~ 2 100 m 的沟边、沟塘浅水处、河边、湖边、湖边浅水中、湖中、静水中、水边、溪边、沼泽地、沼泽浅水中。分布于黑龙江、吉林、辽宁、内蒙古、河北、山西、山东、河南、陕西、安徽、江苏、浙江、湖南、湖北、江西、广东、云南、台湾等省区。菲律宾、日本、俄罗斯及大洋洲等地均有分布。

香蒲对环境条件要求不甚严格,适应性强,耐寒,但喜阳光,喜深厚肥沃的泥土,最宜生长在浅水湖塘或池沼内。

【繁殖方法】常用分株和播种繁殖。以分株繁殖为主,春季将根茎切成 10 cm 左右的小段,每段根茎上带 2 ~ 3 芽,栽植后根茎上的芽在土中水平生长,待伸长 30 ~ 60 cm 时,顶芽弯曲向上抽出新叶,向下发出新根,形成新株,其根茎再次向四周蔓延,继续形成新株。

【常见栽培种】常见栽培种有:

(1)小香蒲(*T. minima*)　识别要点:植株低矮,50 ~ 70 cm,茎细弱,叶线形,雌雄花序不连接。原产中国西北、华北地区,欧洲和亚洲中部也有分布(图 4.154)。

(2)宽叶香蒲(*T. latifolia*)　识别要点:株高 100 cm,叶较宽,雌雄花序连接。原产欧亚和北美,中国南北都有分布。

【园林应用】香蒲叶丛秀丽潇洒,雌雄花序同花轴,整齐圆滑形似蜡烛,别具一格。是水边丛植或片植的好材料,也可盆栽,可观叶和观花序。花序经干制后为良好的切花材料。

【其他经济用途】该种经济价值较高,除花粉入药外,叶片用于编

图 4.154　小香蒲

织、造纸等;幼叶基部和根状茎先端可作蔬食;雌花序可作枕芯和坐垫的填充物,是重要的水生经济植物之一。

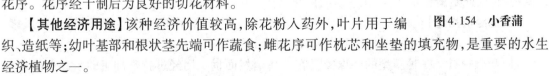

【花文化】香蒲的花语是卑微。蒲草多自生在水边或池沼内,每年春季从地下匍匐茎发芽生长,并且不断发生分株;冬季遇霜后,地上部分完全枯萎,匍匐茎在土中过冬。香蒲的花语意味着渺小、微不足道,有着自谦的味道。

7)水葱

别名:莞、翠管草、冲天草、欧水葱。

学名:*Scirpus tabernaemontani*

科属:莎草科 藨草属

图4.155 水葱

【识别特征】多年生草本挺水植物,高60~120 cm。地下具粗壮而横走的根茎。地上茎直立,圆柱形,中空,粉绿色。叶褐色,鞘状,生于茎基部。聚伞花序顶生,稍下垂,由许多卵圆形小穗组成。小花淡黄褐色,下具苞叶(图4.155)。

【分布与习性】同属约200种,广布于全世界,我国产40种左右,各地多有分布。本种在北京及河北北部有野生。

水葱性强健。喜光,喜冷凉气候,忌酷热,耐霜寒。对冬季温度要求不是很严,只要不受到霜冻就能安全越冬;在春末夏初温度高达30 ℃以上时死亡,最适宜的生长温度为15 ~ 25 ℃。不择土壤。在自然界中国常生于湿地、沼泽地或池畔浅水中。

【繁殖方法】播种或分株繁殖。种子繁殖在3—4月进行。分株繁殖于春季,露地每丛保持8 ~ 12根茎秆,盆栽每丛保持5 ~ 8根茎秆。

【常见栽培种】本属约200种,主要变种:

花叶水葱(*S. tabernaemontani* 'zebrinus')

识别要点:其茎面有黄白斑点,观赏价值极高,常盆栽观赏。

【园林应用】水葱株形奇趣,株丛挺立,富有特别的韵味,可于水边池旁布置,甚为美观。常用于水面绿化或作岸边、池旁点缀,是典型的竖线条花卉。也常盆栽观赏。可切茎用于插花。

【其他经济用途】药用,中药名水葱。味甘,淡,性平。归膀胱经,利水消肿。主治水肿胀满;小便不利。另对污水中有机物、氨氮、磷酸盐及重金属有较高的除去率。

【花文化】水葱的花语是整洁。

8)慈姑

别名:茨菰、箭达草、燕尾草、白地栗、酥卵。

学名:*Sagittaria sagittifolia*

科属:泽泻科 慈姑属

图4.156 慈姑

【识别特征】多年生挺水植物。形态特征:高达120 cm,地下具根茎,先端形成球茎,球茎表面附薄膜质鳞片。端部有较长的顶芽。叶片着生基部,出水成剑形,叶片箭头状,全缘,叶柄较长,中空。沉水叶多呈线状,花茎直立,多单生,上部着生出轮生状圆锥花序,小花单性同株或杂性株,白色,不易结实。花期7—9月(图4.156)。

【分布与习性】原产我国,南北各省均有栽培,并广布亚洲热带、温带地区。欧美等地也有栽培。

对气候和土壤适应性很强,池塘、湖泊的浅水处,水田中或水沟渠中均能良好生长,但最喜欢气候温暖、阳光充足的环境。土壤以富含腐殖质而土层不太深厚的黏质壤土为宜。生长适温20～25℃,冬季能耐-10℃低温。喜生浅水中,但不宜连作。

【繁殖方法】通常分球繁殖,也可播种。分球时种球最好在翌春栽植前挖出,也可在种球抽芽后挖出栽植。最适栽植期为终霜过后。整地施基肥后,灌以浅水,耙平后,将种球插入泥中,使其顶芽向上隐埋泥中为度。播种繁殖于3月底至4月初进行。

【常见栽培种】同属约25种,中国约有6种。常见品种:重瓣慈姑,花重瓣;长瓣慈姑,叶的裂片较狭窄,常呈飞燕状。

【园林应用】慈姑叶形独特,植株美丽,在水面造景中,以衬景为主。在园林水景中,一般数株或数十株散植于池边,对浮叶花卉起到衬托作用。也可盆栽观叶、切花。

【其他经济用途】《本草纲目》称其"达肾气、健脾胃、止泻痢、化痰、润皮毛",是无公害绿色保健食品中的上等珍品。中医认为慈姑性味甘平,生津润肺,补中益气,对劳伤、咳喘等病有独特疗效。慈姑每年处暑开始种植,元旦春节期间收获上市,为冬春补缺蔬菜种类之一,其营养价值较高,主要成分为淀粉、蛋白质和多种维生素,富含铁、钙、锌、磷、硼等多种活性物所需的微量元素,对人体机能有调节促进作用,具有较好的药用价值。

食用,慈姑是新海派菜的一种,烹饪方法主要有炒、烧汤和红烧3种。红烧的慈姑吃起来非常细嫩润滑,间或有微微的苦味。炒的慈姑酥脆可口,而慈姑汤可以让人唇齿留香。

慈姑含有大量淀粉,可制作淀粉。

9)芡实

别名:鸡头米、鸡头苞、鸡头莲。

学名:*Euryale ferox*

科属:睡莲科　芡实属

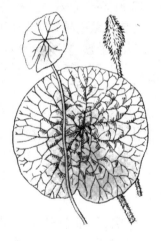

【识别特征】一年生大型浮叶型草本植物。全株具刺。根茎肥厚。叶丛生,浮于水面,圆形、盾形或圆状心脏形,直径可达2 m以上,最大者可达3 m左右。叶脉隆起,两面均有刺。花单生叶腋,具长柄,挺出水面。花瓣多数,紫色。花托多刺,状如鸡头,故称"鸡头米"。花期7—8月,果期7—10月(图4.157)。

【分布与习性】此属仅一种,广布于东南亚、苏联、日本、印度及朝鲜。我国南北各地湖塘中多有野生。

图4.157　芡实

芡实多为野生,适应性强,深水或浅水均能生长,小于100 cm。而以气候温暖、阳光充足、泥土肥沃之处生长最佳。生长适温20～30℃,低于15℃生长缓慢,10℃以下停止生长。全年生长期为180～200 d。雨季水深超过1 m,要排水。喜富含有机质的轻质黏土。

【繁殖方法】种子繁殖。清明前后,取出容器中水藏的种子,选择颗粒饱满充分成熟的种子,放到有水的浅钵中室内催芽,水浸没种子,水温20～25℃,每天换水1次,15～20 d,种子开始萌发。待苗长出2～3片叶,3～4条根时,移到口径12～15 cm的小盆里,经2～3次换盆后,直接定植在室外的种植槽中。

【常见栽培种】芡实的品种分南芡与北芡。北芡又称刺芡,花紫色,为野生种。主要产于江苏洪泽湖、宝应湖一带,适应性强,分布广泛,中国长江南北及东南亚、日本、朝鲜半岛、印度、俄罗斯都有分布。南芡又称苏芡,花色分白花、紫花两种,比北芡叶大。紫花芡为早熟品种,白花芡为晚熟品种,南芡主要产于江苏太湖流域一带。

【园林应用】芡实叶片肥大,浓绿具皱褶,花色明艳,形状奇特,孤植形似王莲,常用于水面绿化。

【其他经济用途】芡实,味甘、涩,性平,无毒。主治风湿性关节炎、腰背膝痛。补中益气,提神强志,使人耳聪目明。久服使人轻身不饥,还能开胃助气及补肾,治小便频繁,遗精,脓性白带。作粉食用,益人。但小儿不宜多食,不益脾胃,难以消化。主治止烦渴,除虚热,生熟都适应。主治小腹结气痛,则煮食根。

种子可食用,种子含多量淀粉。每 100 g 中含蛋白质 4.4 g,脂肪 0.2 g,碳水化合物 32 g,粗纤维 0.4 g,灰分 0.5 g,钙 9 mg,磷 110 mg,铁 0.4 mg,硫胺素 0.40 mg,核黄素 0.08 mg,烟酸 2.5 mg,抗坏血酸 6 mg,胡萝卜素微量。

10)旱伞草

别名:伞草、水竹、风车草、台湾竹。

学名:*Cyperus alternifolius*

科属:莎草科 莎草属

图4.158 旱伞草

【识别特征】多年生湿生挺水花卉。株高 40～150 cm,茎秆粗壮,直立生长,茎近圆柱形,丛生,上部较为粗糙,下部包于棕色的叶鞘中。叶状苞片较明显,约 20 枚,近于等长,长为花序的 2 倍以上,宽 2～12 mm,呈螺旋状排列在茎秆顶端,向四周辐射开展,扩散呈伞状。聚伞花序,小花白色。小坚果椭圆形近三棱形(图4.158)。

【分布与习性】原产西印度群岛,马达加斯加。现我国各地常见栽培。旱伞草多生于河岸、湖旁或岩沿山坡上,长江流域多有分布,野生的遍生鄂东山区各地。

旱伞草性喜温暖湿润,通风良好,光照充足的环境,耐半阴,甚耐寒,华东地区露地稍加保护可以越冬,对土壤要求不严,以肥沃稍黏的土质为宜。

【繁殖方法】主要采用分株、扦插。分株宜在 3—8 月,随时可进行。将植株抠出花盆,切割按每丛 4～5 根茎秆或芽为宜,分植后的盆苗,先要放置在背阴处 3～5 d,然后正常管理。扦插一般在 5—9 月,用水竹叶丛,剪穗保留茎秆 2～4 cm,靠茎尖 1 cm 处剪除叶片,茎尖朝下插入事先准备好的沙床或盆中,叶片入土 0.5 cm 为宜,浇足水,遮阴,经常保持床土湿度,在 20～25 ℃ 的温度下,10 d 左右叶腋里开始生根,12～15 d 内叶腋出现新芽,30 d 即可分栽。

水插用罐头瓶装好干净的清水(自来水晾晒 2～3 d 为宜)。剪穗在离叶丛向下 5 cm 处开剪,然后离茎尖 0.5～1 cm 处剪除叶片。倒插在罐头瓶内,放置阴处。夏、秋季节水插时 2～3 d 更换一次清水,防止插穗腐烂,在 25 ℃ 左右的气温下 8 d 即可生根,且每个腋下都可以长出一棵新苗,20 d 后即可移栽。

【园林应用】旱伞草株丛繁密,叶形奇特,是室内良好的观叶植物,除盆栽观赏外,还是制作盆景的材料,也可水培或作插花材料。江南一带无霜期可作露地栽培,常配置于溪流岸边假山石的缝隙作点缀,别具天然景趣,但栽植地光照条件要特别注意,应尽可能考虑植株生态习性,选择在背阴处进行栽种观赏。

【其他经济用途】旱伞草全身是宝,不但是工业原料之一,而且用途广泛。竹笋味鲜甘甜,竹编器具和工艺品美观、耐用。燃烧后能产生竹油、竹炭。竹油香气浓郁,可用作化妆品的配料等。竹炭用于烤火、打铁、建筑涂料。水竹还有许多药用价值。

【花文化】旱伞草的花语是生命力顽强,果敢坚韧,直冲云霄。

11)萍蓬莲

别名:萍蓬草、黄金莲、水栗、荷根。

学名:*Nuphar pumilum*

科属:睡莲科 萍蓬草属

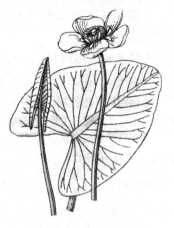

图4.159 萍蓬莲

【识别特征】多年生水生草本。地下具块茎。叶基生,浮水叶卵形、光卵形或椭圆形,先端圆钝,基部开裂且分离,裂深约为全叶的1/3,近革质,表面亮绿色,背面紫红色,密被柔毛;沉水叶半透明,膜质;叶柄长,上部三棱形,基部半圆形。花单生叶腋,伸出水面,金黄色,径2～3 cm;萼片呈花瓣状。浆果卵形,长约3 cm。花期5—7月,果期7—10月(图4.159)。

【分布与习性】原产北半球寒温带,分布广,中国、日本、欧洲、西伯利亚地区都有。中国东北、华北、华南等地区均有分布。

喜温暖、湿润、阳光充足的环境。喜流动的水体,生湖泊及河流等浅水处。适宜水深30～60 cm。不择土壤,但以肥沃黏质土为好。生长适温15～32 ℃,低于12 ℃时停止生长。长江以南可在露地水池越冬,不需防寒,在北方冬季需保护越冬。

【繁殖方法】以无性繁殖为主,块茎繁殖在3—4月进行,用刀切取带主茎的块茎6～8 cm长,或带侧芽的块茎3～5 cm。分株繁殖可于6—7月进行,用刀切取带主芽或有健壮侧芽的地下茎,留出心叶及几片功能叶,保留部分根系,在营养充足条件下,所分的新株与原株很快进入生长阶段,当年即可开花。

【常见栽培种】本属中主要观赏种类有:

(1)贵州萍蓬莲(*N. bornetii*) 识别要点:叶近圆形或卵形,株型较小。

(2)中华萍蓬莲(*N. sinensis*) 识别要点:叶心脏形,花大,径5～6 cm,柄长,伸出水面20 cm,观赏价值极高。

(3)欧亚萍蓬草(*N. Luteum*) 识别要点:叶大,厚革质,椭圆形。

【园林应用】萍蓬莲初夏开放,朵朵黄色的花朵挺出水面,灿烂如金色阳光铺洒于水面上,是夏季水景园中极为重要的观赏植物。多用于池塘水景布置,与睡莲、莲花、荇菜、香蒲、黄花鸢尾等植物配置,形成绚丽多彩的景观。又可盆栽于庭院、建筑物、假山石前,或在居室前向阳处摆放。

【其他经济用途】根状茎入药,能健脾胃,有补虚止血、治疗神经衰弱之功效。

【花文化】萍蓬莲的花语为崇高、跟随你。

12)荇菜

别名:苔菜、莲叶苔菜、驴蹄菜、水荷叶、大紫背浮萍、水镜草。

学名:*Nymphoides peltatum*

科属:龙胆科 荇菜属

【识别特征】多年生浮水植物。枝条有二型,长枝匍匐于水底,如横走茎,短枝从长枝的节处长出,茎细长,圆柱形,节上生根;上部叶近于对生,其余叶互生;叶卵形,叶基部心形,具柄,上表面绿色,边缘具紫黑色斑块,下表面紫色;花大而明显,伞形花序束生于叶腋,花黄色,具梗;花期6—10月(图4.160)。

【分布与习性】原产于温带至热带的淡水中,广布于中国华东、西南、华北、东北和西北等地。日本和苏联也有分布。

喜温暖、水湿和阳光充足的环境,耐寒,强健,对环境适应性强,常野生于湖泊、池塘静水或缓流中。可自播繁衍。对土壤要求不严,以肥沃稍带黏质的土壤为好。生长适温15~30℃,低于10℃停止生长。能耐一定低温,但不耐严寒。

【繁殖方法】主要用分株和扦插繁殖,也可播种繁殖。

图4.160 荇菜

分株繁殖:于每年3月将生长较密的株丛分割成小块另植。

扦插繁殖:扦插在天气暖和的季节进行,把茎分成段,每段2~4节,埋入泥土中。容易成活,它的节茎上都可生根,生长期取枝2~4节,插于浅水中,2周后生根。

播种繁殖:种子在3月进行催芽,加水1~3 cm,保温保湿。

【园林应用】荇菜叶片形睡莲小巧别致,鲜黄色花朵挺出水面,花多花期长,是庭院点缀水景的佳品,用于绿化美化水面。在园林水景中大片种植可形成"水荇牵风翠带长"之景观。荇菜与荷花伴生,微风吹来,花颤叶移,姿态万端。在造景中,还要注意荇菜的动态美,留有足够的空间。

【其他经济用途】全草均可入药,清热解毒,利尿消肿。用于痈肿疮毒,热淋,小便涩痛。

根茎可供食用,苏恭说"荇菜生水中,叶如青而茎涩,根甚长,江南人多食之"。

荇菜的茎、叶柔嫩多汁,无毒、无异味,富含营养,猪、鸭、鹅均喜食,草鱼也采食,是一种良好的水生青绿饲料。

产草量高,肥分含量也高,在果熟之前收获,可作绿肥用。

【花文化】荇菜的花语为柔情,恩惠。

13)大藻

别名:水荷莲、大萍、大叶莲、水莲、肥猪草、水芙蓉。

学名:*Pistia stratiotes*

科属:天南星科 大藻属

【识别特征】多年生宿根漂浮植物。主茎短缩而叶呈莲座状,从叶腋间向四周分出匍匐茎,茎顶端发出新植株,有白色成束的须根。叶簇生,叶片倒卵状楔形,长2~8 cm,顶端钝圆而呈微波状,两面都有白色细毛。花序生叶腋间,有短的总花梗,佛焰苞长约1.2 cm,白色,背面生毛。果为浆果。花期6—7月(图4.161)。

图4.161 大藻

【分布与习性】原产中国长江流域,广布热带和亚热带的小溪和淡水湖中,在南亚、东南亚、南美及非洲都有分布。在我国珠江三角洲一带野生较多,由于它生长快,产量高,因此南方各省都引入放养,逐渐从珠江流域移到长江流域,湖南、湖北、四川、福建、江苏、浙江、安徽等省。

大藻对气候和土壤的适应性很强,池塘的浅水处、水田中或水沟渠中均能良好生长,但最喜欢气候温暖、阳光充足的环境。土壤以富含腐殖质而土层不太深厚的黏质壤土为宜。生长适温20~25℃,冬季能耐-10℃低温。喜生浅水中,但不宜连作。

【繁殖方法】以分株繁殖为主。种株叶腋中的腋芽抽生匍匐茎,每株 2 ~ 10 条,当匍匐茎的先端长出新株,可行分株。温度适宜时繁殖很快,3 d 即可加倍。

【园林应用】株形美丽,叶色翠绿,质感柔和,犹如朵朵绿色莲花漂浮水面,别具情趣,是夏季美化水面的好材料。在园林水景中,常用来点缀水面。庭院小池,植上几丛大藻,再放养数条鲤鱼,使之环境优雅自然,别具风趣。

【其他经济用途】全株入药,可祛风发汗,利尿解毒。用于感冒,水肿,小便不利,风湿痛,皮肤瘙痒,荨麻疹,麻疹不透;外用治汗斑,湿疹。

有很强的净化水体的作用,可以吸收污水中的有害物质和负氧化物。

大藻还可做猪的饲料,根茎时都很柔嫩,含粗纤维少,常打浆或切碎混以糠麸喂猪,多为生喂或发酵后喂,也有制成青贮喂的。

大藻也可以做绿肥,鲜草的养分含量,氮为 0.22%,磷酸 0.06%,氧化钾 0.11%,既可以做基肥,也可以做追肥。

14) 气泡椒草

别名:水汽椒草。

学名:*Cryptocoryne balansae*

科属:天南星科　辣椒草属

【识别特征】沉水型草本植物。较为高大,植株 40 ~ 50 cm。叶狭长带状,长可达 80 cm,深绿色,叶面有不规则的皱曲。肉穗花序和佛焰苞长约 10 cm,桃红色(图 4.162)。

图 4.162　气泡椒草

【分布与习性】产于泰国、越南及印度支那半岛其他地区。

喜弱光,照度 500 lx。适宜水温为 22 ~ 26 ℃,pH 为 6 ~ 6.5,硬度为 89.3 ~ 214.2 mg。

【繁殖方法】分株繁殖,用地下走茎分生子株的方法繁殖。

【常见栽培种】主要栽培种有:

(1)紫罗兰(亚菲辣椒草)　识别要点:叶长披针形,叶色墨绿,成叶背面棕色至紫色。茎柔软,植株高 10 ~ 30 cm。

(2)橘红椒草(克辣椒草)　识别要点:具白色须状根,叶片呈莲座状生长,叶狭长披针形,叶柄青中泛橙色,叶色橙色中泛青,如水质及光照改变,亦可能由橙色转为棕色。佛焰苞呈短螺管状,带有黄绿色,苞口深紫色。花期冬春季。

(3)大椒草(巴莱辣椒草)　识别要点:中型水草,叶广披针形至卵形,叶面皱曲,叶色富于变化,从绿色到深红色都有,根据环境条件而变化。成叶长 15 ~ 20 cm,宽 4 cm,叶柄长 10 ~ 15 cm。佛焰苞呈管状,苞口黄色,长 12 cm。

(4)绿椒草(绿竹)　识别要点:属湿生植物,亦可沉水栽培。叶长 15 ~ 40 cm,宽 6 ~ 10 cm,叶片薄柔软呈狭长形,叶色亮绿。湿生条件下,植株高达 70 cm 以上,花为该属中最美的一种。

(5)红圆椒草(格莉辣椒草)　识别要点:株高 40 cm,叶卵形至椭圆形,叶面深绿泛淡棕色,光强时有红斑点出现,叶背灰绿,叶脉显有规律的紫色。开花繁密,佛焰花序,苞口深红色。

(6)辣椒草(克拉达辣椒草、心叶辣椒草)　识别要点:植株高 20 ~ 30 cm,叶长卵形,质地柔软,叶面绿橄榄色至红色,叶背淡红色至深红。佛焰苞呈管状,黄至棕红色,长 15 cm,开花出水。

【园林应用】气泡椒草用于观赏,作沉水景观前中景布置。

15) 泽泻

别名:水泽、如意花、车苦菜、天鹅蛋、天秃、一枝花。

学名:*Alisma orientale*

科属:泽泻科　泽泻属

图4.163　泽泻

【识别特征】多年生挺水植物,高可达1 m。地下具卵圆形的根茎。叶基生,长椭圆形至广卵形,端短尖,基部心脏形或近圆形或阔楔形,两面光滑,绿色;具长叶柄,下部呈鞘状。花茎直立,高达90 cm,顶端着生轮生复总状花序,具苞片;小苞白色,带紫红晕或淡红色。花期夏季(图4.163)。

【分布与习性】主要分布于中国、苏联、日本、欧洲、北美洲、大洋洲。中国主产地为福建、四川、江西,此外贵州、云南等地亦产。

喜温暖,宜凉爽气候,不耐寒,可忍受2~3 d的轻霜,若霜期长或重霜则叶片受害枯死。幼苗期喜荫蔽,成株期要求阳光充足。喜在肥沃、保水性稍强的黏性黑泥田中生长。多在水源充足的河滩、烂泥塘、水沟等地野生。不宜生长在土温过低、水位过深的地方。

【繁殖方法】通常分株,也可播种。分株方法同慈姑。播种在6月下旬至7月上旬进行,播种时将拌草木灰的种子均匀撒于畦上,然后用竹扎扫帚将畦面轻轻拍打,使种子与泥土粘合,以免灌水或降雨时种子浮起或被冲走。一般每亩用种1~1.5 kg。

【常见栽培种】泽泻产品多按产地划分为建泽泻及川泽泻等。

(1)建泽泻　识别要点:系主产于福建地区及江西广昌、于都等地之泽泻。呈类圆形、长圆形或倒卵形,长4~7 cm,直径3~5 cm。表面黄白色,顶端有茎痕,周身有不规则横向环状浅沟纹及隆起岗(俗称"岗纹"),并散有多数细小突起的须根痕,于块茎底部尤密。质坚实,破折面黄白色,颗粒性具粉性,有多数细孔但较紧密。气微,味甘,微苦。

(2)川泽泻　识别要点:呈卵圆形,个稍小于建泽泻,外表淡黄褐色,顶端茎痕略小,有的具2或3个茎痕,形成畸形俗称"双花"。皮略粗糙,环状隆起岗不明显,有多数散在的须根痕。下端较尖,多数带有突起的疣状疙瘩,疙瘩周围有未去尽的须根残留。质坚实(但不及建泽泻),断面深乳黄色,不及建泽泻紧密,气味同于建泽泻。

【园林应用】作沼泽地、水沟及河边绿化材料,也可盆栽观赏。

【其他经济用途】泽泻(根茎)是传统的中药之一。中医理论认为其性寒,具有利水渗湿的功效。现代医学研究,泽泻可降低血清总胆固醇及三酰甘油含量,减缓动脉粥样硬化形成;泽泻及其制剂现代还用于治疗内耳眩晕症、血脂异常、遗精、脂肪肝及糖尿病等。但泽泻具有肝毒性、肾毒性,服用不当,会让肝脏、肾脏出现肿胀以及其他中毒症状。果实和叶也能入药,可益肾气、通血脉和逐水。

食用,冬季茎叶开始枯萎时采挖、洗净,用微火烘干,再撞去须根及粗皮,以水润透切片、晒干,生用;麸炒或盐水炒用。

16) 花叶芦竹

别名:斑叶芦竹、彩叶芦竹、意大利芦竹。

学名:*Arundo donax* var. *versicolor*

科属:禾本科　芦竹属

【识别特征】挺水草本观叶植物。株高 1.5 ~ 2.0 m。宿根,地下根状茎粗而多结,地上茎由分蘖芽抽生,挺直,通直有节,丛生,似竹。叶互生,斜出,排成二列,披针形,弯垂,灰绿色具白色条纹,叶端渐尖,叶基鞘状,抱茎,圆锥花序顶生,大型羽毛状。花期 10 月(图 4.164)。

【分布与习性】原产地中海一带,国内已广泛种植。通常生于河旁、池沼、湖边,常大片生长形成芦苇荡。

该植物生长势强,不择土壤,喜温、喜光、耐湿,较耐寒,但在北方须保护越冬。

图 4.164　花叶芦竹

【繁殖方法】主要分株,也可用播种、扦插方法繁殖。分株于早春用铁锹沿植物四周切成有 4 ~ 5 个芽一丛,然后移植。扦插可在春天将花叶芦竹茎秆剪成 20 ~ 30 cm 一节,每个插穗都要有间节,扦入湿润的泥土中,30 d 左右间节处会萌发白色嫩根,然后定植。

【园林应用】花叶芦竹植株挺拔,形似竹。叶色依季节变化,叶条纹也多有变化,早春多黄白条纹,初夏增加绿色条纹,盛夏时新叶全部为绿色。观赏价值远胜于其原种——芦竹,主要用于水景园背景材料,也可点缀于桥、亭、榭四周,还可盆栽用于庭院观赏。有置石造景时,可与群石或散石搭配。花序可用作切花,新枝常用作插花的配叶。

【其他经济用途】其秆是高级的造纸原料。

17)红莲子草

别名:红节节草、红田乌草、红绿草、红草、红棕草、五色草、织锦苋。

学名:*Alternanthera paronychioides*

科属:苋科　莲子草属

【识别特征】多年生草本,北方为一年生。茎直立或基部匍匐,多分枝,上部四棱形,下部圆柱形,两侧各有一纵沟,在顶端及节部有贴生柔毛。单叶对生;叶柄长 1 ~ 4 cm,稍有柔毛;叶片长圆形、长圆状倒卵形或匙形,先端急尖或圆钝,基部渐狭,边缘皱波状,绿色或红色,或部分绿色,杂以红色或黄色斑纹。头状花序顶生及腋生,2 ~ 5

图 4.165　红莲子草

个丛生,无总花梗;花被片 5 枚,白色,凹形;雄蕊 5 枚,花药线形;退化雄蕊带状,先端裂成 3 ~ 5 窄条;子房无毛。果实不发育。花、果期 8—9 月(图 4.165)。

【分布与习性】原产于南美洲,现中国各大城市都有栽培。

喜温暖、湿润的气候及充足的阳光,不耐寒。土壤要求富含腐殖质、疏松肥沃的沙质壤土。以气温 20 ~ 25 ℃,土温 18 ~ 24 ℃,相对湿度 70% ~ 80% 为宜。

【繁殖方法】扦插繁殖。选取健壮母株上带 2 个节的嫩枝顶端作插穗,插后防止阳光暴晒,5 ~ 7 d 生根,10 ~ 12 d 移栽 1 次,缓苗后再定植,温度需要保持在 20 ℃。

【园林应用】可作为园林水景镶边材料或湿地色叶地被植物。

【其他经济用途】全株入药,可凉血止血、散瘀解毒。主治吐血、咯血、便血、跌打损伤、结膜炎、痢疾。

18) 水鳖

别名:马尿花、芣菜。

学名:*Hydrocharis dubia*

科属:水鳖科　水鳖属

【识别特征】多年生浮水草本。须根长可达 30 cm。匍匐茎发达,叶簇生,多漂浮,有时伸出水面;叶片心形或圆形,先端圆,基部心形,全缘,远轴面有蜂窝状贮气组织,并具气孔;雄花序腋生;佛焰苞 2 枚,膜质,透明,具红紫色条纹,萼片常具红色斑点;花瓣 3 枚,黄色,果实浆果状,球形至倒卵形。花果期 8—10 月(图 4.166)。

图 4.166　水鳖

【分布与习性】产东北、河北、陕西、山东、江苏、安徽、浙江、江西、福建、台湾、河南、湖北、湖南、广东、海南、广西、四川、云南等省区。生于静水池沼中,大洋洲和亚洲其他地区也有。

一般温暖湿润的环境有利于植株的正常发育,温度的高低对植株的生长会有影响。常生活在河溪、沟渠中。

【繁殖方法】分株繁殖,先在盆内盛好塘泥,然后将匍匐茎切断,植入小植株,放上水。当长出新株后,再移植小池中生长。也可播种。

【园林应用】可作水面绿化,也可供水簇箱中栽培观赏。

【其他经济用途】可作饲料及用于沤绿肥;幼叶柄作蔬菜。

19) 黄花鸢尾

别名:黄菖蒲。

学名:*Iris wilsonii*

科属:鸢尾科　鸢尾属

【识别特征】黄花鸢尾为多年生挺水型水生草本植物。植株高大,有肥粗根状茎。叶基生,剑形,长 60 ~ 120 cm,中脉明显,并具横向网状脉。花茎高于叶,花黄色,花茎 8 ~ 12 cm,花期 5—6 月。蒴果长形,内有种子数粒。种子褐色,有棱角(图 4.167)。

【分布与习性】原产南欧、西亚及北非等地。世界各地均有引种。

图 4.167　黄花鸢尾

适应性极强,喜阳。在 15 ~ 35 ℃温度下均能生长,10 ℃以下时植株停止生长。耐寒。喜水湿,能在水畔和浅水中正常生长,也耐干燥。喜含石灰质弱碱性土壤。

【繁殖方法】通常分株繁殖,于春季花后或秋季进行,分割下来的根茎应使每块带 2 ~ 3 个芽。也可用播种繁殖,于秋季种子成熟后随采随播,2 ~ 3 年后可开花。若冬季使之继续生长,则 8 个月即可开花。

【园林应用】黄花鸢尾叶片翠绿如剑,花色艳丽而大型,如飞燕群飞起舞,靓丽无比,极富情趣,可布置于园林中的池畔河边的水湿处或浅水区,既可观叶,亦可观花,是观赏价值很高的水生植物。如点缀在水边的石旁岩边,更是风韵优雅,清新自然。

【其他经济用途】药用,根茎入药,夏、秋季采收,除去茎叶及须根,洗净,切段晒干。清热利咽,主治咽喉肿痛。

【花文化】鸢尾花代表恋爱使者。鸢尾花虽然具有粗大的根、宽阔如刀的叶、非常强韧的生命力,但由于它是制造香水的原料,因此相当受尊重,也广被使用,所以它的花语是优美。

黄花鸢尾表示友谊永固、热情开朗。

20) 菖蒲

别名:臭菖蒲、水菖蒲、泥菖蒲、大叶菖蒲、白菖蒲。

学名:*Acorus calamus*

科属:天南星科　菖蒲属

【识别特征】多年生挺水植物。根茎稍扁肥,横卧泥中,有芳香。叶二列状着生,剑状线性,端尖,基部鞘状,对折抱茎;中肋明显并在两面隆起,边缘稍波状。叶片揉碎后具香味。花茎似叶稍细,短于叶丛;圆柱状稍弯曲;叶状佛焰,长达 30～40 cm,内具圆锥状长锥形肉穗花序;花小型,黄绿色,浆果长圆形,红色。花期6—9月(图4.168)。

图4.168　菖蒲

【分布与习性】原产我国及日本,广布世界温带、亚热带地区。我国南北各地均有分布。生长于池塘、湖泊岸边浅水区,沼泽地。

喜温暖、弱光,最适宜生长的温度20～25 ℃,10 ℃以下停止生长。冬季以地下茎潜入泥中越冬。

【繁殖方法】以分株为主,也可播种。分株在早春(清明前后)或生长期内进行,用铁锹将地下茎挖出,洗干净,去除老根、茎及枯叶、茎,再用快刀将地下茎切成若干块状,每块保留3～4个新芽,进行繁殖。

播种繁殖可将收集到的成熟的红色浆果清洗干净,在室内进行秋播,保持潮湿的土壤或浅水,在20 ℃左右的条件下,早春会陆续发芽,后进行分离培养,待苗生长健壮时,可移栽定植。

【常见栽培种】主要变种:

金线菖蒲(var. *variegatus*)　识别要点:叶具黄色条纹。

【园林应用】菖蒲叶丛翠绿,端庄秀丽,具有香气,适宜水景岸边及水体绿化,也可盆栽观赏或作布景用。叶、花还可以作插花材料。全株芳香,可作香料或驱蚊虫;茎、叶可入药。菖蒲是园林绿化中常用的水生植物,其丰富的品种、较高的观赏价值在园林绿化中得以充分应用。多年生挺水草本;叶剑形,浓绿色。适应性强,具有较强的耐寒性。园林应用:尾叶片绿色光亮,绿色其长,花艳丽,病虫害少,栽培管理简便。园林上丛植于湖、塘岸边,或点缀于庭园水景和临水假山一隅,有良好的观赏价值。

【其他经济用途】菖蒲不仅碧叶葱茏,根似白玉,挺水临石,清静高雅,其花、茎香味浓郁,具有开窍、祛痰、散风的功效,可祛疫益智、强身健体,历代中医典籍均把菖蒲根茎作为益智宽胸、聪耳明目、祛湿解毒之药。菖蒲还是极好的"绿色农药"。将菖蒲根茎500 g捣烂后,加水1～1.5 kg熬煮2 h,经过滤所得的原液,兑水3～6 kg,可有效防治稻飞虱、稻叶蝉、稻螟蛉、蚜虫、红蜘蛛等虫害。

医用,能为辟秽开窍,宣气逐痰,解毒,杀虫。治癫狂,惊痫,痰厥昏迷,风寒湿痹,噤口毒痢,外敷痈疽疥癣。开窍,化痰,健胃。用于癫痫、痰热惊厥、胸腹胀闷、慢性支气管炎。

药用,4月下旬至9月下旬是草鱼细菌性病害(赤皮、肠炎、烂鳃)发生季节,用菖蒲可防治这3种病害,用药后10 d停止死鱼,且方法简便易行,成本低廉,防效可达90%左右。

【花文化】古人把菖蒲当作神草。《本草·菖蒲》载曰:"典术云:尧时天降精于庭为韭,感百阴之气为菖蒲,故曰:尧韭。方士隐为水剑,因叶形也"。

人们在崇拜的同时,还赋予菖蒲以人格化,把农历 4 月 14 日定为菖蒲的生日,"四月十四,菖蒲生日,修剪根叶,积海水以滋养之,则青翠易生,尤堪清目。"正由于菖蒲神性,加之具有较高的观赏价值,数千年来,一直是我国观赏植物和盆景植物中重要的一种。

菖蒲是我国传统文化中可防疫驱邪的灵草,与兰花、水仙、菊花并称为"花草四雅"。菖蒲先百草于寒冬刚尽时觉醒,因而得名。菖蒲"不假日色,不资寸土","耐苦寒,安淡泊",生野外则生机盎然,富有而滋润,着厅堂则亭亭玉立,飘逸而俊秀,自古以来就深得人们的喜爱。江南人家每逢端午时节,悬菖蒲、艾叶于门、窗,饮菖蒲酒,以祛避邪疫;夏、秋之夜,燃菖蒲、艾叶,驱蚊灭虫的习俗保持至今。

花语:神秘的人。

菖蒲在德国的花语:婚姻完美。

21)梭鱼草

别名:北美梭鱼草、海寿花。

学名:*Pontederia cordata*

科属:雨久花科　梭鱼草属

【识别特征】多年生挺水或湿生草本植物,叶柄绿色,圆筒形,叶片较大,深绿色,叶形多变。大部分为倒卵状披针形,叶面光滑,花序顶生,穗状,长 10 ~ 20 cm,上有密生小花数朵,花蓝紫色,上方两花瓣各有两个黄绿色斑点,花葶直立,通常高出叶面,花期 5—10 月(图 4.169)。

【分布与习性】原产北美,国内多处可种植。

喜温、喜阳、喜肥、喜湿、怕风不耐寒,静水及水流缓慢的水域中均可生长,适宜在 20 cm 以下的浅水中生长,适温 15 ~ 30 ℃,越冬温度不宜低于 5 ℃,梭鱼草生长迅速,繁殖能力强,条件适宜的前提下,可在短时间内覆盖大片水域。

图 4.169　梭鱼草

【繁殖方法】采用分株法和种子繁殖,分株可在春夏两季进行,自植株基部切开即可,种子繁殖一般在春季进行,种子发芽温度需保持在 25 ℃左右。

【常见栽培种】

(1)白心梭鱼草(*Pontederia cordata* cv. Alba)　识别要点:花白色略带粉白色。

(2)兰花梭鱼草(*Pontederia cordata* cv. Caeius)　识别要点:花蓝色。

【园林应用】梭鱼草叶色翠绿,花色迷人,花期较长,可广泛用于园林美化,可用于家庭盆栽、池栽。栽植于河道两侧、池塘四周、人工湿地,与千屈菜、花叶芦竹、水葱、再力花等相间种植,每到花开时节,串串紫花在片片绿叶的映衬下,别有一番情趣。近年来,梭鱼草在我国的水景园中得到了一定的应用,是一种较有前途的水生观赏植物。

【其他经济用途】梭鱼草具有净化污水的作用。

【花文化】梭鱼草的花语为自由。

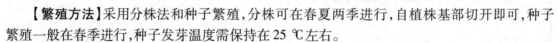

【单元小结】

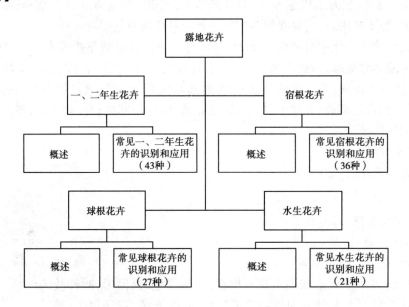

【拓展学习】

其他常见一、二年生花卉

序号	中名	学名	科名	高度/cm	习性	园林应用
1	欧洲报春	*Primula vulgaris*	报春花科	13～15	喜冷凉、湿润、半阴环境，不耐酷暑和强光，适宜疏松、肥沃土壤	花期5月。花色鲜艳，株形优美，可植于花坛、草坪边缘或疏林下
2	贝壳花	*Moluccella laevis*	唇形科	50～60	喜光，适宜肥沃、排水良好的土壤	花期6—7月。花形奇特，素雅美观，可植于花坛、花境或草坪边缘
3	紫苏	*Perilla frutescens*	唇形科	30～90	喜光亦耐半阴，适宜疏松土壤	花期8—9月，主要观叶。可植于花坛、花境、草坪边缘或药草园
4	红花鼠尾草	*Salvia coccinea*	唇形科	30～60	喜温暖、向阳环境，耐半阴，忌霜害，适宜疏松、肥沃土壤	花期7—8月。可植于花坛、花境或草坪边缘
5	红花酢浆草	*Oxalis rubra*	酢浆草科	10～20	喜半阴、湿润环境，适宜富含腐殖质、排水良好沙质壤土	花期6—10月。可植于草坪边缘或疏林下

续表

序号	中名	学名	科名	高度/cm	习性	园林应用
6	兴安黄芪	*Astragalus dahuricus*	豆科	30~80	喜光、耐旱,适宜疏松土壤	可植于花境、林缘或疏林下
7	石决明	*Cassia occidentalis*	豆科	50~100	喜光、亦耐半阴,适宜疏松、排水良好土壤	可植于林缘或疏林下
8	多叶羽扇豆	*Lupinus polyphyllus*	豆科	90~120	喜光,忌酷暑,适宜肥沃、疏松的微酸性沙壤土	花期5—6月。花序美丽,可植于花坛、花境、草地边缘或作切花
9	草木樨	*Melibotus suaveolens*	豆科	100~150	喜光,耐旱亦耐湿润环境,适宜疏松土壤	花期6—8月。可植于林缘,山坡或疏林下
10	松叶冰花	*Lampranthus spectabilis*	番杏科	10~20	喜光,耐旱,忌涝,适宜温暖环境和肥沃、疏松土壤	花期5—9月。可植于花坛、花境或草坪边缘,也可组合盆栽
11	芒颖大麦草	*Hordeum jubatum*	禾本科	30~60	喜光,适宜湿润环境和疏松、沙质土壤	花期7—9月。观赏草,可植于湿涝、岩石园或园路两侧
12	角堇	*Viola cornuta*	堇菜科	15~20	喜光亦耐半,忌炎热多雨,适宜凉爽环境和疏松、肥沃土壤	花期5—7月。植株低矮,可植于花坛、花境、花带或草坪边缘
13	半边莲	*Lobelia erinus*	桔梗科	10~20	喜光,忌干燥、酷暑,适宜肥沃、湿润、疏松土壤	花期5—9月。可植于花坛、花境、园路两侧或作垂吊植物
14	春黄菊	*Anthemis tinctoria*	菊科	30~80	喜半阴,适宜疏松、排水良好沙质土壤	花期5—7月。花形别致,可植于花坛、花境、草坪边缘或疏林下
15	白晶菊	*Chrysanthemum paludosum*	菊科	15~25	喜阳光充足、凉爽的环境,不耐高温,适宜疏松、肥沃土壤	花期5—7月。可植于花坛、花境、花带或组合盆栽
16	勋章菊	*Gazania rigens*	菊科	20~30	喜光,花在阳光下开放,晚上闭合,适宜疏松、肥沃、排水良好的土壤	花期5—10月。可植于花坛、花带、草坪边缘或花钵、盆栽

其他常见宿根花卉

序号	中名	学名	科名	高度/cm	习性	园林应用
1	乌头	*Aconitum chinensis*	毛茛科	60～100	耐寒、耐半阴	花期6—7月。可作花境、林下栽植,亦可作切花
2	沙参	*Adenophora tetraphylla*	桔梗科	30～150	耐寒、耐旱,喜半阴	花期6—8月。宜花坛、花境、林缘栽种
3	鼠尾草	*Salvia japanica*	唇形科	40～60	喜光,耐旱	花期6—9月。宜花坛、花境
4	春黄菊	*Authemis tinctoria*	菊科	30～60	耐寒,喜凉爽,喜光	花期6—9月。宜花境、切花
5	紫菀	*Aster tataricus*	菊科	40～150	耐寒、喜光	花期7—9月。宜花坛、花境及盆栽,高型种作切花
6	落新妇	*Astilbe chinensis*	虎耳草科	50～80	耐寒、喜光,喜半阴	花期6—7月。宜花境、切花
7	火炬花	*Kniphofia hybrida*	百合科	60～90	耐寒、喜光,喜温暖	花期6—10月。宜花坛、花境栽植或作切花
8	大花飞燕草	*Delphinium grandiflorum*	毛茛科	40～80	耐寒,忌炎热,喜光,耐半阴	花期5—6月。宜花坛、花境栽植或作切花
9	堆心菊	*Helenium bigelovii*	菊科	60～100	耐寒,喜光	花期3—4月。宜花境或作切花
10	艳花向日葵	*Helianthus laetiflorus*	菊科	100～200	喜光、喜温暖	花期7—9月。宜花境背景或花坛丛植
11	桔梗	*Platycodon grandiflorum*	桔梗科	30～100	耐寒,喜湿润,耐半阴	花期6—9月。宜花坛、花境、岩石园、切花
12	金光菊	*Rudbechia laciniata*	菊科	80～150	耐寒、喜光	花期7—9月。宜花境、切花
13	花荵	*Polemonium coaeruleum*	花荵科	30～60	耐寒,耐旱,喜光,耐半阴	花期6—8月。宜花坛、花境、林缘栽植或作切花

续表

序号	中名	学名	科名	高度/cm	习性	园林应用
14	五色苋	*Alternanthera bettzickiana*	苋科	10~20	喜光,略耐阴。喜温暖湿润环境。忌黏质壤土	观赏期四季。宜花坛、园林图案布置
15	雏菊	*Bellis perennis*	菊科	15~20	喜光,喜冷凉湿润,耐寒而不耐酷热	花期3—9月。宜花坛、花境

其他常见球根花卉

序号	中名	学名	科名	高度/cm	习性	园林应用
1	圆盘花	*Achimenes* spp.	苦苣苔科	15~30	不耐寒,忌强光和高温,浅根性	花期7—10月。宜室内盆栽观赏
2	狒狒花	*Babiana stricta*	鸢尾科	15~30	稍耐寒,喜阳光	花期3—4月。宜低矮花坛布置或作盆花
3	掌叶秋海棠	*Begonia msleyana*	秋海棠科	30~50	不耐寒,喜冬暖夏凉	花期12月。宜盆栽或自然式丛植
4	白芨	*Bleilla striata*	兰科	18~60	稍耐寒,耐阴性强	花期4—6月。宜自然丛植,林缘或林下地被
5	火星花	*Crocosmia hybrida*	鸢尾科	40~50	耐寒,喜凉爽、湿润,喜阳光	花期6—8月。宜布置花境,庭院丛植,切花
6	菟葵	*Eranthis tubergenii*	毛茛科	15~30	耐寒,耐半阴	花期3—4月。宜自然丛植或作林下地被
7	油加津(亚马逊石蒜)	*Eucharis guandiflora*	石蒜科	50~60	喜高温,忌强光	花期冬、春、夏。宜花境、切花或室内盆栽
8	鸟胶花(燕嬉花)	*Ixia maculatahybrid*	龙舌兰科	30~50	不耐寒,喜温暖湿润	花期5—6月。宜群植,布置庭院、花坛
9	雪滴花	*Leucojum vernun*	石蒜科	10~30	耐寒,适应性强	花期3—4月。宜庭院山石配置或草坪上自然式丛植
10	尼润(海女花)	*Nerine bowdenii*	石蒜科	40~70	不耐寒,喜温暖湿润	花期10—11月。宜切花或盆花

续表

序号	中名	学名	科名	高度/cm	习性	园林应用
11	三色魔杖花	*Sparaxis tricolcr*	鸢尾科	30～50	不耐寒,喜阳光	花期5—7月。宜布置花境、庭院或作切花
12	火燕兰	*Sprekelia formosissma*	石蒜科	30～40	不耐寒,喜温暖向阳环境	花期3—8月。宜盆栽或作切花
13	虎皮花	*Tigridia pavonia*	鸢尾科	40～60	不耐寒,喜阳光	花期8—9月。宜作切花、盆花或花坛材料
14	延龄草	*Trillium tschonoskii*	百合科	15～50	耐寒,耐阴,喜酸性黄壤土	花期5—6月。宜作林下地被
15	观音兰	*Tritonia crocata*	鸢尾科	50～60	较耐寒,适应性强	花期5—6月。宜丛植布置花境、草坪或作切花

其他常见水生花卉

序号	中名	学名	科名	高度/cm	生态类型	习性	园林应用
1	皱叶波浪草	*Aponogetpn cripus*	水蕹科	30	沉水	喜温暖,怕严寒,喜中至强光	水景箱中后景
2	网草	*Aponogeton madagascaliensis*	水蕹科	70～80	沉水	喜温暖,怕严寒,喜中度光	水景箱中后景
3	水生美人蕉	*Canna glauca*	美人蕉科	100～150	挺水	喜温、湿,喜光,浅水,不耐寒	湿地、水池、盆栽
4	皇冠草	*Echinodorus amazsonicus*	泽泻科	20～30	沉水	喜温暖,怕严寒,喜中度光	水景箱中景
5	黄花蔺	*Limnocharis flava*	花蔺科	30～50	挺水	喜温暖湿润,通风良好,不耐寒	水湿洼地、石间路旁,盆栽

续表

序号	中名	学名	科名	高度/cm	生态类型	习性	园林应用
6	田字萍	*Marsilea quadrifolia*	萍科	0.5~20	浮水	喜池塘、沼泽、浅水,根状茎泥中越冬	观叶,十字形小叶翠绿。水面绿化
7	鸭舌草	*Monochoria vaginalis*	雨久花科	50	挺水	喜温暖湿润,光照充足,浅水	花叶俱美。水边、沼泽,盆栽
8	雨久花	*Monochoria korsakowii*	雨久花科	50~90	挺水	喜光耐半阴,通风良好,浅水	水边,多盆栽
9	茨藻	*Najas marina*	茨藻科	10~20	沉水	静水,易栽培	水族箱
10	浮叶眼子菜	*Potamogeton natans*	眼子菜科	10~20	浮水	喜温暖湿润,池塘、沼泽、浅水	静水面
11	槐叶萍	*Salxinia natans*	槐叶萍科	0.8~1.5	漂浮	喜温暖,怕严寒,怕强光	水面圈养、水族箱
12	菱	*Trapa quadrispinosa*	菱科	20	浮水	喜温暖,喜光,耐深水	水面
13	苦草	*Vallisneria spiralis*	水鳖科	40	沉水	喜温暖,静水或流水	水族箱点缀

【相关链接】

[1] 金波.花卉宝典[M].北京:中国林业出版社,2005.

[2] 陈雅君.花卉学[M].北京:气象出版社,2010.

[3] 毛洪玉.园林花卉学[M].北京:化学工业出版社,2009.

[4] 中国数字植物标本馆 http://www.cvh.org.cn.

[5] 中国花卉网 http://www.china-flower.com.

[6] 花卉网 http://www.hua002.com.

[7] 花卉中国 http://www.flowercn.net.

[8] 花卉论坛 http://www.huahui.cn.

[9] 中国花卉图片信息网 http://www.fpcn.net/.

[10] 花之苑 http://www.cnhua.net/zhiwu/.

【单元测试】

一、名词解释

1. 露地花卉

2. 一年生花卉

3. 宿根花卉

4. 球根花卉

5. 水生花卉

二、填空题

1. 二年生花卉一般在_____播种,种子发芽,进行营养生长,第二年夏开花、结实,在_____来临时死亡。

2. 宿根花卉分为两大类即_____和_____。

3. 多数的球根花卉每年更新球体,并进行_____增生,在生产中可采用_____繁殖。依据习性及种植季节的不同,球根花卉可分为_____球根花卉和_____球根花卉。

4. 一、二年生花卉一般具有_____、生长迅速、_____以及_____等特点。

5. 水生花卉依据其生活习性和生长特性,可分为_____、_____、_____、_____4 种类型。

三、选择题

1. 典型的一年生花卉如鸡冠花、百日草、半支莲及(　　)。

A. 毛地黄　　　　　　B. 美国石竹　　　　　　C. 紫罗兰　　　　　　D. 牵牛花

2. 典型的二年生花卉(　　)。

A. 一串红　　　　　　B. 风铃草　　　　　　C. 臭芙蓉　　　　　　D. 孔雀草

3. 下列花卉属一年生的是(　　)。

A. 酒瓶兰　　　　　　B. 蝴蝶花　　　　　　C. 藿香蓟　　　　　　D. 美女樱

4. 下列花卉属二年生的是(　　)。

A. 酒瓶兰　　　　　　B. 虞美人　　　　　　C. 菊花　　　　　　D. 文殊兰

5. 下列花卉属宿根花卉的是(　　)。

A. 石竹　　　　　　B. 马蹄莲　　　　　　C. 满天星　　　　　　D. 芍药

6. 下列花卉属球根花卉的是(　　)。

A. 四季秋海棠　　　　B. 水仙　　　　　　C. 一枝黄花　　　　　　D. 雏菊

7. 下列花卉属水生花卉的是(　　)。

A. 大薸　　　　　　B. 萱草　　　　　　C. 非洲凤仙　　　　　　D. 藿香蓟

四、判断题

1. 一串红属多年生草本,作一年生栽培。（　　）

2. 万寿菊以种子繁殖为主,亦可扦插繁殖。（　　）

3. 虞美人性喜温暖、阳光充足的环境,耐寒,忌高温高湿。要求深厚、肥沃、疏松的土壤。（　　）

4. 非洲凤仙宜播种繁殖。全年均可播种,非洲凤仙种子小,每克种子 170～180 粒。（　　）

5. 紫茉莉的根、叶可供药用,有清热解毒、活血调经和滋补的功效。 （　　）

6. 菊花以无性繁殖为主,几乎所有无性繁殖的方法对菊花均适用,如扦插、分株、嫁接、压条及组织培养等。 （　　）

7. 荷兰菊属宿根草本,茎直立,基部木质化,上部多分枝,全株光滑。单叶互生。花期8—10月。 （　　）

8. 千叶蓍株型饱满,叶形奇特,花团锦簇,色彩丰富,在园林中主要作水养之用。 （　　）

9. 酒瓶兰为观茎赏叶花卉,用其布置客厅、书室,装饰宾馆、会场,都给人以新颖别致的感受,极富热带情趣。 （　　）

10. 天竺葵以扦插繁殖为主,也可播种繁殖。扦插以春秋为宜。成熟即可播种,亦可在秋季或春季进行。 （　　）

11. 四季秋海棠不耐寒,喜温暖、湿润和半阴环境,忌高温和阳光直射,既怕干旱,又怕水涝。 （　　）

12. 风信子以分球繁殖为主。风信子不易形成子球,可采用刻伤法或刮底法促使子球形成。 （　　）

13. 文殊兰性强健,耐旱、耐湿、耐阴。 （　　）

14. 荷花多年生挺水植物。喜光和温暖,炎热的夏季是其生长最旺盛的时期。喜湿怕干,缺水不能生存,但水过深淹没立叶,则生长不良,严重时导致死亡。 （　　）

15. 梭鱼草多年生挺水或湿生草本植物。采用分株法时可在春夏两季进行,自植株基部切开即可。 （　　）

五、问答题

1. 一、二年生花卉在园林应用中有何优缺点?

2. 水生花卉应用中应注意哪些问题?

5 室内花卉

【学习目标】

知识目标：

1. 掌握室内花卉的形态特征、生态习性及其园林应用；

2. 掌握常见室内花卉的识别特征；

3. 熟悉常见室内花卉的园林应用。

技能目标：

1. 能应用所掌握的知识识别常见室内花卉；

2. 能应用专业术语描述常见室内花卉；

3. 能根据生态习性和园林应用的要求科学合理地选择应用室内花卉。

5.1 概述

5.1.1 室内花卉的含义与类型

1)室内花卉的含义

室内花卉(houseplants、indoor plant)是从众多的花卉中选择出来的,具有很高的观赏价值,比较耐阴而喜温暖,对栽培基质水分变化不过分敏感,适宜在室内环境中较长期摆放的一类花卉,包括蕨类植物、草本和木本花卉。

2)室内花卉的类型

(1)室内观叶类 主要观赏植物奇特的叶形或秀美的叶色,有绿色叶或彩色叶,种类繁多,近年在世界花卉贸易中占一定份额,是室内绿化的主要材料,如铁线蕨、文竹、绿萝、菜豆树等,包括草本和木本花卉。

(2)室内观花类 花期为主要观赏期,有些既可观花也可观叶,如非洲紫罗兰、蟹爪兰、杜鹃等。

(3)室内观果类 果期有较高的观赏价值,如朱砂根、佛手、火棘等。

（4）室内观枝类　以植物茎、枝为观赏主体，这类植物的茎、分枝形态奇特，婀娜多姿，具有独特的观赏价值，如发财树、巴西铁、酒瓶兰等。

值得注意的是，随着人们对回归自然的愿望不断提高，室内环境中的植物种类不断丰富。为了满足需求，一些非室内植物也被用于室内观赏，如盆花中的许多种类，它们不能长期适应室内环境，但可以短期装饰室内；一些观赏价值高的露地环境栽培花卉，被盆栽后进入室内。这些花卉在室内的观赏期相对较短，只适宜开花期在室内摆放，一般花后就被遗弃。

5.1.2　室内花卉园林应用特点

室内生态环境改善和调节，以及室内园林化的要求，使室内植物的地位上升。只有选择适宜的种类，才能达到美好的愿望。室内花卉有以下园林应用特点：

①主要用于室内绿化装饰布置。

②较适应室内低光照、低空气湿度、温度较高、通风差的环境。

③有木本和草本，大小高低不同；可观花和观叶，叶色、花色不同；可供选择的种类多。

④有直立和蔓性，株形和叶形差异大，可以采用多种应用形式。

⑤是室内花园的主要材料。

5.2　常见室内观叶类花卉识别与应用

室内观叶花卉

1）吊兰

别名：垂盆草、桂兰、钩兰、折鹤兰、蜘蛛草、飞机草。

学名：*Chlorphytum capense*

科属：百合科　吊兰属

【识别特征】多年生常绿草本。具粗根状茎。叶基生，叶片剑形，自叶丛中常抽出长匍匐茎，匍匐茎先端节上常滋生带根的小植株。花茎细长，高出叶面，总状花序，花小，常2～4朵簇生，白色，花期夏季，冬季室温12℃以上时，也可开花（图5.1）。

图5.1　吊兰

【分布与习性】原产南非，现我国各地广泛栽培。

性喜温暖湿润气候和半阴环境，易受霜冻，生长期间适温为20℃，冬季室内温度不得低于5℃，要求土壤疏松肥沃、排水良好，冬季宜阳光充足。

【繁殖方法】播种、分株繁殖。

①吊兰开花后可结少量种子，春、夏、秋均可播种，多采用点播法。

②分株繁殖极为容易。通常在早春结合换盆进行，将过密的根状茎分开，另行栽植或全年任何季节剪取匍匐茎上的幼体栽植，吊兰的匍匐茎上有大量幼株，无论幼株有无气生根，剪下来重新栽植均可成活。

另外还可用种子萌发的无菌幼苗和叶片作为外植体进行组织培养繁殖。

【常见栽培种】吊兰属植物约有 215 种,常见栽培及品种有:

(1)银边吊兰(*C. capense* var. *marginata*) 别名:银边兰、银边草。

识别要点:叶剑形,绿色,叶边缘白色,两边稍扁狭。

(2)银心吊兰(*C. capense* var. *marginata*) 别名:银心桂兰、中斑吊兰。

识别要点:叶片的中心具银白色纵向条纹。

(3)金心吊兰(*C. capense* var. *medio-pictum*) 识别要点:叶中央具黄白色纵条纹。

(4)金边吊兰(*C. capense* var. *variegatum*) 识别要点:叶边缘黄白色。

(5)窄叶吊兰(*C. comosum*) 识别要点:叶多根生,细而长。原产非洲中南部。

【园林应用】吊兰枝叶铺散下垂,作悬盆观叶花卉,可悬挂廊下或楼房阳台,摆放在高几或书橱顶部,或装点岩壁、山石也相宜。也可用作地被、花坛、花钵的装饰。

【其他经济用途】 全草煎服,治声音嘶哑。

【花文化】吊兰的花语是无奈而又给人希望。

2)红苞喜林芋

别名:红柄喜林芋、红翠喜林芋、大叶蔓绿绒、喜林芋、蔓绿绒、红叶树藤、长心叶喜林芋。

学名:*Philodendron erubescens*

科属:天南星科 喜林芋属

【识别特征】多年生常绿藤本植物。茎粗壮,基部稍木质,节部有气生根。叶柄、叶背和幼嫩部分常为暗红色,叶片卵圆状三角形,长达 30 cm,宽 15 cm,有光泽。佛焰苞长达 15 cm,紫红色,肉穗花序白色,通常不开花(图 5.2)。

【分布与习性】原产美洲热带哥伦比亚一带,现台湾、广州有栽培。

性喜温暖,耐热,不耐寒。生长适温 20～30 ℃,冬季应保持在 14～16 ℃以上的温度;耐阴性较强,不能忍受烈日暴晒;需湿润环境,空气相对湿度应保持在 70% 左右;要求富含腐殖质、排水良好的土壤。

图5.2 红苞喜林芋

【繁殖方法】扦插繁殖,在有微加热的底温插床中极易生根。也可分株繁殖。

【常见栽培种】

同属植物约 270 余种,常见的栽培及品种有:

(1)喜林芋'红宝石'(*P. erubescens* 'Red Emerald') 别名:红宝石。

识别要点:嫩叶片紫红色。

(2)喜林芋'绿宝石'(*P. erubescens* 'Green Emerald') 别名:长心叶蔓绿绒、绿宝石。

识别要点:茎、叶、片、叶柄嫩梢、叶鞘均为绿色。

(3)喜林芋'绿帝王'(*P. erubescens* 'Imperial Green') 别名:绿帝王、绿帝王蔓绿绒。

识别要点:节间短,绿色叶较密集。

(4)喜林芋'红苹果'(*P. erubescens* 'Pink Priencess') 别名:红苹果。

识别要点:叶片短而宽,叶色有紫铜光泽。

(5)喜林芋'皇后'(*P. erubescens* 'Royal Queen') 别名:皇后。

识别要点:全株富有暗紫铜色泽。

（6）羽叶喜林芋（*P. bipinnatifidum*）　别名：裂叶喜树蕉、小天使蔓绿绒、羽裂蔓绿绒、春羽、春芋。

识别要点：叶片羽状深裂，裂片长圆形，底边裂片又1～4二次裂，裂片大小不一。原产巴西南部。

（7）攀援喜林芋（*P. scandens*）　别名：心叶蔓绿绒、圆叶喜林芋、藤叶喜林芋。

识别要点：叶心形，嫩叶略带红色，成龄叶绿色，具5～6对明显脉。原产波多黎各。

（8）琴叶喜林芋（*P. panduraeforme*）　别名：琴叶蔓绿绒、琴叶树藤。

识别要点：茎蔓性，呈木质状，上生有多数气生根，可附

图5.3　琴叶喜林芋

着于他物生长。叶片基部扩展，中部细窄，形式小提琴，革质，暗绿色，有光泽（图5.3）。

【园林应用】本种是室内著名大型盆栽观叶植物，适于布置宾馆大厅、写字楼门厅、走廊拐角等处。

【花文化】花语：朴实、端庄。

3）竹芋

学名：*Maranta arundinacea*

科属：竹芋科　竹芋属

【识别特征】多年生常绿草本。高可达2 m。根状茎肥厚，淀粉质，白色。叶片卵状矩圆形或卵状披针形，长30 cm，宽10 cm，绿色，质薄。总状花序顶生，有分枝，花小，白色，花1～2 cm。果褐色（图5.4）。

【分布与习性】原产美洲热带，我国云南、广东等地多有栽培。

性喜高温、高湿，不耐寒；宜半阴，要求土壤排水良好。

【繁殖方法】分株繁殖，春、夏季进行。

【常见栽培种】同属植物约25种，产美洲热带，我国产2种，常见栽培的种及品种有：

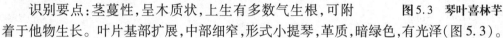

图5.4　竹芋

（1）竹芋'斑叶'（*M. arundinacea* var. *variegatum*）　别名：天鹅绒竹芋、斑马竹芋、绒叶竹芋。

识别要点：叶片具深绿、浅绿和绿黄色斑纹。

（2）花叶竹芋（*M. bicolor*）　别名：二色竹芋、豹斑竹芋。

识别要点：株高达35 cm，茎基部块状。叶片长椭圆至卵圆形，叶中脉两侧有暗褐色斑块，边缘波浪状，粉绿色，叶下面淡紫色。花序纤细，花白色，具堇色条纹，夏、秋开花。原产巴西和圭亚那（图5.5）。

图5.5　花叶竹芋

（3）条纹竹芋（*M. leuconeura*）　别名：豹纹竹芋、白脉竹芋。

识别要点：株高20～30 cm。叶片椭圆形，叶面绿色，中脉两侧有5～8对黑褐色大斑块，叶背淡紫红色，有粉。花白色，有紫斑。

（4）红脉竹芋（*M. leuconeura* var. *erythroneura*）　别名：红脉豹纹竹芋。

识别要点：为条纹竹芋的变种。主脉及羽状脉玫红色，中脉两侧有黄绿色齿状斑块，白天叶

片平展,晚间直立。原产巴西。

(5)克氏白脉竹芋(*M. leuconeura* var. *kerchoviana*)　识别要点:为条纹竹芋的变种。高达30 cm,叶较大,叶面绿色,中脉两侧有深褐色斑块,下面红紫色,白天叶片平展,晚间直立。

(6)马桑白脉竹芋(*M. leuconeura* var. *massangeana*)　识别要点:为条纹竹芋的变种。叶宽椭圆形,较小,上表面黑绿色,叶中脉与侧脉呈银灰色羽状纹,叶背紫绿色;白天叶片平展,晚间直立。

【园林应用】园林中多盆栽,观赏四季美丽的肥大叶片。可作普通小型盆栽或吊篮悬挂。

【其他经济用途】根茎富含淀粉,可煮食或提取淀粉供食用或糊用;药用有清肺、利水之效。

【花文化】花语为梦想。

4)椒草类

学名:*Peperomia* spp.

科属:胡椒科　草胡椒属

【识别特征】多年生草本,茎矮小,带肉质,有的几乎无主茎。叶全缘,无托叶,互生、对生或基生;花极小,两性,常与苞片同着生于花序轴的凹陷处,排成顶生、腋生或与叶对生的细弱穗状花序,花序单生,直径几乎与总花梗相等;浆果小。

【分布与习性】原产美洲热带地区,现我国各地均引种栽培。

喜阴湿而忌强光暴晒;好暖而畏严寒;要求半阴,最低温度不得低于12 ℃,在10 ℃以下超过5 d后,就可能受冷害。同时因枝叶多水,可以忍受1周以内短期干旱,但不能盆内积水,否则易因突然缺氧而窒息死亡。

【繁殖方法】分株、扦插均可繁殖。扦插于4—5月,选健壮的顶端枝条,长约5 cm为插穗,上部保留1~2枚叶片,待切口晾干后,插入湿润的沙床中。

【常见栽培种】

(1)豆瓣绿(*P. tetraphylla*)　别名:椒草、青叶碧玉、翡翠椒草。

识别要点:多年生丛生草本。茎叶肥厚多肉,植株低矮,4或3片轮生,阔椭圆形或近圆形,两端或圆,无毛或稀被疏毛;叶脉3条,细弱,通常不明显;叶柄短,长1~2 mm。穗状花序单生、顶生或腋生,总花梗被疏毛或近无毛,花序轴密被毛;苞片近圆形,有短柄,盾状。浆果近卵形。花期2—4月及9—12月(图5.6)。

图5.6　豆瓣绿

(2)西瓜皮椒草(*P. argyreia*)或(*P. sandersii*)　别名:西瓜皮豆瓣绿、银斑叶豆瓣绿、瓜叶椒草。

识别要点:茎矮,一般高不超过40 cm。茎基抽叶,叶盾状,宽卵形,先端突尖,基部圆形,全缘;长8~12 cm,宽6~10 cm,叶面深绿色,有8~11条银白色斑纹极似西瓜皮,叶背浅绿色;叶柄红色,长7~24 cm,不生叶基,而向内约2 cm,肉质。穗状花序长约10 cm,由叶腋抽出。一般栽培难以结实(图5.7)。

(3)皱叶椒草(*P. caperata*)　别名:皱叶豆瓣绿、四棱椒草。

识别要点:多年生常绿草本,植株簇生。叶丛生,圆心形。叶

图5.7　西瓜皮椒草

面有皱褶,浓绿色有光泽,叶背灰绿色。主脉及侧脉向下凹陷。花穗较长,高于植株之上,花梗红褐色,花穗草绿色。

（4）红皱椒草（*P. caperata* 'Autumn Leaf'）　识别要点:多年生常绿草本,植株簇生。叶丛生,圆心形。叶面有皱褶,暗红色,主脉及侧脉向下凹陷。花穗较长,高于植株之上,花梗红褐色。为皱叶椒草的栽培品种。

（5）皱叶椒草'绿波'（*P. caperata* 'Enmerald Ripple'）　识别要点:较矮小,竖直的叶子密集丛生,叶脉间叶肉突出,极皱,有光泽。

（6）皱叶椒草'三角'（*P. caperata* 'Tricolor'）　识别要点:叶子较小,中心部浓绿色,周围嵌入白色斑。

（7）卵叶豆瓣绿（*P. obtusifolia*）　识别要点:叶卵圆形,肥厚近肉质,无主干丛生。原产南美热带。

（8）豆瓣绿'花叶'（*P. magnolifolia* 'Variegata'）　别名:乳斑椒草、花叶椒草。

识别要点:直立型草本。茎褐绿色,短缩。叶片宽卵形,绿色,有黄白色花纹。可作小型盆栽或吊挂摆设。

（9）圆叶豆瓣绿（*P. rotundifolia*）　别名:圆叶椒草。

识别要点:植株匍匐生长。叶圆形或近圆形,先端有小凸尖。产南美热带。

（10）蔓生椒草（*P. scandens* 'Variegata'）　别名:蔓生豆瓣绿、垂椒草。

识别要点:蔓生藤状。茎最初匍匐状,随后稍直立;茎红色,圆形,肉质多汁。叶片长心脏形,先端尖;嫩叶黄绿色,表面蜡质;成熟叶片淡绿色,上有奶白色斑纹。穗状花序长 10 ~ 15 cm。产南美热带。

（11）斑叶豆瓣绿（*P. maculosa*）　别名:花叶豆瓣绿。

识别要点:茎直立,叶卵状披针形,基部心脏形或盾形,呈有光泽的鲜红色,叶脉绿色;叶柄长,有红褐色斑点。花序长,红褐色。产西印度群岛。

【园林应用】可用于微小盆栽。植物株形或小巧玲珑,或直立挺健,叶片肉质肥厚,青翠亮泽,用于点缀案头、茶几、窗台,娇艳可爱。蔓生型植株可攀附绕柱。

【其他经济用途】以全草入药。全年可采,鲜用或晒干。主治祛风除湿、止咳祛痰、活血止痛。用于风湿筋骨疼痛、肺结核、支气管炎、哮喘、百日咳、肺脓疡、小儿疳积、痛经;外用治跌打损伤、骨折。

【花文化】散发着和睦宜人的气质,使人充满了合作意愿,待人处事公正,符合天秤座追求平衡的特质。

花语:中立公正。

5）网纹草

别名:费通花。

学名:*Fittonia verschaffeltii*

科属:爵床科　网纹草属

【识别特征】多年生常绿草本植物,植物低矮,茎匍匐,茎着地常生根,叶椭圆形至卵圆形,长 7 ~ 12 cm,先端钝,全缘,对生,深绿色,叶脉白至深红色,脉形似网。花小,花冠黄色,生于叶腋,筒状,二唇形,有较大苞片,生于柱状花梗上（图5.8）。

【分布与习性】原产秘鲁,现各地均栽培。

喜温和湿润气候及荫蔽环境,要求肥沃、疏松及排水良好土壤,生长适宜温度为 18 ~ 22 ℃,不耐寒,不耐旱,其越冬温度不得低于 15 ℃。生长期应保持土壤湿润及较高空气湿度,每 2 周施用稀薄肥水 1 次,并避免强烈阳光直射。栽培以酸性土壤为宜。

【繁殖方法】扦插繁殖,在适宜条件下,全年可以扦插繁殖,以 5—9 月温度稍高时扦插效果最好。温度在 24 ~ 30 ℃时,插后 7 ~ 14 d 即可生根。

也可分株繁殖和以叶片和茎尖作外植体进行组织培养繁殖。

图 5.8　网纹草

【常见栽培种】

(1)白网纹草(F. verschaffeltii var. argyroneura) 别名:银网草、费道花、白菲通尼亚草。识别要点:具茎,茎有粗毛,叶片卵圆形,翠绿色,叶脉呈银白色。

(2)姬白网纹草(F. verschaffeltii 'Minima') 别名:小叶白网纹草、小叶网目草。识别要点:为矮生品种,株高 10 cm,叶小,叶片淡绿色,叶脉象牙白色。

(3)姬红网纹草(F. verschaffeltii 'Pearcei') 别名:小叶红网纹草。识别要点:叶脉红色,叶背淡白。

(4)大网纹草(F. gigantea) 识别要点:茎直立,多分枝,叶先端有短尖,叶脉洋红色。

【园林应用】适宜盆栽观赏,可用于室内外布置装饰。

【花文化】网纹草过细娇小,精巧而脱俗,叶面的纹理清晰,一如处女座沉静而理智,在既定例则中作出对完善的追求。花语为理性睿智。

6)肖竹芋类

学名:Calathea spp.

科属:竹芋科　肖竹芋属

【识别特征】肖竹芋类植物主要以观叶为主,为多年生常绿宿根草本,地下有根茎,叶基生或茎生,叶鞘包茎,株高 10 ~ 60 cm,叶形变化大,有披针形、椭圆形和卵形,全缘或波状缘,叶面均有不同的斑块镶嵌。

【分布与习性】原产南美洲热带雨林,现世界各地均有栽培。对环境要求严格,喜温暖、湿润的半阴环境,不宜阳光直射,但过阴叶柄较弱,叶片失去特有的光泽。不耐寒,生长适温 16 ~ 25 ℃,越冬温度不低于 10 ℃;不耐高温,夏季温度超过 32 ℃生长受到抑制。以疏松、肥沃、排水良好的微酸性腐叶土为好。喜较高的空气湿度,一般要达到 60% ~ 80%。

图 5.9　绒叶肖竹芋

【繁殖方法】以分株繁殖为主,分株繁殖在早春结合换盆进行。也可扦插,一般切去幼茎插于沙床中,15 ~ 20 d 可生根。

【常见栽培种】肖竹芋属植物已达 300 多种。常见栽培种及品种如下:

(1)绒叶肖竹芋(C. zebrina) 别名:天鹅绒竹芋、斑叶竹芋、花条蓝花蕉、斑马竹芋。

识别要点:株高 30 ~ 80 cm,叶呈长椭圆形,叶面淡黄色至灰绿色,中脉两侧有长方形黑绿色斑马条纹,并具有天鹅绒光泽和手感,叶背面浅灰绿色,老时呈淡紫红色(图5.9)。

(2)孔雀竹芋(*C. makoyana*)　别名:五色葛郁金、孔雀肖竹芋、斑马竹芋、蓝花蕉。

识别要点:多年生常绿草本。株型挺拔,密集丛生。株高 50 ~ 60 cm,叶长可达 20 cm。叶面橄榄绿色,在主脉两侧和深绿色叶缘间有大小相对、交互排列的浓绿色长圆形斑块及条纹,叶背紫色并带有同样斑纹,形似孔雀尾羽。叶柄深红色、较硬(图5.10)。

图5.10　孔雀肖竹

(3)圆叶肖竹芋(*C. rotundifolia*)　别名:苹果竹芋、青苹果竹芋。

识别要点:株高 40 ~ 60 cm,具根状茎,叶柄绿色,直接从根状茎上长出,叶片硕大,薄革质,卵圆形,新叶翠绿色,老叶青绿色,沿侧脉有排列整齐的银灰色宽条纹,叶缘有波状起伏。

(4)紫背肖竹芋(*C. insignis* 或 *C. lancifolia*)　别名:显明蓝花蕉、红背葛郁金、披针叶竹芋、花叶葛郁金、箭羽肖竹芋。

识别要点:株高 30 ~ 100 cm,叶线状披针形,长 8 ~ 55 cm,稍波状,光滑;叶片向上呈直立式伸展。表面淡黄绿色,有深绿色的羽状斑;叶背深紫红色。穗状花序长 10 ~ 15 cm,花黄色。原产巴西。

(5)肖竹芋(*C. ornata*)　别名:大叶蓝花蕉。

识别要点:株高约 1 m。叶椭圆形,长 10 ~ 16 cm,宽 5 ~ 8 cm;叶面黄绿色,有银白色或红色的细条纹;背面暗堇红色;叶柄长 5 ~ 13 cm。原产圭那亚、厄瓜多尔、哥伦比亚。

(6)彩虹肖竹芋(*C. roseo-picta*)　别名:玫瑰肖竹芋、彩叶肖竹芋、红边肖竹芋。

识别要点:植株高 20 ~ 30 cm,叶片长 15 ~ 20 cm;叶面橄榄绿色,叶脉两侧排列着墨绿色条纹,叶脉和沿叶缘有黄色条纹,犹如金链,叶背紫红斑块。有时条纹可能会褪色成银白色。

(7)黄花肖竹芋(*C. crocata*)　别名:金花肖竹芋、金花冬叶、黄苞竹芋。

识别要点:株高 15 ~ 20 cm。叶椭圆形;叶面暗绿色,叶背红褐色。花为橘黄色;花期6—10月。

【园林应用】竹芋类植物株态秀雅,叶色绚丽多彩,斑纹奇异,犹如精工雕刻,别具一格,是优良的室内观叶植物,也是插花的珍贵衬叶。

【其他经济用途】在印度等一些国家利用竹芋类植物提取淀粉,不含维生素,蛋白质含量仅0.2%。可用做汤、调味汁、布丁和食品点心的增稠剂。同时部分竹芋植物具有清肺止咳、清热、利尿的功效。

【花文化】竹芋的花语为梦想。

7)果子蔓凤梨

学名:*Guzmania lingulata*

别名:红杯凤梨、故氏凤梨、西洋凤梨。

科属:凤梨科　果子蔓属

【识别特征】多年生草本。地生或半附生性,无茎;高约 30 cm。莲座状叶丛生于短缩茎上,叶带状,弓形,长达 40 cm,宽约 4 cm,叶面平滑,边缘有疏细齿,亮绿色。总花梗与总苞片等长,位于叶丛中央,总苞片鲜红色;花序圆锥状或短穗状,小苞片三角形,长 6 cm,红色或绯红色,花与小苞片等长,花冠筒浅黄色,花萼花冠状,短于花瓣;每朵花开 2 ~ 3 d(图 5.11)。

图 5.11　果子蔓

【分布与习性】原产哥伦比亚和厄瓜多尔,现我国南部各地都有栽培。

喜温暖、高湿的环境。正常生长温度白天 20 ~ 25 ℃,夜间 18 ℃。催花时温度为 25 ~ 30 ℃;越冬最低温度 10 ℃以上。喜疏松肥沃、排水良好的土壤。

【繁殖方法】常用分株繁殖,植株开花后茎基萌出具 5 ~ 6 片叶的萌株,连根切下另植即可。大量生产以组培繁殖。

【常见栽培种】同属植物约 120 余种,栽培品种更多,常见的栽培种和品种有:

(1)凤梨'小擎'(*G. lingulata* 'Minor')　别名:橙红星果子蔓。

识别要点:株丛紧密,高仅 15 cm,叶宽 2.5 cm,黄绿色,苞片猩红色,花少,橘红色,色浓艳,更比原种耐久。

(2)紫擎天凤梨(*G. lingulata* 'Amaranth')　别名:不凋花。

识别要点:株高 60 ~ 90 cm,花茎和苞片紫红色。

(3)单穗果子蔓(*G. monostachia*)　识别要点:株高 40 cm。绿色叶片,线状略呈弓形,穗状花序圆筒状,花茎下部苞片白色,顶端带橙色,下部有紫褐色条纹,向顶端的苞片色转变为朱红色,花长 2.5 cm,白色。原产美国佛罗里达州与巴西。

(4)白纹果子蔓(*G. monostachia* var. *variegata*)　识别要点:单穗果子蔓的变种,其区别在于叶片上有白色斑纹。

(5)芭蕉果子蔓(*G. musaica*)　识别要点:叶面有深绿色横线,叶背紫色,外弯,有显著的深格波线。花序头状不分枝,苞片金黄色,有玫瑰色条纹;花长达 5 cm,黄色,花萼花冠状,长于花瓣。原产南美哥伦比亚。

(6)红叶果子蔓(*G. sanguinea*)　别名:黄杯果子蔓。

识别要点:高约 20 cm。叶长 30 cm,披针形,外弯,密莲座形着生,全部叶或仅内叶鲜红色,中央浅黄或白色,花筒状。原产哥伦比亚、哥斯达黎加与厄瓜多尔。

(7)黄苞果子蔓(*G. musaica*)　别名:金黄星。

识别要点:穗状花序苞片鲜黄色。

(8)黄萼果子蔓(*G. dissiflora*)　识别要点:花梗上红色的总苞疏离,每个小花成管状,自总苞梗上斜出,分离,小苞片呈红色,花萼黄色,花瓣白色,非常艳丽。

【园林应用】果子蔓叶丛与花整株观赏效果均佳,花苞浓艳色可保持数月之久,是著名观赏盆花。

【花文化】果子蔓凤梨的花语为鸿运当头。

8)丽穗凤梨类

学名:*Vriesea*

科属:凤梨科　丽穗凤梨属

【识别特征】常绿附生草本植物。叶丛呈疏松的莲座状,可以贮水;叶长条形,平滑,多具斑纹,全缘。复穗状花序高出叶丛,时有分枝,顶端长出扁平的多枚红色苞片组成的剑形花序;小花多呈黄色,从苞片中伸出。小花很快凋谢,艳丽的苞片维持时间长。冬春开花后,老株逐渐枯死,基部长出蘖芽。

【分布与习性】原产于中南美洲和西印度群岛。同属植物约 250 种。

喜温暖、湿润环境。不耐寒,冬季温度不低于 10 ℃;较耐阴,怕强光直射,春夏秋三季应遮光 50% 左右;盆土以疏松、肥沃、排水良好的腐叶土与沙混拌为宜。

【繁殖方法】常用分株或播种法繁殖。分株以春季换盆时进行最好,将母株托出,切下两侧的子株,待伤口稍阴干后栽植即可。

【常见栽培种】

（1）彩苞凤梨（*V. poelmanii*）别名:大剑凤梨、火炬、大鹦哥凤梨。

识别要点:高约 30 cm。叶淡绿色至绿色,基部酱褐色,叶背绿褐色。苞片深红、橙红、绯红或黄或红的复绿;复穗状花序,有多个分枝。小花黄色,先端略带黄色、黄绿色,整个花序像火炬。花苞可保持 3 个月。

（2）莺哥凤梨（*V. carinata*）　识别要点:株高约 20 cm。叶带状、质薄,自然下垂;叶色鲜绿,有光泽。穗状花序不分枝或少分枝。苞片基部鲜红色,先端黄色,小花黄色。

（3）虎纹凤梨（*V. splendens*）　别名:红剑凤梨、花叶凤梨、花叶兰。

识别要点:株高约 30～50 cm,叶线形,叶面深绿色,分布有黑紫色的横条状斑纹,条纹色彩鲜明。开花植株叶数只有 10～13 枚。穗状花序高可达 50 cm。苞片鲜红色,小花黄色。花苞可保持 2 个月（图 5.12）。

图 5.12　虎纹凤梨

【园林应用】观叶、观花植物,冬春季。优良的观花赏叶室内盆栽花卉,也可作切花花卉。

【花文化】丽穗凤梨类的花语一般为完美无缺,但欧美国家都把凤梨视为吉祥和兴旺的象征。

9）铁兰

别名:紫花凤梨、细叶凤梨。

学名:*Tillandsia cyanea*

科属:凤梨科　铁兰属

【识别特征】为多年生常绿草本植物,株高约 30 cm,莲座状叶丛,中部下凹,先斜出后横生,呈弓状。淡绿色至绿色,基部酱褐色,叶背绿褐色。总苞呈扇状,粉红色,自下而上开紫红色花。花径约 3 cm。苞片观赏期可达 4 个月（图 5.13）。

【分布与习性】分布于厄瓜多尔、危地马拉、美洲热带及亚热带地区。我国南部各地有栽培。

图 5.13　铁兰

喜高温高湿的环境,不耐低温与干燥。生长环境宜光线充足,土壤要求疏松、排水好的腐叶土或泥炭土,冬季温度不低于 10 ℃。

【**繁殖方法**】主要用分栽基生芽法繁殖,也可用播种法繁殖。

分生基生芽方法繁殖,春季从母株茎基部萌生出许多小的吸芽(即子株),此时即可结合换盆,把母株从盆内托出,选择生长健壮、株形大的子株,用利刀连根切下,切下的子株用田园土加粗沙混合上盆。上盆后用塑料薄膜遮盖住盆株,放在荫蔽处养护,并保持盆土湿润,温度在25 ℃左右为宜,过 10 d 以后就可取掉塑料薄膜,进行正常的养护管理。

【**常见栽培种**】

(1)银叶花凤梨(*T. argentea*) 识别要点:无茎。叶片长针状,叶色灰绿色,基部黄白色,花序较长而弯,花黄色或蓝色,小花数少并且排列较松散。

(2)淡紫花凤梨(*T. ionantha*) 别名:章鱼花凤梨。

识别要点:植株矮小,茎部肥厚,叶先端长尖,叶色灰绿色,开花前内层的叶片变为红色,花淡紫色,花蕊深黄色。

(3)老人须(*T. usneoides*) 识别要点:附生,无根,植株分枝,可悬挂于空中生长。叶细小,花不明显。

(4)蛇叶凤梨(*T. eaput-medusae*) 识别要点:叶细长而弯曲,叶先端渐细,叶片莲座状排列在茎基部,叶表被白粉,花紫色。

(5)雷葆花凤梨(*T. leiboldiana*) 识别要点:株高 30 ~ 60 cm。叶片绿色,长约 30 cm,宽约 5 cm,具漏斗形莲座。花梗较长,穗状花序具有略带卷曲的苞片,苞片周围为管状的蓝色花朵。

(6)紫花凤梨(*T. cyanea*) 识别要点:株高不超过 30 cm,叶片簇生在短缩的茎上。叶窄线形,先端尖,叶长 30 ~ 35 cm,宽 1.5 cm,绿色,基部带紫褐色斑晕,叶背褐绿色,花葶由叶丛中抽出,直立,短穗状花序,总苞粉红色,叠生成扁扇形,小花由下向上开放,蓝紫色。

【**园林应用**】铁兰斑纹的叶片和扁平的苞,花序上着生深紫红小花,十分诱人,是一种花、叶两美的观赏植物,适于盆栽装饰室内。可摆放阳台、窗台、书桌等,也可悬挂在客厅、茶室,还可做插花陪衬材料。

【**其他经济用途**】铁兰夜间能够释放氧气,且对甲醛等室内有害气体有强吸附作用,具有很强的净化空气的能力。

【**花文化**】铁兰的花语是完美无缺。

10)吊竹梅

学名:*Zebrina pendula*

别名:吊竹兰、斑叶鸭跖草、花叶竹夹菜、红莲、鸭舌红、金发草、白带草、紫背鸭跖草、红竹壳菜。

科属:鸭跖草科 吊竹梅属

【**识别特征**】多年生草本。茎匍匐,多分枝,疏生毛。叶卵形或长椭圆形,先端渐尖,具紫及灰白色条纹,背紫红色,叶鞘上下两端均有毛。花簇生于 2 个无柄的苞片内,萼管与冠管白色,花被裂片玫瑰色,花柱丝状,花期夏季(图 5.14)。

图 5.14 吊竹梅

【**分布与习性**】原产墨西哥,现我国各地均有栽培。

性喜温暖、耐半阴、湿润和通风的环境;要求疏松、肥沃、排水良好的土壤。

【**繁殖方法**】分株、扦插、压条均可繁殖。扦插繁殖把茎秆剪成 5 ~ 8 cm 长一段,每段带 3 个以上的叶节,也可用顶梢做插穗。

【常见栽培种】同属植物约4种,均产自墨西哥。

(1)四色吊竹梅(*Z. pendula* var. *quadricolor*)　别名:四色吊竹草。

识别要点:叶片小,叶面灰绿色,夹杂有粉红、红、银白色细条纹,叶缘有暗紫色镶边,叶背紫红。小花白色或玫瑰色。

(2)异色吊竹梅(*Z. pendula* var. *discolor*)　别名:异色吊竹草。

识别要点:叶上有两条明显的银白色的条纹。

(3)小吊竹梅(*Z. pendula* var. *minima*)　别名:小吊竹草。

识别要点:叶细,植物矮小。

【园林应用】暖地可供花坛、地被种植用,也可盆栽、吊盆观赏。

【其他经济用途】全草入药,有清热解毒的功效,可治疗咳嗽、吐血和淋病等。茎叶内含有草酸钙和树胶,可做化工原料。

【花文化】吊竹梅像舞动于半空中的精灵,与世无争,纯洁而天真。

其花语为:朴实、纯洁、淡雅、天真、希望、宁静。

11)花叶万年青

别名:花叶黛粉叶。

学名:*Dieffenbachia picta*

科属:天南星科　花叶万年青属

【识别特征】多年生常绿灌木状草本。株高可达1 m。茎粗壮直立,少分枝。叶大,常集生茎顶部,上部叶柄1/2成鞘状,下部叶柄较其短;叶矩圆形至矩圆状披针形,端锐尖;叶面深绿色,有多数白色或淡黄色不规则斑块,中脉明显,有光泽(图5.15)。

图5.15　花叶万年青

【分布与习性】原产南美,中国广东、福建各热带城市普遍栽培,也有逸生的。

喜温暖、湿润和半阴环境。不耐寒、怕干旱,忌强光暴晒。花叶万年青在黑暗状态下可忍受14 d,在15 ℃和90%相对湿度下贮运。

【繁殖方法】扦插繁殖,温度在25 ℃以上,任何季节均可进行,以嫩茎插为主,水插叶可生根。

【常见栽培种】

(1)花叶万年青'黛粉'(*D. picta* 'Camilca')　别名:白玉黛粉、白玉万年青。

识别要点:叶卵状椭圆形,先端尖锐,幼叶浓绿色,成熟叶仅边缘1~2 cm范围浓绿色,其余全为乳白色或黄白色斑纹,老叶斑纹会退化,叶缘稍呈波状。

(2)花叶万年青'舶来'(*D. picta* 'Exotica')　识别要点:叶片卵圆形,长25 cm,宽约10 cm,叶柄长约10 cm。叶色深绿,有不规则的白色或浅绿色的条纹。

(3)大王黛粉叶(*D. amoena*)　别名:巨万年青、大王万年青。

识别要点:株高1.5 m,叶长椭圆形,薄革质,长30~45 cm,宽10~25 cm,浓绿色有乳白色斑条块。

(4)万年青'六月雪'(*D. Amoena.* 'Tropic Snow')　别名:夏雪黛粉叶、热带文雪。

识别要点:株高1 m;叶片长椭圆形,舒展,宽阔,沿侧脉有较大面积的乳白色或白色斑纹;节间较短。

(5)鲍斯氏花叶万年青(*D.* ×*bausei*)　别名:星点万年青。

识别要点：是花叶万年青和威尔氏花叶万年青(D. ×weirri)的杂交种。黄绿色的叶片上有深绿色灼斑块和白色的小点，并有深绿色的边缘。

(6)鲍曼氏花叶万年青(D. ×bowmanii)　识别要点：叶片呈椭圆形，长达 60 cm，宽 45 cm，叶柄长约 30 cm。叶片通常为深绿色和浅绿色相杂，叶缘及近主脉的斑纹均为深绿色。

(7)彩叶万年青(D. sequina)　识别要点：叶片长圆形至卵状长圆形，二面暗绿色或具各种颜色的斑块。

(8)白斑万年青(D. bowmannii)　识别要点：叶片长圆状卵形，长 30~40 cm；叶面暗绿色，具苍白色斑块，背面粉绿色，二面不发亮。

(9)白肋万年青(D. leopoldii)　识别要点：叶片宽椭圆形，长约为宽 2 倍，或幼株叶片卵形，基部微心形；叶面深暗绿色，光亮如丝绢；背面粉白色，不发亮。

【园林应用】花叶万年青品种繁多，叶色优美，耐阴性强，是优良的室内盆栽观叶植物。

【花文化】花叶万年青叶色亮丽，生命力旺盛，花语是热情开朗。

12)天门冬

别名：野鸡食。

学名：*Asparagus cochinchinensis*

科属：百合科　天门冬属

【识别特征】多年生攀援草本植物。茎长 1~2 m。具分枝，茎有棱或狭翅。叶状枝扁平，镰刀状，3 枚一簇着生；叶退化为鳞片状，基部具硬刺。浆果红色(图 5.16)。

【分布与习性】分布于我国华东、中南、西南及河北、山西、陕西、甘肃；朝鲜、日本、越南、老挝等地。

图 5.16　天门冬

喜温暖湿润气候，不耐严寒，忌干旱及积水。宜选深厚、肥沃、富含腐殖质、排水良好的壤土或砂质壤土栽培；不宜在黏土或瘠薄土及排水不良的地方种植。

【繁殖方法】播种、分株均可繁殖。播种繁殖 7—8 月当果实由绿色变为黄色时采收，搓去果肉，清洗干净，选籽粒大、饱满、乌润发亮的作种。春播在 3—4 月，秋插在 8—9 月。

【常见栽培种】

(1)羊齿天门冬(A. filicinus)　别名：滇百部、月牙一支蒿、土百部、千锤打。

识别要点：直立草本。根成簇，从基部开始或距基部几厘米处成纺锤状膨大。茎近平滑，分枝通常有棱，有时稍具软骨质齿。叶状枝每 5~8 枚成簇，扁平，镰刀状，有中脉，鳞片状叶基部无刺。花腋生，淡绿色，有时稍带紫色。

(2)天冬草(A. densiflorus var. sprengeri)　别名：密叶武竹。

识别要点：半蔓性草本。具纺锤状肉质块根。叶状枝扁平条形，常 3 枚簇生。花白色，有香气(图 5.17)。

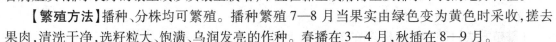

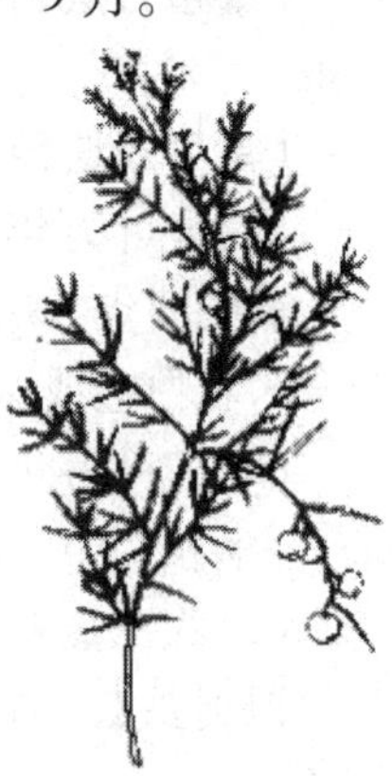

图 5.17　天冬草

(3)狐尾天门冬(A. densiflorus 'Myers')　别名：狐尾天冬、非洲天门冬、万年青、狐尾武竹。

识别要点：株高 30~50 cm。茎自植株基部以放射形生出，直立向上。叶状枝密生，呈圆筒状，针状而柔软，形似狐尾。

（4）绣球松（*A. umbellatus*）　别名：松叶天冬、密叶天冬。

识别要点：常绿亚灌木。具纺锤状块根。株高 1 m 左右。茎直立，丛生，多分枝，茎上有刺。叶状枝针形，密集簇生，浓绿色，犹如小松针。小花白色，有香气。

【园林应用】垂直绿化，适用较低矮的棚架，或吊盆观赏和作地被。

【其他经济用途】块根供药用，有滋阴润燥、清火止咳之效。

【花文化】花语为气宇轩昂、细心体贴。

13）文竹

别名：云片竹、山草、刺天冬、云竹、羽毛天门冬。

学名：*Asparagus setaceus*

科属：百合科　天门冬属

【识别特征】多年生草本。茎柔细伸长，略具攀援性。叶枝纤细如羽毛状，水平开展，叶小，长 3～5 mm，成刺状鳞片。花小，两性，白色，花期多在 2—3 月或 6—7 月。浆果紫褐色（图 5.18）。

【分布与习性】原产非洲南部，我国各地常见栽培。

性喜温暖、湿润，略荫蔽，忌霜冻，不耐旱；要求土壤层深厚，富含腐殖质、肥沃和排水良好的沙质壤土。

图 5.18　文竹

【繁殖方法】播种或分株繁殖。3～5 年的文竹植株生长较茂密，可进行分株繁殖。分株选在春季换盆时进行，用利刀顺势将丛生的茎和根分成 2～3 丛，使每丛含有 3～5 枝芽，然后分别种植上盆。

【常见栽培种】同属植物约 300 种，全球温带至热带均有分布。常见的栽培种和品种有：

（1）文竹矮化品种（*A. setaceus* 'Nanus'）　识别要点：茎丛生，矮小，叶状，枝密而短。

（2）大文竹（*A. setaceus* var. *robustus*）　识别要点：小叶状枝较原种短，排列不规则，植株健壮。

（3）细叶文竹（*A. setaceus* var. *tenuissimus*）　识别要点：叶状枝细而长，鳞状叶长 5～6 cm，淡绿色，具白粉。

【园林应用】盆栽室内观赏，又是重要的切叶材料。

【花文化】文竹四季长绿，花语为永恒。

14）蓬莱松

别名：绣球松、水松、松叶文竹、松叶天门冬。

学名：*Asparagus myrioeladus*

科属：百合科　天门冬属

【识别特征】株高 1.5 m 左右，茎直立或稍铺散，木质化呈灌木状。具白色肥大肉质根。小枝纤细，叶呈短松针状，簇生成团，极似五针松叶。新叶翠绿色，老叶深绿色。花白色，浆果黑色。具小块根，有无数丛生茎，多分枝，灰白色，基部木质化，叶片状或刺状。新叶鲜绿色，老叶白粉状。叶状体扁线形，丛生，呈球形，着生于木质化分枝上，墨绿色。花淡红色至白色，有香气，花期 7～8 月（图 5.19）。

图 5.19　蓬莱松

【分布与习性】原产南非纳塔尔。世界各地广为栽培。我国引种栽培。

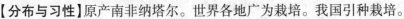

喜温暖湿润和半阴环境,较耐旱,耐寒力较强。对土壤要求不严格,喜通气排水良好、富含腐殖质的沙质壤土。生长适温为 20~30 ℃,越冬温度为 3 ℃。

【繁殖方法】蓬莱松多用分株繁殖。可于春夏季结合换盆时进行,将生长茂密老株从盆中脱出,将地下块根分切数丛,使每丛含 3~5 枝(注意尽量少伤根),将每一丛重新用新培养土上盆种植,浇透水置于半阴处恢复生长。也可用播种繁殖,但其生长较慢。

【园林应用】极适于盆栽观赏。暖地也可布置花坛。它栽培管理简单,而且耐阴性好,适于中小盆种植,用于室内布置;同时,它也是插花衬叶的极好材料。

【花文化】蓬莱松的花语为长寿。

15)虎耳草

别名:金钱吊芙蓉、石荷叶、老虎耳、天荷叶、通耳草、天青地红。

学名:*Saxifraga stolonifera*

科属:虎耳草科　虎耳草属

【识别特征】多年生草本,有匍匐茎,全株被疏毛。叶从根出成束,叶面绿色,叶背和叶柄酱红色,心状圆形,有较长的柄,边缘波浪状有钝齿。圆锥花序。花小,白色,具紫斑或黄斑。花期 4—5 月(图5.20)。

图 5.20　虎耳草

【分布与习性】原产我国与日本。我国河北(小五台山)、陕西、甘肃东南部、江苏、安徽、浙江、江西、福建、台湾、河南、湖北、湖南、广东、广西、四川东部、贵州、云南东部和西南部等地都有种植。

喜半阴、凉爽,空气湿度高,排水良好。不耐高温干燥。在夏、秋炎热季节休眠,入秋后恢复生长。

【繁殖方法】可分切匍匐枝繁殖。

【常见栽培种】

(1)花叶虎耳草(*S. stolonifera* var. *variegata*)　识别要点:叶较小,叶缘具不整齐的白色、粉红、红色的斑块。

(2)红毛虎耳草(*S. rufescens*)　识别要点:具根状茎,无匍匐枝。叶有 3~5 浅裂,全株被毛皆红紫色。

【园林应用】阴湿处地被,可用于岩石绿化,或盆栽供室内垂挂。

【其他经济用途】全草入药。有祛风清热、凉血解毒的功效。

【花文化】虎耳草喜欢生长在背阳的山下及岩石裂缝处的缘故,长时间下来或许真的可以割开岩石,因此虎耳草的花语是坚持。

16)龟背竹

别名:蓬莱蕉、电线兰、龟背芋、团龙竹、穿孔喜林芋。

学名:*Monstera deliciosa*

科属:天南星科　龟背竹属

【识别特征】攀援藤本植物。茎粗,蔓长,节明显,其上生有细柱状的气生根,褐色,形如电线。幼时叶片无裂口,呈心形,长大后叶片出现羽状深裂,叶脉间有椭圆形的穿孔,孔裂纹如龟背图案,成熟叶片长 60~80 cm,椭圆形。花茎多瘤,佛焰苞淡黄色,长可达 30 cm;花穗长 20~

25 cm,乳白色。浆果球形(图5.21)。

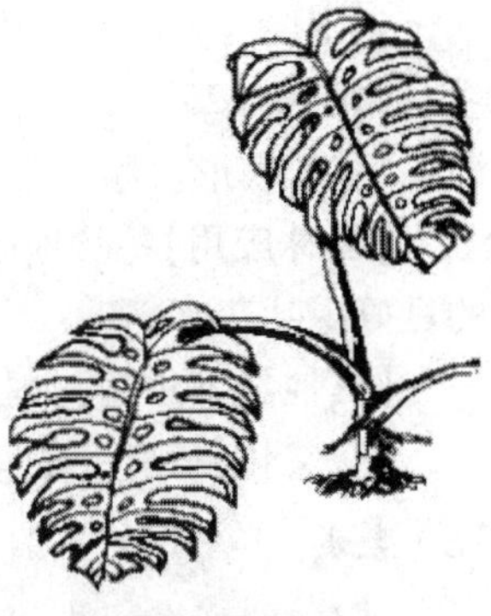

【分布与习性】原产墨西哥,在欧美、韩国常用于盆栽观赏。我国自 20 世纪 80 年代初,大量从美国引种龟背竹。

性喜温暖湿润的环境,忌阳光直射和干燥,喜半阴,不耐寒。适温为 20~30 ℃,低于 15 ℃停止生长,越冬温度为 4 ℃。对土壤要求不甚严格,在肥沃、富含腐殖质的土壤中生长良好。

【繁殖方法】扦插或播种繁殖。春、秋两季都能采用茎节扦插,以春季 4—5 月和秋季 9—10 月扦插效果最好。

【常见栽培种】

(1)斑叶龟背竹(*M. deliciosa var. variegata*)　识别要点:叶面有黄绿斑纹。

(2)多孔龟背竹(*M. epipremnoides*)　别名:开窗蓬莱蕉、仙洞万年青。

识别要点:叶更大,裂片具有 1~3 排小穿孔。

(3)斜叶龟背竹(*M. obliqua*)　识别要点:茎扁平,绿色。叶缘完成,叶脉偏向一方。株形弱小,可作中小型盆栽,叶可作悬挂植物。原产南美洲北部。

【园林应用】主要用作盆栽室内观赏,可作净化材料;叶片可作鲜切花切叶,其叶形独特,可作插花中的配材。

【其他经济用途】肉穗花序鲜嫩肉质,可用来做菜食,花序外面的黄色苞叶可生食。果实成熟时暗蓝色,被白霜,具香蕉的香味,可作水果食用。

【花文化】龟背竹花语为健康长寿。

图5.21　龟背竹

17)一叶兰

别名:蜘蛛抱蛋。

学名:*Aspidistra elatior*

科属:百合科　蜘蛛抱蛋属

【识别特征】多年生常绿草本。具粗壮匍匐根状茎。株丛高约 70 cm。叶基生,长可达 70 cm,质硬,基部狭窄形成沟状长 12~18 cm 的叶柄。花单生短梗上,紧附地面,径约 2.5 cm,乳黄至褐紫色,花期春季(图5.22)。

【分布与习性】原产我国,海南岛和台湾有野生。现各地均有栽培。

性喜温暖阴湿,易受霜害,耐贫瘠,在空气较干燥的地方也能适应,但喜疏松、肥沃、排水良好的沙质壤土;忌直射阳光。

图5.22　一叶兰

【繁殖方法】主要用分株繁殖。可在春季气温回升,新芽尚未萌发之前,结合换盆进行分株。

【常见栽培种】

(1)斑叶一叶兰(*A. elatior var. punctata*)　别名:斑叶蜘蛛抱蛋。

识别要点:叶面上有白色斑块。

(2)金钱一叶兰(*A. elatior var. variegata*)　别名:白纹支柱抱蛋。

识别要点:叶面有白或黄色线条。

(3)九龙盘(*A. lurida*)　别名:竹叶盘、轻射莲、蛇莲、接骨丹、蜈蚣草。

识别要点：多年生常绿草本。叶鞘生于叶基部，不等长，紫褐色，枯后裂成纤维状。叶单生，柄长 10～25 cm，纤细，坚硬，上面具槽；叶片近矩圆形至矩圆状披针形，长 15～25 cm，顶端渐尖，基部楔形。原产广东。

【园林应用】冬暖地区适宜林荫下地被、花境、建筑物阴面丛植，北方盆栽是装饰厅堂会场的良好观叶花卉。

【其他经济用途】根状茎可药用，具有活血散瘀、补虚止咳的功效。

【花文化】一叶兰的花语为独一无二的你。

18）春羽

别名：羽裂喜林芋、羽裂蔓绿绒、羽裂树藤、小天使蔓绿绒。

学名：*Philodendron selloum*

科属：天南星科　喜林芋属

【识别特征】多年生常绿草本。茎粗壮直立而短缩，密生气生根，叶聚生茎顶，大型，幼叶三角形，不裂或浅裂，后变为心形，基部楔形，羽状深裂，裂片有不规则缺刻，基部羽片较大，缺刻叶多，厚革质，叶面光亮，深绿色（图 5.23）。

图 5.23　春羽

【分布与习性】原产巴西、巴拉圭等地。我国华南亚热带常绿阔叶地区有栽培。

喜高温、高湿、稍耐寒，喜光，极耐阴，生长缓慢。

【繁殖方法】春季用嫩茎扦插繁殖。

【园林应用】为优良的室内盆栽观叶植物，在冬暖地区也可作庭院植物栽植。

【花文化】春羽的花语为轻松、快乐。

19）白掌

别名：银苞芋、白鹤芋、多花苞叶芋、翼柄白鹤芋。

学名：*Spathiphyllum floribundum* ' Clevelandii '

科属：天南星科　白鹤芋属

【识别特征】多年生常绿草本，具短根状茎。叶片基生，有亮光，薄革质，长椭圆形或长圆状披针形，长 20～35 cm，叶基部圆形或阔楔形，先端长渐尖或锐尖，叶柄长而纤细，基部扩展呈鞘状，腹面具浅沟，背面圆形。佛焰苞长椭圆状披针形，白色，稍向内翻转；肉穗花序黄绿色或白色；花茎高出叶丛（图 5.24）。

图 5.24　白掌

【分布与习性】原产哥伦比亚，我国南方地区常见栽培。

喜温暖、湿润的半阴环境。耐阴性强，忌强光直射。耐寒性差，越冬温度应在 14～16 ℃；适宜富含腐殖质、疏松、肥沃的土壤。

【繁殖方法】常用分株、播种或组织繁殖。生长健壮的植株两年左右可以分株一次，一般于春季结合换盆时或秋后进行；开花后的白鹤芋经人工授粉可以得到种子，可随采随播；大量生产常采用组织培养法繁殖，增殖迅速，株丛整齐。

【常见栽培种】

（1）银苞芋（*S. floribundum*）　别名：翼柄白鹤芋、多花苞叶芋。

识别要点：在形态、用途上与'白鹤芋'基本相同,唯叶较宽,花茎与叶丛等高。市场上把二者通称白鹤芋。原产热带美洲。

（2）银苞芋'绿巨人'（ *S. floribundum* 'Sensation'）　识别要点：株高 1 m 左右。叶宽披针形,宽 15~25 cm,亮绿色;叶柄长 30~50 cm。佛焰苞大型,白色,长 18~20 cm。

（3）银苞芋'大银苞芋'（ *S. floribundum* 'Mauraloa'）　识别要点：株丛高大挺拔,高 50~60 cm。叶长圆状披针形,鲜绿色叶脉下陷。佛焰苞初为白色,后变为绿色。

【园林应用】中、小型盆栽。白掌叶色亮绿,花朵洁白雅致,给人以清凉、宁静的感觉。花枝可作插花材料。

【花文化】白掌被视为"清白之花",具有纯洁平静、祥和安泰之意。花语为事业有成,一帆风顺。

20）绿萝

别名:黄金葛、魔鬼藤。

学名:*Scindapsus aurens*

科属:天南星科　藤芋属

图 5.25　绿萝

【识别特征】多年生常绿草质藤本。茎较粗壮,长可达十几米或更长,多分枝。节间生有发达的气生根,枝悬垂,幼枝鞭状,细长。叶柄长,两侧具鞘达顶部,鞘革质,宿存;叶片大,有光泽,呈心形、卵形或长椭圆形;叶片绿色,亦有黄色或乳白色不规则条状斑纹或块状斑纹。成株可开花,肉质花序生于茎顶叶腋间,果实成熟时为红色浆果。在室内盆栽条件下,往往茎干较细,叶片较小,长约 10 cm（图 5.25）。

【分布与习性】原产马来半岛,现广植亚洲各热带地区。我国华南地区广泛栽培。

性喜温暖、荫蔽、湿润;要求土壤疏松、肥沃、排水良好。

【繁殖方法】扦插繁殖,可单节插,春夏季间均可进行,约 20 d 生根。

【常见栽培种】

（1）绿萝'白金葛'（ *S. aureus* 'Marble Queen'）　识别要点：叶片上具有明显的银白色斑块。

（2）褐斑绿萝（ *S. pictus*）　别名:彩叶绿萝。

识别要点：叶长约 15 cm,表面具淡褐色斑纹,叶柄较短。产马来半岛。

（3）绿萝'银星'（ *S. pictus* 'Argyraeus'）　别名:银点白金葛、银叶彩绿萝。

识别要点：叶面具银白色斑点。

【园林应用】是华南地区园林中吸附墙壁垂直绿化或攀附林下的良好观叶花卉。也可盆栽作大、中型立柱装饰、壁挂或水瓶插、悬吊植物。

【花文化】绿萝因其顽强的生命力,被称为"生命之花"。另外,绿萝遇水即活,蔓延下来的绿色枝叶,非常容易满足,就连喝水也觉得是幸福的。绿萝的花语是坚韧善良,守望幸福。

21）巴西铁

别名:香龙血树。

学名：*Drancaena fragrans*

科属：百合科　龙血树属

【识别特征】常绿灌木或乔木。株高可达 6 m，有时分枝。叶多聚生于干顶，长圆披针形，长 30～90 cm，宽 6～10 cm，绿色或有变色条纹。圆锥花序顶生，花小，黄白色，极香（图 5.26）。

图 5.26　巴西铁

【分布与习性】原产非洲西南部，现我国广为栽培。

性喜阳光充足、高温、多湿、肥沃疏松、排水良好的钙质土壤。不耐寒、忌水涝。

【繁殖方法】常用扦插，也可压条和播种。扦插繁殖于 5—6 月，选用成熟健壮的茎干，剪成 5～10 cm 一段，以直立或平卧的方式扦插在以粗沙或蛭石为介质的插床上，保持 25～30 ℃室温和 80% 的空气湿度，30～40 d 可生根。

【常见栽培种】

（1）香龙血树'白边'（*D. fragrans* 'Lindenii'）　别名：白边巴西铁。

识别要点：叶缘有乳黄白色宽条。

（2）香龙血树'中斑'（*D. fragrans* 'Massangeana'）　别名：金心巴西铁。

识别要点：叶面中央具黄色斑条带。

（3）香龙血树'金边'（*D. fragrans* 'Victoriae'）　别名：金边巴西木。

识别要点：叶片边缘有黄色宽条状，中间有淡白色或乳黄色线状条纹。

【园林应用】作观叶花卉，高度盆景为厅堂、场馆装饰。冬暖地区供庭院栽植。

【其他经济用途】夏威夷的卡拿卡族少女利用龙血树的树叶做跳呼拉舞的草裙。

【花文化】巴西铁树干粗壮，叶片剑形，碧绿油光，生机盎然。花语为坚贞不屈，坚定不移，长寿富贵，吉祥如意。

22）朱蕉

别名：红铁树、红竹、铁树。

学名：*Cordyline fruticosa*

科属：百合科　朱蕉属

【识别特征】灌木状，直立，高 1～3 m。茎粗 1～3 cm，有时稍分枝。叶聚生于茎或枝的上端，矩圆形至矩圆状披针形，长 25～50 cm，宽 5～10 cm，绿色或带紫红色，叶柄有槽，长 10～30 cm，基部变宽，抱茎。圆锥花序长 30～60 cm，侧枝基部有大的苞片，每朵花有 3 枚苞片；花淡红色、青紫色至黄色，长约 1 cm；花梗通常很短，较少长达 3～4 mm；外轮花被片下半部紧贴内轮而形成花被筒，上半部在盛开时外弯或反折；雄蕊生于筒的喉部，稍短于花被；花柱细长。花期 11 月至次年 3 月（图 5.27）。

图 5.27　朱蕉

【分布与习性】原产大洋洲和我国热带地区，印度东部和太平洋诸岛也有分布，现广泛栽培。

性喜高温多湿气候，属半阴植物，既不能忍受北方地区烈日暴晒，完全蔽阴处叶片又易发黄，喜肥沃、排水良好的土壤，忌碱性土。

【繁殖方法】扦插、分株、播种均可繁殖,但以扦插为主。朱蕉的分枝能力差,必须培育采条母株,以6—10月剪取顶端枝条,长8～10 cm,带5～6片叶,剪短,插入沙床,保持湿润;播种繁殖后30～40 d生根并萌芽,当新枝长至4～5 cm时盆栽;压条繁殖在5—6月常用高空压条。

【常见栽培种】

(1)小朱蕉(*C. fruticosa* 'Baby Ti') 别名:'红朱蕉'。

识别要点:植株低矮,叶片窄小,仅中部少量为铜绿色,大部分为红色。

(2)朱蕉'三色姬'(*C. fruticosa* 'Tricolor') 别名:三色朱蕉。

识别要点:叶片具乳黄、浅绿色条斑,叶缘具红、粉红色条斑。

(3)朱蕉'红边'(*C. fruticosa* 'Rededge') 识别要点:叶缘红色,叶面有红褐、绿蓝灰等色条纹。

(4)朱蕉'艾伯塔王子'(*C. Fruticosa* 'Prins Alber') 识别要点:老叶色深亮绿,下部叶缘与叶柄红色,新叶鲜亮红色,色泽艳丽。

(5)香朱蕉(*C. australis*) 识别要点:树状。高达12 m,单干。叶铜绿色,花白色,芳香。原产新西兰。

(6)香朱蕉'紫叶'(*C. australis* 'Atropurpurea') 识别要点:叶基部和中脉下面紫色。

(7)香朱蕉'条纹'(*C. australis* 'Doucetii') 识别要点:具白色条纹和叶边。

(8)香朱蕉'绯红'(*C. australis* 'Veitchii') 识别要点:叶中脉和基部绯红色。

(9)斑氏朱蕉(*C. banksii*) 识别要点:高达3 m,多丛生。叶带状,具浅黄色中肋。圆锥花序多分枝,下垂,长可达1.5 m,花白色。原产新西兰。

(10)绿玉蕉(*C. indivisa*) 识别要点:高达8 m以上。叶狭长,剑形,长可达2 m,宽15 cm,质硬,黄绿色。圆锥花序长120 cm,下垂,花白色,产新西兰。

(11)剑叶朱蕉(*C. stricta*) 识别要点:乔木状。高达4 m。叶剑形,长30～60 cm,无柄,嫩时带红色,边缘有不明显齿。圆锥花序顶生或腋生,内花被裂片长于外花被裂片,堇色。产澳大利亚。

【园林应用】在冬暖之地多用作庭院绿化栽植,寒冷地区作室内盆栽观赏。植株高大,株形变化大,叶色、叶形多变,为优美的室内观叶植物。盆栽幼苗为中、小型盆栽,优雅别致,适宜于办公室及居室几架上点缀。

【其他经济用途】新西兰的毛利人有使用朱蕉植物的根系的癖好。我国广西民间曾用来治咳血、尿血、菌痢等症。

【花文化】朱蕉叶片如筼筜、细尖瓣,生于主茎两旁,叶丛披散,姿态婆娑,花语为青春永驻、赏心悦目。

23)富贵竹

别名:水竹、白边龙血树、山德氏龙血树、仙达龙血树、丝带树。

学名:*Drancaena sanderiana*

科属:百合科 龙血树属

【识别特征】常绿灌木,高可达4 m,盆栽多40～60 cm。植株细长,直立,不分枝,常丛生状。叶长披针形,长12～22 cm,宽1.8～2 cm,浓绿色,叶柄鞘状,长约10 cm(图5.28)。

图5.28 富贵竹

【分布与习性】原产非洲西部的喀麦隆及刚果一带。我国大部分地区有栽培。

喜高温多湿和阳光充足的环境。生长适温 20～28 ℃,12 ℃以上才能安全越冬。不耐寒,耐阴湿,喜疏松、肥沃、排水良好的轻壤土。

【繁殖方法】扦插极易成活,也可分株繁殖。

【常见栽培种】

(1)富贵竹'金边'(*D. sanderiana* 'Virescens')　识别要点:叶缘具黄色宽条纹。

(2)富贵竹'银边'(*D. sanderiana* 'Margaret')　识别要点:叶缘具白色宽条纹。

【园林应用】中、小型盆栽或花瓶水养。目前市场常见截取不同高度茎干捆扎,堆叠成塔形,或用茎干编扎成各种造型,置于浅水中养护。因其茎干及叶片极似竹子,布置于窗台、书桌、几架上,疏挺高洁,悠然洒脱,给人以富贵吉祥之感。另外,其光滑翠绿的茎干、绚丽的叶色,已广泛应用于切枝。

【花文化】富贵竹的花语为花开富贵、竹报平安、大吉大利、富贵一生。

24)袖珍椰子

别名:玲珑椰子、客室棕。

学名:*Chamaedorea elegans*

科属:棕榈科　袖珍椰子属

【识别特征】常绿小灌木。高 1～3 m,单干生,直立,茎深绿色,有环纹。羽状复叶长达 90 cm,小叶互生,叶片 20～40 枚,狭披针形,长约 20 cm,全缘,多反卷。肉穗花序直立,长 40～50 cm,雄花淡黄色,雌花橙红色,花期 3—4 月。果球形,熟时橙红色,种子黑色(图 5.29)。

图 5.29　袖珍椰子

【分布与习性】原产墨西哥与危地马拉,现我国广泛栽培。

性喜温暖湿润气候及半阴环境,不耐强光,不耐寒,要求肥沃、疏松及排水良好的微酸性土壤。

【繁殖方法】播种或分株繁殖。5—8 月播种,在 24～30 ℃下约 100 d 发芽。

【常见栽培种】

(1)竹茎玲珑椰子(*C. erumpens*)　别名:夏威夷椰子、竹棕。

识别要点:常绿小灌木。株高 2 m 以下,茎干似竹,丛生。羽状复叶长 40～60 cm,全缘,略反卷,叶脉浓绿,叶背粉白,小叶长 8～15 cm。产墨西哥、危地马拉。

(2)雪佛里椰子(*C. seifrizii*)　识别要点:丛生状灌木。茎干绿而细长,高仅 1～2 m。羽状复叶,小叶狭披针形,互生,先端尖锐,长 10～15 cm,叶面浓绿有光泽,背面粉白。肉穗花序,雄花淡绿色,雌花白色。原产墨西哥。

(3)璎珞椰子(*C. cataractarum*)　别名:富贵椰子。

识别要点:丛生灌木,高约 1.5 m,茎粗壮。羽状复叶,小叶 13～16 对,线状披针形,柔软弯垂。

【园林应用】为中、小型盆栽,是室内型椰子类中栽培最广泛的植物。其株形小巧玲珑,叶片青翠亮丽,耐阴性强,是室内观赏的佳品,极富南国热带风情。

【其他经济用途】能同时净化空气中的苯、三氯乙烯和甲醛,是植物中的"高效空气净化器"。非常适合摆放在室内或新装修好的居室中。

【花文化】袖珍椰子的花语为生命力。

25）散尾葵

别名:黄椰子。

学名:*Chrysalidocarpus lutescens*

科属:棕榈科 散尾葵属

【识别特征】常绿丛生灌木。茎具环纹状叶痕,株高2~5 m,茎自地面分枝。羽状叶全裂,叶扩展,拱形,长1.5 m,羽片黄绿色,表面有蜡质摆放,披针形,长35~50 cm,叶柄平滑,黄色,上面有沟槽。花序为圆锥花序,具分枝,花小,成串,金黄色,花期5月。果倒卵形,鲜时土黄色,干时紫黑色,果期8月(图5.30)。

图5.30 散尾葵

【分布与习性】原产马达加斯加,我国南方常见栽培。

性喜温暖潮湿气候,耐寒性不强,较耐阴,要求肥沃、深厚而排水良好的沙质壤土,北方室内栽培越冬温度不低于10 ℃。

【繁殖方法】播种、分株繁殖。分株繁殖一年四季均可。于4月左右,结合换盆进行,选基部分蘖多的植株,去掉部分旧盆土,以利刀从基部连接处将其分割成数丛在伤口处需涂上草木灰或硫磺粉进行消毒。每丛不宜太小,须有2~3株,并保留好根系。

【常见栽培种】同属植物约20种,产马达加斯加,常见栽培的仅此1种。

【园林应用】庭园观赏,抗二氧化硫。在热带地区的庭院中,多作观赏树栽种于草地、树荫、宅旁;北方地区主要用于盆栽,是布置客厅、餐厅、会议室、家庭居室、书房、卧室或阳台的高档盆栽观叶植物。在明亮的室内可以较长时间摆放观赏;在较阴暗的房间也可连续观赏4~6周。散尾葵生长很慢,一般多作中、小盆栽植。

【其他经济用途】叶鞘入药,有收敛止血的功效,可治疗各种出血症,如鼻衄、齿龈出血、呕血、便血、皮肤出血等。

【花文化】散尾葵的花语为柔美、如此优美动人。

26）棕竹

别名:观音竹、筋头竹。

学名:*Rhapis excelsa*

科属:棕榈科 棕竹属

【识别特征】常绿丛生灌木。高2~3 m,茎圆柱形,有节,具纤维质叶鞘。叶掌状深裂,4~10片,裂片宽线形,先端截状,不整齐,边缘及中脉有锯齿。肉穗花序有分枝,长约30 cm,花雌雄异株,雄花小,淡黄色,花期4—5月。果球形,果期11—12月(图5.31)。

【分布与习性】产我国南部至西南部;日本也有。现世界各地广为栽培。

图5.31 棕竹

棕竹生长强健,适应性强,喜温暖阴湿环境。生长适温20~30 ℃,夜温10 ℃。耐阴性强,也稍耐日晒,适宜的光照为27~64 klx,夏季60%~70%遮阴度较为适合。较耐寒,可耐0 ℃以下短暂低温。宜湿润而排水良好的微酸性土壤,在石灰岩区微碱性土上也能正常生长,忌积水。

【繁殖方法】播种、分株繁殖,均在春季进行。

【常见栽培种】同属植物约 12 种,分布于亚洲东部和东南部,我国 6 种,产南部至西南部。常见栽培品种有:

图 5.32　细棕竹

(1)细棕竹(R. gracilis)　识别要点:丛生灌木。高仅 1~1.5 cm,茎圆柱形,有节,粗约 1 cm。叶掌状深裂,裂成 2~4 裂片,裂片长圆状披针形,边缘及肋脉上具细锯齿。花雌雄异株,花序长 20 cm,少分枝。果球形,蓝绿色,果期 10 月。产广东、海南及广西(图 5.32)。

(2)矮棕竹(R. humilis)　别名:细叶棕竹、竹棕、棕榈竹。

识别要点:丛生灌木。植株更为矮小,仅 1 m 高。叶掌状深裂,裂片 7~20 枚,线形,软垂,边缘及肋脉上具细锯齿。花雌雄异株,雄花序长 25~30 cm,有 3~4 个分枝;花期 7—8 月。果球形。产我国南部至西南部。

(3)粗棕竹(R. robusta)　别名:龙州棕竹。

识别要点:丛生灌木。株高约 2 m,茎圆柱形,有节,粗约 2 cm。叶常掌状 4 深裂,裂片宽披针形至披针形。花雌雄异株,花序长 15~25 cm,花期 10 月。产广西西南部。

(4)棕竹‘斑叶’(R. excels ‘Variegata’)　识别要点:叶有黄白色条纹。

【园林应用】可供公园、绿地、路边种植,也可室内外盆栽摆放观赏。

【其他经济用途】叶、根入药,具收敛止血的功效。主治鼻衄、咯血、吐血、产后出血过多。树干可制手杖等工艺品。

【花文化】棕竹的花语为胜利。

27)发财树

别名:马拉巴栗、栗子树、大果木棉、美国花生树。

学名:Pachira macrocarpa

科属:木棉科　瓜栗属

图 5.33　发财树

【识别特征】多年生常绿乔木。具有直立的主干,茎干基部膨大,肉质状,具韧性,树高可达 10 m。叶互生,质薄而翠绿,掌状复叶,小叶 5~9 片,具短柄或无柄,小叶长椭圆形,全缘,先端尖。花大单生,花瓣 5 片,上半部反卷,淡黄绿色;花期 4—5 月,花后结出细椭圆形蒴果,9—10 月果实成熟,果皮厚而硬,内有种子 10~20 粒,种子为不规则形,红褐色(图 5.33)。

【分布与习性】原产中美洲墨西哥、哥斯达黎加及南美洲委内瑞拉、圭亚那一带。现世界广为栽培。

性喜温暖、湿润的环境。喜光而又有耐阴性,喜湿润又有一定的耐旱能力,适应性强,对土壤要求不严格,喜肥沃、排水良好、富含腐殖质的沙质壤土为佳。生长适温为 20~30 ℃,冬季温度应保持在 16~18 ℃以上,低于 15 ℃叶片变黄,进而脱落,10 ℃以下容易发生冷害,轻者落叶或叶片上出现冻斑,重则死亡。

【繁殖方法】发财树繁殖可用播种或扦插法,种子秋天成熟后采摘,将种壳去除随即播种;扦插可于 5—6 月取萌发枝作插穗,扦入沙或蛭石中,注意遮阴、保湿,约 1 个月即可生根。

【常见栽培种】花叶马拉巴栗(P. macrocarpa var. variegata)　识别要点:叶面有黄白色

斑纹。

【园林应用】作为室内盆栽观赏植物;作为造型别致地桩景树;在园林绿化中可以作为庭荫树应用,用来遮阴;也可以作为行道树来应用。

【其他经济用途】种子可炒食,味似花生。

【花文化】发财树的花语为财源滚滚、兴旺发达、前程似锦。

28)变叶木

别名:洒金榕。

学名:*Codiaeum variegatum* var. *pictum*

科属:大戟科　变叶木属

【识别特征】直立分枝灌木。高 1 ~ 2 m。叶形与叶色多种多样,狭线形至阔披针形,全缘或分裂达中脉,有时叶顶端还附有小叶片,边缘波浪状甚至全叶螺旋状,淡绿色或紫色,有时杂有黄色斑块或斑点,有时中脉和脉上红色或紫色。总状花序腋生,长 15 ~ 25 cm,花小;雄花花瓣白色,雌花无花瓣,3 月开花,2 ~ 6 朵聚生(图 5.34)。

图 5.34　变叶木

【分布与习性】产马来西亚及大西洋诸岛,现世界各地均有栽培。性喜高温湿润向阳地,喜黏重肥沃、保水性强的土壤;不耐寒。

【繁殖方法】扦插繁殖。常于春末秋初用当年生的枝条进行嫩枝扦插,或于早春进行老枝扦插。

【常见栽培种】目前广为栽培的绝大多数是杂交培养出来的园艺品种,共分为 7 个类型,120 多个品种。依叶色有绿、黄、橙、红、紫、青铜、褐及黑色等不同深浅色彩的品种。依叶形可分为如下变型:

(1)宽叶变叶木(*C. variegatum* var. *pictum* f. *platyphyllum*)　识别要点:叶宽可至 10 cm。

(2)细叶变叶木(*C. variegatum* var. *pictum* f. *taeniosum*)　识别要点:叶宽只 1 cm 左右。

(3)长叶变叶木(*C. variegatum* var. *pictum* f. *ambiguum*)　识别要点:叶长可达 50 ~ 60 cm。

(4)扭叶变叶木(*C. variegatum* var. *pictum* f. *crispum*)　识别要点:叶缘反曲、扭转。

(5)角叶变叶木(*C. variegatum* var. *pictum* f. *cornutum*)　识别要点:叶有角棱。

(6)戟叶变叶木(*C. variegatum* var. *pictum* f. *lobatum*)　识别要点:叶似戟形。

(7)飞叶变叶木(*C. variegatum* var. *pictum* f. *appendiculatum*)　识别要点:叶片分成基部和端部两大部分,中间仅由叶的中肋连络。

【园林应用】华南地区露地栽培,可经修剪作绿篱;北方盆栽,是布置厅堂会场的优良观叶植物。

【其他经济用途】全株可以入药。具清热理肺、散瘀消肿的功效。

【花文化】变叶木因色多、形异,因此有变幻莫测、变色龙、娇艳之意。

29)合果芋

别名:长柄合果芋、紫梗芋、剪叶芋、丝素藤、白蝴蝶、箭叶。

学名:*Syngonium podophyllum*

科属:天南星科　合果芋属

【识别特征】多年生常绿攀援性草本植物。茎蔓性,绿色,节处有气生根,可攀附他物生长,含汁液。叶片呈二型性,互生,幼叶为单叶,长圆形、箭形或戟形;老叶呈 3～9 掌状裂,中间裂片大型,倒卵形,叶径可达 25 cm,叶基部裂片两侧常着生小型耳状叶片。叶具长柄,叶鞘长。幼叶色淡,老叶深绿色。肉穗花序,佛焰苞内白或玫瑰红色,外面绿色,卷成管状,不超过肉穗花序。花期 7—9 月,果期秋季。浆果成熟时橙色(图 5.35)。

图 5.35　合果芋

【分布与习性】原产中、南美洲热带雨林中,在世界各地广泛栽培。

适应性强,喜高温多湿的半阴环境。不耐寒,生长适宜温度 20～28 ℃,冬季室温保持 15 ℃ 以上,可正常生长,越冬最低温度 5 ℃,要求较高的空气湿度;对光的适应幅度很宽,从全光照到阴暗的角落都能生长,但以光线明亮处生长良好,斑叶品种光照不足,则色斑不显;宜富含有机质、疏松肥沃、排水良好的微酸性土壤。

【繁殖方法】多用扦插繁殖。生长季节均可进行,取生长充实,带有 3～4 个茎节的茎段为插穗,在 20～25 ℃ 的气温下插于沙床中容易生根,也可将插穗直接插在栽培盆土中,还可用组织培养法大量繁殖。

【常见栽培种】

(1)白蝶合果芋(S. p. 'albolineatum') 识别要点:叶丛生,盾形,呈蝶翅状,叶表多为黄白色,边缘具绿色斑块及条纹,叶柄较长。茎节较短。

(2)长耳合果芋(S. auritum) 识别要点:叶掌状,幼叶 3 裂,成熟叶 5 裂,中裂最大。叶厚,浓绿色,有光泽。

(3)铜叶合果芋(S. erythropHyllum) 识别要点:叶箭形,成熟叶 3 裂,叶面铜绿色,染有粉红或淡红色。

(4)大叶合果芋(S. macropHyllum) 识别要点:叶心形,较大,不分裂,淡绿色。

(5)绿金合果芋(S. xanthopHilum) 识别要点:叶箭形,狭窄,叶面淡黄绿色,中央具黄白色斑纹,节间较长,茎节有气生根。

(6)绒叶合果芋(S. wendlandii) 识别要点:叶长箭形,深绿色,中脉两侧具银白色斑纹。

【园林应用】合果芋由于繁殖容易,栽培简便,特别耐阴和装饰效果极佳,在世界各地应用十分广泛。至今,合果芋在国际市场已成为较为热销的室内盆栽观叶植物之一。中国栽培合果芋在南方各省十分普遍,除作室内观叶盆栽以外,用于悬挂作吊盆观赏或设立支柱进行造型,更多用于室外半阴处作地被覆盖,是一个很有发展前途的常绿蔓性草本植物。大盆支柱式栽培可供厅堂摆设,在温暖地区室外半阴处,可作篱架及边角、背景、攀墙和铺地材料。合果芋美丽多姿,形态多变,不仅适合盆栽,也适宜盆景制作,是具有代表性的室内观叶植物和中、小型盆栽。叶形、叶色多姿多彩,质感轻盈,潇洒活泼,是优良的室内观叶植物,可置于玻璃容器进行栽培,还可切叶。

【其他经济用途】合果芋可吸收空气中的甲醛、苯,照明条件下,一盆芦荟 4 h 可消除 1 m³ 空气中 90% 的甲醛。

【花文化】花语是悠闲素雅,恬静怡人。

室内观花花卉

5.3　常见室内观花类花卉识别与应用

1)瓜叶菊

别名:千日莲、瓜叶莲。

学名:*Cineraria cruenta*

科属:菊科　瓜叶菊属

图5.36　瓜叶菊

【识别特征】多年生草本,作一、二年生栽培,北方作温室一、二年生盆栽。叶大,具长柄,单叶互生,叶片心脏状卵形,硕大似瓜叶,表面浓绿,背面洒紫红色晕,叶面皱缩,叶缘波状有锯齿,掌状脉;叶柄长,有槽沟,基部呈耳状。全株密被柔毛,头状花序簇生成伞房状生于茎顶,株高30~60 cm,每个头状花序具总苞片15~16片,单瓣花有舌状花10~18枚。茎直立,高矮不一。花色除黄色外有红、粉、白、蓝、紫各色或具不同色彩的环纹和斑点,以蓝与紫色为特色。花期12—翌年4月,盛花期3~4月。种子5月下旬成熟。瘦果黑色,纺锤形,具冠毛,千粒重约0.19 g(图5.36)。

【分布与习性】原产北非大西洋上的加那利群岛,现世界各国广泛栽培。

喜温暖湿润、通风凉爽的环境,冬惧严寒,夏忌高温,适宜于低温温室或冷室栽培。夜间温度保持在5 ℃,白天温度不超过20 ℃,严寒季节稍加防护,以10~15 ℃的温度为最佳。不耐高温,忌雨涝。生长期要求光线充足、空气流通、稍干燥的环境,但夏季忌阳光直射。喜富含腐殖质、疏松肥沃、排水良好的沙质壤土。短日照促进花芽分化,长日照促进花蕾发育。

【繁殖方法】瓜叶菊的繁殖以播种为主。对于重瓣品种为防止自然杂交或品质退化,也可采用扦插或分株法繁殖。播种繁殖一般在7月下旬进行,播种盆土由园土1份、腐叶土2份、砻糠灰2份,加少量腐熟基肥和过磷酸钙混合配成。扦插繁殖于瓜叶菊开花后在5—6月,常于基部叶腋间生出侧芽,可将侧芽除去,在清洁河沙中扦插。

【常见栽培种】常见栽培品种有:

(1)大花变种(var. *grandiflora*)　识别要点:株高30~50 cm,花大且密,花梗较长。

(2)星花变种(var. *stallate*)　识别要点:株高60~80 cm,花较小但较多,舌状花反卷,疏散呈星网状。

(3)多花变种(var. *multiflora*)　识别要点:株高25 cm左右,叶片较小,花较多且矮生。

(4)中间变种(var. *intermedia*)　识别要点:花径较大,约3.5 cm,株高约40 cm,品种较多,宜盆栽。

【园林应用】瓜叶菊株型饱满,花朵美丽,花色繁多,是温室栽培中的代表性盆栽花卉,适用于家庭冬季室内环境点缀和公共场所室内摆花,产生景观效果。也可用于切花装饰。

【花文化】瓜叶菊的花语为喜悦、快活、快乐、合家欢喜、繁荣昌盛。

2)蒲包花

别名:荷包花、拖鞋花。

学名:*Calceolaria herbeohybrida*

科属:玄参科　蒲包花属

【识别特征】多年生草本植物作一、二年生栽培。植株矮小,高30～40 cm,茎叶具绒毛,叶对生或轮生,基部叶较大,上部叶较小,卵形或椭圆形。不规则伞形花序顶生,花具二唇,似两个囊状物,上唇小,直立,下唇膨大似荷包状,故又名荷包花。中间形成空室。花色丰富,单色品种具黄、白、红等各种深浅不同的花色,复色品种则在各种颜色的底色上,具橙、粉、褐红等色斑或色点。花期2—6月。蒴果,种子细小多数。6—7月成熟(图5.37)。

【分布与习性】原产于墨西哥、秘鲁、智利一带,现在世界各地都有栽培。

图5.37　蒲包花

蒲包花喜温暖、湿润而又通风良好的环境,生长适温7～15 ℃,开花适温10～13 ℃,15 ℃以下进行花芽分化,15 ℃以上进行营养生长。不耐寒、忌高温高湿,在温度高于25 ℃时不利其生长,好肥、喜光,要求排水良好微酸性、含腐殖质丰富的沙质壤土,长日照可促进花芽分化和花蕾发育。

【繁殖方法】蒲包花一般用播种繁殖(也可扦插繁殖),立秋前播种。常因高温而烂苗,所以在8月下旬(不宜过早)、9月初播种为好。

【常见栽培种】同属常见其他栽培种有灌木蒲包花(*C. integrifolia*)、二花蒲包花(*C. biflora*)、松虫草叶蒲包花(*C. scabiosaefolia*)、墨西蒲包花(*C. mexicana*)。

【园林应用】株型低矮,开花繁密覆盖株丛,花形奇特,花色丰富而艳丽,花期长,是优良的春季室内盆花。

【花文化】蒲包花的花语为援助、富有、富贵。

3)仙客来

别名:兔耳花、兔子花、萝卜海棠、一品冠。

学名:*Cyclamen persicum*

科属:报春花科　仙客来属

【识别特征】多年生草本,株高20～30 cm,肉质块茎初期为球形,随年龄增长呈扁圆形,外表木栓化呈暗紫色。肉质须根着生于块茎下部。叶丛生于块茎上方,叶心状卵圆形,边缘具细锯齿,叶面深绿色有白色斑纹;叶柄红褐色,肉质。花大,单生而下垂,由块茎顶端叶腋处生出,花梗细长;花冠五深裂,形如兔儿,有白、绯红、玫红、大红各色。种子褐色(图5.38)。

【分布与习性】原产于地中海东部海岸、希腊、土耳其南部、叙利亚、塞浦路斯等地。现广为栽培。

图5.38　仙客来

性喜凉爽、湿润及阳光充足的环境,不耐寒,也不喜高温。秋、冬、春三季为生长季节,生长适温15～25 ℃。夏季不耐暑热,需遮阴,温度不宜超过30 ℃,否则植株进入休眠期。冬季温度不得低于10 ℃,否则花色暗淡,易于凋萎。喜光,但不耐强光。喜排水良好、富含腐殖质的微酸性土壤,忌土壤过湿。

【繁殖方法】仙客来的块茎不能自然分生子球,种子繁殖简便易行,繁殖率高,且品种内自交变异不大,是目前最普遍应用的繁殖方式。也可采用分割块茎和组织培养法繁殖。

种子繁殖通常采用人工辅助授粉以获得种子,播前用清水浸种 24 h 或温水(30 ℃)浸种 2～3 h,浸后置 25 ℃中 2 d,待种子萌动后播种。

【常见栽培种】

(1)同属常见种

①地中海仙客来(*C. hederifolium*) 识别要点:原产地中海(意大利至土耳其等地)是阳生植物优势种,由于耐寒,在欧洲普遍栽培。块茎扁球形。花小,淡玫红至深红色。须根着生在块茎的侧面。叶匍匐生长。自 8 月初开花直到秋末。

②欧洲仙客来(*C. europaeum*) 识别要点:原产于欧洲中部和西部,在欧洲栽培较普遍。本种美丽而有浓香。在暖地为常绿性,可四季开花。块茎扁球形。须根着生于块茎上、下各部表面。叶小,圆形至心脏形,暗绿色,上有银色斑纹。花小,浅粉红至深粉红色,花梗细长。花期自 7—8 月一直开到初霜。

③非洲仙客来(*C. africanum*) 识别要点:原产北非阿尔及利亚。本种花与叶均比地中海仙客来粗壮。块茎表面各部分均能发生须根。叶亮绿色,有深色边缘,心脏形或常春藤叶形。叶与花同时萌发。花为不同深浅的粉红色,有时有香气。秋季开花,易得种子。

④小花仙客来(*C. coum*) 识别要点:原产保加利亚、高加索、土耳其、黎巴嫩等地的沙质土中。植株矮小,块茎圆,顶部凹,须根在块茎基部中心发生。圆叶,深绿色。花冠短而宽,花色浅粉、浅洋红、深洋红及白色。花期 12 月至翌年 3 月。

(2)仙客来的品种 栽培变种有裂瓣仙客来(*C. persicum* var. *paplilo*)、皱瓣仙客来(var. *rococo*)、暗红仙客来(var. *splendens*)。

园艺栽培品种繁多,仙客来品种按花朵大小有大、中、小型,按花型可分为大花型、平瓣型、洛可可型、皱边型、重瓣型和小花型,依花色有纯色与复色。

【园林应用】仙客来花期长达 4～5 个月,花叶俱美,因其形态似兔耳,花期正值冬春,适逢元旦、春节等节日,故极受人们喜爱,为冬季重要观赏花卉。主要用作盆花室内点缀装饰,也有作切花之用。

【其他经济用途】净化功能,仙客来对空气中的有毒气体二氧化硫有较强的抵抗能力。它的叶片能吸收二氧化硫,并经过氧化作用将其转化为无毒或低毒的硫酸盐等物质。

【花文化】仙客来以前大多是野生的,栽培在温室里虽然美丽,但生命力稍嫌脆弱。因此仙客来的花语就是内向,也有喜迎贵客的花语。

4)球根秋海棠

别名:球根海棠、茶花海棠。

学名:*Begonia tuberhybrida*

科属:秋海棠科 秋海棠属

【识别特征】多年生草本,地下具块茎,呈不规则的扁球形,株高为 30～100 cm,茎直立或铺散,有分支,肉质,有毛。叶互生,多偏心脏状卵形,叶先端渐尖,缘具齿牙和缘毛。总花梗腋生,花雌雄同株异花,雄花大而美丽,有单瓣、半重瓣和重瓣之分;雌花小型,花瓣数 5;花色丰富,有白、红、粉、橙、黄、紫红及复色等。蒴果、种子极小。花期夏秋(图 5.39)。

【分布与习性】由多种原产南美山区的野生亲本培育出的园艺杂交种。我国引种栽培。

喜温暖、湿润的半阴环境。不耐高温,超过 32 ℃,茎叶枯萎脱落,甚至块茎死亡。生长适温

16～21 ℃,相对湿度为70%～80%。冬季亦不耐寒。要求土壤疏松、肥沃、排水良好,稍含酸性。

【繁殖方法】以播种繁殖为主,也可分球和叶插。种子采收后有一个月的后熟期,通常秋播,翌年春开花。分球繁殖一般于早春2—3月栽植,当年5—6月开花。

图5.39　球根秋海棠

【常见栽培种】同属常见栽培种有:

(1)玻利维亚秋海棠(*B. boliviensis*)　识别要点:原产玻利维亚,是垂枝类品种的主要亲本。块茎扁平球形,茎分枝下垂,绿褐色。叶长,卵状披针形。花橙红色,花期夏秋。

(2)丽格海棠(*B. elatior-hybrid*)　别名:冬花秋海棠、玫瑰海棠。

识别要点:单叶,互生,歪基心形叶,叶缘为重锯齿状或缺刻,掌状脉,叶表面光滑具有蜡质,叶色为浓绿色。短日开花植物,重瓣,花色有红、黄、白及橙色,夏秋季盛花。

球根秋海棠的园艺品种可分为三大类型:大花型、多花型、垂枝类。

【园林应用】球根秋海棠花大色艳,花色丰富,花期长,可作大型盆栽,适合花园布置或作窗台盆花,室内布置尤显富丽堂皇,是近年来深受人们喜爱的高档盆花。

【其他经济用途】据有关资料介绍,丽格海棠其嫩茎可食,法国人用其叶片做蔬菜、烧鱼或做汤料。其中天葵秋海棠(*B. fimbristipule*)的叶片,可作饮料。

【花文化】花语为和蔼可亲。

5)新几内亚凤仙

别名:五彩凤仙花、四季凤仙。

学名:*Impatiens platypatala*

科属:凤仙花科　凤仙花属

【识别特征】多年生常绿草本花卉,植株挺直,株丛紧密矮生;茎半透明肉质,粗壮,多分枝,叶互生,披针形,绿色、深绿、古铜色;叶表有光泽,叶脉清晰,叶缘有尖齿。花腋生,较大,花色有粉红、红、橙红、雪青、淡紫及复色等,花期5—9月(图5.40)。

【分布与习性】原产非洲南部。现世界各地广为栽培。

性喜冬季温暖,夏季凉爽通风的环境,不耐寒,适宜生长的温度为15～25 ℃,7 ℃以下即受冻。喜半阴,忌暴晒,日照控制

图5.40　新几内亚凤仙

在60%～70%。根系不发达,要求肥沃、疏松、排水良好的富含腐殖质的偏酸性土壤。

【繁殖方法】繁殖技术常用扦插法繁殖,也可用播种繁殖。新品种一般用播种繁殖。播种繁殖于4—5月在室内进行盆播,种子需光,对温度敏感,要求20～25 ℃,苗高3 cm左右时即可上盆。传统优质大花品种可用扦插繁殖。扦插繁殖全年均可进行,但以春、秋季为最好。一般选取8～10 cm带顶梢的枝条,插于沙床内,保持湿润,10 d左右即可生根,也可进行水插。

【园林应用】株丛紧密,开花繁茂,花期长,是很受欢迎的新潮花卉,用作室内盆栽观赏,温暖地区或温暖季节可布置于庭院或花坛。

【其他经济用途】可入药,能活血通经、祛风止痛、外用解毒。

【花文化】花语为防卫、保持距离。

6）大花君子兰

别名:剑叶石蒜、君子兰、达木兰。

学名:*Clivia miniata*

科属:石蒜科　君子兰属

【识别特征】多年生草本。肉质根白色,不分枝。基生叶多数,革质,互生,排列整齐,呈扇形,常绿。茎为短缩茎。花为有限花序,呈伞形排列,花茎扁平、肉质、实心,小花有柄,漏斗状,颜色有橙黄、淡黄、橘红、浅红、深红等。未成熟蒴果为绿色,成熟后为紫红色。种子大,球形(图5.41)。

图5.41　大花君子兰

【分布与习性】原产南部非洲,现世界各地广为栽培。

性喜温暖而半阴的环境,忌炎热,怕寒冷。生长适温为15～25℃,低于5℃生长停止,高于30℃叶片薄而细长,开花时间短,色淡。生长过程中要保持环境湿润,空气相对湿度70%～80%,土壤含水量20%～30%,切忌积水,以防烂根,尤其是冬季温室更应注意。要求土壤深厚肥沃、疏松、排水良好、富含腐殖质的微酸性沙土壤。此外,君子兰怕冷风、干旱风的侵袭或烟火熏烤等,应注意及时排除或防御这些不良因素,否则会引起君子兰叶片变黄,并易发生病害。

【繁殖方法】繁殖主要采用播种繁殖和分株繁殖。种子贮藏的温度以20℃以下为宜,播前浸种处理,基质可用锯木屑、河沙、泥炭等,播种时间随地域不同而异,只要气温能保持在20～25℃(最高不超过30℃)均可进行。分株繁殖即把君子兰假鳞茎和根部连接处发出的腋芽,从母体上切离进行离体培养。分株的时间,随各地条件不同而异,有暖气设备或设有中温温室者,一年四季都可进行;而在长江流域及其以南地区,以谷雨前为宜,秋季也可分株。

【常见栽培种】大花君子兰通过人工杂交,选育出不少名贵品种。常见栽培品种有:

(1)垂笑君子兰(*C. nobilis*)　识别要点:原产非洲南部的好望角。肉质根纤维状丛生,叶剑形,革质,狭而长,宽2.5～4 cm,叶缘有小齿。花茎高30～45 cm,花橙红色,花序着花40～60朵,花筒狭漏斗状,长6～10 cm,裂片披针形,先端尖。小花梗长3 cm,软垂,稍有香气。花期春、初夏。

(2)窄叶君子兰(*C. gardenii*)　识别要点:形态与垂笑君子兰相近,但叶片较狭,2～2.5 cm,拱状下垂。每花序着花14朵左右,花被片较宽,花淡橘黄色。花期早,冬春季开花。

我国君子兰品种状况:我国原有大花君子兰品种4个(青岛大叶、大胜利、和尚、染厂),自20世纪60年代以来在原有品种基础上进行品种间杂交,培育了大量品种,其中不乏一些为群众认可的优良品种,但是这些品种长期未能正式定名。谢成元曾于1981年提出大花君子兰分类方法:将大花君子兰分为两大类,一为隐脉类,另一为显脉类,显脉类中又分平显脉与凸显脉两型,每一类型中又分为长叶、中叶、短叶3种,并对20个优良品种定名。

①凸显脉型　涟漪、秋波、翡翠、奉酒、胜利、似胜利、春阳秋月、雪青莲盘。

②平显脉型　嫦娥舞袖、凌花、丽人梳妆。

③隐脉型　福寿长春、枫林夕照、翠波、荷露含芳、朝霞、舞扁、碧绿含金、玲珑剑、凤开屏。

【园林应用】君子兰叶片肥厚,有光泽,花色鲜艳,姿态端庄华丽,花期长,是观叶、观花、观果的优良盆花。适于装饰居室、会场,还有净化室内空气的作用,在北方是冬春季优质盆花,在南方可植花坛或作切花。

【其他经济用途】全株入药。君子兰植株体内含有石蒜碱和君子兰碱,还含有微量元素硒,现在药物工作者利用含有这些化学成分的君子兰株体进行科学研究,并已用来治疗癌症、肝炎病、肝硬化腹水和脊髓灰质病毒等。通过试验证明,君子兰叶片和根系中提取的石蒜碱,不但有抗病毒作用,而且还有抗癌作用。

【花文化】大花君子兰的花语是君子谦谦,温和有礼,有才而不骄,得志而不傲,居于谷而不自卑;高贵,有君子之风。

7)非洲紫罗兰

别名:非洲紫苣苔、非洲堇。

学名:*Saintpaulia ionantha*

科属:苦苣苔科　非洲紫罗兰属

图5.42　非洲紫罗兰

【识别特征】多年生常绿草本植物。叶稍肉质,莲座状基生;卵圆形或长圆状心脏形,肉质,缘具圆齿,先端钝,两面密布短粗毛;表面暗绿色,背面浅绿色,常带红色晕;叶柄较长。总状花序腋生,花可至10朵;花序梗长,高出叶丛;花冠阔钟形,二唇状,上唇2裂,下唇3裂,裂片椭圆形,开展;原种花径约2 cm,淡蓝至紫堇色,园艺品种花色极为丰富,有暗红、玫瑰红、桃红、深浅不同的蓝、紫色、白色及复色等;蒴果短圆形或狭长圆形。花期夏秋(图5.42)。

【分布与习性】非洲紫罗兰原产非洲东部热带地区。后引进于欧美地区,在中国已有栽培。

喜温暖湿润、空气流通的半阴环境。夏季白天适温25～28 ℃,不可超过30 ℃,夜温15～20 ℃,冬季日温保持在18 ℃左右,夜温不低于10 ℃;较耐湿,但忌涝;稍耐阴,以光照度5 000 lx为最宜,忌阳光直射;要求疏松肥沃、排水良好的中性或微酸性土壤。

【繁殖方法】用扦插、分株、播种和组织培养法繁殖。播种繁殖春、秋季均可进行。温室栽培以9—10月秋播为好。扦插繁殖主要用叶插。花后选用健壮充实叶片,叶柄留2 cm长剪下,稍晾干插入沙床,保持较高的空气湿度,室温为18～24 ℃,插后3周生根。

【常见栽培种】常见品种有大花、单瓣、半重瓣、重瓣、斑叶等,花色有紫红、白、蓝、粉红和双色等。常见的栽培品种有单瓣种雪太子。常见品种有:

粉奇迹(Pink Miracle),花粉红色,边缘玫瑰红色。

皱纹皇后(Ruffled Queen),花紫红色,边缘皱褶。

波科恩(Pocone),大花种,花径5 cm,花淡紫红色。

狄安娜(Diana),花深蓝色。

吊钟红(Fuchsia Red),花紫红色。

重瓣种科林纳(Corinne),花白色。

蓝峰(Blue Peak),花蓝色,边缘白色。

蓝色随想曲(Blue Caprice),花淡蓝色。

羞愧的新娘(Blushing Bride),花粉红色。

雪中蓝童(Blue Boyinthe Snow),花蓝色,叶有白色条块纹。

【园林应用】植株矮小,四季开花,花形俊俏雅致,花色绚丽多彩。由于其花期长、较耐阴、株形小而美观,盆栽可布置窗台、客厅、茶几良好的点缀装饰,是优良的室内花卉。栽培的均为杂交种,园艺品种甚多,有上千个。有单瓣和重瓣,花色有白、粉、红和蓝等。

【其他经济用途】放置室内可净化室内空气、改善室内空气品质,能美化环境、调和心情及舒解压力,亦为园艺治疗的理想材料。

【花文化】非洲紫罗兰的花语是永恒的爱。但同时也代表了单薄、脆弱,渴望有一个理想的归宿。亲切繁茂,永远美丽。

8)红鹤芋

别名:红掌、安祖花、火鹤花、猪尾花烛、红鹤芋。

学名:*Anthurium scherzerianum*

科属:天南星科　花烛属

【识别特征】多年生常绿草本。株高 30 ~ 50 cm。茎短缩、直立,节上多生气根;叶披针形,长 15 ~ 30 cm,宽 6 cm,暗绿色,革质,全缘;花梗长 25 ~ 30 cm,佛焰苞心脏形,长 5 ~ 20 cm,宽 5 ~ 10 cm,火焰红色,无光泽肉穗花序长螺旋状,花多数,几乎全年开花(图 5.43)。

图 5.43　红鹤芋

【分布与习性】原产中美洲,在欧洲栽培普遍。我国引种栽培。

喜温暖,不耐寒,生长适温为日温 25 ~ 28 ℃,夜温 20 ℃。喜多湿环境条件,但不耐土壤积水,适宜的相对空气湿度 80% ~ 85%,喜半阴,但冬季需充足光照,根系才能发育良好,植株健壮,适宜的光照强度为 15 000 ~ 20 000 lx,低于 15 000 lx 时,品质受影响,超过 20 000 lx 时,叶面会发生日灼现象。要求疏松、排水良好的腐殖质土。环境条件适宜可周年开花。

【繁殖方法】常用分株和扦插、播种繁殖。分株繁殖春季选择 3 片叶以上的子株,从母株上连茎带根切割下来,用水苔包扎移栽于盆内,经 3 ~ 4 周发根成活后重新栽植。对直立性有茎的红鹤芋品种采用扦插繁殖。同样,插于水苔中,待生根后定植盆内。

【常见栽培种】

(1)哥伦比亚花烛(*A. andreanum*)　别名:哥伦比亚安祖花、大叶花烛、红掌、哥伦比亚花烛。

识别要点:叶鲜绿色,长椭圆状心脏形,长 30 ~ 40 cm,宽 10 ~ 12 cm,花梗 50 cm 左右;佛焰苞阔心脏形,长 10 ~ 20 cm,宽 8 ~ 10 cm,表面波状,有光泽的鲜朱红色,肉穗花序长 6 cm,圆柱形直立,带黄色。原产哥伦比亚。

(2)可爱花烛(*A. andreanum* 'Amoenum')　识别要点:苞深桃红色,肉穗花序白色,先端黄色。

(3)克氏花烛(*A. andreanum* 'Closoniae')　识别要点:苞长 20 cm,宽 10 cm,心脏形,端白色,中央带淡红色。

(4)大苞花烛(*A. andreanum* 'Grandiflorum')　识别要点:佛焰苞大,长 21 cm,宽 14 cm。

(5)粉绿色花烛(*A. andreanum* 'Rhodochloarum')　识别要点:高达 1 m,苞粉红,中心绿色,肉穗花序初开黄色后变白色。

【园林应用】常用作切花和中小型盆花观赏。叶及花皆美丽,有金属光泽,花色丰富,花期极长,给人以明快热烈的感觉,有很好的装饰效果。

【花文化】花语为大展宏图、热情、热血。

9) 水晶花烛

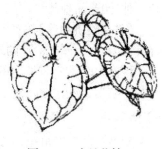

图 5.44　水晶花烛

别名:晶状安祖花、美叶花烛。

学名:*Antburium crystallinum*

科属:天南星科　花烛属

【识别特征】多年生常绿宿根草本。茎叶密生,叶阔心形;幼叶绿色,后碧绿色;叶脉粗,银白色,非常美丽;叶背淡紫色。花茎高山叶面,佛焰苞窄、褐色;穗花序黄绿色(图5.44)。

【分布与习性】原产于哥伦比亚,秘鲁等地。我国引种栽培。

喜高温多湿和半阴环境,忌阳光暴晒,土壤要求疏松、肥沃、保湿性好,但不能积水,冬季温度需保持 15 ℃以上。

【繁殖方法】常用分株繁殖和扦插繁殖。分株繁殖结合春季换盆进行,将母株倒出,用小刀切开茎节,包扎水苔后待发出新根再栽植。

扦插繁殖于春至夏季剪茎顶或枝条每 2~3 节为一段,插入盆土中。成株可分生幼株,切后另植。

【园林应用】水晶花烛片呈卵圆形,叶色清新、幽雅,观赏价值极高,是室内观赏植物中的精品。用来装点居室,倍觉清雅可爱。

10) 一品红

图 5.45　一品红

别名:圣诞花、猩猩木、象牙红、老来娇。

学名:*Euphorbia pulcherrima*

科属:大戟科　大戟属

【识别特征】一品红植株茎光滑,含乳汁,叶片互生,全缘或浅裂。杯状花序顶生,聚伞状排列,总苞淡绿色,有黄色腺体,下方有一大型红色的花瓣状总苞片,是观赏的主要部分,果为蒴果(图5.45)。

【分布与习性】原产墨西哥,后传至欧洲、亚洲各地,现在全世界广泛栽培,产销量日渐扩大,我国各大中城市均有栽培。

性喜温暖湿润及光照充足的环境。生长发育的适宜温度 20~30 ℃,怕低温,更怕霜冻,12 ℃以下就停止生长,35 ℃以上生长缓慢。一品红是典型的短日性植物,每天 12 h 以上的黑暗便开始花芽分化,花芽分化期间,总苞片充分发育成熟之前若中断短日照条件,则发育停止并转为绿色。对土壤要求不严,但以疏松肥沃、排水良好的沙质壤土为佳。pH 5.5~6.5。对肥需求量较大,尤以氮肥重要。但不耐浓肥,土壤盐分过高易造成伤害。

【繁殖方法】一品红繁殖以扦插为主,多采用嫩枝扦插。插穗都应在清晨剪取为宜。

【常见栽培种】

(1)金奖(Premium Red)　椭圆深绿叶片,鲜艳亮红苞片,株型紧凑,不使用生长剂也能长成很漂亮的冠面,适应地域广,感应期6.5~7周。

(2)旗帜(Royal Red)　叶片为深绿色,红色苞片,株型紧凑,分枝性好;不需很强的生长抑制剂;冠面整齐;感应期7~7.5周。

(3)阳光(Bravo Red)　叶片为深绿色,鲜艳亮红苞片,株型紧凑,根系发达,枝条健壮,分枝性好,出芽数量多而且整齐,与金奖相比生长势比金奖略快,感应期 7~7.5 周。

(4)科兹莫(Cosmo Red) 叶片为深绿色,鲜艳亮红苞片,株型紧凑,生长势很强,感应期 8 周。

(5)一品白(Ecke's White) 苞片乳白色。

(6)一品粉(Rosea) 苞片粉红色。

(7)一品黄(Lutea) 苞片淡黄色。深红一品红(Annette Hegg),苞片深红色。

(8)三倍体一品红(Eckespointc-1) 苞片栋叶状,鲜红色。

(9)重瓣一品红(Plenissima) 叶灰绿色,苞片红色、重瓣。

【园林应用】一品红花色鲜艳,花期长,正值圣诞、元旦、春节开花,盆栽布置室内环境可增加喜庆气氛;也适宜布置会议等公共场所。南方暖地可露地栽培,美化庭园,也可作切花。

【其他经济用途】可入药,有活血化瘀、接骨消肿的作用。

【花文化】一品红是代表圣诞节的最佳花朵,但是在一些婚礼中,也可以看到红白两色圣诞红装饰就是"我的心正在燃烧"。它的花语之一:绘出你一片炽热的热情。

11)杜鹃花

别名:映山红、照山红、野山红。

学名:*Rhododendroon simsii*

科属:杜鹃花科 杜鹃花属

图 5.46 杜鹃花

【识别特征】枝多而纤细;单叶,互生;春季叶纸质,夏季叶革质,卵形或椭圆形,先端钝尖,基部楔形,全缘,叶面暗绿。疏生白色糙毛,叶背淡绿,密被棕色糙毛;叶柄短;花两性,2~6 朵簇生于枝顶,花冠漏斗状,蔷薇色、鲜红色或深红色;萼片小,有毛;花期 4—5 月(图 5.46)。

【分布与习性】杜鹃花原产中国。

性喜凉爽气候,忌高温炎热;喜半阴,忌烈日暴晒,在烈日下嫩叶易灼伤枯死;最适生长温度 15~25 ℃,若温度超过 30 ℃或低于 5 ℃,则生长不良。喜湿润气候,忌干燥多风;要求富含腐殖质、疏松、湿润及 pH 值为 5.5~6.5 的酸性土。忌低洼积水。

【繁殖方法】杜鹃花繁殖可用播种、扦插、嫁接、压条等方法。以扦插为主,扦插盆以 20 cm 口径的新浅瓦盆为好。

【常见栽培种】杜鹃花分为"五大"品系:春鹃品系、夏鹃品系、西鹃品系、东鹃品系、高山杜鹃品系。

(1)春鹃 指先开花后发芽,5 月中、下旬,5 月初开花的品种。

(2)夏鹃 指春天先长枝发叶,5—6 月初时开花的品种。

(3)西鹃 由欧美杂交的园艺栽培品种,故称西洋鹃,又称西鹃。

(4)东鹃 是日本的石岩杜鹃的变种及其众多的杂交后代,从日本引入,为与西洋杜鹃相应故称东鹃。

(5)高山杜鹃 为杜鹃花科高山常绿灌木或小乔木植物。

【园林应用】杜鹃花为我国传统名花,它的种类、花型、花色的多样性被人们称为"花木之王"。在园林中宜丛植于林下、溪旁、池畔等地,也可用于布置庭院或与园林建筑相配置,是布置会场、厅堂的理想盆花。

【其他经济用途】全株供药用,有行气活血、补虚,治疗内伤咳嗽、肾虚耳聋、月经不调、风湿等疾病。

【花文化】杜鹃花的花语为永远属于你。

12) 八仙花

图5.47　八仙花

别名:绣球花、紫阳花、粉团花。

学名:*Hydrangea macrophylla*

科属:虎耳草科　八仙花属

【识别特征】半落叶灌木。小枝粗壮,皮孔明显,叶大而略厚,对生,边缘有细锯齿,叶面鲜绿色,叶背黄绿色,花序大如华盖,由许多不孕花组成顶生伞房花序,初开时白色,渐次变淡红色或浅蓝色,开时花团锦簇。5—7月开花(图5.47)。

【分布与习性】原产我国长江流域的四川、湖北、江西、浙江等省,日本及朝鲜也有,属暖温带植物,在我国长江流域各省普遍露地栽培,北方各省皆行盆栽。

喜温暖阴湿,不甚耐寒,适宜在透光稀疏的荫棚下培育,要求土质肥沃、湿润、排水良好的土壤。土壤酸碱度直接影响花色,pH值4~6时呈蓝色,pH>7.5时呈红色。浇水过多易烂根,萌蘖能力强,对二氧化硫抗性较强。

【繁殖方法】以扦插繁殖为主,也可进行分株及压条,扦插繁殖除冬季外随时都可进行。初夏嫩枝扦插更易生根,分株宜在早春萌发前进行,压条可在梅雨季节进行,老枝、嫩枝皆可,压入土中部分不必刻伤,也能生根。

【常见栽培种】八仙花是著名的传统观赏花木,栽培历史较为悠久。近年来,从中国台湾、美国大量涌进了许多新的栽培种。目前常见的变种及品种有:

蓝边八仙花(var. *coerulea*):花两性,深蓝色;

大八仙花(var. *hertensis*):花不孕,萼片广卵形,全缘;

齿瓣八仙花(var. *macrosepala*):花白色,花瓣边缘具齿牙;

银边八仙花(var. *maculata*):叶狭小,边缘白色;

紫茎八仙花(var. *mandshurrica*):茎暗紫色;

紫阳花('Taksa'):叶质厚,花序圆球形,不孕,蓝色或淡红色;

玫瑰八仙花(var. *rosea*):花呈玫瑰色。

【园林应用】八仙花是室内、厅堂等处的优良盆花,在园林上应用较多,既可植于花坛、花境、庭院等处观赏,也可丛植于草坪、林缘、园路拐角和建筑物前。

【其他经济用途】根、叶、花入药,治疟疾、心热惊悸、烦躁等。

【花文化】八仙花取名于八仙,故寓意"八仙过海,各显神通"。在英国,此花被喻为"无情""残忍"。在中国,此花寓意希望、健康、有耐力的爱情、骄傲、怜爱、美满、团圆。

13) 倒挂金钟

别名:短筒倒挂金钟、吊钟海棠、灯笼海棠、吊钟花。

学名:*Fuchsia magellanica*

科属:柳叶菜科　倒挂金钟属

【识别特征】

常绿丛生亚灌木或灌木花卉,株高约1 m。枝条稍下垂,叶对生或轮生,卵状披针形,叶缘具疏齿,有缘毛,叶面鲜绿色具紫红色条纹。花单生叶腋,花梗细长下垂,长约5 cm,红色,被毛,萼筒绯红色,较短,约为萼裂片长度的1/3,花瓣也比裂片短,呈倒卵形稍反卷,莲青色(图5.48)。

【分布与习性】原产墨西哥,广泛栽培于全世界,在中国广为栽培。

性喜凉爽湿润环境,不耐炎热高温,温度超过30 ℃时对生长极为不利,常成半休眠状态。生长期适宜温度为15～25 ℃,冬季最低温度应保持10 ℃以上。喜冬季阳光充足,夏季凉爽、半阴的环境。要求肥沃的沙质壤土。倒挂金钟为长日照植物,延长日照可促进花芽分化和开花。

图5.48　倒挂金钟

【繁殖方法】以扦插为主。以1—2月及10月扦插为宜。剪取5～8 cm生长充实的顶梢作插穗,应随剪随插,适宜的扦插温度为15～20 ℃,约20 d生根,生根后及时分苗上盆,否则根易腐烂。也可播种,但采种不易。

【常见栽培种】珊瑚红倒挂金钟(var. ccrallina)、球形短筒倒挂金钟(var. globosa)、异色短筒倒挂金钟(var. discolor)、雷氏短筒倒挂金钟(var. riccartonii)。

【园林应用】倒挂金钟花形奇特,花色浓艳,华贵而富丽,开花时朵朵下垂的花朵,宛如一个个悬垂倒挂的彩色灯笼或金钟,是难得的一种室内花卉,很受大众喜爱。

【花文化】花语为相信爱情,热烈的心。

14)扶桑

别名:朱槿、朱槿牡丹。

学名:*Hibiscus rose-sinensis*

科属:锦葵科　木槿属

【识别特征】常绿大灌木,株高2～5 m,全株无毛,分枝多。叶片广卵形至卵形,长锐尖,叶面深绿色有光泽。花单生于叶腋,花径10～18 cm,大者可达30 cm,叶漏斗形(图5.49)。

【分布与习性】扶桑原产东印度和我国,全世界热带、亚热带、温带地区广泛分布。我国分布于长江以南各省区,现在各地广为栽培。

扶桑性喜温暖湿润,生长适宜温度18～25 ℃,不耐寒,要求光照充足,适宜肥沃而排水良好的微酸性壤土。

图5.49　扶桑

【繁殖方法】扶桑常用扦插和嫁接繁殖。扦插,除冬季以外均可进行,但以梅雨季节成活率高,插条以一年生半木质化的最好。

【常见栽培种】该属约200种,我国24种(包括栽培种),常见温室常绿种类有吊灯花(*H. schizopetalus*)、黄槿(*H. tiliaceus*)、草芙蓉(*H. palustris*)、木芙蓉(*H. mutabilis*)、红秋葵(*H. coccineus*)等。扶桑在夏威夷极受重视,被定为夏威夷的洲花,经过大量的杂交育种工作,培育出了众多的品质优良的品种,据统计总数达3 000个以上。参加杂交的主要种有*H. arnottianus*、*H. kokio*、*H. Waimeae*、*H. denisonii. H. schizopetalus*和*H. rose-sinensis*等。这类品种扶桑已不确切,特称为夏威夷扶桑(*Hawaiian Hibiscus*),是种间杂交种,品种极其繁多,有单瓣和重瓣类型,花有大花和小花之分,花色有纯白、灰白、粉、红、深红、橙红、橙黄、黄和茶褐色等。主要变种斑叶扶桑(*Hibiscus rose-sinensis var. cooperi*)叶上有红色和白色斑,为观叶变种。

【园林应用】扶桑是北方较重要的盆栽花卉之一,花期很长,花色鲜艳,是布置花坛、会场、展览会等的良好材料。在我国南方地区可以露地栽培,装饰园林绿地,尤其适于布置花墙、花篱等。根、叶、花均可入药。

【其他经济用途】花、叶、茎、根均可入药,主用根部。主治肺热咳嗽、咯血、鼻衄、崩漏、白带、痢疾、赤白浊、痈肿毒疮。

【花文化】扶桑花的花语和象征代表意义为新鲜的恋情、微妙的美。

15)米兰

别名:米仔兰、树兰、碎米兰、赛兰香、伊兰。

学名:*Aglaia odorata*

科属:楝科　米仔兰属

【识别特征】灌木或小乔木,植株分枝多而密,奇数羽状复叶,互生,小叶倒卵形,3~5枚,叶面亮绿。圆锥花序腋生,长达10 cm,花为黄色,小而繁密,故名米兰,花萼五裂,花瓣5枚,极香。浆果具肉质假种皮(图5.50)。

【分布与习性】原产我国,越南、印度、泰国、马来西亚等国也有。现在世界各地广泛栽培,我国广东、广西、福建、云南等省栽培较多。

图5.50　米兰

性喜温暖湿润、阳光充足的环境,但也能耐半阴。畏寒怕冷,光照充足时枝干健壮,叶色浓绿,花多,香气浓。喜欢表土层深厚、肥沃而排水良好沙质壤土,土壤pH值6~6.5为宜,如果盆栽时,缺少有机质,植株则生长不良。

【繁殖方法】常用压条和扦插繁殖。

(1)压条　以高空压条为主,在梅雨季节选用一年生木质化枝条,于基部20 cm处作环状剥皮1 cm宽,用苔藓或泥炭敷于环剥部位,再用薄膜上下扎紧,2~3个月可以生根。

(2)扦插　于6—8月剪取顶端嫩枝10cm左右,插入泥炭中,2个月后开始生根。

【常见栽培种】

(1)台湾米兰(*A. taiwaniana*)　识别要点:叶形较大,开花略小,其花常伴随新枝生长而开。

(2)大叶米兰(*A. elliptifolia*)　识别要点:常绿大灌木,嫩枝常被褐色星状鳞片,叶较大。

(3)四季米兰(*A. duperreana*)　识别要点:四季开花,夏季开花最盛。

【园林应用】米兰盆栽可陈列于客厅、书房和门廊,清新幽雅,舒人心身。在南方庭院中米兰又是极好的风景树。

【其他经济用途】枝叶、花入药,治胸膈胀满不适、噎嗝初起、咳嗽及头昏。

作为食用花卉,可提取香精。

【花文化】米兰的花语为有爱,生命就会开花。

16)栀子

别名:栀子、黄栀子、山栀子。

学名:*Gardenia jiasminoides*

科属:茜草科　栀子属

【识别特征】常绿灌木。小枝绿色,叶对生,革质呈长椭圆形,有光泽。花腋生,有短梗,肉质。果实卵状至长椭圆状,有5~9条翅状直棱,1室;种子很多,嵌生于肉质胎座上。5—7月开花,花、叶、果皆美,花芳香四溢(图5.51)。

【分布与习性】原产于我国长江流域以南各省区,四川浦江县等地还有野生栀子生长,现各地栽培较为普遍。

喜温暖、湿润气候,不耐寒,好阳光,也耐阴,宜肥沃、排水良好、pH值5~6的酸性土壤,不耐干旱瘠薄,对二氧化硫抗性较强,易萌芽,耐修剪。

图 5.51 栀子

【繁殖方法】主要以扦插、压条繁殖为主,也可进行分株和播种繁殖。可分为春插和秋插。春插于2月中下旬进行;秋插于9月下旬至10月下旬进行。

【常见栽培种】

(1)大花栀子(f. *grandiflora*) 识别要点:花大,重瓣。

(2)玉荷花(var. *fortuneana*) 识别要点:花较大。

(3)水栀子(var. *randicans*) 别名:雀舌栀子。

识别要点:植株矮小,枝匐匍伸展,花小,重瓣。

(4)单瓣水栀子(f. *simpliciflora*) 识别要点:与水栀子相近,但花为单瓣;斑叶栀子花(var. *auvarigata*),叶上具黄色斑纹。

【园林应用】栀子花是绿化城市的优良树种、保护环境的抗性树种,也是装扮阳台、居室的花卉佳品,还可盆栽或切花观赏。

【其他经济用途】花、叶、果皆美,花芳香四溢,可以用来熏茶和提取香料;花可食用;果实可制黄色染料;根、叶、果实均可入药;栀子木材坚实细密,可供雕刻。

【花文化】传说栀子花是天上七仙女之一,她憧憬人间的美丽,就下凡变为一棵花树。一位年轻的农民,孑身一人,生活清贫,在田埂边看到了这棵小树,就移回家,对她百般呵护。于是小树生机盎然,开了许多洁白的花朵。为了报答主人的恩情,她白天为主人洗衣做饭,晚间香飘院外。老百姓知道了,从此就家家户户都养起了栀子花。

花语为"喜悦",就如生机盎然的夏天充满了未知的希望和喜悦。也有解释说栀子花的花语是——"永恒的爱与约定"。

5.4 常见室内观果类花卉识别与应用

室内观果花卉

1)冬珊瑚

别名:珊瑚豆、寿星果、吉庆果、万寿果。

学名:*Solanum Pseudocapscum*

科属:茄科 茄属

【识别特征】常绿小灌木花卉,株高30~80 cm。叶互生,长椭圆形至长披针形,边缘呈波状。花小,白色。花期春末夏初。浆果橙红色或黄色,球形,果实10月成熟,冬季不落(图5.52)。

【分布与习性】原产欧、亚热带。我国有栽培,云南有野生。

喜阳光、温暖、湿润的气候。耐高温,35 ℃以上无日灼现象。不耐阴,也不耐寒,不抗旱,夏季怕雨淋、怕水涝。对土壤要求不严,但在疏松、肥沃、排水良好的微酸性或中性土壤中生长旺盛。萌生能力强。

【繁殖方法】通常采用种子繁殖。室内 3—4 月进行,播后盆上罩盖玻璃或塑料薄膜保温、保湿。露地 4 月播种,苗床土以疏松的沙质壤土最好,翻后覆 1cm,经常保持床土湿润,经常保持床土湿润,15 d 后发芽出土。

图5.52 冬珊瑚

【常见栽培种】品种有矮生种、橙果种、尖果种。

【园林应用】冬珊瑚夏秋开小白花,秋冬观红果,果实橙红色,长挂枝头,经久不落,十分美观。夏秋可露地栽培,点缀庭院;冬季盆栽于室内观赏。

【其他经济用途】以根入药,止痛,用于治疗腰肌劳损。

【花文化】花语为吉庆果实。

2)佛手

别名:佛手柑。

学名:*Citrus medica*

科属:芸香科　柑橘属

【识别特征】常绿小灌木,枝条灰绿色,幼枝绿色,具刺。单叶互生,革质,叶片椭圆形或倒卵状矩圆形,先端钝,边缘有波状锯齿,叶表面深黄绿色,背面浅绿色。总状花序,白花,单生或簇生于叶腋,极芳香。果实奇特似手,握指合拳的"拳佛手",而伸指开展的为"开佛手"。初夏开花,11—12 月果实成熟,鲜黄而有光泽,有浓香(图5.53)。

【分布与习性】原产中国、印度及地中海沿岸。

喜温暖、湿润、光照充足、通风良好的环境。不耐寒冷,低于 3 ℃易受冻害。适生于疏松、肥沃、含腐殖质的酸性土壤,萌蘖力强。

图5.53 佛手

【繁殖方法】佛手扦插、嫁接、高压繁殖均可。扦插时间在 6 月下旬至 7 月上中旬,从健壮母株上剪取枝条为插穗,约 1 个月可发根,2 个月发芽,发芽后即可定植。

【常见栽培种】目前常见的有白花佛手和紫花佛手两种。

【园林应用】佛手果形奇特,颜色金黄,香气浓郁,是一种名贵的常绿观果花卉。南方可配置于庭院中,北方盆栽是点缀室内环境的珍品。

【其他经济用途】根、茎、叶、花、果均可入药,辛、苦、甘、温、无毒;入肝、脾、胃三经,有理气化痰、止呕消胀、舒肝健脾和胃等多种药用功能。

可提炼香精。

【花文化】花语为吉祥、幸运。

3)乳茄

别名:五指茄、五代同堂果、乳头茄、乳香茄、多头茄、牛头茄、牛角茄。

学名:*Solanum mammosum*

科属:茄科　茄属

【识别特征】多年生灌木。茎、叶有细茸毛,有皮刺。叶对生,阔卵形。叶缘浅缺裂。花单生或数朵成聚伞花序。花冠5裂,青紫色。幼果淡绿色,成熟时金黄色,圆锥形,基部有3~5个乳状突起(图5.54)。

【分布与习性】原产美洲热带地区。现广东、广西及云南均引种成功。

喜温暖、光线充足、通风良好的环境,要求疏松肥沃、排水良好、富含有机质的土壤。不耐寒,生长适宜温为15~25 ℃,最佳挂果温度为20~35 ℃。可于霜降后搬入室内光线较好的地方,维持不低于10~15 ℃的室温。

【繁殖方法】常用播种繁殖。浆果成熟后取出种子,干燥贮藏。南方在3月播种,北方在4月播种。

【园林应用】果形奇特,观果期达半年,鲜艳果色,是一种珍贵的观果植物。叶面浓绿,叶背素白,花似茉莉花,是观花观叶的最佳树种,用于人行道旁、厂区、机关、学校、庭院及荒山等绿化,成为一道亮丽的绿色风景。果金黄色,其基部有5个圆点突起,造型奇特可爱,冬季可连枝剪下,作为插花材料。也可盆栽,果实经久不变色、不干缩,金灿灿。

【其他经济用途】可药用。能消炎镇痛,散瘀消肿。主治心胃气痛、淋巴结核、腋窝生疮等症。

【花文化】花语为金银无缺、老少安康。

图5.54　乳茄

4) 金桔

别名:金弹、金柑、金丹、金柑、马水橘。

学名:*Fortunella crassifolia*

科属:芸香科　金桔属

【识别特征】常绿灌木,高40~60 cm,茎无刺,多分枝。幼枝具棱。单身复叶互生,叶片长圆状披针形,先端钝;质厚且硬,边缘常外卷;叶柄短而有狭翅。花单生或数朵簇生于叶腋,芳香;花小,花萼5,绿色;花瓣5枚,白色。花期5—8月。果实肉质,长倒卵形或长圆形;果皮厚而平滑呈金黄色,味甜可食,果熟期10—12月(图5.55)。

图5.55　金桔

【分布与习性】原产我国东部和南部。

喜光照充足和温暖的环境,稍耐寒;要求肥沃的微酸性沙质土壤。

【繁殖方法】嫁接繁殖。3月中旬前后用金桔实生苗作砧木,进行切接,接上金弹的枝条;也可用成熟的金弹种子播种长出的实生苗作砧木(本砧)进行切接,亲和力强,极易愈合成活。实生苗结的果实易发生变异,如作果实经营非嫁接不可。

【常见栽培种】常见有金柑(*F. margarita*)

别名:金枣、罗浮、金桔。

识别要点:果实球形或长圆形,果皮光滑,黄色或金黄色;果皮与瓤瓣不易分离。

【园林应用】观果植物,10—12月。植株被黄灿灿的果实挂满枝头,表达硕果累累、喜获丰收的一派景象,盆栽赏果。在我国广州,金桔是春节花市重要的花卉,是吉祥之物,深受人们喜爱。

【其他经济用途】药用,金桔有生津消食、化痰利咽、醒酒的作用,是腹胀、咳嗽多痰、烦渴、咽喉肿痛者的食疗佳品。金桔对防止血管破裂、减少毛细血管脆性、减缓血管硬化有很好的作用,高血压、血管硬化及冠心病患者食之非常有益。

【花文化】花语为吉利、吉祥如意。

5)朱砂根

别名:大罗伞,平地木。

学名:*Ardisia crenata*

科属:紫金牛科　紫金牛属

【识别特征】常绿矮小灌木。叶纸质至革质,椭圆状披针形至倒披针形,长5~10 cm或更长,宽2~3 cm,先端短尖或渐尖;伞形花序,生于侧生或腋生、长约10cm的花枝上,花白色或淡红色;花期6月,果球形,成熟后鲜红色,有黑色斑点(图5.56)。

【分布与习性】产于我国西藏东南部至台湾、湖北至海南岛等地区,海拔90~2 400 m的疏、密林下阴湿的灌木丛中。印度、缅甸经马来半岛、印度尼西亚至日本均有。

图5.56　朱砂根

喜温暖、荫蔽和湿润的环境。当环境温度在8 ℃以下停止生长。忌干旱,要求通风环境及排水良好的肥沃土壤。要求生长环境的空气相对湿度在50%~70%。

【繁殖方法】以播种繁殖为主,也可扦插繁殖,随采随播,经浸种后盆播。

扦插繁殖于春末秋初用当年生的枝条进行嫩枝扦插,或于早春用前一年生的枝条进行老枝扦插。

【园林应用】朱砂根植株大红大绿,亭亭玉立,十分高雅。盆栽摆设于室内,尽显吉祥喜庆、富贵荣华的景象。若成片栽植于城市立交桥下、公园、庭院或景观林下,绿叶红果交相辉映,秀色迷人,令人赏心悦目,心旷神怡。

【其他经济用途】药根及全株入药,为民间常用的中草药之一,根、叶可祛风除湿,散瘀止痛,通经活络,用于跌打风湿、消化不良、咽喉炎及月经不调等症。

果可食,亦可榨油,土榨出油率20%~25%,油可供制肥皂。

【花文化】花语——旺财。

【单元小结】

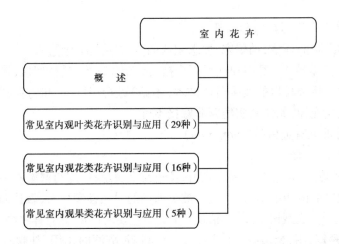

【拓展学习】

不可放入室内的有毒花卉

（1）水仙 水仙家庭栽种一般没问题，但不要弄破它的鳞茎，因为它里面含有拉丁可毒素，误食可引起呕吐、肠炎；叶和花的汁液可使皮肤红肿，特别当心不要把这种汁液弄到眼睛里。

（2）马蹄莲 马蹄莲花有毒，内含大量草酸钙结晶和生物碱等，误食会引起昏迷等中毒症状。

（3）夹竹桃 夹竹桃每年春、夏、秋三季开花，是一种既能观赏、治病，但又能让人中毒的花。它的茎、叶乃至花朵都有毒，其气味如闻得过久，会使人昏昏欲睡，智力下降。它分泌的乳白色汁液，如误食会中毒。

（4）一品红 一品红又名圣诞红。一品红全株有毒，特别是茎叶里的白色汁液会刺激皮肤红肿，引起过敏反应，如误食茎、叶，有中毒死亡的危险。

（5）虞美人 虞美人全株有毒，内含有毒生物碱，尤其果实毒性最大，如果误食则会引起中枢神经系统中毒，严重的还可能导致生命危险。

（6）五色梅 五色梅花、叶均有毒，误食后会引起腹泻、发烧等症状。

（7）洋金花 洋金花又名颠茄花、曼陀罗，在江南农村常见，小孩误食会中毒。

（8）夜来香 夜来香在夜间停止光合作用后会排出大量废气，这种废气闻起来很香，但对人体健康不利。如果长期放在室内，会引起头昏、咳嗽，甚至气喘、失眠。因此，白天把夜来香放在室内，傍晚就应搬到室外。

（9）郁金香 郁金香花中含有毒碱，人和动物在这种花丛中待上 2～3 h，就会头昏脑涨，出现中毒症状，严重者还会使毛发脱落，家中不宜栽种。

（10）曼珠沙华 曼珠沙华又名彼岸花。内含石蒜生物碱，全株有毒，如果误食会引起呕吐、腹泻，严重者还会发生语言障碍、口鼻出血。

（11）杜鹃花 黄色杜鹃的植株和花内均含有毒素，误食会中毒；白色杜鹃的花中含有四环二萜类毒素，人中毒后会引起呕吐、呼吸困难、四肢麻木等，重者会引起休克，严重危害人体健康。

（12）紫荆花 紫荆花所散发出来的花粉人接触过久，会诱发哮喘症或使咳嗽症状加重。

（13）飞燕草 飞燕草又名萝卜花，全株有毒，种子毒性更大，主要含萜生物碱。如果误食会引起神经系统中毒，严重的发生痉挛、呼吸衰竭而亡。

（14）南天竹 南天竹亭亭玉立，却全株有毒，主要含天竹碱、天竹苷等，误食后容易引起全身抽搐、痉挛、昏迷等中毒症状。

（15）含羞草 含羞草内含含羞草碱。这种毒素接触过多会引起眉毛稀疏、头发变黄甚至脱落。因此不要用手指过多拨弄它。

（16）花叶万年青 其花叶内含有草酸和天门冬素，误食后会引起口腔、咽喉、食道、胃肠中痛，严重者伤害声带，使人变哑。

（17）紫藤 其种子和茎、皮均有毒，种子内含金雀花碱，误食后会引起呕吐、腹泻，严重者还会发生口鼻出血、手脚发冷，甚至休克死亡。

（18）月季花 它所散发的浓郁香味，会使个别人闻后突然感到胸闷不适，呼吸困难。

（19）百合花 它所散发的香味如闻之过久，会使人的中枢神经过度兴奋而引起失眠。所以百合花尽量不要放在卧室。

（20）仙人掌类植物　其刺内含有毒汁，人体被刺后会引起皮肤红肿疼痛、瘙痒等过敏性症状，导致全身难受，心神不定。

（21）松柏　此类花木所散发出来的芳香气味对人体的肠胃有刺激作用，如闻之过久，不仅影响人的食欲，而且会使孕妇感到心烦意乱，恶心欲吐，头晕目眩。

（22）兰花　它所散发出来的香气如闻之过久，也会令人过度兴奋而导致失眠。因而兰花也不宜放在卧室内，在晚上最好能移盆到室外去。

（23）洋绣球花　它所散发出来的微粒，如果与人接触，会使有些人皮肤发生瘙痒症。

这些花看起来非常妖艳，美丽无比，但是是有毒的。所以，对于这些花卉植物，我们最好远观，静静地欣赏它们的美丽就够了，千万不可放在室内。

【相关链接】

［1］陈雅君．花卉学［M］．北京：气象出版社，2010．

［2］毛洪玉．园林花卉学［M］．北京：化学工业出版社，2009．

［3］陈坤灿．室内观叶植物［M］．汕头：汕头大学出版社，2006．

［4］中国数字植物标本馆

［5］中国花卉网

［6］中国花卉图片信息网

［7］花之苑

【单元测试】

一、名词解释

室内花卉

二、填空题

1. 室内花卉的类型有观叶类、观花类、_____、_____。

2. 室内观叶类花卉主要观赏植物的奇特的叶形或秀美的叶色，有_____或_____。

3. 室内观枝类花卉，这类植物的_____、_____形态奇特、婀娜多姿，具有独特的观赏价值。

三、选择题

1. 下列植物既可观花亦可观叶的是（　　　　）。

A. 火棘　　　　B. 非洲紫罗兰　　　　C. 绿萝　　　　D. 发财树

2. 下列花卉中属观花的是（　　　）。

A. 瓜叶菊　　　　B. 铁线蕨　　　　C. 朱砂根　　　　D. 酒瓶兰

3. 下列花卉中属观果的是（　　　）。

A. 文竹　　　　B. 蟹爪兰　　　　C. 巴西铁　　　　D. 佛手

4. 下列花卉中属观枝的是（　　　）。

A. 一叶兰　　　　B. 仙客来　　　　C. 巴西铁　　　　D. 冬珊瑚

四、判断题

1. 吊兰性喜温暖湿润气候和半阴环境，易受霜冻，冬季室内温度不得低于0 ℃。　　　（　　　）

2. 网纹草扦插繁殖,在适宜条件下,全年可以扦插繁殖,以5—9月温度稍高时扦插效果最好。　　　　　　　　　　　　　　　　　　　　　　　　　　　　　　　　　　（　　）

3. 花叶万年青扦插繁殖,温度在25 ℃以上,任何季节均可进行,以嫩茎插为主,水插叶可生根。　　　　　　　　　　　　　　　　　　　　　　　　　　　　　　　　　　（　　）

4. 龟背竹性喜温暖湿润的环境,忌阳光直射和干燥,喜半阴,不耐寒。对土壤要求严格,在肥沃、富含腐殖质的土壤中生长良好。　　　　　　　　　　　　　　　　　　　　（　　）

5. 白掌喜温暖、湿润的半阴环境。耐阴性强,忌强光直射。耐寒性差,越冬温度应在5 ~ 10 ℃。　　　　　　　　　　　　　　　　　　　　　　　　　　　　　　　　　　（　　）

6. 富贵竹扦插极易成活,也可分株繁殖。　　　　　　　　　　　　　　　　　（　　）

7. 仙客来的块茎不能自然分生子球,种子繁殖简便易行,繁殖率高,且品种内自交变异不大,是目前应用最普遍的繁殖方式。　　　　　　　　　　　　　　　　　　　　　（　　）

8. 球根秋海棠喜温暖、湿润的半阴环境。不耐高温,超过32 ℃,茎叶枯萎脱落,甚至块茎死亡。　　　　　　　　　　　　　　　　　　　　　　　　　　　　　　　　　　（　　）

9. 大花君子兰性喜温暖而半阴的环境,忌炎热,耐寒冷。　　　　　　　　　　（　　）

10. 一品红繁殖以扦插为主,多采用嫩枝扦插。插穗则应在清晨剪取为宜。　　（　　）

11. 倒挂金钟以扦插为主。也可播种,因较易采种。　　　　　　　　　　　　（　　）

12. 金桔喜光照充足和温暖的环境,稍耐寒;要求肥沃的微酸性沙质土壤。　　（　　）

13. 夜来香在夜间停止光合作用后会排出大量废气,这种废气闻起来很香,但对人体健康不利。如果长期把它放在室内,会引起头昏、咳嗽,甚至气喘、失眠。　　　　　　　（　　）

五、问答题

室内花卉园林应用有哪些特点?

岩生花卉

【学习目标】

知识目标：

1. 掌握岩生花卉的概念及其特点；
2. 熟悉常见岩生花卉的种；
3. 掌握常见岩生花卉的识别特征、生态习性、繁殖要点及园林应用。

技能目标：

1. 能应用所掌握的知识识别常见岩生花卉；
2. 能应用专业术语描述岩生花卉形态特征；
3. 能根据生态习性和园林应用的要求科学合理地选择应用岩生花卉。

6.1 概述

岩生花卉

6.1.1 岩生花卉的含义与类型

1)岩生花卉的含义

直接生长于岩石表面,或生长于覆于岩石表面的薄层土壤上,或生长于岩石之间的植物,如石菖蒲(*Acorus tatari～nowii*)、吊石苣苔(*Lysionotus pauciflorus*)、崖姜(*Pseudodrynaria coronans*)、独蒜兰(*Pleione bulboc～odicides*)等。在园林应用上是指具有较强抗逆性,尤其是抗干旱和耐瘠土能力,植株低矮或匍匐,可与岩石搭配用于造园的植物。以宿根和球根类花卉为主,也包括一些基部木质化的亚灌木类植物。

2)岩生花卉的特点

(1)植株低矮,株形紧密 大多数岩生花卉原生长于千米以上的高山上,高山的温差大,温度普遍较低,即使夏季也会有积雪。高山上风力强劲,在这样严酷的环境条件下,植株只能以低矮或匍匐的形式,贴近地表层生长,或分枝紧抱形成垫状,这样既可以减少寒风吹袭,又能降低能量消耗。矮小、紧密的植株是岩生花卉对生存环境长期适应的结果。

（2）茎粗、叶厚，根系发达，植株富含糖和蛋白质　科学工作者曾横切千里杜鹃（*Rhododendront thymifolium*）的叶片，在显微镜下发现内部有许多空隙，其中存有空气。这是由于高山空气稀薄，氧气不足，于是叶片自贮空气。高山上的低温强风和强烈辐射造成了这些地方干旱贫瘠，砾石裸露，在这种恶劣的环境中生存的岩生花卉形成了粗壮发达的根系，强大的根系提高了岩生花卉对于干旱和贫瘠的适应及抵抗能力。另外，植株的垫状体、小叶性、叶席卷、莲座叶、表皮角质化和革质化等外部形态的表现，这是岩生花卉对恶劣环境条件适应性的结构变化。另据测定，一些植物的糖和蛋白质含量占到了干重的25%。

（3）生长缓慢、生活周期长　岩生花卉的年生长量较小，生长缓慢，其生态外貌多具很短的茎，茎叶伏地，叶间距短而花序极长，这也是为了降低能量消耗，抵御低温强风所产生的适应性。岩生花卉的生活期较长，基本上为多年生植物，少数为一、二年生植物。

（4）花色艳丽　岩生花卉大多花色艳丽、五彩缤纷，在生长期中能保持低矮而优美的姿态，观赏价值极高，如四季报春（*Primula obconica*）、龙胆（*Gentiana scabra*）、马先蒿（*Pedicularis verticillata*）等。这是由于高山上紫外线强烈，极易破坏花瓣细胞的染色体，阻碍核苷酸的合成。为了生存，岩生植物的花瓣内产生大量的类胡萝卜素和花青素以吸收紫外线，保护染色体。类胡萝卜素使花瓣呈现黄色，花青素则使花瓣显露红、蓝、紫色。紫外线越强，花瓣内类胡萝卜素和花青素的含量就越高，花色就越艳丽。

3）岩生花卉的类型

（1）岩生花卉按自然分类系统分类

①苔藓植物：大多阴生、湿生植物，少数能在极度干旱的环境中生长。如齿萼苔科的裂萼苔属（*Chiloscyphus*）、异萼苔属（*Heteroscyphus*）、齿萼苔属（*Lophocolea*），羽苔科的羽苔属（*Plagiohila*）、细鳞苔科的瓦鳞苔属（*Trocholejeunea*），地钱科的地钱属（*Marchantia*）、毛地钱属（*Dumortiera*）等。其中的很多种类能附生岩生表明，点缀岩石，还能使岩生表面含蓄水分和养分，使岩生富有生机，非常美丽。

②蕨类植物：蕨类植物是一类别具风姿的观叶植物，很多常与岩石伴生，或是阴生岩生植物，如石松科的石松属（*Lycopodium*），卷柏科的卷柏属（*Selaginella*），紫萁科的紫萁属（*Qsmunda*），铁线蕨科的铁线蕨属（*Adiantum*），水龙骨科的石苇属（*Pyrrosia*）、岩姜属（*Pseudodrynaria*）、抱石莲属（*Drymoglossum*），凤尾蕨科的凤尾蕨属（*Pteris*）等，都有许多青翠美丽的岩生种类。

③裸子植物：主要为矮生松柏类植物，如铺地柏（*Sabina Procumbens*）、铺地龙柏（*Sabina chinensis* 'Kaizuca Procumbens'）等，均无直立主干，枝匍匐平伸生长，爬卧岩石上，苍翠欲滴；又如球柏（*Sabina chinensis* 'Globosa'）、球形柳杉（*Cryptomeria japonica* 'Compactoglobosa'）等，丛生球形，也很适合布置于岩石之间。

④被子植物：大多是典型的高山岩石植物，不少种类的观赏价值很高。如石蒜科、百合科、鸢尾科、天南星科、醡浆草科、凤仙花科、秋海棠科、野牡丹科、马兜铃科的细辛属（*Asarum*）、兰科、虎耳草科、堇菜科、石竹科、花葱科、桔梗科、十字花科的屈曲花属（*Iberis*）、菊科部分属、龙胆科的龙胆属（*Gentiana*）、报春花科的报春花属（*Primula*）、毛茛科、景天科、苦苣苔科、小檗科、黄杨科、忍冬科的六道木属（*Abelia*）和荚蒾属（*Viburnum*）、杜鹃花科、紫金牛科的紫金牛属（*Ardisia*）、金丝桃科的金丝桃属（*Hypericum*）、蔷薇科的栒子属（*Cotoneaster*）、火棘属（*Pyracantha*）、蔷薇属（*Rosa*）、绣线菊属（*Spiraea*）等，其中都有很美丽的岩生花卉。

（2）按岩生花卉在园林中应用的种类分类

①草本类：抗旱和耐瘠土能力强，植株低矮或匍匐的多年生宿根及球根植物，符合以上条件且自播繁衍能力甚强的一、二年生草花也包括在内。如石菖蒲、蝴蝶花（*Iris japonica*）、马蔺（*Iris lacteal* var. *chinensis*）、点地梅（*Androsace umbellate*）、灯心草（*Juncus effuses*）、红花酢浆草（*Oxalis corymbosa*）、麦冬（*Ophiopogon japonicus*）、佛甲草（*Sedum lineare*）、虎耳草（*Saxifraga stolonifera*）等。

②藤木类：如金银花（*Lonicera japonica*）、络石、薜荔（*Ficus pumila*）、常春藤（*Hedera nepalensis* var. *sinensis*）、爬山虎（*Parthenocissus tricuspidata*）、葛藤（*Pueraria lobata*）等。

③灌木及矮乔木：如偃柏（*Sabna chinensis* var. *sargentii*）、铺地柏、锦鸡儿（*Caragana sinica*）、火棘（*Pyracantha fortuneana*）、伏地杜鹃（*Gaultheria suborbicularis*）、南天竹（*Nandina domestica*）等。

④蕨类：如凤尾蕨（*Pteris cretica* var. *nervosa*）、石松（*Lycopodium japonicum*）、卷柏（*Selaginella tamariscina*）、铁线蕨（*Adiantum capillus~veneris*）、石韦（*Pyrrosia lingua*）、翠云草（*Selaginella uncinata*）等。

⑤苔藓、地衣类：如岩生黑藓（*Andreaea rupestria*）、裂萼苔（*Chiloscyphus polyanthus*）、日本羽苔（*Plagiohila japonica*）、地钱（*Marchantia polymorpha*）、光萼苔藓（*Porell adensifolia*）等。

6.1.2 岩生花卉园林应用特点

岩生花卉的园林应用有多种形式，主要有：

（1）岩石园　岩石园是以岩生花卉为主，结合地形选择适当的沼泽、水生植物，展示高山草甸、牧场、碎石陡坡、峰峦溪流等自然景观。全园景观别致，富有野趣。岩石园是充分展现岩生花卉的生境特点、生物学特性及观赏特点的专类园。在发展过程中，形成了不同的形式与风格，如规则式岩石园、墙园式岩石园、容器式岩石园、自然式岩石园等。

（2）假山绿化　岩石园源于西方园林，而假山艺术源于中国传统园林，与前者不同的是，中国传统园林中的假山是以山石为主体，注重堆山叠石，以观赏山石的形态、风貌为目的，很少在石间缝隙种植植物。但随着现代园林的发展，人们生态意识的增强，越来越多的岩生花卉应用于假山的绿化，许多假山工程都有削减山石比例，增配岩生花卉的趋向。

（3）岩石边坡护坡　由于道路建设，尤其是高速公路建设得到了空前的发展。在高速公路建设中，大量山体的开挖，破坏了原有植被和生态平衡，形成了大量裸露的岩石边坡。同时为了满足各种工程的需要，大量的山石被开采，也留下了大量裸露的陡坡和岩面，严重破坏了周边的自然环境。岩生花卉根系发达，抗逆性强，尤其是抗旱、耐瘠薄能力强，能在陡峭岩石、浆砌片石上生长，是岩石边坡理想的固土护坡、绿化、美化的材料。利用岩生花卉金线岩石边坡的绿化既经济又具有良好的生态效益，只要合理配植还能达到良好的景观效果。

6.2 常见岩生花卉识别与应用

1）龙胆

别名：苦地胆、地胆头、磨地胆、鹿耳草、观音草。

学名：*Gentiana scabra*

科属：龙胆科 龙胆属

【识别特征】多年生草本。茎直立，高 30～60 cm。根细长，多条，集中在根茎处。叶对生，无柄，茎部叶鳞片状，中、上部叶卵形或披针形，长 3～7 cm，宽 1.5～2 cm。聚伞花序密集枝顶，花钟状，直径约 4 cm，鲜蓝色或深蓝色。硕果长卵形。花期 9 月（图 6.1）。

【分布与习性】原产我国黑龙江和云南、日本、朝鲜，俄罗斯也有分布。我国大部分地区均产。生长于海拔 400～1 700 m 的地区。中国有龙胆属 240 多种，多产于西南高山地区，与杜鹃、报春合称为世界三大高山花卉。

图 6.1 龙胆

喜温暖湿润、阳光充足的环境，但不耐强光直射，也不能忍耐寒冷和干旱。喜有丰富腐殖质的石灰质土壤和沙质壤土为宜。地势高燥与阳光直接照射的地方和土壤过黏、贫瘠的地区不宜栽培。

【繁殖方法】主要采用扦插繁殖，也可播种、分株繁殖。

（1）扦插繁殖 花芽分化前剪取成年植株枝条，每三节为插穗，剪除下部叶片，插于事先准备好的扦插苗床上，立即浇水，土温 18～28 ℃约 3 周可生根，成活率达 80% 左右。

（2）播种繁殖 龙胆种子细小，千粒重约 24 mg，萌发要求较高的温湿环境和光照条件。25 ℃左右 7 d 开始萌发，幼苗期生长缓慢，喜弱光，忌强光。生产上种子繁殖保苗有一定的难度。一定要精耕细作，新高脂膜拌种，提高种子发芽率，加强苗期管理，保持苗床湿润，用苇帘遮光。

（3）分株繁殖 秋季挖出地下根及根茎部分，注意不要损伤冬芽，将根茎切成三节以上段，连同须根埋入土里，覆土，保持土壤湿润，第二年即可长成新株，喷施新高脂膜保护禾苗苗壮成长。

【常见栽培种】同属植物全世界约 400 种，我国 247 种。云南有 130 多种，占全国的一半以上。龙胆多分布于海拔 2 000～4 800 m 的亚高山温带地区和高山寒冷地区。其中具观赏价值的有：

（1）大花龙胆（*G. szechenyii*） 别名：邦见恩保（藏族名）。

识别要点：株高 5～10 cm。产于云南、四川、西藏、青海，生于海拔 3 000～4 400 m 的高山草甸和流石滩。花期 8—10 月（图 6.2）。

（2）头花龙胆（*G. cephalantha*） 识别要点：株高 10～30 cm，叶宽披针形，三出脉，尾尖，花冠裂片短尖，褶不对称三角形。产云南、广西、四川、贵州。生于海拔 2 600～3 500 m 的山坡阴处灌丛下。花期 9—10 月。

（3）滇龙胆草（*G. rigescens*） 别名：坚龙胆（中国高等植物图

图 6.2 大花龙胆

鉴),苦草、青鱼胆、小秦艽(云南),蓝花根、炮仗花。

识别要点:株高10~30 cm。特产云南、贵州、四川、广西和湖南。生于海拔1 100~3 100 m的山坡草地、灌丛、林下及山谷中。

【园林应用】龙胆花较大,艳蓝色,于深秋开放。主要应用于花境、林缘、灌丛间、岩石园绿化。

【其他经济用途】其根和根茎入药具有清热、泻肝、定惊之功效。《本草纲目》记载:"性味苦,涩,大寒,无毒。主治骨间寒热、惊病邪气,继绝伤,定五脏,杀虫毒。"随着临床研究的深入,应用面不断地扩大。

【花文化】龙胆花的花语和象征代表意义:喜欢看忧伤时的你。龙胆,因为它的根像龙胆一样的苦,所以才有这样的名字。不知道是不是因为味苦的原因才有了这种花语呢?但现实中的龙胆花却是很漂亮的。在悬崖上,数不清的龙胆你挨着我,我挤着你,爬满了山坡上、草丛间、石岩缝中……在发达的根系上抽出嫩芽,发出细茎,一对对叶子冒出展开,把山崖染得格外漂亮。龙胆花长在远离喧嚣市镇、空气清新的世界中,它本身似乎也显得那么高洁,一尘不染。

2)四季报春

别名:仙鹤莲、四季樱草、球头报春、鄂报春。

学名:*Primula obconica*

科属:报春花科　报春花属

【识别特征】多年生宿根草本,常作二年生栽培。株高20~30 cm,全株被白色茸毛。叶基生,椭圆形或长卵形,叶缘具波状缺刻,叶面光滑,叶背密被白色腺毛。花葶自基部抽出,高15~30 cm,顶生伞形花序,着花10余朵,花冠五深裂,裂片先端浅裂,呈漏斗状,花有红、粉红、黄、橙、蓝、紫、白等色。花径略5 cm,花萼管钟状。花期2—4月。硕果,种子细小,圆形,深褐色(图6.3)。

图6.3　四季报春

【分布与习性】报春花属植物全世界约有500种,绝大部分分布于北半球温带和亚热带高山地区,仅有少数产于南半球。我国约有300种,主要分布于云南、四川、贵州、西藏南部,另外,陕西、湖北也有分布,其余地区分布甚少。在昆明可常年开花,故名。

性喜凉爽、湿润气候和通风良好的环境。多分布于低纬度高海拔地区。春季以15 ℃为宜,夏季怕高温,需遮阴,冬季室温7~10 ℃为好,须置向阳处。适宜栽种于肥沃疏松、富含腐殖质、排水良好的砂质酸性土壤中。

【繁殖方法】播种繁殖。春、秋均可进行。欲使其在夏季开花,可于2—3月播种;若要使其在春季开花,则需于头年8月播种。由于种子细小,寿命短,宜采收后立即播种。一般存放不超过半年。播种用土一般用腐叶土5份、堆肥土4份、河沙1份混匀调制。播种前用厚纸叠三角形小纸盘,将种子放于盘上,执盘手轻轻抖动,让种子从一端均匀撒下,不用覆土,盖上一张纸,再压上玻璃,防止干燥,放置阴暗处。将盆土淹透水,在15~20 ℃,10 d左右可以发芽。发芽后立即除去覆盖物,并逐渐移至有光线处。幼苗长出2片真叶时进行分苗,幼苗有3片真叶时进行移栽,6片叶时定植盆中。幼苗期注意通风,经常施以稀薄液肥并保持盆土湿润,经3~4个月便可开花。

【常见栽培种】同属植物约有 500 种,我国约有 300 种。云南省是世界报春花属植物的分布中心。同属常见栽培的有以下几种:

(1)藏报春(*P. sinensis*) 别名:大花樱草。

识别要点:株高 15 ~ 30 cm,全株被腺状刚毛。叶椭圆形或卵状心形,聚散花序两层,每层有花 6 ~ 10 朵。苞片叶状。花冠高脚碟状,有大红色、粉红色、淡青色及白色等。种子细小,褐色(图6.4)。

(2)小报春(*P. malacoides*) 别名:报春花。

识别要点:叶互生,长卵形,顶端钝圆,边缘有不整齐缺刻,具细齿,上面被纤毛,下面及叶柄被白粉。花伞形,2 ~ 4 轮,由下至上渐开。花萼宽钟状,花冠浅红色,高脚碟状,立春前后盛开。云南各地有野生,长于阴湿田埂或沟边(图6.5)。

(3)球花报春(*P. sinodenticulata*) 别名:滇北球花报春。

识别要点:多年生草本。老叶柄储存,叶基生无柄。叶光滑、质厚、背面被白粉,长椭圆形,顶端钝尖,基部楔形,边缘有锐齿。花葶挺立,高达 10 ~ 20 cm,被白粉。花序球状伞形,有花 10 朵,花冠高脚碟状,淡紫红色(图6.6)。

(4)多花报春(*P. polyantha*) 别名:西洋报春。

识别要点:株高 15 ~ 30 cm,叶倒卵圆形,叶基渐狭成有翼的叶柄。花梗比叶长,伞形花序多丛生,有多种花色。花期春季。

(5)欧报春(*P. vulagaris*) 别名:年景花、樱草、四季报春。

识别要点:原产西欧和南欧。叶椭圆状卵形,长 10 ~ 15 cm,边缘下弯,具不规则圆齿状锯齿,叶背有柔毛。花梗长 6 ~ 10 cm,花径约 3 cm,单瓣或重瓣,花色有黄白色、红紫色和蓝色等。

【园林应用】四季报春品种多,花色鲜艳,形姿优美,花期长,适宜盆栽。点缀客厅、居室和书房,南方温暖地区可作花坛、花境布置,或栽植于假山园、岩石园内。

【其他经济用途】药用,此植物在东欧和德国普遍被用来治疗神经、咳嗽、气管炎、头痛、流感等疾病,在国内的中草药学上也有被使用的记载。

【花文化】四季报春的花语:初恋、希望、不悔。

3)马先蒿

别名:马屎蒿、马新蒿、烂石草、练石草、虎麻、马尿泡、芝麻七。

学名:*Pedicularis verticillata*

科属:玄参科 马先蒿属

【识别特征】多年生草本,株高 35 ~ 45 cm。茎丛生。基生叶矩圆形至披针形,较狭窄。茎生叶常 4 枚轮生,较宽。轮状花序顶生,花萼球状卵形,花冠紫红色,唇形。硕果披针形。蒴果室背开裂,种子各式,种皮具网状、蜂窝状孔纹或条纹。花期5—6月(图6.7)。

【分布与习性】全球马先蒿植物 600 多种,我国已知的有 329 种,主要分布于西南横断山区,

图6.4   藏报春

图6.5   小报春

图6.6   球花报春

自然生长于海拔 2 000 ~ 5 000 m 的高山草甸、林缘灌丛及沼泽地,北方各省区也有一些种类分布。

喜光照、耐寒冷,对土壤适应性强,在潮湿地生长较好。根系发达,深根性。花期 6—7 月,果期 9—10 月。种子细小,自播能力强。

【繁殖方法】播种繁殖,秋后硕果微裂时采收、晾干,搓揉果壳既可脱出种子,净种后干藏。到次年 3 月,做好苗床,将种子与沙或灰混匀撒播,发芽后,适时进行浇水、施肥和间苗工作,一年生苗即可出圃栽植。

【常见栽培种】同属植物很多,常见如下:

(1)三色马先蒿(*P. tricolor*)　识别要点:花黄色,产云南。

(2)华丽马先蒿(*P. superba*)　识别要点:花冠紫红色或红色,产云南西北部、四川西南部。生海拔 2 800 ~ 3 900 m 高山草地或开矿山坡,有时见于林缘荫处(图6.8)。

图 6.7　马先蒿

(3)浅黄马先蒿(*P. lutiscens*)　识别要点:花浅黄色,产云南。

(4)红唇马先蒿(*P. megolochila*)　识别要点:花桃红色,产西藏东部等。

【园林应用】马先蒿枝叶繁茂,翠绿成丛;唇形花紫红色。密集成团,绿叶红花,两相辉映十分可爱。花期长,适合盆栽观赏。植于花坛边缘成为环状,更是特别雅致。瓶插亦宜。

【其他经济用途】药用,茎叶或根入药。苦,平,无毒。祛风,胜湿,利水。治风湿关节疼痛,小便不利,尿路结石,妇女白带,疥疮。

①《本经》:"主寒热,中风湿痹,女子带下病,无子。"

②《别录》:"治五癃,破石淋,膀胱中结气,利水道小便。"

③陶弘景:"主恶疮。"

④《山西中草药》:"祛风胜湿。"

图 6.8　华丽马先蒿

4)点地梅

别名:铜钱草、喉咙草、白花草、白花珍珠草、地胡椒、地梅花、地钱草、点钱草。

学名:*Androsace umbellate*

科属:报春花科　点地梅属

【识别特征】一、二年生草本,全株被有白色细柔毛。叶丛生,有长柄平铺地面,半圆至近圆形,边缘有三角状锯齿。花葶至叶丛中抽出,顶端生白色小花 5 ~ 10 朵,排成伞形花序。蒴果球形,种子细小,多数,棕色。花期 4—5 月(图6.9)。

【分布与习性】分布极广,我国各地均有分布,俄罗斯、朝鲜、日本、菲律宾、印度、越南、柬埔寨、老挝也有分布。

图 6.9　点地梅

喜湿润、温暖、向阳环境和肥沃土壤,常生于山野草地或路旁。但不论是在高山草原,还是在河谷滩地,只要有一丁点瘠薄的土壤它就能生根发芽。它的种子能自播繁殖,也可在冰天雪地中生存。

【繁殖方法】用播种繁殖。高山上夏季很短,点地梅在 8 月底前发芽。然后在冰雪中度过 9

个月的时间,翌年6月开花。

【常见栽培种】同属植物还有:

(1)垫状点地梅(*A. tapete*) 识别要点:株形为半球形的坚实垫状体,由多数根出短枝紧密排列而成;根出短枝呈棒状。当年生莲座状叶丛叠生于老叶丛上。特产西藏、云南、四川、甘肃、青海和新疆。生于海拔4 000～5 300 m的高山河谷台地、裸露的沙质岩生或平缓山顶的高山草甸中。

(2)粗毛点地梅(*A. wardii*) 识别要点:植株由根出条和莲座状叶丛形成疏丛,根出条带紫色,细瘦而坚硬,节间长8～17 mm,直径约1 mm,下部节上具老叶丛残迹,上部新叶丛叠生于老叶丛顶端,节间不明显。特产西藏、云南、四川。生于海拔3 500～4 100 m的高山灌丛或高山草甸中。

(3)黄花昌都点地梅(*A. bisulca* var. *aurata*) 识别要点:当年生莲座状叶丛叠生老叶丛上,无间距;花冠黄色,花期6月。产云南、四川、西藏。生于海拔3 800～4 100 m的高山草地。

(4)滇西北点地梅(*A. delavayi*) 识别要点:地上部分为不规则的垫状体。根出条多数,近直立,紧密排列。莲座状叶丛顶生,花单生于叶丛中,花冠白色或粉红色,蒴果近球形。花期6—7月。产云南、四川。生于海拔2 800～3 600 m的高山草甸、草坡、岩石上或流石滩。

(5)硬枝点地梅(*A. rigida*) 识别要点:植株由着生于根出条上的莲座状叶丛形成疏丛。根出条多数,枣红色或紫褐色,密被褐色刚毛状硬毛,节上有枯老叶丛;当年生叶丛着生于枝端;花葶单一,直立,伞形花序1～7花;花冠深红色或粉红色,蒴果稍长于花萼。花期5—7月。产云南、四川。生于海拔3 700～4 700 m的高山栎林、云山林缘、高山杜鹃灌丛、山坡岩生上或石缝中(图6.10)。

图6.10 硬枝点地梅

(6)景天点地梅(*A. bulleyana*) 识别要点:二年生或多年生仅结实一次的草本,无根状茎和根出条。莲座状叶丛单生,具多数平铺的叶,花葶1至数枚自叶丛中抽出,伞形花序多花;花萼钟状,花冠紫红色,喉部色较深。花期6—7月。产云南、四川。生于海拔1 800～3 300 m的山坡松林、灌丛、草丛中或岩石上。

【园林应用】 点地梅植株低矮,叶丛生,平铺地面,适宜岩石园栽植及灌木丛旁作地被。

【其他经济用途】 全草入药,能清热解毒、消肿止痛。主治扁桃体炎、咽喉炎、口腔炎、急性结膜炎、跌打损伤。

5)雪莲

别名:荷莲、大苞雪莲。

学名:*Saussurea involucrata*

科属:菊科 风毛菊属

【识别特征】 多年生草本,生于海拔3 000 m以上的高山。株高16～30 cm。茎粗壮,颈部有纤维状残叶基。叶近革质,密集丛生,10余个聚生茎顶呈球形。有莲座状总苞片,被白色长毛。花紫色。花期夏季。果期9—10月(图6.11)。

【分布与习性】分布于我国新疆、青海、云南高海拔地区、俄罗斯中亚及西伯利亚东部。

【繁殖方法】一般种子繁殖。选择籽粒饱满、棕黑色个大而有光泽的籽粒,进行种子催芽,

用花盆或纸筒育苗的营养土中将有机肥、细中沙和腐殖质土壤按
2∶2∶6进行配制。平土地前要施足底肥,以腐熟圈肥,每亩1 500 kg
入土内,待播。播后覆盖稻草,待2片真叶去除覆盖,苗高5～6 cm
时即可移栽。

【常见栽培种】同属植物还有:

(1)昆仑雪兔子(*S. depsangensis*)　识别要点:多年生一次结
实莲座状草本,无茎或有短茎。叶莲座状,长圆形,两面被黄褐色
少白色绒毛。特产西藏、云南、四川、甘肃、青海和新疆。生于海拔
4 000～5 300 m的高山河谷台地、裸露的沙质岩生或平缓山顶的
高山草甸中。

图6.11　雪莲

(2)棉头雪兔子(*S. laniceps*)　别名:绵头雪莲花、大木花、大
雪兔子、麦朵刚拉、绵毛雪莲花。

识别要点:多年生一次结实有茎草本。茎高14～36 cm,上部被
白色或淡褐色的稠密棉毛;叶极密集,上面被蛛丝状棉毛,后脱毛,
下面密被褐色绒毛。头状花序多数,无小花梗,在茎端密集成圆锥
状穗状花序,小花白色,瘦果圆柱状。花果期8—10月。特产西藏、
云南、四川。生于海拔3 900～5 100 m的高山流石滩上(图6.12)。

(3)黑毛雪兔子(*S. hypsipeta*)　别名:折冠雪莲花、黑毛凤毛
菊、黑叶凤毛菊。

识别要点:丛生多年生多次结实草本,高5～13 cm。根状茎细
长,被稠密的黑色的叶柄残迹,有数个莲座状叶丛,羽状浅裂,全部
叶两面被稠密或稀疏白色或淡黄褐色的绒毛或最上部茎叶两面被
黑色绒毛。头状花序无小花序梗,多数,密集于稍膨大的茎端成半

图6.12　棉头雪兔子

球形的总花序,小花紫红色,瘦果褐色,花果期7—9月。特产西藏、云南、四川和青海。生于海
拔4 700～5 300 m的高山流石滩上。

(4)白毛雪兔子(*S. leucoma*)　别名:羽裂雪兔子。

识别要点:多年生多次结实草本。茎直立,高14～18 cm,被浅
褐色或污白色的稠密长棉毛,基部被黑褐色残存的叶柄。叶片长椭
圆形,羽状半裂或深裂。头状花序多数,在茎顶密集成圆锥状或球
形的总花序,总花序为白色或淡褐色的长棉毛所覆盖。小花紫黑
色,瘦果倒圆锥状,紫黑色,花果期8—10月。产云南、四川。生于
海拔3 200～4 700 m。

(5)水母雪兔子(*S. medusa*)　别名:水母雪莲花、夏古贝、杂各
尔手把。

识别要点:多年生多次结实草本。根状茎细长,上部发出数个
莲座状叶丛。茎直立,密被白色棉毛。叶密集,下部叶倒卵形、扇
形、圆形或长圆形至菱形,头状花序多数,在茎端密集成半球形的总

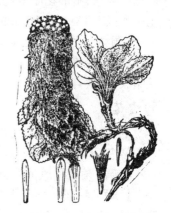

图6.13　水母雪兔子

花序,小花蓝紫色,瘦果纺锤形,浅褐色,花果期7—9月。产西藏、云南、四川。生于海拔
3 900～4 800 m的高山流石滩上(图6.13)。

（6）苞叶雪莲（*S. obvallata*）　别名：苞叶雪莲花、苞叶凤毛菊、恰羔素巴。

识别要点：多年生草本，植株高 16～60 cm。茎直立，有短柔毛或无毛。叶片长椭圆形或长圆形、卵形。头状花序 6～15 个，在茎端密集成球形的总花序，无小花梗或有短的小花梗，小花蓝紫色，苞片大而色黄，瘦果长圆形，花果期 7—9 月。产西藏、云南、四川。生于海拔 3 500～4 500 m 的高山灌丛草地、草甸和流石滩上（图 6.14）。

图 6.14　苞叶雪莲

【园林应用】雪莲花大如莲花，叶色如碧玉，花序紫色绮丽，具芳香。自古被青年男女视作爱情的象征，可引种于高海拔城市园林中的岩石园，供人们一睹芳姿。

【其他经济用途】雪莲是珍贵的药用植物，全草入药，含有挥发油、生物碱、黄酮类、酚类、糖类、鞣质等成分，具有除寒痰，壮阳补血，暖宫散瘀，治月经不调、肾虚腰痛，祛风湿，通经活血等。

【花文化】雪莲花——圣母玛丽亚的清净节之花。自古以来，基督教里就有将圣人与特定花朵连接在一起的习惯，这因循于教会在纪念圣人时，常以盛开的花朵点缀祭坛所致！而在中世纪的天主教修道院内，更是有如园艺中心般地种植着各式各样的花朵，久而久之，教会便将 366 天的圣人分别和不同的花朵合在一起，形成所谓的花历。当时大部分的修道院都位于南欧地区，而南欧属地中海型气候，极适合栽种花草。雪莲花便是被选来祭祀圣母玛丽亚清净节的花朵。雪莲花不畏寒冷的北风，在霜雪未融的早春，依然楚楚可怜地开放着。

雪莲的花语：喜欢，纯洁的爱；纯洁，坚韧。

6）平枝栒子

别名：铺地蜈蚣、栒子、栒刺木、岩楞子、山头姑娘（四川土名）、平枝灰栒子（华北经济植物志要）、矮红子。

学名：*Cotoneaster horizontalis*

科属：蔷薇科　平枝栒子属

【识别特征】落叶或半常绿匍匐灌木，枝水平张开成整齐 2 列，宛如蜈蚣。叶近圆形或至倒卵形，先端急尖，基部广楔形，表面暗绿色，无毛，背面疏生平贴细毛。花 1～2 朵，粉红色，近无梗；花瓣直立，倒卵形。果近球形，鲜红色，常有 3 小核。花期 5—6 月，果期 9—10 月（图 6.15）。

【分布与习性】原产中国，分布于陕西、甘肃、湖南、湖北、四川、贵州、云南等省。多散生于海拔 2 000～3 500 m 的灌木丛中。在印度、缅甸、尼泊尔等国也有原生。

图 6.15　平枝栒子

喜阳光和排水良好，也稍耐阴。4 月下旬至 5 月中旬开花，9 月中旬果实开始成熟，11 月下旬叶色开始变红，12 月中下旬在我国黄河以北地区进入落叶期。

【繁殖方法】平枝栒子的繁殖常用扦插和种子繁殖。春夏都能扦插，夏季嫩枝扦插成活率高。种子秋播或湿沙存积春播。

【常见栽培种】蔷薇科，栒子属植物 90 种，分布于东半球北温带，中国 50 余种，分布甚广，但主产地为西南部，大多数可作观赏植物。

【园林应用】平枝栒子枝叶横展，叶小而稠密，花密集枝头，晚秋时叶红色，红果累累，是布置岩石园、庭院、绿地和墙沿、角隅的优良材料。另外可作地被和制作盆景,果枝也可用于插花。

【其他经济用途】以枝叶或根入药。中药名为水莲沙。全年均可采,洗净,切片,晒干。叶、果实和果皮含右旋儿茶精(catechin)、矢车菊素(cyanidin)、花色素(anthocyanidin)等成分。性味酸、涩、凉。清热利湿,化痰止咳,止血止痛。主治痢疾、泄泻、腹痛、咳嗽、吐血、痛经、白带。

7)云南锦鸡儿

别名:渣玛兴(藏名)。

学名:*Caragana franchetiana*

科属:蝶形花科　锦鸡儿属

【识别特征】灌木,高1~1.5 m。托叶三角形或卵状披针形,有或无针尖,不硬化成针刺;长枝上的叶轴宿存并硬化成粗壮的针刺,羽状复叶5~7对,倒卵形或长椭圆状倒卵形;花单生,花冠黄色,荚果条状圆筒形,外面密生短柔毛,内面密生绵毛。花期5—6月,果期7月(图6.16)。

图6.16　云南锦鸡儿

【分布与习性】产四川西部、云南东部和西部、西藏东部。生于海拔3 300~4 000 m的山坡灌丛、林下或林缘。

喜光,常生于山坡向阳处。根系发达,具根瘤,抗旱耐瘠,能在山石缝隙处生长。忌湿涝。萌芽力、萌蘖力均强,能自然播种繁殖。

【繁殖方法】用播种或分株繁殖。当荚果颜色发褐时,及时采收置箩筐中暴晒收种,秋播或春播均可。春播种子宜先用30 ℃温水浸种2~3 d后,待种子露芽时播下,出苗快而整齐。分株通常在早春萌芽前进行,在母株周围挖取带根的萌条栽在园地,但需注意不可过多损伤根皮,以利成活,也可盆栽。

【常见栽培种】常见栽培种有:

(1)刺叶锦鸡儿(*C. acanthophylla*)　别名:金雀花、娘娘裤。

识别要点:落叶灌木。多刺,高约2 m,由基部多分枝。老枝深灰色,一年生枝浅褐色,嫩枝有条棱,枝条短而密集,小叶4对,花冠黄色,花期4—5月,果期7—8月。

(2)弯枝锦鸡儿(*C. arcuata*)　识别要点:灌木,高约80 cm,老枝褐色,一年生枝黄褐色,有棱;短枝弯曲。羽状复叶有3~5对小叶;托叶在长枝者硬化成针刺,花冠黄色,花期5月。

(3)二色锦鸡儿(*C. bicolor*)　识别要点:灌木,高1~3 m。老枝灰褐色或深灰色;小枝褐色,被短柔毛。花期6—7月,果期9—10月。

(4)树锦鸡儿(*C. arborescens*)　别名:骨担草、树金鸡儿、蒙古鸡锦儿,小黄刺条。

识别要点:大灌木或小乔木,高达7 m,常呈灌木状;小枝有棱,枝具托叶刺,偶数羽状复叶,小叶4~8对,长圆状倒卵形、花冠黄色,荚果扁条形。花期5—6月。

【园林应用】在园林中可丛植于草地或配置于坡地、山石边,亦可供制作盆景或切花。

【其他经济用途】

【藏药】佐摸兴:茎或心材、叶、花主治血热病,多血症,高血压,血瘀,闭经《中国藏药》。渣玛兴:茎皮治疗热病抽筋,呕吐;根解肌肉经络热毒,散积聚;种子治胆囊炎。

【医药】根(阳雀花根):甘、微苦,平。祛风活血,止痛,利尿,补气益肾。用于风湿关节痛,跌打损伤,乳汁不足,浮肿,痛经。花(阳雀花):甘、微苦,平。补气益肾。用于头晕头痛,耳鸣眼花,肺痨咳嗽,小儿疳积。

8）岩白菜

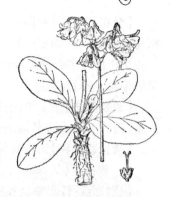

别名：岩壁菜、石白菜、岩七、红岩七、雪头开花、亮叶子。

学名：*Bergenia purpurascens*

科属：虎耳草科　岩白菜属

【识别特征】多年生常绿草本，高达 30 cm。根茎粗而长，紫红色，节间短。叶基生，肉质而厚，倒卵形或长椭圆形，上面红绿色有光泽，下面淡绿色；花茎长约 25 cm，带红色，蝎尾状聚伞花序；花瓣 5 片，白色，蒴果。花期 3～4 月。果期 5 月（图 6.17）。

图 6.17　岩白菜

【分布与习性】原产于亚洲温带地区，我国分布于云南、四川、西藏等地，多生于高山阴湿石缝中，生长于海拔 3 000～4 000 m 杂木林内阴湿处或有岩石的草坡上。

喜温暖湿润和半阴环境，耐寒性强，怕高温和强光，不耐干旱。

【繁殖方法】用分株和播种繁殖。分株在春季或花后进行，将根茎切成长 1 cm 左右分栽；播种在初夏进行，播后 15～20 d 发芽。

【常见栽培种】同属其他种：

（1）厚叶岩白菜（*B. crassifolia*）　识别要点：多年生常绿草本，丛生。株高 30 cm，冠径 45 cm。极耐寒。叶卵形或匙形，肉质，扁平，冬叶红褐色。穗状花序，花杯状，开张，粉红色，稍带紫色，春季开放。

（2）秦岭岩白菜（*B. scopulosa*）　别名：呆白菜、矮白菜、岩壁菜、石白菜、红岩七、雪头开花。

识别要点：株高 35 cm，地下具有粗大根状茎，地面茎多匍匐并有分枝；叶片深绿、肥厚且大，有光泽，呈倒卵形或椭圆形，一般进入冬季后，其叶片转为紫红色，凋萎休眠，停止生长发育。当温度至 10～15 ℃以上时叶片开始转绿，生长加速，继而陆续开花，通常小花 6～9 朵呈总状，花瓣 5 片，紫红色，花期长达 3～4 个月。

【园林应用】岩白菜栽培容易，叶片紫褐色，花朵紫红色，十分美丽，花叶俱美，是常见的观叶又观花的宿根花卉，适宜水边、岩石间丛栽或草坪边缘栽植，也广泛用作地被植物。

【其他经济用途】根茎入药，它的提取物——岩白菜素是治疗慢性支气管炎、肺气肿、肺心病、支气管哮喘等呼吸系统疾病的特效药物，市场需求量巨大，深受药物学家的青睐。

9）川滇金丝桃

学名：*Hypericum forrestii*

科属：藤黄科　金丝桃属

【识别特征】常绿灌木，高 0.3～1.5 m。茎红至橙色，叶具柄，叶片披针形或三角状卵形至多少呈宽卵形。花序具 1 至约 20 花，近伞房状。萼片分离，在花蕾及结果时直立，卵形或多少呈宽椭圆形至近圆形。花瓣金黄色，无红晕，明显内弯，宽倒卵形。雄蕊 5 束，每束有雄蕊 40～65 枚，花药金黄色。子房宽卵珠形，蒴果多少呈宽卵珠形，种子深红褐色，狭圆柱形。花期 6—7 月，果期 8—10 月（图 6.18）。

图 6.18　川滇金丝桃

【分布与习性】我国产四川西部(天全、康定)、云南中部(楚雄)、西北(大理、丽江、贡山)、东北(威信)及西南部(腾冲)。缅甸东北部也有。

生于山坡多石地,有时亦在溪边或松林林缘,生长于海拔 1 500～3 800 m 的山坡上。喜光又耐半阴,忌阳光直射,夏季强光会引起叶片灼伤;以肥沃的中性壤土生长较快。

【繁殖方法】主要采用扦插繁殖,也可进行分株和播种。扦插成活率与枝条的部位有密切关系,枝的下段成活率高,中段次之。

【常见栽培种】同属其他种:

(1)栽秧花(*H. beanii*)　别名:黄花香。

识别要点:较川滇金丝桃更为耐寒。丛状,有直立或拱弯的枝条;叶片狭椭圆形或长圆状披针形至披针形或卵状披针形;花瓣金黄色,无红晕,雄蕊相对略较短,花柱通常也较短;蒴果狭卵珠状圆锥形至卵珠形;种子深红褐至深紫褐色,狭圆柱形。花期5—7月,果期8—9月。

(2)金丝桃(*H. chinense*)　别名:丝海棠、土连翘、小汗淋草、小过路黄、小对月草、贯叶连翘、小对叶草。

识别要点:原产我国华北、华南地区。南方为半常绿小灌木,在北方为落叶灌木。全株光滑无毛,分枝多,小枝对生,下垂,红褐色,入冬枝鲜红色;叶绿色,单叶对生,无柄;花蕾像小桃,花金黄色,单生或3～7朵成聚伞花序,雄蕊长于花瓣。花期6—7月(图6.19)。

(3)金丝梅(*H. patulum*)　别名:芒种花、云南连翘。

识别要点:半常绿或常绿小灌木。小枝红色或暗褐色。叶对生,卵形、长卵形或卵状披针形,上面绿色,下面淡粉绿色,散布稀疏油点,叶柄极短。花单生枝端或成聚伞花序,金黄色,雄蕊多数,连合成 5 束,金黄色。蒴果卵形。花期4—7月,果期7—10月(图6.20)。

图6.19　金丝桃　　　　　　　　图6.20　金丝梅

【园林应用】川滇金丝桃枝柔披散,宜于造型。花朵略长呈深杯状,花瓣金黄色,雄蕊多数,子房浅黄色,构成独特的观赏花冠,伞房花序具花朵多数,适于假山石旁、庭院角隅、门庭两旁、花坛上配置;园林中大片群植于树丛周围或山坡林缘,亦可作花篱或盆栽。

【其他经济用途】川滇金丝桃以根入药,性味苦凉,有清热解毒、祛风消肿、抑制病毒、增强免疫力和抗抑郁的功效。但它也有轻微毒性,过量服用可毒害人畜,奶牛误食后连牛奶也会含有毒性。

10)红花岩梅

学名:*Diapensia purpurea*

科属：岩梅科　岩梅属

【识别特征】常绿平卧半灌木。株高3~6 cm。分枝密集，呈垫状。叶革质，匙形或匙状长圆形，先端钝至圆，上面具皱纹和乳头状突起。花单生，近无梗。花冠紫红色或粉红色，花萼5瓣，近圆形。雄蕊5枚，着生于花冠筒的上部，花丝扁宽，退化的雄蕊5枚，着生于花冠筒的中部，镰形或斜三角形。蒴果近球形。花期5~6月，果期8—11月（图6.21）。

【分布与习性】分布于云南的香格里拉、丽江、德钦、贡山及西藏、四川西部等地。在海拔3 000~4 500 m的草坡、灌丛或岩壁上生长。

红花岩梅抗寒冷，喜光，亦耐阴湿，生长于高山潮湿岩坡上。

【繁殖方法】主要采用分株繁殖，也可播种繁殖，随采随播。

【常见栽培种】同属其他种：

(1)白花岩梅(*D. purpurea f. albida*)　识别要点：与原变型的区别在于本变型的花白色，花冠筒部长4.5 mm，裂片长6.5 mm，宽4.5 mm。花果期5—7月。产于四川西部（天全二郎山）、云南西北部。生于海拔3 504~4 000 m的潮湿岩坡上。

(2)喜马拉雅岩梅(*D. himalaica*)　识别要点：平卧铺地常绿半灌木，高约5 cm。叶密生，覆瓦状，倒卵状矩圆形，长约4 mm，宽22.5 mm，顶端锐尖，基部下延为宽柄，长3~4 mm，革质，全缘，上面平滑，有光泽，有密气孔，侧脉不显，下面淡绿色，平滑。产中甸、德钦、贡山；生于高山灌丛或草甸，海拔3 000 m以上。西藏东南部有分布。锡金、缅甸北部也有（图6.22）。

图6.21　红花岩梅　　　　图6.22　喜马拉雅岩梅　　　　图6.23　黄花岩梅

(3)黄花岩梅(*D. bulleyana*)　别名：岩花、石板花。

识别要点：常绿匍匐矮小灌木，全株仅高5~8 cm。本种与红花岩梅(*Diapensia purpurea*)相似，但叶片较大，长6~9 mm，宽3~3.5 mm，花冠黄色，近肉质，冠管长7~8 mm，易与后者相区别。产云南西部横断山南端苍山上（图6.23）。

【园林应用】红花岩梅花繁色艳，株形优雅，是岩石园栽培的好材料，可作庭园岩石点缀及景点布置，亦可作为庭院地被栽培。

【单元小结】

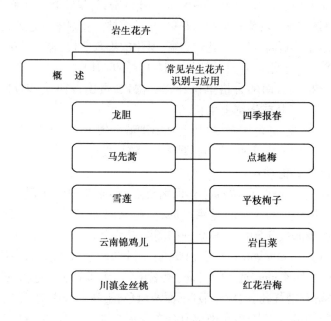

【拓展学习】

其他岩生花卉

名称	学名	科属	分布海拔/m	产地	花色
多枝乌头	*Aconitum ramulosum*	毛茛科乌头属	3 500	云南中甸	紫蓝
象南星	*Arisaema elephas*	天南星科天南星属	1 800 ~ 4 000	云南、四川、西藏、贵州	复色
毛头蓟	*Cirsium erophoroicles*	菊科蓟属	2 900 ~ 4 200	云南、西藏	桃红
川滇杓兰	*Cypripedium corrugatum*	兰科杓兰属	3 200 ~ 4 200	西藏、云南、四川	紫、彩色
西南鸢尾	*Iris bulleyana*	鸢尾科鸢尾属	2 300 ~ 4 800	西藏、云南、四川	紫蓝
棣棠花	*Kerra japonica*	蔷薇科棣棠属	1 700 ~ 2 800	云南及国内大部分地区	黄
地涌金莲	*Musella lasiocarpa*	芭蕉科 地涌金莲属	1 500 ~ 2 500	云南	黄
紫牡丹	*Paeonia delavayi*	毛茛科芍药属	2 700 ~ 3 700	西藏、云南、四川	红紫
黄牡丹	*Paeonia lutea*	毛茛科芍药属	2 000 ~ 3 500	云南、四川、西藏	黄
火棘	*Pyrancantha fortuneana*	蔷薇科火棘属	1 500 ~ 2 800	云南、贵州、四川、广西	红果
长鞭红景天	*Rhodiola bulu*	景天科红景天属	3 000 ~ 4 200	西藏、四川、青海、甘肃	红
钟花杜鹃	*Rhododendron panulatum*	杜鹃花科 杜鹃花属	3 200 ~ 4 200	西藏	白粉
马缨花	*Rhododendron delavayi* var. *delavayi*	杜鹃花科 杜鹃花属	1 800 ~ 3 000	云南、贵州	鲜红

续表

名称	学名	科属	分布海拔/m	产地	花色
大花景天	*Sedum magniflorum*	景天科景天属	3 800 ~ 4 100	云南	黄
狼毒	*Stellera chamaejasme*	瑞香科狼毒属	1 600 ~ 3 800	云南及国内大部分地区	红、白、黄等
云南丁香	*Syinga yunnanensis*	木犀科丁香属	1 000 ~ 2 500	云南	黄

【相关链接】

[1] 包满珠. 花卉学[M]. 北京:中国农业出版社,2003.

[2] 中国高等植物图鉴第二册[M]. 北京:科学出版社,1885.

[3] 中国数字植物标本馆 http://www.cvh.org.cn.

[4] 中国科学院武汉植物园 http://www.whiob.ac.cn/.

[5] 园景网 http://www.yuanjing.com.

[6] 中国花卉图片信息网 http://www.fpcn.net/.

【单元测试】

一、问答题

1. 岩生花卉有哪些特点?

2. 常见岩生花卉有哪些?

二、填空题

龙胆多产于西南高山地区,与_____、_____合称为世界三大高山花卉。

三、判断题

1. 龙胆喜温暖湿润、阳光充足的环境,耐强光直射,但不能忍耐寒冷和干旱。   （   ）

2. 在昆明可常年开花的四季报春喜凉爽、湿润气候和通风良好的环境。适宜栽种于肥沃疏松、富含腐殖质、排水良好的砂质酸性土壤中。   （   ）

3. 马先蒿喜光照、耐寒冷,对土壤适应性强,在潮湿地生长较好。根系发达,深根性。由于种子细小,自播能力较弱。   （   ）

4. 对于点地梅,只要有一丁点瘠薄的土壤它就能生根发芽。它的种子能自播繁殖。也可在冰天雪地中生存。   （   ）

5. 平枝栒子喜阳光和排水良好,也稍耐阴。9月中旬果实开始成熟。   （   ）

6. 云南锦鸡儿喜光,常生于山坡向阳处。根系发达,具根瘤,抗旱耐瘠,能在山石缝隙处生长。忌湿涝。能自然播种繁殖。   （   ）

7. 岩白菜喜温暖湿润和半阴环境,耐寒性强,怕高温和强光,不耐干旱。   （   ）

8. 川滇金丝桃常生于山坡多石地,有时亦在溪边或松林林缘,喜光又耐半阴,忌阳光直射,夏季强光会引起叶片灼伤;以肥沃的酸性壤土生长较快。   （   ）

7 专类花卉

【学习目标】

知识目标：

1. 掌握兰科花卉、多肉植物、蕨类植物、食虫植物的概念及其特点；

2. 熟悉兰科花卉、多肉植物、蕨类植物、食虫植物常见种；

3. 掌握常见兰科花卉、多肉植物、蕨类植物、食虫植物的识别特征、生态习性、繁殖要点及园林应用。

技能目标：

1. 能应用所掌握的知识识别常见兰科花卉、多肉植物、蕨类植物、食虫植物；

2. 能应用专业术语描述兰科花卉、多肉植物、蕨类植物、食虫植物的形态特征；

3. 能根据生态习性和园林应用的要求科学合理地选择应用兰科花卉、多肉植物、蕨类植物、食虫植物。

7.1 兰科花卉

7.1.1 概述

兰科花卉

1）兰科花卉的含义及类型

兰科花卉俗称兰花，是被子植物中的第二大科，全世界有超过730个属和2.5万个种，另外还有10万余个园艺家培养出的杂交种和变种。我国约有150个属，1 000余种。兰科植物均为多年生草本。茎直立、悬垂或攀缘；单叶互生，有叶鞘；大多数都是虫媒植物，花因与昆虫的授粉模式而特化出唇瓣，花器构造复杂；假鳞茎是兰科植物特有的器官，主要见于附生兰。广泛分布于全世界，尤以亚洲和南美洲的热带地区最多。

兰花按生态习性主要分为地生兰、附生兰、腐生兰三大类。园艺栽培的主要种类为地生兰和附生兰。

地生兰大多数种类原产中国，因此，地生兰又称为中国兰。它主要分布于亚洲的热带和亚热带,一般生长于林下山地,具有一定的耐寒性。通常具有假球茎,叶线形,基生,花虽小,但具有浓郁的芳香,是中国传统十大名花之一。主要种类有春兰、蕙兰、建兰、墨兰和寒兰五大类,有上千种园艺品种。常用于盆栽观赏。

附生兰主要分布于国外的热带雨林,因此,又称为热带兰、洋兰等。它通常具有发达的气生根,附生林间,不耐寒,喜温暖湿润的环境。花大,色艳,但大多没有芳香。主要种类有蝴蝶兰、卡特兰、兜兰、万代兰、石斛兰等。常用作盆栽观赏,也是优良的切花材料。

腐生兰生于河边林下、马尾松林缘或开旷山坡上,海拔 700~1 500 m。分布于中国、尼泊尔、锡金、巴基斯坦、印度北部、缅甸、越南、老挝、泰国、日本。腐生兰没有叶绿素,终年寄生在腐烂的植物体上生活。如天麻,靠蜜环菌取得养分。

2)兰科花卉园林应用特点

兰花是兰科植物中具有观赏价值的类群,它既是一种珍贵的观赏植物,又蕴涵哲理深奥的兰文化。在古典园林中,兰花通常作为身份和品位的象征,仅供少数人欣赏。近年来我国逐步进入了大规模兰花生产阶段,现代科学技术越来越多地应用于兰花生产、包装、贮运等方面,逐渐降低了兰花生产的成本,兰花植物作为室内观赏已相当普遍。在一些旅游景点、高档住宿区和专类园中的应用也越来越广泛,"空谷幽兰"已成为一种现实。结合兰花的生长习性,在园林植物配植中巧妙地运用兰花,不仅能满足人们生活水平改善后拥有兰花、以兰寄情的愿望,还能为现代园林景观营造出更具风韵的一片空间。

兰花的园林应用主要有以下形式:

(1)精致盆栽,尤显芳华　兰花是珍贵的观赏植物,兰花种类繁多,常见的栽培种有春兰、蕙兰、建兰、寒兰、墨兰等。其花、叶、香气都是观赏的重点。兰性喜阴,将其种植于庭院之内,自然适宜的环境也会比较适合其生长。用作盆栽,也是比较常见,以兰花小型的体态和精致的栽盆搭配,更显兰花的贵气。在庭院中巧妙的布景,和花与叶所展现的美都是令人赏心悦目的。另外,花架的应用,更加灵活地突出兰花的特色,不但可以美化庭院环境,使其景致优雅,还可以成为一种活生生的艺术作品,芳华显现。

(2)园区之景,别具一格　兰花可作为一种观赏花卉种植于园区里,比如在小型的公园中布置种植,以别出心裁的创意,在公园的全景搭配中体现其存在的重大意义。当然,也有一些地区会建设主题化的兰花园区,比如华南植物园中的兰花区,以各种独具风韵的兰花,极具旅游观赏价值。在园区,由于园中的生长环境和谐,配置的兰花品种以及组图介绍,很自然地烘托出优美的充满诗情画意的意境,而兰花无疑是园区中的一类观赏价值高的栽培植物。

(3)点缀之妙,无限魅力　既非作较小的盆景,也非在园区内大显手笔,而以一种装饰的点缀,兰花的魅力确似一种完美的概念,用作衬景,更让人融情于景。兰花具有娇生的习性,需要精心的栽培,但它的色香味,让人无法抗拒,它静态与动态的灵幻,使大自然的装束显得十分协调。无论是小株的蝴蝶兰,或者略显高大的白兰,其焕然一新的衬景之态,也让人眼前一亮。

7.1.2　常见兰科花卉识别与应用

1)蝴蝶兰

别名:蝶兰、台湾蝴蝶兰。

学名:*Phalaenopsis amabilis*

科属:兰科　蝴蝶兰属

【识别特征】单茎性附生兰,具有发达地气生根,茎很短,常被叶鞘所包。叶片丛生,二列,稍肉质,常 3～5 枚或更多,正面绿色,背面因品种而异呈绿或紫色,叶椭圆形或长圆形,长 10～20 cm,宽3～6 cm,具短而宽的鞘。花序侧生于茎的基部,长 30～50 cm,不分枝,呈弓状;花序轴紫绿色,呈回折状,着花 3 至多朵;花大,花径 10～12 cm,花形优美,花色丰富,无芳香。花期长,以秋冬季开花为主(图7.1)。

图7.1　蝴蝶兰

【分布与习性】原产亚洲,中国台湾和泰国、菲律宾、马来西亚、印度尼西亚等地都有分布,其中以台湾出产最多。

喜高温、高湿、半阴环境,越冬温度不低于 18 ℃。由于蝴蝶兰原产于热带雨林地区,本性喜暖畏寒。生长适温为 15～20 ℃,冬季 10 ℃以下就会停止生长,低于 5 ℃容易死亡。在岭南各地如要进行批量生产,必须要有防寒设施,实行保护性栽培。如果家庭小量种植,在遇冷时立即移入室内便可以安全过冬。喜通透性良好的弱酸性基质,常用泥炭藓、树皮、椰壳、椰糠等。

【繁殖方法】蝴蝶兰一般多采用组织培养法和分株法繁殖。

组培繁殖常用花梗腋芽作外植体进行原球茎的诱导,经试管育成幼苗移栽,大约经过两年便可开花。有些母株当花期结束后,有时花梗上的腋芽也会生长发育成为子株,当它长出根时可从花梗上切下进行分株繁殖。其盆栽的植料不宜用泥土,而要采用水苔、浮石、桫椤屑、木炭碎等,或者直接把幼苗固定在渗楞板(又称蛇木)上,让它自行附着生长。

【常见栽培种】全世界原生种有 70 多种,但原生种大多花小不艳,作为商品栽培的蝴蝶兰多是人工杂交选育品种。

(1)小花蝴蝶兰　蝴蝶兰的变种。花朵稍小。

(2)台湾蝴蝶兰　蝴蝶兰的变种。叶大,扁平,肥厚,绿色,并有斑纹。花径分枝。

(3)斑叶蝴蝶兰　别名席勒蝴蝶兰。叶大,长圆形,长 70 cm,宽 14 cm,叶面有灰色和绿色斑纹,叶背紫色。花多达 17 朵,花径 8～9 cm,淡紫色,边缘白色。花期春、夏季。

(4)曼氏蝴蝶兰　别名版纳蝴蝶兰。为同属常见种。叶长 30 cm,绿色,叶基部黄色,萼片和花瓣橘红色,带褐紫色横纹。唇瓣白色,3 裂,侧裂片直立,先端截形,中裂片近半月形,中央先端处隆起,两侧密生乳突状毛。花期3—4月。

(5)阿福德蝴蝶兰　为同属常见种。叶长 40 cm,叶面主脉明显,绿色,叶背面带有紫色,花白色,中央常带绿色或乳黄色。

(6)菲律宾蝴蝶兰　为同属常见种。花茎长约 60 cm,下垂,花棕褐色,有紫褐色横斑纹,花期5—6月。

(7)滇西蝴蝶兰　为同属常见种。萼片和花瓣黄绿色,唇瓣紫色,基部背面隆起呈乳头状。

流行的栽培品种主要有:巨宝红玫瑰、火鸟、V31、红龙、红宝石、超群火鸟、满天红、大富贵、香妃、满堂红、双龙、白雪公主、台北黄金、宇宙之辉等。

【园林应用】花姿优美,颜色华丽,为热带兰中的珍品,有"兰中皇后"之美誉,是世界上优良的盆栽及切花花卉。在南方可用蕨板、椰子壳(带衣)作悬挂栽培,也可直接种植在树干上,用苔藓覆盖栽培。在北方地区宜采用盆栽,置于客厅、住卧室、阳台上,具有很高的观赏价值。

【花文化】

白花蝴蝶兰:爱情纯洁　友谊珍贵

红心蝴蝶兰:鸿运当头　永结同心

红色蝴蝶兰:仕途顺畅　幸福美满

条点蝴蝶兰:事事顺心　心想事成

黄色蝴蝶兰:事业发达　生意兴隆

迷你蝴蝶兰:快乐天使　风华正茂

蝴蝶兰花语:我爱你,幸福向你飞来

蝴蝶兰对应星座:水瓶座、射手座,代表忠诚、智慧、理性、美德。

2)大花蕙兰

别名:喜姆比兰、蝉兰、东亚兰、西姆比兰、杂交虎头兰、新美娘兰。

学名:*Cymbidium hybrid*

科属:兰科　兰属

图7.2　大花蕙兰

【识别特征】多年生常绿草本,根肉质,粗而长,淡黄色,叶线形,边缘有粗齿,茎部常对褶,叶脉明显,叶片5~9枚。花葶直立,花苞有短、长两种类型,着花5~15朵,苞片小,花淡黄色,也有嫩绿、淡紫等色,花瓣稍小于萼片,唇瓣中裂片长椭圆形,边缘有短缘毛,颜色绿白,并具红、紫斑点,花香相比春兰稍淡,花期2—3月(图7.2)。

【分布与习性】原产亚洲热带和亚热带高原,如我国西南地区。常野生于溪沟边和林下的半阴环境。

喜冬季温暖和夏季凉爽气候,喜高湿强光,生长适温为10~25 ℃,夜间温度以10 ℃左右为宜。大花蕙兰对水质要求比较高,喜微酸性水,生长期需较高的空气湿度。大花蕙兰在兰科植物中属喜光的一类,光照充足有利于叶片生产,盛夏遮光50%~60%,秋季多见阳光,有利于花芽形成与分化。冬季雨雪天,如增加辅助光,对开花极为有利。

【繁殖方法】分株及组培繁殖。

分株繁殖于花后进行;组培繁殖采用茎尖的组培方法获得大量种苗。

【常见栽培种】按株型不同可分为直立大花蕙兰、垂花大花蕙兰。

按照颜色的不同分为以下色系:

红色系列:如'红霞'、'亚历山大'、'福神'、'酒红'、'新世纪'等;

粉色系列:如'贵妃'、'梦幻'、'修女'等;

绿色系列:如'碧玉'、'幻影'、'往日回忆'、'世界和平'、'翡翠'、'玉禅';

黄色系列:如'黄金岁月'、'龙袍'、'明月'等;

白色系列:如'冰川'、'黎明'等;

橙色系列:如'釉彩'、'梦境'、'百万吻'等;

咖啡色系列:多见于垂花蕙兰系列,如'忘忧果';

复色系列:'火烧'。

【园林应用】室内盆栽大花惠兰株大棵壮,花茎直立或下垂,花姿优美,适用于室内花架、阳台、窗台搬放,更显典雅豪华,有较高品位和韵味。如10～20株大型盆栽,适合宾馆、商厦、车站和空港厅堂布置,气派非凡,惹人注目。

【花文化】花语为丰盛祥和、高贵雍容。

3)卡特兰

别名:阿开木、嘉德利亚兰、嘉德丽亚兰、加多利亚兰、卡特利亚兰。

学名:*Cattleya hybrida*

科属:兰科　卡特兰属

【识别特征】附生性兰花,多年生常绿草本,假鳞茎呈棍棒状或圆柱状,株高25 cm以上。茎单生,叶2～3枚,叶片质厚,呈长卵形。花梗长20 cm,着花5～10朵,花大,花径约10 cm,有特殊的香气,每朵花能连续开放1月余;花萼与花瓣相似,唇瓣3裂,基部包围雄蕊下方,中裂片伸展而显著。花色丰富,花姿优美,有"兰花之王"的称号,为巴西、阿根廷、哥伦比亚等国国花。花期秋季(图7.3)。

图7.3　卡特兰

【分布与习性】原产美洲热带,均为附生兰,常附生于林中树上或林下岩石上。

喜温暖湿润环境,越冬温度夜间15 ℃左右,白天20～25 ℃,保持大的昼夜温差至关重要,不可昼夜恒温,更不能夜温高于昼温。要求半阴环境,春夏秋三季应遮去50%～60%的光线。

【繁殖方法】

分株及组培繁殖。3月待新芽刚萌发或开花后将基部根茎切开,每丛至少有2～3个假鳞茎并带有新芽,株丛不宜太小,否则新株恢复慢,开花晚。

【常见栽培种】卡特兰常见种类有大花卡特兰、蕾丽卡特兰、橙黄卡特兰、两色卡特兰等和大量杂交优良品种。卡特兰杂交品种可根据花朵颜色分为单色花和复色花两大类;根据花型的大小分成大、中、小、微型四大类;根据花期的不同分为以下5类:

(1)冬花及早春花品种　花期多在1—3月,品种有'大眼睛'、'三色'、'加州小姐'、'柠檬树'、'洋港'、'红玫瑰'等。

(2)晚春花品种　花期在4—5月,品种有'红宝石'、'闺女'、'三阳'、'大哥大'、'留兰香'、'梦想成真'等。

(3)夏花品种　花期在6—8月,品种如'大帅'、'阿基芬'、'海伦布朗'、'中国美女'、'黄雀'等。

(4)秋冬花品种　花期在10—12月,品种如'金超群'、'蓝宝石'、'红巴土'、'黄钻石'、'格林'、'秋翁'、'秋光'、'明之星'、'绿处女'等。

(5)不定期品种　花期不受季节限制,如'胜利'、'金蝴蝶'、'洋娃娃'等。

【园林应用】花色千姿百态,绚丽夺目,常出现在喜庆、宴会上,用于插花观赏。如用卡特兰、蝴蝶兰为主材,配以文心兰、玉竹、文竹瓶插,鲜艳雅致,有较强节奏感。若以卡特兰为主花,配上红掌丝、石竹、多孔龟背竹、熊草,则显轻盈活泼。

卡特兰是最受人们喜爱的附生性兰花。花大色艳,花容奇特而美丽,花色变化丰富,极其富丽堂皇,有"兰花皇后"的誉称;而且花期长,一朵花可开放1个月左右;切花水养可欣赏

10~14 d。卡特兰与石斛、蝴蝶兰、万代兰并列为观赏价值最高的四大观赏兰类,在新娘捧花中更是少不了它的情影。

【花文化】花语为敬爱、倾慕。

4)石斛

别名:石斛、石兰、吊兰花、金钗石斛、林兰、禁生、杜兰、万丈须、金钗花、千年润、黄草。

学名:*Dendrobium nobile*

科属:兰科 石斛属

图7.4 石斛

【识别特征】多年生附生性草本植物,假鳞茎丛生,伸长呈茎状,多节;总状花序生茎上部节上,具花数朵或仅1朵;花大而艳丽,花被片开展,侧萼片宽阔的基部着生在蕊柱足上,与唇瓣基部共同形成萼囊;唇瓣3裂。花期4—5月(图7.4)。

【分布与习性】原产亚洲热带、大洋洲和太平洋岛屿。在我国,主要分布于秦岭以南各省区,主产西南地区和台湾。常附生于海拔480~1 700 m的林中树干上或岩石上。

喜温暖、湿润和半阴环境,不耐寒。生长适温18~30 ℃,休眠期16~18 ℃,晚间温度为10~13 ℃,温差保持在10~15 ℃最佳。土壤宜用排水好、透气的碎蕨根、水苔、木炭屑、碎瓦片、珍珠岩等,以碎蕨根和水苔为主。

【繁殖方法】分株、扦插繁殖,也可组织培养繁殖。分株繁殖一般将每盆分为2~3丛,每丛有3~4根老枝条,以利开花。扦插繁殖以茎段为插条,长3~4 cm,插于水苔等无菌基质中。

【常见栽培种】石斛属为兰科中最大的一个属,约有1 500种植物,我国约有63种石斛属植物,常见栽培种类有:

(1)密花石斛(*D. densiflorum*) 识别要点:花金黄色,唇瓣橙黄色。主要分布于海南、广西、西藏等地。

(2)铁皮石斛(*D. officinale*) 识别要点:花黄绿色,唇瓣白色 ,主要分布于安徽、浙江、云南、四川等。

(3)金叉石斛(*D. nobile*) 识别要点:花白色带浅紫色,先端紫红色。主要分布于贵州、台湾、四川、海南、湖北等。

(4)鼓槌石斛(*D. chrysotoxum*) 识别要点:花质地厚,金黄色,稍带香气 。主要分布于云南等地。

(5)霍山石斛(*D. huoshanense*) 别名:米斛。

识别要点:花淡黄绿色,开展。主要分布于安徽等地,是石斛中的极品,是国家濒临灭绝的珍稀药材。

(6)束花石斛 (*D. chrysanthum*) 识别要点:花黄色,质地厚,主要分布于广西、云南、贵州、西藏。

(7)流苏石斛(*D. fimbriatum*) 识别要点:花金黄色,质地薄,开展,稍具香气, 花期4—6月。主要分布于广西、云南、贵州等地。

【园林应用】室内盆栽及切花观赏。由于花形、花姿优美,艳丽多彩,种类繁多,花期长,深受各国人民喜爱和关注,在国际花卉市场上占有重要的位置。在广东、昆明、福建等地均有一定规模的生产基地,在盆花和切花生产方面基本上能满足国内市场的需求。

【其他经济用途】茎入药,味甘,性微寒,具有生津养胃、滋阴清热、润肺益肾、明目强腰之功效。

具有强阴益精、厚肠胃、轻身延年之功效。以石斛兰代茶,可生津润喉、嗓音不衰;取之提炼,抗菌防癌,延缓衰老。素有"千金草""软黄金"之称,驰名中外。其功效奇特,名列天山雪莲、三两人参、百年首乌、花甲之茯苓、深山灵芝、海底珍珠、冬虫夏草之首。诸如"石斛夜光丸"就是用美花石斛等制成,历年来畅销国内外。

另可食用:加工成石斛茶、石斛玉米须茶、白芍石斛瘦肉汤。

【花文化】石斛的花语为喜悦,祝福,幸福。

由于石斛兰具有秉性刚强、祥和可亲的气质,有许多国家把它作为每年6月20日的"父亲节之花"。在国外,石斛兰的花语为"欢迎你,亲爱的"。

5)兜兰

别名:拖鞋兰、绉枸兰。

学名:*Cypripedium corrugatum*

科属:兰科　兜兰属

【识别特征】多年生草本,地生、半附生或附生。茎极短,叶片革质,近基生,带形或长圆状披针形,绿色或带有红褐色斑纹。花葶从叶丛中抽出,花形奇特,唇瓣呈口袋形。背萼极发达,有各种艳丽的花纹。两片侧萼合生在一起。蕊柱的形状与一般的兰花不同,两枚花药分别着生在蕊柱的两侧。花瓣较厚,花寿命长(图7.5)。

图7.5　兜兰

【分布与习性】原产热带及亚热带地区的树林下,多数为地生种,少数为附生种,杂交品种较多。主要分布在亚洲南部的印度、缅甸、印尼至几内亚等国的热带地区,以及我国的西南部,主要分布于西南和华南地区。

喜温暖、湿润和半阴的环境,怕强光暴晒。绿叶品种生长适温为12~18 ℃,斑叶品种生长适温为15~25 ℃,能忍受的最高温度约30 ℃,越冬温度应在10~15 ℃为宜。

兜兰的大多数种为地生植物,少数附生于岩石树木上。

【繁殖方法】分株及组织培养繁殖。有5~6个以上叶丛的兜兰都可以分株,盆栽每2~3年可分株1次。分株在花后暂短的休眠期进行。长江流域地区以4—5月最好,可结合换盆进行。

【常见栽培种】兜兰属全世界约66种,我国兜兰属植物资源丰富,已知有18种,常见栽培种有:

(1)杏黄兜兰(*P. armeniacum*)　识别要点:花单生,杏黄色,花瓣大,阔卵形或近圆形,唇瓣囊状。花期2—4月。产于云南西北部(丽江、中甸)和西藏南部(亚东、吉隆)。

(2)白花兜兰(*P. emersonii*)　识别要点:叶长15 cm,叶面绿色,背面紫色。花白色带紫红色斑点。6—8月开花。

(3)虎瓣兜兰(*P. markianum*)　识别要点:花黄绿色,中萼片有3条紫褐色粗纵条纹,花瓣基部至中部黄绿色并在中央有2条紫褐色粗纵条纹,上部淡紫红色,产于云南东南部。

(4)飘带兜兰(*P. parishii*)　识别要点:花淡绿黄色并有栗色斑点,花瓣长带形,下垂。

(5)同色兜兰(*P. concolor*)　识别要点:花直径5~6 cm,淡黄色或罕有近象牙白色,具紫色细斑点。主要分布于广西西部、贵州和云南东南部至西南部等地。

（6）美丽兜兰（*P. insigne*） 识别要点:花单生,黄绿色,有褐红色条斑,单花期近1个半月,每年10月至翌年3月开花,以初冬时开花更为集中。主要分布于泰国、印度,及我国云南、广西等地。

【园林应用】 花型奇特,花色丰富,花大色艳,很适合室内盆栽观赏,是极好的高档室内盆栽观花植物。

【其他经济用途】 根可入药,性甘、涩、微酸,平。具有调经活血、消炎止痛的功效,主治月经不调、痛经、闭经、附件炎、膀胱炎、疝气等。

【花文化】花语为美人、勤俭节约。

6）万代兰

别名:桑德万代。

学名:*Vanda*

科属:兰科 万代兰属

【识别特征】多年生草本,附生兰,气生根不断从茎干上长出,粗而长。株高30~50 cm。植株直立向上,无假球茎。叶片互生于单茎的两边,二列、带状,肉多质硬,中脉凹下如沟,呈"V"字形。花茎从茎上的叶间抽出,总状花序;小花7~10朵,直径8~11 cm,花色繁多,从黄、红、紫到蓝色都有,其花萼发达,尤其是两片侧萼更大,是整朵花最惹眼的部分,但其花瓣较小,唇瓣更小。花期秋季至冬季。

【分布与习性】广泛分布于中国、印度、马来西亚、菲律宾、美国夏威夷以及新几内亚、澳大利亚等地。典型的附生兰。

喜温暖、潮湿、光照充足的环境,生长适温为20~30 ℃,冬季日间能保持在20 ℃以上,晚间保持15 ℃以上,它才能安全越冬。盛夏烈日一般可遮光30%,以免叶片被晒黄。

【繁殖方法】分株、扦插和组织培养繁殖。分株常采用高芽繁殖。

【常见栽培种】迄今已发现有70个原生种,人工选育的杂交种则有一千多个,是附生兰中的一个重要家族。

（1）矮万代兰（*V. pumila*） 识别要点:茎短。花序1~2个,比叶短,长27 cm,不分枝,疏生1~3朵花;花向外伸展,具香气,萼片和花瓣奶黄色。花期3—5月。在我国海南、广西西部、云南南部有分布。

（2）白柱万代兰（*V. brunnea*） 别名:白花万代兰。

识别要点:茎长约15 cm。花序1~3个,长13~25 cm,疏生3~5朵花;花白色,萼片和花瓣反折,背面白色,正面黄绿色或黄褐色带紫褐色网格纹,边缘波状,花瓣相似于萼片而较小;唇瓣3裂。花期3月。在我国云南东南部至西南部有分布。

（3）大花万代兰（*V. coerulea*） 识别要点:茎粗壮,长13~23 cm。花序1~3个,近直立,长达37 cm,不分枝;花大,质地薄,天蓝色;萼片相似于花瓣,宽倒卵形。花期10—11月。产于云南南部。

（4）琴唇万代兰（*V. concolor*） 识别要点:花萼片和花瓣在背面白色,正面黄褐色带黄色条纹花期。12月—翌年5月。盛产云南,分布于四川、贵州、广西、广东等地(图7.6)。

图7.6 琴唇万代兰

（5）叉唇万代兰（*V. cristata*）　识别要点：花萼片和花瓣黄绿色，花瓣镰状长圆形，花期5月。产于云南西南部、西藏东南部等地。

（6）垂头万代兰（*V. alpina*）　识别要点：花下垂，不甚张开，具香气；萼片和花瓣黄绿色，质厚，稍靠合。花期6月。主要分布于云南南部。

（7）纯色万代兰（*V. subconcolor*）　识别要点：花质地厚，伸展，萼片和花瓣在背面白色，正面黄褐色，具明显的网格状脉纹。花期2—3月。主要分布于海南、云南西部（图7.7）。

图7.7　纯色万代兰

【园林应用】万代兰四季都有开花的品种，它由下至上依序绽放，可连续观赏三四十天，是艺术插花中理想的花材。

【花文化】花语为容貌清丽而端庄、超群，又流露出谦和，象征着新加坡人民的气质，为新加坡国花。

7）文心兰

别名：舞女兰、跳舞兰、金蝶兰、瘤瓣兰。

学名：*Oncidium hybridum*

科属：兰科　文心兰属

【识别特征】多年生草本，地生或附生。具假鳞茎，其上通常产生1个花茎。叶片1～3枚，可分为薄叶种、厚叶种和剑叶种。花茎着花数朵至百朵，其花朵色彩鲜艳，形似飞翔的金蝶，又似翩翩起舞的舞女，故又名金蝶兰或舞女兰。文心兰的花色以黄色和棕色为主，还有绿色、白色、红色和洋红色等。花的构造极为特殊，其花萼萼片大小相等，花瓣与背萼也几乎相等或稍大；花的唇瓣通常3裂，或大或小，呈提琴状，在中裂片基部有一脊状凸起物，脊上又凸起的小斑点，颇为奇特，故又名瘤瓣兰（图7.8）。

图7.8　文心兰

【分布与习性】分布于原生热带美洲的墨西哥、巴西、玻利维亚等地。西印度群岛一带也有分布。

喜温热环境，而薄叶型（或称软叶型）和剑叶型文心兰。喜冷凉气候。厚叶型文心兰的生长适温为18～25℃，冬季温度不低于12℃。薄叶型的生长适温为10～22℃，冬季温度不低于8℃。文心兰喜湿润和半阴环境，除浇水增加基质湿度以外，叶面和地面喷水更重要，增加空气湿度对叶片和花茎的生长更有利。

【繁殖方法】分株和组织培养繁殖。文心兰为复茎类洋兰，成株后都会长出子株，待子株有假鳞茎时剪离母株即可，分株繁殖一般在开花后或春秋季进行；组培繁殖用种子或茎尖、花穗等营养器官来进行繁殖。

【常见栽培种】本属植物全世界原生种多达750种以上，而商业上用的商品种多是杂交种。可分为薄叶种、厚叶种和剑叶种。

（1）常见栽培品种

①甜香（'Sweet Fragrance'）　识别要点：花红色，具白色唇瓣。

②沃尔卡诺女王（'Volcano Queen'）　识别要点：花黄色。

③永久1号（'Ever-Lasting No. 1'）　识别要点：花淡黄色，具褐红色条斑。

④永久 2 号('Ever-Lasting No. 2') 识别要点:花红色,唇瓣白色。

(2)常见同属观赏种

①大文心兰(*O. ampliotumvar*) 识别要点:花鲜黄色,萼片有棕红色斑点。

②皱状文心兰(*O. crispum*) 识别要点:花大,皱瓣,花径 8 cm,花瓣褐色具金黄色中心。

③同色文心兰(*O. concolor*) 识别要点:花大,花径 4 cm,花瓣柠檬黄色,唇瓣黄色。

④大花文心兰(*O. macranthum*) 识别要点:花大,花径 10 cm,花瓣黄色,萼片棕色、波状。

⑤金蝶兰(*O. papilio*) 识别要点:花瓣深红色、有黄色横条纹,唇瓣黄色,具褐红色斑点。

⑥豹斑文心兰(*O. pardinum*) 识别要点:花鲜黄色,具棕色斑纹。

⑦华彩文心兰(*O. splendidum*) 识别要点:花黄色,具棕色条纹,唇瓣大、金黄色。

⑧小金蝶兰(*O. varicosum*) 识别要点:花黄绿色,花径 3 cm。

【园林应用】植株轻巧、潇洒,花茎轻盈下垂,花朵奇异可爱,形似飞翔的金蝶,极富动感,是世界上重要的盆花和切花种类之一。

【花文化】花语为隐藏的爱,只有默默地等待、默默地思念。

8)春兰

别名:朵朵香、双飞燕、草兰、草素、山花、兰花。

学名:*Cymbidium goeringii*

科属:兰科 兰属

【识别特征】多年生草本,地生。根肉质,假球茎稍呈球形,叶丛生,狭带形,长 20 ~ 60 cm,宽 0.6 ~ 1.1 cm,边缘有细锯齿。花单生,少数 2 朵,花葶直立,有鞘 4 ~ 5 片,花直径 4 ~ 5 cm。浅黄绿色,绿白色,黄白色,有香气,萼片长 3 ~ 4 cm,宽 0.6 ~ 0.9 cm,狭矩圆形,端急尖或圆钝,紧边,中脉基部有紫褐色条纹,花瓣卵状披针形,稍弯,比萼片稍宽而短,基部中间有红褐色条斑,唇瓣 3 裂不明显,比花瓣短,先端反卷或短而下挂,色浅黄。花朵香味浓郁纯正,花期 2—3 月(图 7.9)。

图 7.9 春兰

【分布与习性】多产于温带,是中国的特产,如陕西、甘肃、河南至华东、华南和西南各省区,以江苏、浙江所产春兰为贵。

性喜凉爽、湿润、半阴和通风的环境,忌酷热、干燥和阳光直晒。要求土壤排水良好、含腐殖质丰富、呈微酸性。北方冬季应在温室栽培,最低温度不低于 5 ℃。

【繁殖方法】以分株繁殖为主。可结合换盆时进行,也可以用播种和组织培养。

【常见栽培种】春兰品种较多,通常依花被片的性状,可分为以下花型:

(1)梅瓣 外三瓣短圆,形似梅花的花瓣,捧瓣起兜,唇瓣舒直,一般硬而不向后卷。如宋梅等。

(2)荷瓣 外三瓣肥厚、宽阔,形似荷花的花瓣,捧瓣不起兜,形似微开蚌壳,唇瓣比其他瓣型阔大。如大富贵等。

(3)水仙瓣 外三瓣比梅瓣狭长,且瓣端稍尖,捧瓣有兜或轻兜,唇瓣下垂或后卷。其主要春兰品种有汪字、逸品、翠一品等,另有荷型水仙、梅形水仙。

(4)百合瓣 花朵所有花瓣都向后翻翘,像百合花瓣一样飘舞,如巧百合等。

(5)素心 凡唇瓣上没有红点、块,同一纯色的都称为素心瓣;相对地,舌头上有色斑的称为蕋心。

(6)蝴蝶型　副瓣的下半幅部位发生唇瓣化或捧瓣内侧有唇瓣化现象,统称为蝴蝶。

(7)多瓣型　三瓣发生多瓣化或花形重叠,如四喜蝶、绿云、余蝴蝶等。

(8)捧瓣型　花舌瓣异化为捧瓣,从而形成三个捧瓣,与三星蝶形成鲜明对比。

(9)奇瓣　凡三瓣、捧瓣的下半幅部位演变成唇瓣形,或花形成多瓣或缺少,或多唇瓣等均称奇瓣。

【园林应用】兰花是中国的名花之一,有悠久的栽培历史,多进行盆栽,作为室内观赏用,开花时有特别幽雅的香气,全年均有花,故为室内布置的佳品。

【其他经济用途】其根、叶、花均可入药,具有清肺除热、化痰止咳、凉血止血之功效。

【花文化】兰花为"美好""高洁""纯朴""贤德""贤贞""俊雅"之类的象征,因为兰花品质高洁,又有"花中君子"之美称。

9)建兰

别名:四季兰、雄兰、骏河兰、剑蕙。

学名:*Cymbidium ensifolium*

科属:兰科　兰属

【识别特征】多年生草本,地生。假球茎卵球形,长 1.5~2.5 cm,宽 1~1.5 cm,包藏于叶基之内。叶 2~6 枚,叶片宽厚,直立如剑,有光泽。花葶从假鳞茎基部发出,直立,长 20~35 cm;总状花序具 3~13 朵花;花浅黄绿色,有清香气,花瓣较宽,花常有香气,色泽变化较大,通常为浅黄绿色而具紫斑。蒴果狭椭圆形。花期通常为 5—12 月(图7.10)。

图7.10　建兰

【分布与习性】分布于我国华东、中南、西南等地,印度东北部经泰国至日本也有。武夷山是建兰的一个重要产地。生于疏林下、灌丛中、山谷旁或草丛中,海拔 600~1 800 m。

喜温暖湿润和半阴环境,耐寒性差,越冬温度不低于 3 ℃,怕强光直射,不耐水涝和干旱,宜疏松肥沃和排水良好的腐叶上。

【繁殖方法】主要是分株繁殖,可结合换盆进行,也可用播种和组织培养。

【常见栽培种】建兰分为彩心建兰和素心建兰两类品种。

彩心建兰已有不少栽培品种,如银边兰、大青、青梗四季等;素心建兰花被白绿色,主要品种有铁骨素、大风尾素、金丝马尾、荷花素等。

【园林应用】建兰栽培历史悠久,品种繁多,在我国南方栽培十分普遍,是阳台、客厅、花架和小庭院台阶陈设佳品,显得清新高稚。

【其他经济用途】根可入药,具有顺气、和血、利湿、消肿之功效。叶也可入药,能理气,宽中,明目。治久咳、胸闷、腹泻、青盲内障。

【花文化】建兰株丛蓬勃,刚劲有力,轩昂挺秀,一派英姿,其花语为耿直、自律、福禄、富贵。

10)蕙兰

别名:中国兰、九子兰、夏兰、九华兰、九节兰、一茎九花。

学名:*Cymbidium faberi*

科属:兰科 兰属

【识别特征】多年生草本,地生。假球茎不明显。叶5~8枚,带形,直立性强,长25~80 cm,宽7~12 mm,叶脉透亮,边缘常有粗锯齿。总状花序具5~11朵或更多的花;花苞片线状披针形;花常为浅黄绿色,唇瓣有紫红色斑,花径6 cm,有香味。蒴果近狭椭圆形。花期3—5月(图7.11)。

【分布与习性】原产秦岭以南、南岭以北及西南广大地区,尼泊尔、印度北部也有分布。原生地海拔高于春兰,海拔700~3 000 m。比较耐寒、耐干、喜阳。

图7.11 蕙兰

喜冬季温暖和夏季凉爽气候,喜高湿强光,生长适温为10~25 ℃。夜间温度以10 ℃左右为宜,尤其是开花期将温度维持在5 ℃以上,15 ℃以下可以延长花期4~5个月。

【繁殖方法】主要是分株繁殖,可结合换盆进行,也可用播种和组织培养。

【常见栽培种】蕙兰是中国兰花中栽培历史最古老的种类之一,并从野生植株中选出许多优良品种。蕙兰也是该属中在中国分布最北的种,其耐寒能力较强。

主要品种有:极品、金岙素、温州素、解佩梅、老上海梅、翠萼、大一品、江南新极品、程梅、上海梅、关顶、元字、染字、潘绿、荡字等。

【园林应用】蕙兰植株飒爽挺秀、刚柔兼备的兰叶,亭亭玉立的姿态,有清芳幽远、沁人肺腑的幽香,因而吸引着千千万万的兰花爱好者。用于室内盆栽观赏。

【花文化】花语为金色的爱,即愿天上的每一颗流星,都为你而闪耀天际。

11)墨兰

别名:报岁兰、入岁兰。

学名:*Cymbidium sinensis*

科属:兰科 兰属

【识别特征】多年生草本,地生。具假球茎。叶4~5枚,丛生,叶片狭长、剑形、深绿色。花茎直立,高出叶面,有花7~17朵。花墨红色或多变,香气浓郁。花期2—3月(图7.12)。

【分布与习性】分布于印度、缅甸、越南、泰国、日本琉球群岛,国内产安徽南部、江西南部、福建、台湾、广东、海南、广西、四川(峨眉山)、贵州西南部和云南。生于林下、灌木林中或溪谷旁湿润但排水良好的荫蔽处,海拔300~2 000 m。

图7.12 墨兰

喜阴,而忌强光,喜温暖,而忌严寒,生长适宜温度20~28 ℃,休眠期适温白天为12~15 ℃,夜间为8~12 ℃;喜湿,而忌燥,生长期需要有75%~80%的空气相对湿度,冬季需要有50%以上的空气相对湿度。基质表面偏干,就需尽快浇水;喜肥,但切忌肥料浓度高和频施肥。

【繁殖方法】主要是分株繁殖,可结合换盆进行,也可用播种和组织培养。

【常见栽培种】墨兰常见品种有"秋榜""秋香""小墨""徽州墨""金边墨兰""银边墨兰"。台湾有"富贵名三""玉桃""大屯麒麟""国香牡丹""奇花绿云""十八娇""桃姬"和品种繁多的艺叶墨兰如"白中透""中斑""达摩鹤""达摩燕尾"等。

【园林应用】盆栽室内观赏,也可用于庭院装饰。

【花文化】花语为娴静,淡泊高雅。

12)寒兰

别名:冬兰。

学名:*Cymbidium kanran*

科属:兰科　兰属

【识别特征】多年生草本,地生。假球茎狭卵球形,长 2～4 cm,宽 1～1.5 cm,包藏于叶基之内。叶 3～7 枚,直立性强,薄革质,暗绿色,略有光泽,长 40～70 cm,宽 0.9～1.7 cm。花葶直立,与叶等高或高出叶面,花疏生,有花 10 余朵。瓣与萼片都较狭细,花色丰富,有黄绿、紫红、深紫等色,一般具有杂色脉纹与斑点。花香浓郁持久。花期 8—12 月(图 7.13)。

【分布与习性】寒兰分布于北纬22°～30°的湖南、江西、福建、浙江、台湾、云南、广西、贵州、四川等地。自然生长于林下、灌木林中或溪谷旁湿润但排水良好的荫蔽处,海拔 300～1 300 m。

图 7.13　寒兰

喜湿润、荫凉的环境条件,喜疏松、肥沃、排水良好的土壤,耐寒性好。

【繁殖方法】主要是分株,也可播种和组织培养。分株繁殖结合换盆进行。

【常见栽培种】寒兰通常以花被颜色不同分为以下变种:青寒兰、青紫寒兰、紫寒兰、红寒兰。其中以青寒兰和红寒兰为珍贵。从叶形上分,寒兰则有细叶寒兰和阔叶寒兰两种。按花期可分为夏寒兰和冬寒兰。

【园林应用】盆栽室内观赏,细叶寒兰赏韵致,阔叶寒兰赏气势。也可建立专类兰圃作展览用。

【花文化】寒兰以其高挑流线的叶姿、张扬飘逸的花型、色彩斑斓的骨朵、大小形状各异的舌瓣,以及千变万化的斑块线条、沁人心扉高贵典雅的幽香,让人难以自拔。

其花语为自信、不屈、超尘脱俗。

7.2　多肉植物

7.2.1　概述

多肉植物

1)多肉植物的含义及类型

多肉植物亦称多浆植物、肉质植物,指一类外观形态特化,根茎叶三种营养器官中,至少一种或以上具有发达薄壁组织,从而显得肥厚的植物。此类植物原产于中亚、非洲及美洲大陆,生长于沙漠、高山、海滨等地。较为干燥的生长环境使得多肉植物器官特化以便可以储存大量水分,因此一般都有较强的抗旱性。多肉植物比一般植物在形态色彩上多有变化,原始及培育品种超过万种。此外多肉植物通常能净化空气,调节环境,具有很高的园林园艺及生态应用价值。

根据外观特征及应用特点可将多肉植物分为肉质植物与仙人掌类植物。肉质植物主要包括不具坚硬的尖刺化器官或表皮附属物,而叶片肉质化的种类;仙人掌植物则主要为茎部肉质化,具有刺座的仙人掌科植物。根据生长生活习性可将多肉植物划分为夏型种、冬型种及春秋型种3类;多肉植物由于生活环境多严酷,常具有季节性休眠的特征,夏型种多于每年4—9月生长而冬季休眠;冬型种每年9月至翌年4月生长,夏季休眠;春秋型种则夏季、冬季皆休眠,仅于春秋季生长。

许多多肉植物为充分利用环境资源,躲避极端气候条件带来的伤害而形成了独特的生理进程,能够进行全天候的放氧进程,加上管理粗放,形态多样奇特,是最适合进行室内装饰摆放的盆栽类花卉种类之一,也是近年花卉市场中的热点。

部分多肉植物,尤其是仙人掌类植物,茎或叶可产生变异:一是茎部产生彩色斑纹,多由植株丧失叶绿素合成能力,外加其他色素综合作用而形成,于品种命名时常于双名法后冠以 f. *variegata* 或 'Variegata',中文于名后冠以"锦"字标注;二是分生组织异常分裂造成扁化或带化的不规则芽变,常冠以 f. *cristata* 或 'Cristata',中文称之为"缀化"或以"冠"字标注;三是生长锥出现不规则的增殖与分生使茎及棱失去原有形态,形似不规则山石峰峦,常冠以 f. *monstrosus* 或 'Monstrosus',称之为"石化"。由于此类异常生长的不确定性及通常情况下带来观赏价值的增加,是仙人掌类等多肉植物栽培应用中的一大发展方向。

2)多肉植物园林应用特点

多肉植物因生长环境的影响,对干旱、贫瘠的环境具有很强的抗性,正好填补普通植物应用的空缺。相反对于过于潮湿的空气、土壤及隐蔽的环境中其适应能力较差,易腐烂死亡。多肉植物在室外景观设计中应扬长避短,目前主要应用的领域有屋顶绿化、垂直绿化,在普通园林绿化中也有一些尝试。

(1)屋顶花园 考虑到屋顶的特殊地理环境和承重的要求,应注意多选择矮小的灌木和草本植物,如佛甲草、垂盆草等。

(2)垂直绿化 这里说的垂直绿化是狭义的,注意是针对建筑体室内及室外竖向空间的绿化。室内垂直空间及建筑阴面的立面空间,由于光照不足,加之植物根系生长空间受限,灌溉、施肥等难度较大,普通小灌木随着生长周期的持续会导致营养不良或徒长,使设计效果大打折扣。景天科多肉植物在竖向空间能呈现较好的生长态势,适合粗放型管理且种类繁多,形态小巧,对室内环境条件要求不高,耗水肥很少,因此极易种植观赏,为垂直绿化的装饰提供了很好的素材。

(3)普通园林绿化 在园林绿化种植设计中多采用乔—灌—草多层次搭配的植物群落,丰富空间体验。应用最多的多肉植物景天科植物,该类植物个体矮小、种类多,而且耐寒、抗旱、耐瘠薄,景观恢复较快,养护简单粗放,可一年种植,多年观赏,弥补了草坪草不耐旱,养护费用高,四季景观无变化的缺点。

7.2.2　常见多肉植物识别与应用

1)金琥

别名:象牙球、无极球。

学名:*Echinocactus grusonii*

科属:仙人掌科　金琥属

图7.14　金琥

【识别特征】多年生多肉植物,植株单生,球形,具金黄色硬刺。球体的直径和高度可达80 cm或以上,球体顶部密生一圈金黄色的绒毛。茎球具有20~40个棱脊高耸的直棱,棱上整齐地排列着较显著的刺座;刺座上密生金黄色辐射状刺8~10枚,中刺3~4枚,刺硬而直,常扁平。花生于球顶部绵毛丛中,钟形,4~6 cm,亮黄色,花筒被尖鳞片;花期4—11月。果实被鳞片及绵毛,基部孔裂,红色长圆形。种子黑色,细小,表面光滑(图7.14)。

【分布与习性】原产墨西哥中部,现世界各地均有栽培,是仙人掌类中十分流行的品种。喜温暖、干燥、阳光充足的环境。不耐寒,生长适温13~24 ℃,越冬温度不低于8 ℃;耐半阴和干旱,忌水涝,夏季正午直射强光亦对生长不利。喜肥沃疏松、排水良好的沙壤土。

【繁殖方法】种子繁殖为主,亦可用仔球分株嫁接。年采收的种子出苗率高。将培育3个月以上的实生苗嫁接在柔嫩的量天尺上催长。待接穗长到一定大小或砧木支撑不了时,可切下,晾干伤口后进行扦插盆栽。

【常见栽培种】经过长期人工培育,有数个变种,尤以裸刺金琥(*E. grusonii var brevis-pinus*)或称无刺金琥、裸琥的观赏价值高且名贵,该种为金琥无刺栽培大型变种,植株碧绿球形,肉质坚硬具28~32棱,刺极短,密生棱上刺座,无长周刺及中刺。花期夏季但极少开花。此外金琥也有缀化及石化品种。

【园林应用】金琥多作为室内盆栽使用,亦可作室内专类花坛群植布置,由于球体大且浑圆,叶刺金黄,可用于点缀台阶、门厅、主厅等显得金碧辉煌,小球盆栽可与其他多肉植物组成组合盆栽装点窗台、餐桌、书桌等,生机盎然,美观别致。近年亦流行使用透明容器无土栽培小球金琥,白色须根与金绿球体相映成趣,舒缓情绪,管养便利,是优良的居家、办公场所案几摆放小品。

【其他经济用途】金琥性质淡寒,其提取物具清热解毒功效,可用于多种外用医疗药膏或内服制剂。

【花文化】金琥球体碧绿叶刺金黄,多年成球体型庞大,常常被当作昭示居家富丽堂皇,饲者富贵的植物;另在日本栽培时其名称类似猛兽,因此在东亚地区逐渐也演变出了辟邪镇灾的寓意。

2)蟹爪兰

别名:圣诞仙人掌、圣诞兰、蟹爪莲、仙指花、锦上添花。

学名：*Schlumbergera truncatus*

科属：仙人掌科　蟹爪兰属

【识别特征】多年生附生型小灌木，株高通常可达 30 cm 以上，植株直立生长后先端倒垂，肉质茎分裂，茎变态成扁平肥厚节片，近卵圆形，4～6 cm，主茎及其他节片纵向中部略圆，边缘具 4～8 个锯齿状缺刻，鲜绿色，有小刺着生于刺座上，先端截形，形同蟹足。花生于最后一节茎节末端的刺座，喇叭状，长约 8 cm，花被两层开张反卷，花色红色为主，并有多种栽培颜色，自然花期从 9 月至翌年 4 月。果实浆果梨形，成熟后红色。种子细小，黑色（图 7.15）。

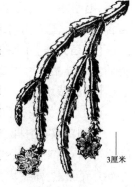

3厘米

图 7.15　蟹爪兰

【分布与习性】原产巴西东南部热带雨林，现世界各地均有栽培。

喜散射光，忌烈日；喜湿润，怕雨淋与淹涝；生长期适温为 18～23 ℃，开花温度宜 10～15 ℃，不超过 25 ℃，不耐寒，越冬要求 8～10 ℃以上且光照充足；宜疏松肥沃沙质壤土，生长期需求充足水分与较高的湿度；短日照植物，需动物授粉才可正常结实。

【繁殖方法】主要采用扦插繁殖，于早春或晚秋（中午气温最高不超过 28 ℃、夜晚最低不低于 15 ℃）生长旺季，剪下叶片或茎秆（要带 3～4 个叶节），待伤口晾干后插入基质中。

【常见栽培种】人工培育种繁多，主要差别在于花色，同属常见栽培种为：

仙人指（*S. russelliana*）　识别要点：常与蟹爪兰混淆，仙人指株型体态与习性近似蟹爪兰，但茎节边缘通常呈浅波缘状，无锯齿，茎中脉明显，绿色较蟹爪兰浅，茎分枝后易横向生长，株形较蟹爪兰显倒伏，株幅亦更大。蟹爪兰与仙人指皆宜为此类植物杂交及嫁接的优良母株，有多个商业混合种（图 7.16）。

图7.16　仙人指

【园林应用】蟹爪兰属植物刺较少，适应性强，园林中可作为垂吊盆栽营造立体景观效果，或小灌木组织花境、小品；作为冬季节庆植物，做花坛造型有独特效果。盆栽时，本属植物是优良的室内观赏植物，尤其适合会客室、餐厅、过道等宽敞明亮空间的装饰。

【其他经济用途】蟹爪兰有一定药用价值，茎节捣敷外用，主治疖疮肿毒。

【花文化】蟹爪兰属植物适应性强，花期较长且花色艳丽，在冬季的节庆市场上占据重要地位，西方国家由此常称本属植物为圣诞仙人掌、节庆仙人掌、致谢仙人掌等。花语意指鸿运当头、运转乾坤。

3）仙人柱类

学名：*Cereus*

科属：仙人掌科　天轮柱属

【识别特征】仙人柱类植物植株似树状，茎秆挺拔，有较好的观赏价值，植株变异后观赏价值倍增，常人工栽培选育其矮小的各类各型变异株，如"狮子锦"。此类植物为多年生，柱状，茎通常具 3～14 棱，多数可长至 1～2 m，观赏种一般高约 20 cm，少部分可长至 50 cm 或以上。具棉毛状刺座，着生硬刺，花着生刺座之上，白色、粉色宽杯状或漏斗状，夜间开放。花期夏季至早秋。果实浆果、红色。种子黑色。本属植物形态相近，常以仙人柱、量天尺、蛇鞭柱等别名概称。

【分布与习性】原产地南美至西印度群岛，我国南方沿海地区有引种。喜温暖干燥及充足日照,略耐寒,冬季温度5 ℃以上可安全越冬。生长适应性强,栽培基质喜富含腐殖质、透气排水的微酸性土壤,沙土之上亦能生长。

【繁殖方法】主要采用扦插繁殖,插穗切后要晾几天,等切口稍干燥后再插。变异品种可用茎段嫁接繁殖。

【常见栽培种】天轮柱属植物20多种。常见栽培种及品种如下:

(1)秘鲁天轮柱(*C. peruvianus*)　别名:量天尺。

识别要点:植株圆柱形,多分枝,高可达7～8 m,径粗10～20 cm,具棱6～8枚,深绿或灰绿色。刺座较稀,带褐色毛,具刺5～6枚,中刺1枚,长约2 cm。花侧生,漏斗状,长10～16 cm,白色。其石化品种称'岩石狮子',茎石化成起伏的岑峦叠嶂状,并有斑锦品种'岩石狮子锦'(图7.17)。

图7.17　秘鲁天轮柱

(2)山影拳(*C. sp. f. monst*)　别名:山影、仙人山。

识别要点:具棱6枚左右,茎深绿色,刺座上着生黄褐色刺,花侧生,漏斗状,长10～16 cm,白色。有石化品种'山影拳'及其斑锦品种'姬黄狮子'(图7.18)。

【园林应用】天轮柱属原种通常高大挺直,常作为专类热带荒漠生境植物种植,群植可形成类森林景观,大多属强刺品种,盆栽及室内观赏不宜摆放于人流密集地区,可种植于庭院角落或形成防护绿篱。石化或斑锦的变异品种通常矮小,具有极高的观赏价值,可作为中小盆栽摆放于书房、窗台等处,也是制作盆景的上佳材料。

图7.18　山影拳

【其他经济用途】果实可食,亦可供酿酒,入药可清凉消肿。

4)令箭荷花

别名:荷令箭、红孔雀、荷花令箭、孔雀仙人掌。

学名:*Nopalxochia ackermannii*

科属:仙人掌科　金琥属

【识别特征】多年生附生肉质仙人掌类,高50～100 cm,茎直立,多分枝,具节,叶退化,基部主干近圆筒形,分枝扁平披针形似令箭状,中脉明显,边缘有缺刻,上具刺座,着生细短的刺,鲜绿色。花生于茎先端刺座内。花漏斗状,花径15～20 cm,主要呈现红色,昼开夜闭,每朵花花期短,仅数天,花期春夏季。果实卵圆形,浆果,种子黑色(图7.19)。

【分布与习性】原产墨西哥,广泛栽培品种。

图7.19　令箭荷花

喜温暖、干燥、阳光充足或半阴环境,稍耐寒、怕强光及雨淋,冬季温度不能低于5 ℃,喜肥沃疏松、排水良好的中性或微酸性的沙壤土。生长适温20～25℃,花芽分化适温10～15 ℃。

【繁殖方法】主要采用扦插繁殖,也可嫁接繁殖。扦插于每年3—4月进行为好。首先剪取10 cm长的健康扁平茎作插穗,剪下后要晾2～3 d,然后插入湿润沙土或蛭石内。

【常见栽培种】为优良杂交育种亲本,与昙花属等植物有多个杂交栽培品种,花色多变,有紫红、大红、粉红、洋红、黄、白、蓝紫等培育颜色。

【园林应用】常应用于专类花境花坛,或于花期盆栽组织图案造型,花形大、花色艳丽,有迎客气氛,多种颜色混合也有较好的视觉效果,茎段长时也用于立体布置。室内使用常应用在宽敞明亮场所作为装饰或点缀,可搭架子引导造型。

【其他经济用途】可药用,解毒消肿。花部据报道可食。

【花文化】花色火红艳丽,被认为属火、主燥热的植物,常建议摆放朝东或者朝西的阳台,花语为追忆、诚信。

5)仙人掌

别名:仙人扇、霸王树、火掌、玉芙蓉、仙肉。

学名:*Opuntia stricta*

科属:仙人掌科　仙人掌属

【识别特征】丛生肉质灌木,高 1～3 m。上部分枝特化为扁平厚肉质,宽倒卵形、倒卵状椭圆形或近圆形,先端圆形,边缘常有不规则波状,基部楔形或渐狭,绿色至蓝绿色,刺座疏生,突出表面,每刺座着生小刺,密生短绵毛和倒刺刚毛;叶钻形,长 4～6 mm,绿色,早落。花碗状着生于刺座上,花径 5～6.5 cm;黄色,具绿色中肋,花期夏秋季。浆果平滑无毛,紫红色。种子多数,扁圆形(图7.20)。

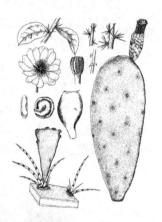

图7.20　仙人掌

【分布与习性】原产墨西哥东海岸、美国南部及东南部沿海地区、西印度群岛、百慕大群岛和南美洲北部,我国南方沿海地区常见栽培。

喜温暖通风、干燥、阳光充足的环境,稍耐寒,生长适温 15～27 ℃,越冬温度不低于 8 ℃;耐干旱,忌水涝。喜肥沃疏松、排水良好的沙壤土。

【繁殖方法】常用扦插繁殖,也可分株、播种和嫁接繁殖。以 5—6 月扦插最为适宜。有温室的地方,全年均可进行。

【常见栽培种】仙人掌属是仙人掌科中最大的属之一,且有悠久的栽培历史,多种植物有大量栽培品种,同属的细刺仙人掌(*O. microdasys*)或称黄毛掌及其变种红毛掌等的观赏价值较高,常见于各旱地专类景观,其株高约半米,刺座白色并着生细小、黄色的勾毛,常无刺,花碗状亮黄色,花径 4～5 cm,花期夏季(图7.21)。

【园林应用】用于制作旱地专类景观,点缀沙漠山石。可丛植或片植,制作隔离带、绿篱等,开花季节美丽明艳,适合宽敞明亮、非通道纯观景场所的装饰,亦可制作盆景。

【其他经济用途】仙人掌可入药制作外用解毒消肿消炎药膏或内服清热制剂,汁液也用于酿制酒类,茎肉及花可以食用,多地作为新种绿色蔬菜种植,亦可作为饲料。

图7.21　细刺仙人掌

【花文化】墨西哥素有"仙人掌之国"的名称,仙人掌是墨西哥的国花。于贫瘠之地不畏严酷环境顽强生长并开放艳丽花朵,是坚强、勇敢、不屈、无畏的象征,花语为永恒不变的爱、孤独而坚强、温暖、热情。

6）仙人指类

学名：*Mammillaria*

科属：仙人掌科　乳突球属

【识别特征】仙人指类为乳突球属中矮柱状类似手指的一类观赏多肉植物，常基部丛生，株高5～20 cm，茎不具棱，筒圆形，肉质柔软，中绿色，上有规则排列疣突，高0.3～0.5 cm，疣突顶生刺座，生软质周围刺，多枚，似辐射状海星，中刺1～4枚，极短，易脱落，花白色或黄色，钟状。环境适合时除冬季外可终年开花。基因突变率高，自然情况下常常发生缀化。

【分布与习性】原产地墨西哥中部。喜温暖干燥及充足日照，略耐寒，冬季温度7 ℃以上可安全越冬。怕雨涝。生长适应性强，栽培基质喜富含腐殖质、透气排水的沙质土壤。

【繁殖方法】冬末早春播种，或早春分株，初夏时扦插及嫁接繁殖。

【常见栽培种】乳突球属植物约数百种。仙人指类栽培种及品种数10种，常见有：

（1）金手指（*M. elongata*）　别名：金星掌、金星指、淑女指。

识别要点：株高10～15 cm，茎圆筒，肉质柔软，具螺旋排列疣突，刺座着生周围刺15～20枚，黄白色，中刺1～3枚，早落。花白色或黄色，花期夏季（图7.22）。

（2）银手球（*M. gracilis*）　别名：银手指、白手指。

识别要点：株高5～12 cm，茎粗圆筒，肉质柔软，具螺旋排列疣突，刺座着生周围刺12～17枚，白色微黄，中刺3～5枚，早落。花黄白色，花期春夏季（图7.23）。

图7.22　金手指

图7.23　银手球

（3）白玉兔（*M. geminispina*）　别名：玉兔仙人球。

识别要点：株高25 cm，茎球圆球形至椭圆形，绿色，刺座密被白绵毛，着生周围刺16～20枚，白色，中刺2～4枚。花钟形，白色具红条纹，花期春末至秋季。果实浆果棒状，红色（图7.24）。

【园林应用】多用于专类干旱景观，如公园温室、植物园，也可盆栽组织各类造型，搭建背景或做点缀。室内应用适合明亮场所，可进行各类生活办公和商业点缀装饰，偶有做垂吊盆栽。多肉类组合盆栽常用材料，也可用于制作盆景。

【其他经济用途】入药可用于清热止咳，也常作为办公桌吸收辐射、净化空气的盆栽。

7）长寿花

别名：矮生伽蓝菜、寿星花、假川莲、圣诞伽蓝菜、多花落地生根、红花景天。

图7.24　白玉兔

学名:*Kalanchoe blossfeldiana*

科属:景天科　伽蓝菜属

【识别特征】多年生肉质草本,株高 20~30 cm;茎直立分节;单叶十字交互对生,叶片卵圆形或长卵圆形,可见显著叶柄,长 4~8 cm,宽 2~6 cm,叶片前部为波缘钝齿,后部全缘,叶表面革质有光泽,叶色翠绿;圆锥聚伞花序,生于茎顶或叶腋,长 7~10 cm。每株有花序 5~7 个,花多数、筒状、花冠十字分为四瓣,花萼绿色,花色繁多,以红色类为主,花期 11 月至翌年 4 月。果实为蓇葖果,种子细小(图 7.25)。

图 7.25　长寿花

【分布与习性】原产非洲马达加斯加,喜温暖和光照充足环境,较为耐旱,不耐寒,生长适温 15~25 ℃,高温超过 30 ℃或低于 5 ℃则引起伤害,安全越冬温度 8 ℃以上,短日照植物,适花温度 15 ℃。基质适应性强,喜肥沃沙质壤土。花期 11 月至翌年 4 月。

【繁殖方法】春秋季扦插易成活,也可种子繁殖,大规模扩繁也用组织培养方法。

【常见栽培种】商业栽培种繁多,多以花瓣颜色、单瓣重瓣区分,亦有圆叶品种。

【园林应用】部分地区可作为花境布置使用,也可盆栽组织室内外造型摆放,尤其适合冬季温暖较干燥的地区,色彩缤纷效果出众,作为室内盆栽适宜几乎所有办公和生活场所。制作组合盆栽常作为主花材使用,也可于庭院栽培观赏。此外在商业场所的橱窗、柜台等明亮处摆放,可代替塑料花,凸显档次。

【其他经济用途】可入药,外用散瘀止血等。

【花文化】长寿花的花数量多、花期长,因此被寓意健康长寿,花期冬季亦赶上多个节庆,尤其是中西历新年,常作为重要年宵、圣诞花卉。此外伽蓝菜属的植物也有全家平安的共通花语。

8)青锁龙类

学名:*Crassula*

科属:景天科　青锁龙属

【识别特征】本属植物有 1 年生、多年生肉质草本、常绿肉质灌木与亚灌木,园林中多应用多年生肉质草本及灌木,此类植物通常叶片为肉质,尖端钝,呈莲座状十字交互紧密排列茎上,但形态多变,花多筒状、星状及钟状。

【分布与习性】原产非洲、马达加斯加、亚洲等地,主产南非,国内南方多地有多个品种的引种。养护管理较容易,喜温暖干燥阳光充足的环境,但不耐暴晒,耐半阴,稍耐寒,通常 5~7 ℃以上可安全越冬。耐旱,怕积水,宜疏松肥沃的沙质壤土。

【繁殖方法】主要用扦插繁殖,全年均能进行,以春、秋季生根快,成活率高。选取较整齐、鳞片状叶片排列紧密的枝条,剪成 12~15 cm 长,插于沙盆口,插后 20~25 d 生根。

【常见栽培种】本属植物 150 多种,但杂交及栽培品种繁多。常见栽培种及品种如下:

(1)翡翠木(*C. argentea*)　别名:玉树、燕子掌、景天树、发财木、豆瓣掌。

识别要点:常绿小灌木。株高 1~2 m,茎肉质,分枝数多。叶肉质,卵圆形,长 3~5 cm,宽 2.5~3 cm,深绿色,部分品种强光下有红边。花小,白色或淡粉色。最适生长温度为 15~32 ℃,怕高温闷热,33 ℃以上时休眠。稍耐寒,8 ℃以上安全越冬。著名栽培种筒叶花月叶片特化为筒状(图 7.26)。

（2）神刀（*C. falcata*）　别名：尖刀、弯刀。

识别要点：多年生肉质草本。野生株高80~100 cm，株幅50 cm。茎多分枝，直立或匍匐。叶面灰绿色，镰刀状肉质，长约10 cm，互生呈螺旋桨状排列。花红色，聚伞花序带芳香，花期夏末（图7.27）。

（3）青锁龙（*C. muscosa*）　别名：鼠尾景天、鼠尾草。

识别要点：株高10~30 cm，株幅20 cm，叶片细尖端、鳞片状，紧密的排成4列，三角状卵形，翠绿色，边缘可带红、黄色。花小，着生叶腋，筒状淡黄色，花期春季。流通应用中极少纯种，大多为杂交混种，如"若绿"，为青锁龙细叶品种，小叶于茎上排列紧密呈塔状（图7.28）。

图7.26　翡翠木

图7.27　神刀

图7.28　青锁龙

（4）火祭（*C. capitella* 'Campfire'）　别名：秋火莲、红景天。

识别要点：多年生肉质草本，头状青锁龙最常见的栽培品种。株高20 cm，基部分枝丛生，匍匐状。茎圆柱形，叶片对生，卵圆形至线状披针形，排列紧密呈莲座状，深灰绿色，尖端红色，冷凉气候与强光照射下大部分叶面可变为橙红色。星状花白色，花期秋季（图7.29）。

图7.29　火祭

【园林应用】园林中适用于排水良好的各类环境，如花坛花境、地被及道路镶边等都有很好的景观效果，亦可搭配假山石柱、园林小品及温室美化。室内多做盆栽应用，适宜各类明亮区域点缀，如窗台、书桌、茶几，或连片种植于阳光房、入户花园、屋顶花园、庭院，可显典雅大方；亦可用于商业场所、大会客室室内玻璃景墙搭配，餐饮、生活服务行业点缀摆设。是多肉植物组合盆栽的主要选材植物之一，盆器基质固定得当亦可作为小型挂饰，有极佳的装饰艺术效果。

【其他经济用途】本类多种植物具药用价值，其中高海拔品种内含多种有效生理活性成分，具有保健降压、降糖等效果。

9）石莲花

别名：玉蝴蝶、莲座草、石莲、宝石花。

学名：*Echeveria secunda*

科属：景天科　石莲花属

【识别特征】多年生肉质草本，株高20~30 cm，有短茎，少分枝，宽倒卵形匀状叶片莲座状紧密排列其上，叶片灰绿色或蓝绿色，先端阔圆并急收成一小尖，叶缘有时白色或浅黄色，被白粉，总状花序生于叶腋，长20~30 cm，花细小，红色或橙红色。花期春季（图7.30）。

【分布与习性】原产墨西哥,现世界各地均广泛栽培。

喜阳光充足、干燥通风的环境,耐半阴,稍耐寒,安全越冬需 7 ℃以上,耐旱怕涝,夏季强光不利植株生长,也易引发徒长。喜肥沃疏松、排水良好的沙壤土。

【繁殖方法】主要扦插繁殖,也可分株。扦插繁殖于春、夏进行。茎插、叶插均可。叶插时将完整的成熟叶片平铺在潮润的沙土上,叶面朝上,叶背朝下,不必覆土,放置阴凉处,10 d 左右从叶片基部可长出小叶丛及新根。室内扦插,四季均可进行,以 8—10 月为宜,生根快,成活率高。

【常见栽培种】经过长期人工培育,有数个变种,园林应用中常见的如玉蝶(*E. secunda* var. *glauca*),叶片稍薄似片状,叶缘细白边,叶尖朱红(图7.31)。

图 7.30 石莲花

【园林应用】可作为花坛绿植,南方地区最适做地被或灌木连片种植,但基质须疏松排水性能好,较少混合其他非肉质植物栽培,多做专类花坛,也有盆花摆放组织造型。宾馆、办公楼、宗教场所绿化及制作景墙都有使用,也适合各类居家、商业装饰、制作多肉组合盆栽等。

【其他经济用途】可入药,性干凉,亦可食用或做牲畜饲料。

【花文化】石莲花状似莲花,但四季常青,被称为"永不凋谢的花朵",象征爱情、祝福恒久不变。佛教寺院也用其布置大型组合图案花境花坛,代表菩萨莲座,意为纯洁专注。

图 7.31 玉蝶

10)虎尾兰类

学名:*Sansevieria*

科属:龙舌兰科 虎尾兰属

【识别特征】常绿多年生草本,茎多匍匐状,常入土,叶片抽出地面。叶直立,纤维含量多,肉质、螺旋叠于基部,常有绿色直带或黄色斑纹,叶多成剑形、线形、椭圆形或卵形,扁平或呈圆柱状,总状或圆锥花序,筒状花绿白色,带芳香。

【分布与习性】原产非洲及印度洋、东南亚热带、亚热带干燥地区,我国广泛栽种。

喜温暖干燥及充足日照,略耐寒,冬季温度 8 ℃以上可安全越冬。耐半阴干旱,生长适应性强,栽培基质喜含腐殖质、透气排水的沙壤,不可积水。

【繁殖方法】春季分株或叶段扦插繁殖。

【常见栽培种】虎尾兰类植物60 多种,并有多个栽培种。常见栽培种及品种如下:

(1)圆叶虎尾兰(*S. cylindrica*) 别名:筒叶虎尾兰、棒叶虎尾兰、柱叶虎尾兰。

识别要点:株高 1 ~ 1.5 m,茎极短,叶圆筒形肉质,叶端尖细,粗2 ~ 3 cm,深绿色带条纹,常可见叶缘缺刻线纵贯,总状花序,小花筒状,粉红或白色,花期夏季(图7.32)。

(2)虎尾兰(*S. trifasciata*) 别名:虎皮掌、虎耳兰、虎皮兰、老虎尾、弓弦麻、花蛇草。

识别要点:多年生肉质草本。株高 1 ~ 1.2 m,叶片蓝绿色,有横向银灰色斑条纹,直立剑形,略凹,总状花序长 30 ~ 50 cm,筒状花绿白色,花期春季(图7.33)。

(3)金边虎尾兰(*S. trifasciata.* var. *laurentii*) 别名:金边虎皮掌、金边虎耳兰、金边虎皮兰。

识别要点:虎尾兰中最常见栽培品种,叶缘两侧较虎尾兰多出两条宽的黄色斑纹带(图7.34)。

图7.32　圆叶虎尾　　　　　图7.33　虎尾兰　　　　　图7.34　金边虎尾兰

【园林应用】园林中可应用于冬季温暖地区,或室内各类环境作为灌木孤植、丛植或片植皆宜,常与其他多浆或热带植物搭配营造热带、亚热带风情,路沿镶边或作林缘花境效果出众。在商业和居家空间宽阔明亮场所以盆器栽培显美观大方,适用广泛。

【其他经济用途】可入药,汁液具清凉功效,外用清热消炎;有较强的净化空气、吸收甲醛的能力,常作为居家、办公场所室内装修后摆放绿植。

11）花蔓草

别名:露草、露花、心叶冰花、心叶日中花、太阳玫瑰、牡丹吊兰、羊角吊兰、樱花吊兰。

学名:*Aptenia cordifolia*

科属:番杏科　露草属

【识别特征】多年生肉质草本,植株匍匐,株高10~20 cm,蔓生有一定攀缘性,茎圆柱形,多分枝,淡绿色。叶对生,宽卵形肉质,鲜绿色,叶面革质,长2~3 cm,花单生枝顶,雏菊状1~2 cm,红色,花期夏秋,蒴果肉质,种子细小(图7.35)。

【分布与习性】原产南非,现世界各地均有栽培。

喜温暖、干燥、阳光充足的环境,稍耐寒,生长适温15~25 ℃,越冬温度不低于6 ℃;耐半阴和干旱,忌水涝和高温多湿环境,生长期及花期需充足水分。喜肥沃疏松、排水良好的沙壤土及通风良好的环境。

图7.35　花蔓草

【繁殖方法】种子繁殖为主,须早春气温18 ℃以上。亦可茎秆扦插。

【园林应用】为优良地被植物,生长蔓延快,管护简单,可与各类乔木灌木搭配,或种植于硬质景观旁,不适露天暴晒环境;亦可垂盆栽植制作各类立体景观。商业场合及庭院等宽阔空间可作绿植背景,枯山水或沙漠景观点缀,室内多做吊篮式栽培或制作组合盆栽。

【其他经济用途】报道称可食用或作为饲料使用。

12）虎刺梅

别名:大麒麟花、麒麟花、铁海棠、万年刺、基督刺、虎刺、老虎簕。

学名:*Euphorbia milii*

科属:大戟科　大戟属

【识别特征】半肉质多刺直立或稍攀援性灌木,株高40~200 cm,茎细圆柱形,多分枝,有棱沟线,体内有白色浆汁具毒性,着生锥形褐色尖刺,常呈3~5列旋转排列于棱脊上。叶互生,常

密集着生新枝顶端,倒卵形或长圆状匙形,先端圆,有小尖,基部渐狭,全缘,叶面亮绿色;花成二歧状复生花序,生于枝上部叶腋;苞叶 2 枚,肾圆形,上面鲜红色,下面淡红色,紧贴花序,对称;总苞钟状或杯状;雄花数枚;雌花 1 枚。花期春季。温暖地区可终年开花。蒴果三棱状卵形(图7.36)。

【分布与习性】原产非洲,我国南方多有栽培。

喜温暖、阳光充足的环境。稍耐阴,耐高温,较耐旱,生长季节需要充足水分,但不可积水。不耐寒,越冬温度需 10~12 ℃以上。喜肥,以疏松、排水良好的腐叶土为好,富含有机质沙土亦佳。若冬季温度较低时,有短期休眠现象。

图 7.36 虎刺梅

【繁殖方法】多在春末用顶端茎段扦插繁殖,亦可用播种、嫁接繁殖。

【常见栽培种】有多个栽培种,多以花色、花朵大小、植株高度划分,如白花品种(*E. milii* var. *alba*)、矮化白花品种(*E. milii* var. *imperatae*)。

【园林应用】强刺灌木,适合温暖地区和公园室内专类花境应用,用于营造热带亚热带风情,也作景观隔离带或栽种于围墙、隔断边缘起拦截和防止攀爬作用。亦可制作盆景,但因植株具有毒性,不适合放于起居室内或其他生活、商业场所。

【其他经济用途】可以入药,性凉,有小毒,不可随意使用。

【花文化】虎刺梅全株都长满了锐利坚硬的长刺,似凛然不可侵犯,显示出庄重威严,民间也以"麒麟刺"命名。其红色的总苞让人有安定、温暖祥和的感觉。此外,苞片两两紧密对生,使人认为它是一种非常懂得保护的植物,故此其花语和象征代表意义为坚贞、忠诚、勇猛、给人安全感。

13)念珠掌类

学名:*Senecio*

科属:菊科 千里光属

【识别特征】匍匐肉质草本,株高 5~10 cm,茎肉质如葡萄蔓状,株幅 15~30 cm 或以上,叶片椭圆球状厚肉质,先端有小尖,翠绿色,长 1~3 cm,常有明显的叶缘愈合线纵贯肉质叶球,头状花序,花白色,花期冬季或全年。

【分布与习性】原产地非洲南部,我国南方地区有栽培。喜温暖干燥及充足日照,不耐暴晒与雨涝,略耐寒,冬季温度 6 ℃以上可安全越冬。生长适应性强,栽培基质喜富含腐殖质、透气排水的土壤。

【繁殖方法】春末夏初可用新枝段扦插,夏末秋初可用半成熟枝扦插,压条亦可。春季气温18 ℃以上时播种繁殖。

【常见栽培种】念珠掌类植物在千里光属中约 10 种。常见栽培种及品种如下:

(1)弦月(*S. radicans*) 别名:菱角掌、弦月城。

识别要点:株高 8~10 cm,多年生肉质草本,匍匐蔓延状,叶片圆橄榄形,末端收尖似菱尖,常弯曲如新月,中绿色长 2.5 cm,每片球叶有一条颜色较深的纵贯条纹。头状花序、花白色,花期冬春季(图7.37)。

(2)翡翠珠(*S. rowleyanus*) 别名:绿之铃、念珠掌。

识别要点:多年生肉质草本,匍匐蔓延状,叶片圆橄榄形,末端急收尖似菱尖,常弯曲如新月,中绿色长2.5 cm,每片球叶有一条颜色较深的纵贯条纹。头状花序、花白色,花期冬春季(图7.38)。

图7.37 弦月

图7.38 翡翠珠

【园林应用】多作盆栽应用,特别是使用盆器垂吊,形成立体景观,可美化房缘屋角,作为走廊路引等。也是优秀的桌面摆放植物和组合盆栽材料。

14)沙漠玫瑰

别名:天宝花、仙宝花、亚当花、富贵花、沙红姬花、矮性鸡蛋花、沙漠杜鹃、沙漠蔷薇。

学名:*Adenium obesum*

科属:夹竹桃科　天宝花属

【识别特征】多年生肉质植物,株高可达1.5 m以上,茎粗壮,呈瓶状,淡灰褐色,内部肉质。单叶互生,倒卵形,顶端微有小尖,长8~10 cm,宽2~4 cm,革质,腹面深绿色,背面灰绿色,全缘。伞房花序总状,顶生,喇叭状,花径4~6 cm;花冠5裂,红白色为主。花期夏季。风媒种子被白色柔毛。全株有毒性(图7.39)。

图7.39 沙漠玫瑰

【分布与习性】原产东非至阿拉伯半岛。自20世纪80年代引入中国华南地区栽培后,在中国大部分地区都有分布。

喜温暖干燥通风的全日照环境,耐旱耐高温,极不耐寒及潮湿,安全越冬需10~15 ℃以上并有充足光照,湿度过大极易使根及茎产生腐烂。喜含有腐殖质通气排水的沙土。

【繁殖方法】常用扦插、嫁接和压条繁殖,也可播种。扦插,以夏季最好,选取1~2年生枝条,以顶端枝最好,剪成10 cm长,待切口晾干后插于沙床。

【常见栽培种】选育有叶形变化、花色变化、单重瓣变化的栽培种,如斑叶沙漠玫瑰(*A. obesum* 'Variegata')叶片带有黄色斑纹。

【园林应用】多作为大型盆栽,或株型尚小型时组织摆放造型。需较多管理及较严格养护条件,不适作大面积露地栽培,多作专类造景。有强烈毒性,不适合作为一般商业及生活,尤其有儿童活动的场所种植,可用于制作盆景。

【花文化】　作为非洲干旱土地上茁壮生长,花朵艳丽的植物,沙漠玫瑰象征坚忍不拔。花语为爱你不渝,重生等。

15）生石花类

学名：*Lithops*

科属：番杏科　生石花属

【识别特征】植株矮小的多年生多肉草本，茎极短，肥厚柔软肉质，灰绿色，一般有一对对生半球状或耳状肉质叶，叶表皮稍硬，具色彩花纹且多变，状似石砾，有时近透明，对生叶缝中着生花朵，单生雏菊状，花径 2～3 cm。花期盛夏至中秋。

【分布与习性】原产地南非及纳米比亚，近年作为高档盆栽植物引入我国，少数地区有规模化栽培。生长极为缓慢，喜温暖通风与充足日照，不耐寒，冬季温度 12 ℃以上安全越冬。极怕雨涝，休眠季节保持土壤干燥，生长季节保持土壤湿润，每年新发叶片吸收老叶营养与水分，老叶逐渐枯死，新叶常撑破老叶萌发，花后叶片失水皱缩，逢第二年雨季又再萌发。

【繁殖方法】春季至初夏播种，发芽需温暖气候条件，初夏时可用成株分株繁殖。

【常见栽培种】生石花属植物 40 多种，商业名称混杂且众多，石头玉、富贵玉、石头花，石头掌、玉石掌等皆可称本属植物。常见栽培种及品种如下：

（1）微纹玉（*L. fulviceps*）　别名：黄纹玉。

识别要点：植株群生，株高 2～2.5 cm，株幅 3～4 cm，叶宽卵状基出对生，肉质，黄绿色，顶面略平截，多薄壁组织，具灰绿色凸起的小点。花单生，雏菊状，黄色，花径 3.5 cm。花期夏秋之交。种子微小（图 7.40）。

（2）露美玉（*L. hookeri*）　别名：富贵玉。

识别要点：原产南非，群生型。株高 2～3 cm，株幅 2～4 cm。叶卵状基出对生，厚肉质，顶面略凸，棕色偏灰，遍布脑回状凹陷细纹。花单生，雏菊状。黄色，花期初秋。种子微小（图 7.41）。

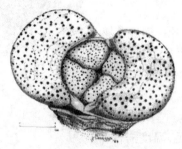 

图 7.40　微纹玉　　　　　　图 7.41　露美玉

【园林应用】养护及环境要求极高，株型微型矮小，仅适合作为盆栽，一般不用于开放式景观，偶用于旱地展览式景观。是目前较为名贵的盆栽植物，生长缓慢，成株价格高昂，幼苗存活率不高，常作为案几、书桌、办公桌装饰。

16）吊金钱

别名：一寸心、腺泉花、心心相印、可爱藤、鸽蔓花、爱之蔓、吊灯花。

学名：*Ceropegia woodii*

科属：萝藦科　吊灯花属

【识别特征】多年生肉质蔓生草本，株高 10 cm，茎细长圆形，节间 2～7 cm，叶片心形，肉质对生，长 1.5 cm，正面绿色，具灰绿色或褐紫色斑纹，背面深绿色，叶腋常有肉质珠芽。花筒灯状,淡紫褐色,具毛,长 1～2 cm。花期夏季。蓇葖果结实少(图7.42)。

【分布与习性】原产南非,津巴布韦。

性喜温暖向阳、气候湿润的环境,耐半阴,怕炎热高温与强光暴晒,忌水涝。要求疏松、排水良好、稍为干燥的土壤。生长适温 15～28 ℃,稍耐寒,冬季 10 ℃以上可安全越冬,5 ℃以上易落叶,但保留根系来年可再萌发。耐半阴和干旱,忌水涝,夏季正午直射强光亦对生长不利。喜肥沃疏松、排水良好的沙壤土。

【繁殖方法】多用扦插压条和分株法繁殖,扦插易生根成苗,温度 15 ℃以上全年均可进行,以春季为最佳。叶插、枝插均可,半阴环境下 10～15 d 即可生根。

【常见栽培种】有数个变种,常见为其斑叶品种(*C. woodii* var. iega-ta),叶缘具常春藤式桔黄色斑纹,其余特征同其原种。

图7.42　吊金钱

【园林应用】多作垂盆栽培,观赏立体造景或做通道路引,窗台阳台垂帘,亦可布置台阶状花坛,似藤萝飞瀑,也有制作花柱或搭配假山小品。可作为制作组合盆栽的材料。

【花文化】吊金钱从茎蔓看,好似古人用绳串吊的铜钱,固有此名,象征富贵财运。又因其茎细长似一条条的项链垂吊,同时心形对生叶,亦称"心心相印",是表达恋爱情谊的上佳绿植。花语结伴情侣、永结同心。

17)条纹十二卷

别名:雉鸡尾、锦鸡尾、蛇尾兰。

学名:*Haworthia fasciata*

科属:百合科　十二卷属

【识别特征】多年生肉质草本,株高 15～20 cm,肉质叶排列成莲座状,三角状披针形,渐尖,稍直立,上部内弯,叶面扁平,叶背凸起,呈龙骨状,绿色,具较大的白色疣状突起,排列呈横条纹。总状花序,花筒状至漏斗状,白色。花期夏季(图7.43)。

【分布与习性】原产南非,我国多地有栽培。

图7.43　条纹十二卷

喜温暖及明亮光照条件,耐半阴,冬季要求日照充足,温度需保持在 10 ℃以上。怕高温闷热及雨涝。最适生长温度为 15～32 ℃,要求排水良好的沙壤土。

【繁殖方法】常用分株和扦插繁殖,培育新品种时则采用播种。分株可以结合换盆进行。全年均可进行,常在 4—5 月换盆时,把母株周围的幼株剥下,直接盆栽。

【常见栽培种】常见有本属另一种十二卷植物点纹十二卷(*H. pumila*)或称白点十二卷,株型体态近于条纹十二卷,但背面白色疣状突起散生如夜空星尘(图7.44)。

【园林应用】作为专类景观布置使用,或作为路缘镶边配合卵石等有很好的造景效果,室内可作为生活、办公、商业场所装饰,适合明亮条件下的各类组合,也可作为组合盆栽与盆景的材料。

图7.44　点纹十二卷

【花文化】株形小巧玲珑,叶片上的白色点状条纹,非常雅致秀丽,因此花语为开朗、活泼。

7.3 蕨类植物

蕨类植物

7.3.1 概述

1)蕨类植物的含义及类型

蕨类植物是植物分类中种类繁多的一群,在分类系统中多作为独立的一门出现,是进化水平最高的孢子植物,也是最原始的维管植物,是苔藓植物与高等种子植物之间的过渡类群。蕨类植物有了根、茎、叶的简单分化,但其中的维管组织简单不发达,能世代交替,孢子体发达,不产生种子,繁殖需水,因此大多生于荫蔽的林下、山谷、溪旁等处,按植株叶片大小常可分为大型叶与小型叶两类。园林植物中的蕨类植物多是小型叶蕨类中的石松亚门、楔叶亚门与大型叶中的真蕨亚门植物,尤以真蕨亚门适应性强,观赏效果好,被普遍应用于园林生产的各个领域,是极重要的观叶植物类群。

真蕨类园林观赏植物除树蕨外孢子体均无气生茎,仅具根状茎;大型叶,脉序简单但多样,幼叶拳卷;孢子囊聚集为孢子囊群,生于孢子叶背面或背缘,常具囊群盖,配子体多为心形,绿色自养。

蕨类植物的分类系统,由于植物学家意见不一致,过去常把蕨类植物作为一个门,其下5个纲,即松叶蕨纲、石松纲、水韭纲、木贼纲(楔叶纲)、真蕨纲。前四纲都是小叶型蕨类植物,是一些较原始而古老的蕨类植物,现存的较少。真蕨纲是大型叶蕨类,是最进化的蕨类植物,也是现代极其繁茂的蕨类植物。我国的蕨类植物学家秦仁昌将蕨类植物分成5个亚门,即将上述5个纲均提升为亚门。

2)蕨类植物园林应用特点

(1)在古典园林中的应用　在日本的古典庭园,蕨类植物即被广泛地应用在不同区域,诸如窗台、假山石隙、水池边,配以蕨类,再配植以特性类似的针葵、棕竹,相映相衬,使庭园增色不少;尤其是在难以处理之狭窄空间、阴暗角落,更可使之焕然一新。苏州古典园林,其假山大多以蕨类作衬托,其古朴气息,一目了然。

(2)在现代阴生植物园、岩石园中的应用　在阴生植物园中,通过附生蕨、陆生蕨的相互搭配,依地形起伏栽植,并间以其他类似之阴生花卉,突出主题,通过色彩、形态的组合、搭配,借以创造出美丽的景观群落;再者,诸如岩蕨属 *Woodsia*、石蕨属 *Saxiglossum* 等石生蕨类,则可应用于布置岩石园,用以软化硬质景观,使石之刚强与蕨之柔美相济一体,以突出景观特色。

(3)应用于坡地绿化　喜光之芒萁、海金沙,由于其多样的生态适应性,以及特有的景观价值,可谓是荒坡绿化之最佳选择,通过大面积的栽植配置,借以形成美丽独特之景观特色;而耐阴湿之蕨类,则可应用作风景林下层、北面山坡、疏林地等的地被植物;同时,也可以应用蕨类布置开阔地带,在树丛、树群、林缘与草本植物之间起作联系与过渡,作为两者之间的链接,效果亦很好。

（4）应用于水面绿化、水景园　植于溪畔、近水区、水面或岸石间隙，用以点缀山石、水体，使之自然化。如应用满江红于水生境，或应用水蕨于园林水景的浅水中进行块状定植，观赏效果都很好。温州九山湖公园"竹溪佳处"的飞瀑景观，即广泛应用多种蕨类。山石、水体、植物，相映成趣，美致动人，极富欣赏情趣。

（5）应用于现代室内花园　或盆栽小型肾蕨、铁线蕨；或悬挂观赏大型巢蕨、狗脊；或应用作插花配叶、切叶；以及应用作垂直绿化，利用某些种类（如海金沙的攀缘特性，构成篱架、棚架、透空花廊以及栏杆等），或应用装饰建筑、雕塑、园林小品，以协调建筑与环境间关系，借以营造和谐、典雅且又充满清新气息之现代景观环境。

（6）应用于花坛、花境　根据一定图案设计，搭配其他鲜花植物，利用蕨类植物的绿色古朴，来陪衬鲜花的万紫千红，丛丛点点，别具情趣，给人以"万绿丛中一点红"的审美享受；或用以作为盆花群的绿色镶边，亦是十分美丽。

（7）应用于盆景造型　在盆景中选用蕨类植物作陪衬，一者能避免基质暴露；再者，由于其与生俱来古朴典雅，更增盆景魅力。装饰盆景以石生或附生蕨为主，如卷柏类、乌蕨、铁角蕨类、瓦韦类、铁线蕨等小叶种类均可作盆景材料，栽植于盆景石上，更添其自然生气和飘逸潇洒。

（8）应用于沼泽园　诸如荷兰、英国等国的园林中常有大型、独立的沼泽园，应用荚果蕨、间断球子蕨等布置于沼泽中，于园中打下木桩，铺以木板路面，使游人可沿木板路深入沼泽园欣赏各种沼泽植物。丛绿点点，自然之气息，跃然眼底。

（9）应用于专类园设计　蕨类植物种类繁多、形态各异，可根据其观赏特色、生态习性的不同进行总体规划布置。通过对各种蕨类植物形态特征、观赏特性、生态习性的把握，以此为基础进行总体规划设计，借以形成独特之景观，亦是景致独到，别具情趣。

7.3.2　常见蕨类植物识别与应用

1）肾蕨

别名：蜈蚣草、羊齿、玉羊齿、圆羊齿、山鸡蛋、铁鸡蛋、凤凰蛋、盐鸡蛋、山槟榔、篦子草、石黄皮。

学名：*Nephrolepis auriculata*

科属：肾蕨科　肾蕨属

【识别特征】附生或土生常绿草本。根状茎直立，下部有从主轴向四面发出的粗铁丝状的长匍匐茎，匍匐茎不分枝，有须根，上生有近圆形的块茎，匍匐茎、叶柄和叶轴疏生钻形鳞片。叶簇生，柄长 6～11 cm，暗褐色；叶片线状披针形或狭披针形，长 30～70 cm，宽 3～5 cm，先端短尖，一回羽状，小叶互生，披针形，先端钝圆或有时为急尖头，基部心脏形，通常不对称，下侧为圆楔形或圆形，上侧为三角状耳形，几无柄，叶缘有疏浅的钝锯齿。叶脉明显，侧脉纤细，自主脉向上斜出，在下部分叉，小脉直达叶边附近，顶端具纺锤形水囊。孢子囊群成 1 行位于主脉两侧，生于每组侧脉的上侧小脉顶端，位于从叶边至主脉的 1/3 处；囊群盖肾形，褐棕色，无毛（图 7.45）。

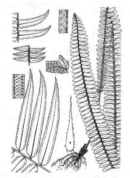

图 7.45　肾蕨

【分布与习性】分布于福建、台湾、广东、广西、贵州、云南、四川、湖南南部和浙江；亚洲其他热带地区也有。土生或附生溪边林下或石缝、树干,分布海拔达 3 000 m。

喜温暖湿润环境,耐阴不耐寒,怕强光干旱,生长适温 16 ~ 24 ℃,越冬温度不低于 8 ℃,但能耐短时的 0 ℃ 低温和 30 ℃ 高温。喜肥沃疏松、排水良好并富含钙质的壤土。

【繁殖方法】分株繁殖为主,亦可用孢子萌发繁殖,商业化大规模栽培也使用组培快繁。

【常见栽培种】有数个商业栽培种,外观与原种相近,叶色及叶排列略有改变,农业栽培特性有改良。同属圆叶肾蕨(*N. duffii*)为秀丽的观赏蕨类,其羽片多数,互生,椭圆形或团扇形,中部羽片长约 5 mm,宽 7 mm,基部常为圆截形,下部的羽片较小且远离,向上的羽片近生或呈覆瓦状,在短枝上的几密集成丛,叶缘有不规则的钝圆齿(图 7.46)。

图 7.46　圆叶肾蕨

【园林应用】作为观叶灌木可密集丛植、片植于露地各类景观,常用于稀疏乔木林下、林缘景观、缓坡地、濒水湿地、道路分车带、街边花坛或搭配假山,也可盆栽、垂吊于室内观赏。作为最常见的切叶,全球消费量巨大,是插花常用配材。

【其他经济用途】嫩芽及块茎含有淀粉可食用,全株可入药,清热利湿,润肺止咳。有吸附土壤中重金属、净化环境作用。

【花文化】作为花艺应用中衬托"红花"的"绿叶",线条流畅丰富,可剪裁修饰制成多种造型,体现各类花艺风格,尤其是现代风格,是世界花卉市场中需求量最大的切叶花卉。花语为丰富、满足。

2)巢蕨

别名:鸟巢蕨、山苏花、王冠蕨、歪头菜、雀巢羊齿、鸟蕨羊齿、山翅菜、老鹰翅。

学名:*Neottopteris nidus*

科属:铁线蕨科　巢蕨属

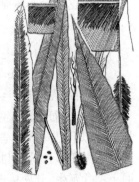

【识别特征】多年生常绿蕨类。植株高 1 ~ 1.2 m。根状茎直立,粗短,木质化,粗 2 ~ 3 cm,深棕色,先端密被光泽鳞片。叶簇生,木质柄长约5 cm,叶片阔披针形,长 90 ~ 120 cm,渐尖头或尖头,中部最宽,向下逐渐变狭而长下延,叶边全缘并有软骨质的狭边。主脉深色,小脉两面均稍隆起,斜展,分叉或单一。叶薄革质,干后灰绿色,两面均无毛。孢子囊群线形,长 3 ~ 5 cm,生于小脉的上侧,叶片下部通常不育;囊群盖线形,浅棕色,厚膜质,全缘,宿存(图 7.47)。

图 7.47　巢蕨

【分布与习性】产台湾、广东、海南、贵州、云南、西藏。成大丛附生于雨林中树干上或岩石上,也分布于斯里兰卡、印度、缅甸、柬埔寨、越南、日本(琉球)、菲律宾、马来西亚、印度尼西亚、大洋洲热带地区及东非洲。栽培状态下,其根状茎有时不盘集成鸟巢状。喜温暖潮湿的半阴环境,忌强光。需较高空气湿度。生长适温18 ~ 30 ℃,不耐低温,冬季温度 7 ~ 10 ℃ 以上可安全越冬,喜富含有机质、透气排水好的壤土。

【繁殖方法】通常分离植株基部产生的小苗繁殖。

【园林应用】营造热带雨林或丛林景观时常用的蕨类,喜温暖湿润,适合室内及温室地栽、盆栽、濒水、搭配假山种植或用吊盆垂饰;植株稍大,室内盆栽摆放宜宽宽敞明亮的开放场所。

【其他经济用途】全株可入药,功效强壮筋骨、活血祛瘀;叶片为高档切叶,可作插花与花艺设计材料。

【花文化】巢蕨状似王冠,青葱翠绿,挺拔舒展,花语:忍让、潇洒飘逸、清香长绿、吉祥、富贵。

3) 鹿角蕨

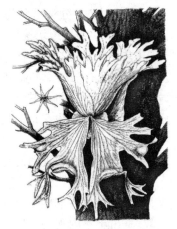

别名:鹿角槲、麋角蕨、蝙蝠蕨、鹿角羊齿。

学名:*Platycerium wallichii*

科属:鹿角蕨科　鹿角蕨属

【识别特征】附生植物。根状茎肉质,短而横卧,密被鳞片;鳞片淡棕色或灰白色线形。叶2裂,二型;基生叶厚革质,下部肉质,上部薄,直立,无柄,长宽近相等,先端截形,不整齐,3~5次叉裂,圆钝或尖头,全缘,主脉两面隆起,叶脉不明显。正常能育叶常成对生长,下垂,灰绿色,长25~70 cm。分裂成3枚主裂片,裂片全缘,通体被灰白色星状毛,叶脉粗而突出。孢子囊散生于主裂片第一次分叉的凹缺处以下,不到基部,初绿色,后变黄色。孢子绿色(图7.48)。

图7.48　鹿角蕨

【分布与习性】产云南西南部盈江县那邦坝,海拔210~950 m山地雨林中。缅甸、印度东北部、泰国及其周边也有分布。喜温暖阴湿环境,怕强光直射,遮阴50%~70%,最适生长温度18~30 ℃,冬季温度不低于5 ℃,土壤以疏松的腐叶土为宜。

【繁殖方法】分株繁殖,亦可用孢子萌发繁殖。分株春季进行。

【园林应用】作为雨林景观点缀种使用,国外亦有规模化盆栽产业,作为室内立体绿化盆栽清雅秀丽,可与树皮陶盆等作为垂吊壁挂型盆栽,是较受欢迎的特殊观赏蕨类。

【花文化】鹿角蕨是观赏蕨中叶形最奇特的一种,花语为安慰。

4) 金毛狗

别名:黄毛狗、猴毛头、金毛狗脊,黄狗头、鲸口蕨、金毛狮子。

学名:*Cibotium barometz*

科属:蚌壳蕨科　金毛狗属

【识别特征】多年生树形蕨类,根状茎卧生,粗大,叶从顶端抽生,柄长1 m以上,棕褐色,基部被有金黄色茸毛,有光泽,上部光滑;叶片大,广卵状三角形,三回羽状分裂;下部羽片为长圆形,有柄互生,远离;一回小羽片互生,开展接近,有柄,线状披针形,长渐尖,基部圆截形,羽状深裂;末回裂片线形略呈镰刀形,尖头,开展,上部的向上斜出,边缘有浅锯齿,向先端较尖,中脉两面凸出,侧脉两面隆起,斜出,单一。叶为革质或厚纸质,有光泽;孢子囊群在每一末回,能育裂片1~5对,生于下部的小脉顶端,囊群盖坚硬,棕褐色,两瓣状,成熟时张开如蚌壳,露出孢子囊群;孢子为三角状的四面形,透明(图7.49)。

图7.49　金毛狗

【分布与习性】产云南、贵州、四川南部、两广、福建、台湾、海南、浙江、江西和湖南南部。生于山麓沟边及林下阴处酸性土上。印度、缅甸、泰国、印度、马来西亚、琉球及印度尼西亚都有分布。

喜温暖和空气湿度较高的环境,畏严寒烈日,最适生长温度为18~30 ℃,对土壤要求不严,喜肥沃排水良好的酸性土壤。

【繁殖方法】分株繁殖,或用孢子萌发繁殖。

【园林应用】作为观叶灌木可配植于各类温带、亚热带至热带景观中,多用于林下、林缘、濒水、山坡、假山等景观的搭配,亦可大盆栽植摆放于廊道、入口等露天环境及大堂、会客厅等宽敞明亮场所。也有专门制作观赏其露出地面密被金色鳞毛根茎的盆栽、盆景。

【其他经济用途】作为强壮剂,补肝肾、强腰膝、除风湿、壮筋骨、利尿通淋,根状茎顶端的长软毛作为止血剂,中药名为狗脊。富含淀粉的根茎等亦可食用和酿酒。

【花文化】密布金毛的根茎富丽堂皇,阳光照射下如黄金财宝,寓意大富大贵,招财进宝。

5）翠云草

别名:金鸡独立草、翠翎草、矮脚凤毛、孔雀花、翠羽草、龙须、蓝草、蓝地柏、绿绒草、翠云卷柏。

学名:*Selaginella uncinata*

科属:卷柏科　卷柏属

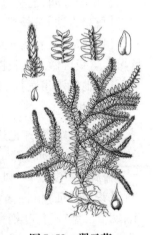

【识别特征】为中型伏地蔓生蕨,土生,主茎先直立而后攀援状,60 cm 或更长,无横走地下茎。根托只生于主茎的下部或沿主茎断续着生,自主茎分叉处下方生出,根少分叉,被毛。主茎自近基部羽状分枝,无关节,禾秆色,茎圆柱状,具沟槽,无毛,主茎先端鞭形,侧枝5~8对,2回羽状分枝,小枝排列紧密,分枝无毛,背腹压扁。叶全部交互排列,二形,草质,表面光滑全缘,明显具白边。主茎腋叶肾形,或略心形,分枝上的腋叶对称,宽椭圆形或心形。中叶不对称,接近覆瓦状排列。侧叶不对称,先端急尖或具短尖头。孢子叶穗紧密,四棱柱形,单生于小枝末端,卵状三角形,具白边,先端渐尖,龙骨状。大孢子灰白色或暗褐色,小孢子淡黄色(图7.50)。

图7.50　翠云草

【分布与习性】中国特有,别国亦有栽培。产安徽、重庆、福建、广东、广西、贵州、湖北、湖南、江西、陕西、四川、香港、云南、浙江。生于林下,海拔50~1 200 m。

喜温暖湿润的半阴环境,盆土宜疏松透水且富含腐殖质。忌干燥及日光直射,生长期要保持较高的空气湿度。安全越冬温度5 ℃。

【繁殖方法】分株繁殖或扦插繁殖。

【园林应用】作为地被或矮灌木可用于各种温暖湿润荫蔽的景观,路缘镶嵌,亦可盆栽吊挂,作为室内绿植可做组合搭配栽植,增加湿度,净化空气。

【其他经济用途】性淡凉,药用清热利湿,止血,止咳。

【花文化】卷柏属植物苍翠鲜亮,作为地被生命力强,翠云柏也象征家庭事业的生机勃勃。

6）荚果蕨

别名:黄瓜香、广东菜。

学名:*Matteuccia struthiopteris*

科属:球子蕨科　荚果蕨属

【识别特征】植株高70~110 cm。根状茎粗壮,短而直立,木质坚硬,与叶柄基部密被披针形鳞片。叶簇生,二形:不育叶叶柄褐棕色,上有深纵沟,基部三角形,具龙骨状突起,密被鳞片,叶片椭圆披针形至倒披针形,基部渐狭,二回深羽裂,互生或近对生,下部耳形,中部披针形或线状披针形,先端渐尖,无柄,羽状深裂整齐齿状排列,椭圆形或近长方形,圆头或钝头,边缘具波状圆齿或为近全缘,通常略反卷,叶脉明显,小脉单一,叶草质;能育叶较不育叶短,有粗壮的长柄,叶片倒披针形,一回羽状,两侧反卷成荚果状,呈念珠形,深褐色,包裹孢子囊群,小脉先端形成囊托,位于羽轴与叶边之间,孢子囊群圆形,成熟时连接而成为线形,囊群盖膜质(图 7.51)。

图 7.51　荚果蕨

【分布与习性】产黑龙江、吉林、辽宁、内蒙古、河北、山西、河南、湖北西部、陕西、甘肃、四川、新疆、西藏。生山谷林下或河岸湿地,海拔 80 ~ 3 000 m。也广布于日本、朝鲜、俄罗斯、北美洲及欧洲。

喜温暖湿润,也耐寒,温度适应性较强,喜腐殖质及含水量较高的中性壤土。

【繁殖方法】分株繁殖为主,亦可用孢子萌发繁殖。

【园林应用】作为观叶植物有多种应用,作为矮灌木制作绿篱,搭配花境和步道等其他景观皆可。盆栽可做立体栽植,也可单独摆放于各种宽敞明亮场所。

【其他经济用途】嫩芽可食用,根茎含有多种药用成分,清热解毒。

7)凤尾蕨

别名:凤尾草、井栏边草、三叉草。

学名:*Pteris multifida*

科属:凤尾蕨科　凤尾蕨属

【识别特征】植株高 30 ~ 45 cm。根状茎短而直立。叶多数,密而簇生,明显二型;不育叶柄稍短;叶片卵状长圆形,长 20 ~ 40 cm,一回羽状,羽片通常 3 对,对生,斜向上,线状披针形,长 8 ~ 15 cm,先端渐尖,叶缘有不整齐的尖锯齿并有软骨质的边,下部 1 ~ 2 对通常分叉,顶生三叉羽片;能育叶有较长柄,羽片 4 ~ 6 对,狭线形,长 10 ~ 15 cm,不育部分具锯齿,余均全缘,下部 2 ~ 3 对通常 2 ~ 3 叉,上部几对的基部长下延,在叶轴两侧形成宽 3 ~ 4 mm 的翅。主脉、侧脉明显,稀疏。叶暗绿色;叶轴稍有光泽,孢子囊沿叶顶群生于叶背边缘或缘内(图 7.52)。

图 7.52　凤尾蕨

【分布与习性】产华北、华东至西南及越南、菲律宾、日本。生墙壁、井边及石灰岩缝隙或灌丛下,海拔 1 000 m 以下。

喜温暖湿润半阴气候,生长适温 16 ~ 28 ℃,15 ℃ 下生长受到抑制,但 7 ℃ 以上通常可安全越冬,不耐干燥,需较高空气湿度,亦不耐强光直射。喜疏松富含腐殖质的壤土。

【繁殖方法】分株繁殖为主,亦可用孢子萌发繁殖,商业化大规模栽培也使用组培快繁。

【常见栽培种】凤尾蕨属为重要观赏蕨类,同属中大量应用于园林观赏的种类,是最早由国外开发的欧洲凤尾蕨变种银心凤尾蕨(*Pteris cretica* ' Albo lineata'),叶簇生,二型或近二型,叶边仅有矮小锯齿,叶片较凤尾蕨宽长,顶生三叉羽片的基部常下延于叶轴,其下一对也多少下延,叶中两条宽灰白带沿中脉直到叶尖(图 7.53)。

同属中原产云南西南部至锡金及不丹的三色凤尾蕨(*Pteris aspericaulis* var. *tricolor* Moore)羽

片沿羽轴两侧有白色或玫瑰色的宽带,非常美丽,是珍稀的观赏蕨类。

【园林应用】可作为地被及灌木使用,多用于景观道路边缘及与各种灌木及小乔木组成层次分明的景观,或遮挡山石等均可,家庭盆栽典雅清新,可置于各种环境中作为衬托,也可作为花艺设计搭配材料。

【其他经济用途】全草入药,味淡,性凉,能清热利湿、解毒、凉血、收敛、止血、止痢。

【花文化】由于生命力强韧,南方各处常可在水湿地处看到,故名井栏边草,形青翠秀丽,具沉静淡雅的色泽与造型,其中银心凤尾蕨的花语为谦逊,惹人怜爱。

图 7.53　银心凤尾蕨

7.4　食虫植物

7.4.1　概述

1)食虫植物的含义及类型

能用植株的某个部位捕捉活的昆虫或小动物,并能分泌消化液,将虫体消化吸收的植物称为"食虫植物"。这是一种生态适应,这种植物多生于长期缺乏氮素养料的土壤或沼泽中,具有诱捕昆虫及其他小动物的变态叶。

世界上大约有 500 种食虫植物,分属于 7 个科 16 个属,几乎遍布全世界,但以南半球最多。主要有三大类:一类是叶扁平,叶缘有刺,可以合起来,如捕蝇草类;一类是叶子成囊状的捕虫囊,如猪笼草、瓶子草类;再有一类是叶面有可分泌汁液的纤毛,通过黏液粘住猎物,如茅膏菜类。

食虫植物因为根系不发达,吸收能力差,长期生活在缺乏氮素的环境(如热带、亚热带的沼泽地)中,假如完全依靠根系吸收的氮素来维持生命,那么在长期的生存斗争中早就被淘汰了。迫于生存的压力,食虫植物获得了捕捉动物的能力,可以从被消化的动物中补充氮素。食虫植物既能进行光合作用,又能利用特殊的器官捕食昆虫,也能依靠外界现成的有机物来生活。因此,食虫植物是一种奇特的兼有两种营养方式的绿色开花植物。

2)食虫植物园林应用特点

食虫植物往往由于具有为捕食而特化的器官,外观奇特美丽,脱离原生境后适应性不强,繁殖量较低,是近年来新兴的家养盆栽观赏植物,有较高的商业价值。食虫植物在园林中的应用主要有以下几种形式:

(1)温室内栽培　人为控制温室内的环境,为食虫植物提供最佳生长环境,主要用于展示珍稀品种或固定的小面积科普展示。

(2)室内盆栽　选择对温度不是非常严格的耐低湿的品种作为室内的盆栽植物,选择合适的容器配合栽培,会取得很好的景观效果。

(3)食虫植物专类园　综合考虑居住地的极限低温和高温、光照条件等因素选择合适的食虫植物,成为室外食虫植物专类园。由于食虫植物奇特的外形,通过合理的搭配,能够取得非常好的景观效果,室外的食虫植物专类园可以成为整个景区的焦点。

（4）室外迷你食虫植物盆栽　利用容器在室外组合栽植食虫植物,可利用多种形式的容器,将数种食虫植物按照你希望的形式栽种,可以选择合适的地域摆放,便于更换和调整。

7.4.2　常见食虫植物识别与应用

1）猪笼草

别名:雷公壶。

学名:*Nepenthes mirabilis*

科属:猪笼草科　猪笼草属

【识别特征】直立或攀援草本,高 0.5 ~ 2 m。基生叶密集,近无柄,基部半抱茎;叶片披针形,边缘具齿;卷须短于叶片;瓶状体大小不一,长 2 ~ 6 cm,狭卵形或近圆柱形,被疏毛,具 2 翅,瓶盖卵形或近圆形,内面密具近圆形的腺体;茎生叶散生,具柄,叶片长圆形或披针形,两面常具斑点,具瓶状体或否;瓶状体长 8 ~ 16 cm,近圆筒形,下部稍扩大,口处收狭或否,内壁上半部平滑,下半部密生腺体;瓶盖卵形或长圆形,内面密生近圆形腺体。总状花序长 20 ~ 50 cm,与叶对生或顶生;花被片 4 枚,红至紫红色,椭圆形或长圆形;雄花蕊柱具花药 1 轮,稍扭转;雌花子房椭圆形,具短柄或近无柄,被密毛。花期4—11 月,果期 8—12 月。蒴果栗色,长 0.5 ~ 3 cm;种子丝状,长约1.2 cm(图 7.54)。

图 7.54　猪笼草

【分布与习性】产于广东西部、南部。生于海拔 50 ~ 400 m 的沼泽地、路边、山腰和山顶等灌丛中、草地上或林下。本种能适应多种环境,故分布较广,从亚洲中南半岛至大洋洲北部均有产。

喜温暖潮湿遮阴的生长环境,不耐干旱、寒冷及全光照,生长适温为 22 ~ 30 ℃,10 ℃以上可安全过冬,需较高的空气湿度。喜偏酸性疏松、矿物质含量低的壤土,浇水应使用软水或低矿物水。

【繁殖方法】可进行扦插、压条和播种繁殖,商业化生产可使用组培快繁。

【常见栽培种】猪笼草属植物通常都能形成外观大小、形状及颜色各异的瓶子体,有极佳的观赏性。如苹果猪笼草(*N. ampullaria*),具攀援性,茎长可达数米,草水罐状的捕虫笼较小,短宽。上位笼罕见,捕虫笼颜色从浅绿色到深红色,形如苹果,十分可爱(图 7.55)。

图 7.55　苹果猪笼草

近年来作为杂交新品种的米兰达猪笼草(*Nephrolepis* ‘Miranda’)由于捕虫笼可长至 20 cm 以上,瓶口颜色红黄鲜艳而备受欢迎,是销售量较大的猪笼草栽培杂交品种。

【园林应用】通常作盆栽,尤其垂吊组成立体景观可凸显奇特的捕虫笼部分,但由于需要高空气湿度才可形成捕虫笼,猪笼草通常用于各类温带至热带丛林温室的点缀,个别情况下可用驯化过的适应性较强的猪笼草组成小型花境或群植于温暖的林下、濒水带或台地。室内装饰盆栽可点缀吊挂种植于有明亮散射光的各种环境,尤适南方沿海温暖潮湿地区。

【其他经济用途】广东地区及越南等地间或食用及药用,有清热止咳、利尿和降压之效。

【花文化】广东、海南等地可见,捕虫笼形似口袋,常被当地人认为具有财源广进、财运亨通的寓意,又因其捕虫过程守株待兔,以逸待劳,象征生活需要耐心。花语为没有悲哀与忧愁。

2)瓶子草类

学名:*Sarracenia*

科属:瓶子草科　瓶子草属

【识别特征】广义指瓶子草属植物,狭义指瓶子草属、瓶子草科的多年生草本植物,本属植物都为食虫植物,具根状茎,多生寒冷地区沼泽湿地。叶从基部抽出,互生,叶尖下部特化为筒状或管状,似瓶或喇叭,叶尖特化为宽翅状,形似瓶盖,叶筒内多生倒刺状腺毛,筒壁常光滑蜡质。花大,两性整齐,单生于花茎顶,花柱顶端异常扩大成盾状,有与心皮同数的裂片,柱头在裂片的末端,花被2列,萼片4~6,宿存,花瓣5枚,稀缺,黄、红或紫色,雄蕊多数,雌蕊1枚,子房上位,由3~5心皮组成,中轴胎座,胚珠多数,花柱1枚,顶端短2裂。蒴果,种子小,具内胚乳。

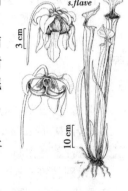

图7.56　黄瓶子草

【分布与习性】原产于美国东海岸、德州、五大湖区以及加拿大东南部。大部分的种类只出现在美国东南部。喜温暖湿润及充足日照,较耐寒,多数种类冬季温度2~5℃以上均可安全越冬。生长适应性较强,休眠期应控水,但不耐干旱及肥,栽培基质喜富含腐殖质、透气的微酸性土壤,基质及水分矿物质含量不可过高。

【繁殖方法】种子4~5℃春化,1—2月后15~22℃播种,或茎、叶扦插,亦可分株繁殖。

【常见栽培种】瓶子草属约9种。常见栽培种及品种如下:

(1)黄瓶子草(*S. flava*)　识别要点:捕虫瓶长40~70 cm,直立,下部细长,上部靠近瓶盖处为漏斗形。瓶盖卵圆形。翅宽2~8 mm,上部较窄,下部较宽。叶色黄绿,偶于背面或瓶口附近具紫红色斑块。瓶盖下表面具紫色或红色的网纹(图7.56)。

(2)阿拉巴马州瓶子草(*S. alabamensis*)　识别要点:捕虫瓶直立,长15~45 cm,宽2.5~4 cm。基部细长,靠近瓶口处略扩张。瓶盖宽,椭圆形。翅宽2~12 mm。叶色通常绿黄色,内表面具红色网纹(图7.57)。

图7.57　阿拉巴马州瓶子草

(3)紫瓶子草(*S. purpurea*)　别名:北方瓶子草。

识别要点:捕虫瓶长10~15 cm,瓶口处宽2~4 cm。基部及中部呈漏斗形,靠近瓶口处略微收缩,瓶体略显膨胀状。瓶盖直立,略呈半圆形,两侧向内卷曲,稍呈圆锥状。瓶盖外缘波浪状,内表面具长2~5 mm向下的纤毛。翅宽2~12 mm,靠近瓶口处较窄,基部及中部较宽。叶片具蜡质角质层。叶色主要以红色为主,瓶盖和翼通常为黄绿色,且具红色的网纹(图7.58)。

(4)鹦鹉瓶子草(*S. psittacina*)　识别要点:捕虫瓶基部管状,末端呈空心球状。球状末端靠近植株中心一侧具一个较小且唯一通往捕虫瓶内部的入口,且该孔洞向内凸起。捕虫瓶匍于地表,呈莲座状紧凑排列。捕虫瓶长 10 ~ 25 cm,宽 1 ~ 4 cm。翅宽 2 ~ 20 mm,基部较窄,球状末端较宽。叶色红绿,并具有红色的网纹及白色的网隙,捕虫瓶管状部分的网隙拉长(图 7.59)。

图 7.58　紫瓶子草　　　　　　图 7.59　鹦鹉瓶子草　　　　　　图 7.60　捕蝇草

【园林应用】　多作盆栽应用,国内尚未有大规模室外景观,原产地北美地区偶做灌木;亦用于湿地专类生境栽培。室内栽培盆栽或垂吊,放置于日光可照射的窗台、阳台、书房、客厅等均有较好的装饰效果,也可做高档组合盆栽,但由于开花具较强香气,不适合放置于卧室、饭厅等地。

3)捕蝇草

别名:食虫草,捕虫草。

学名:*Dionaea muscipula*

科属:茅膏菜科　捕蝇草属

【识别特征】多年生草本植物。根系不发达,茎短,叶片从基部轮生抽出呈莲座状,叶柄长且扁平状,长卵圆形,似叶片。叶柄特化为贝壳状两瓣结构的捕虫夹,夹内面靠中心处着生多数腺点及感应纤毛,可分泌含酶消化液,叶缘生规则的睫毛状刺毛,有黏性液体分泌腺着生其上,叶色绿色带黄色或红色。伞房花序,花白色,花期夏季。种子细小(图 7.60)。

【分布与习性】原产于北美洲湿地草原。喜温暖阴湿环境,怕强光直射、干旱及寒冷,应遮阴 50%,最适生长温度 22 ~ 30 ℃,气温低于 15 ℃休眠,冬季温度不低于 5 ℃可安全越冬,土壤以疏松偏酸性的腐叶土为宜。

【繁殖方法】分株繁殖,亦可用种子及叶片扦插,大规模商用使用组培快繁。

【常见栽培种】经选育有多个生产变种,主要是叶片形态大小及色泽有不同,如原种捕蝇草产生的叶片叶柄颜色较红的栽培种花市捕蝇草(*D. muscipula* 'Typical');变异种巨夹捕蝇草(*D. muscipula* 'Giant Traps')捕虫夹部分较为巨大,适应性强,都是市场上较为常见的品种。

【园林应用】植株较为娇小,通常室内观赏盆栽,可置于几架案头,新奇可爱,也可放置于明亮的窗台壁橱等地作为点缀或制作组合盆栽。

【花文化】捕蝇草作为进化等级较高的食虫植物,在捕食的过程中有诱捕感应即主动捕食的特性,因此又有天然的智慧、狡黠等寓意,原生境脆弱,植株本身适应性也不强,野生原种较为珍稀。

【单元小结】

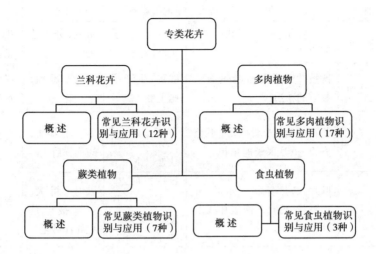

【拓展学习】

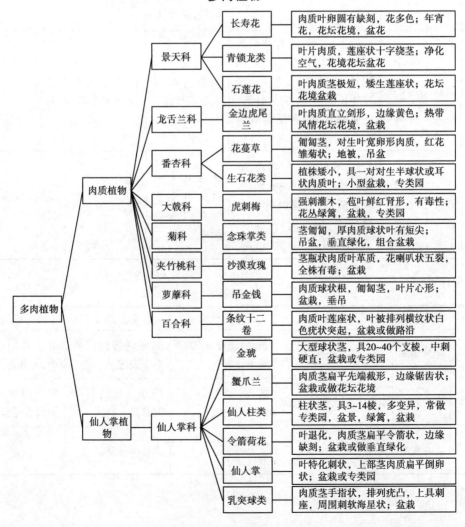

蕨类植物

种类	亚门	株型	叶片	孢子囊排列	根状茎/茎	应用
肾蕨	真蕨	<1 m	狭披针形,一回羽状,小叶互生,肾形	成1行位于主脉两侧	直立,分支茎匍匐	花境花坛、盆栽、花艺设计材料
巢蕨	真蕨	>1 m	阔披针形革质,全缘并有软骨质的狭边	线形,生于小脉上侧	直立,短粗,木质化	花境、盆栽、垂吊、专类园、花艺材料
鹿角蕨	真蕨	<0.5 m	长宽相近,先端截形,不整齐,3~5次叉裂鹿角状	散生于主裂片第分叉凹缺处以下	附生,肉质,短而横卧	专类园、盆栽
金毛狗	真蕨	>1 m	叶片大,广卵状三角形,三回羽状分裂,末回裂片线形略呈镰刀形	每一末回,生于下部小脉顶端,成熟时蚌壳状	卧生,粗大,基部被金黄色光泽绒毛	专类园、盆栽、花境、盆景
翠云草	石松	<1 m	叶全部交互排列于羽状分支茎上,具白边,二形,营养叶肾形	孢子叶穗四棱柱形,先端渐尖,龙骨状	先直立而后攀援状	地被,组合盆栽
荚果蕨	真蕨	约1 m	叶簇生,二形,不育叶椭圆披针形,二回深羽裂,叶脉明显,小脉单一,草质。能育叶长柄,叶片倒披针形,一回羽状,两侧反卷成荚果状	为能育叶包裹成荚果状	粗壮,短而直立,木质坚硬	花境、盆栽、专类园
凤尾蕨	真蕨	<0.5 m	二型;不育叶一回羽状,通常3对对生线状披针形,有软骨质的边;能育叶较长柄,羽片4~6对,狭线形,不育部分具锯齿,余均全缘	能育叶上沿叶顶群生于叶背边缘或缘内	短而直立	花境、盆栽、花艺材料

食虫植物

种类	特化部位	特化器官形状	捕虫方式	生态分布	生境共性
猪笼草	叶片尖端	袋状或粗瓶状,具盖	被动,诱导+毒腺或消化液	温暖潮湿荫蔽的林下及灌丛	群落及周边环境中,尤其是土壤中
瓶子草类	叶片	喇叭筒状或管状,具翼	被动,诱导+倒刺+消化液	冷季明显的沼泽及草地	缺乏以氮素为主的营养元素
捕蝇草	叶片先端	两瓣贝壳形带纤毛夹状体	主动,捕虫夹合拢形成笼子	温暖湿地草原	

【相关链接】

[1] 张毓,张佐双,赵世伟.中国花经[M].沈阳:辽宁科学技术出版社,2004.

[2] 黄泽华.兰花新谱[M].广州:广东科技出版社,2003.

[3] 中国兰花网:http//www.guolan.com.

[4] 陈俊愉,程绪珂.中国花经[M].上海:上海文化出版社,2003.

[5] 王成聪.仙人掌与多肉植物大全[M].武汉:华中科技大学出版社,2001.

[6] 王意成.700种多肉植物原色图鉴[M].南京:江苏科学技术出版社,2013.

[7] 成雅京,等.仙人掌及多肉植物赏析与配景[M].北京:化学工业出版社,2008.

[8] 张宪春.中国石松类和蕨类植物[M].北京:北京大学出版社,2012.

[9] 中国植物志.蕨类植物相关卷及分册[M].北京:科学出版社,2004.

[10] 中国食虫植物网:www.chinese-cp.com.

【单元测试】

一、填空题

1.兰花按生态习性主要分为_____、_____、_____三大类。园艺栽培的主要种类为_____、_____。

2.兰花在园林上的用途有_____、_____、_____、_____、_____。

3.常见的冬春年宵多肉植物有_____和_____。

4.仙人柱类植物常常发生_____,观赏价值随之增加。

5.仙人掌类植物通常是_____、_____器官肉质化,而其他多浆植物通常是_____器官肉质化。

6.景天科植物典型特征之一是叶片在茎上的排列方式为_____。

7.可用作花艺材料的蕨类植物有_____、_____、_____等。

8.根状茎也有很高观赏价值的蕨类植物是_____。

9.有很高观赏价值的附生蕨类植物是_____。

10.最适合做地被栽植的蕨类植物是_____。

二、选择题

1.(   )是世界上栽培最多、最受人们喜爱的热带兰之一,为热带兰中花最大、色彩最艳丽的一个属。

A.蝴蝶兰   B.卡特兰   C.大花蕙兰   D.兜兰

2.下面关于中国现栽培的地生兰描述正确的是(   )。

A.为两年生常绿草本

B.假鳞茎较大,叶片较厚,花序弯曲

C.假鳞茎较小,叶片较薄,花序直立

D.果实为开裂的荚果

3.最需光的兰种有(   )(   ),最喜阴的兰种有(   )。

A.春兰,蕙兰,建兰   B.建兰,墨兰,寒兰

C.蕙兰,建兰,墨兰   D.春兰,蕙兰,墨兰

4. 兰花的果实类型为(　　)。

A. 开裂硕果　　　　　B. 开裂荚果　　　　　C. 聚合果　　　　　D. 翅果

5. 兰花的繁殖以(　　)为主。

A. 播种　　　　　　　B. 组织培养　　　　　C. 分株繁殖　　　　　D. 扦插拟球茎

6. 下面不属于地生兰的是(　　)。

A. 寒兰　　　　　　　B. 建兰　　　　　　　C. 兜兰　　　　　　　D. 文心兰

7. 以下植物,适合作家庭起居室装饰盆栽的是(　　)。

A. 金琥　　　　　　　B. 虎刺梅　　　　　　C. 沙漠玫瑰　　　　　D. 长寿花

8. 下列植物,适合作地被的有(　　)。

A. 青锁龙　　　　　　B. 金手指　　　　　　C. 花蔓草　　　　　　D. 生石花

三、问答题

1. 什么是地生兰、附生兰、腐生兰?

2. 简述兰花的形态特征。

3. 适合作吊盆栽植或垂直绿化的多肉植物有哪些?

4. 根据生物学特性和生境特点,食虫植物栽植养护时最应注意的环节是什么?

8 草坪与地被植物

【学习目标】

知识目标:
1.掌握常见草坪植物的含义、形态特征、生态习性及其园林应用;
2.掌握常见地被植物的含义、形态特征、生态习性及其园林应用。
技能目标:
1.能应用所掌握的知识识别常见草坪植物与地被植物;
2.能应用专业术语描述草坪植物与地被植物的形态特征;
3.能根据生态习性和园林应用的要求科学合理地选择应用草坪植物与地被植物。

8.1 草坪植物

8.1.1 概述

草坪植物

1)草坪植物的含义及类型

草坪是指低矮草本植物覆盖地面而形成的相对均匀、平整的草地植被,它包括草坪植物的地上部分以及根系和表土层构成的整体。其目的是为了保护和美化环境,以及为人类休闲娱乐和体育活动提供优美舒适的场地。当草坪被铲起用于建植新草坪时则称之为草皮。草坪植物是构成草坪的植物。

草坪在园林绿化及其他方面有着广泛的用途,表现形式亦多种多样,从不同标准或角度可以将草坪分为以下类型。

(1)按草坪用途分类

①游憩草坪:供人们休息、游戏和户外活动用的草坪,一般多建于公园、风景区、住宅区、学校、医院等处。此类草坪一般面积较大,具有较强的耐践踏性和恢复力,以便容纳较多的人游憩。

②观赏草坪:专供人们景色欣赏的草坪,也称装饰草坪、造景草坪等,一般多用于广场、建筑

小品、花坛、花境、水景等处。此类草坪用低矮、茎叶细密、绿期长的高品质草坪草种建成,管理精细,一般不允许践踏,以保证观赏效果。

③运动场草坪:专供体育运动的草坪,如高尔夫球场、足球场、橄榄球场、网球场、棒球场、垒球场、赛马场草坪等。此类草坪的建植,通常应选择耐践踏、耐频繁修剪、恢复力强的草坪草种,同时考虑到草坪的弹性、硬度、摩擦性等各种运动需要的性能。

④防护草坪:起固土护坡和保持水土作用的草坪,主要建植在公路铁路边、水岸、堤坝等地。此类草坪一般要求草种具有根系发达、抗干旱瘠薄、耐粗放管理等特性,以在较差的环境条件和较低的养护水平下发挥防护的作用。

⑤其他用途草坪:如飞机场草坪、停车场草坪、环保草坪以及屋顶草坪等,其作用主要是保护环境、防灾、调节温度和湿度、减弱太阳辐射强度、降低噪音、吸附粉尘、吸收尾气或提高观赏价值等。

(2)按草坪与草本植物的配置分类

①单一草坪:一般指由一种草坪草种或品种建植的草坪。此类草坪具有高度均一性,在高度、色泽和质地等方面均匀一致,如高尔夫球场果岭。另外,一些公园、广场、住宅小区等地也常采用单一草坪,观赏效果良好。

②混播草坪:由两种以上草坪草种或品种建植的草坪。此类草坪常能充分发挥各个草坪草种和品种的优势,达到加速成坪、延长绿期等要求,并且更加适应差异较大的环境条件。

③缀花草坪:点缀草本花卉的草坪,如鸢尾、石蒜、葱兰、紫花地丁、红花酢浆草、美丽月见草等。花卉面积一般不超过草坪总面积的1/3,花卉分布疏密有致,自然错落,多用于观赏草坪和游憩草坪。

(3)按草坪与木本植物的配置分类

①空旷草坪:草坪中不栽乔灌木,一般较为平坦、开阔,具有户外活动和游戏等功能。此类草坪的边缘常布置一些高大树丛、树带、树群、建筑或山体等,以对比突出草坪空间的开阔,多用于大型公园和风景区中。

②稀树草坪:草坪上布置的树木相互距离较大,且树木的覆盖面积一般为草坪总面积的20%～30%。此类草坪主要供游憩用,置身其间,仿佛到了稀树草原。

③疏林草坪:草坪上布置的树木的覆盖面积一般为草坪总面积的30%～60%,疏林下的草坪,有树荫,有阳光,是人们休息、娱乐、野餐、读书和贴近自然的理想场所,草坪草种应具有一定的耐阴性。

④林下草坪:草坪上树木的覆盖面积一般为草坪总面积70%以上,应选择极其耐阴的草种,主要起着覆盖裸土、美化环境的作用。

2)草坪植物园林应用特点

随着我国城市化进程的加快和园林建设的发展,草坪在园林上的应用越来越广泛,无论是公园、风景区的建设,还是街道、广场、小区、庭院的绿化;而且在防护林、风景林和运动场、球场的建设,甚至在公路、高速路及山体、水体的边坡防护上,都少不了草坪的应用,通过草坪与地形、水体、建筑、道路、广场、园林小品及其他植物配合使用,发挥草坪在园林当中所特有的作用和效果。园林景观设计者常常利用草坪创造园林空间,衬托主景、突出主题,以之设计景观,表现时空的变化。

(1)创造园林空间　草坪的最大功能就是能够给游人提供一个足够大的空间和一定的视

距以欣赏景物。

（2）衬托主景、突出主题　草坪是园林绿化的重要组成部分,是丰富园林景物的基调。园林中没有草坪,犹如一幅只画了主调而未画基调的没有完工的图画。

（3）设计景观　利用草坪的几何形状可以设计各种规则的草坪花坛景观,各种不规则的草坪则可以调节景物的疏密和景深,这是表现力最强且用得最多的园林手法之一。

（4）表现时空的变化　园林空间是包括时间在内的四维空间。根据草坪草的季相变化,把草坪与其他造园要素配合组成各种造型,同一地点的不同时令即可展现出不同的园林景观。草坪中混播草花品种,其中不同的花卉开花时间不同,可形成不同时令的缀花草坪,从而表现出草坪绿地的时空变化。

8.1.2　常见草坪植物识别与应用

1)草地早熟禾

别名:肯塔基早熟禾、六月禾、草原早熟禾、光茎蓝草、肯塔基蓝草。

学名:*Poa pratensis*

科属:禾本科　早熟禾属

图8.1　草地早熟禾

【识别特征】具细长根状茎,多分枝。茎秆丛生,光滑,多分蘖。叶片 V 型偏扁平,宽 2~4 mm,柔软,多光滑,两侧平行,顶部为船形,中脉两侧各脉透明,边缘较粗糙,芽中叶片呈折叠状。膜状叶舌短。叶光滑,黄绿色。无叶耳。圆锥花序开展,长 12~20 cm。颖果纺锤形,具三棱。种子细小,长约 0.2 cm,千粒重 0.3~0.4 g。花果期 4—8 月(图8.1)。

【分布与习性】原产欧洲、亚洲北部及非洲北部,后引种到北美洲,现广泛分布于温带地区。在我国主要分布于北方地区。

喜阳光充足,能耐轻度荫蔽。气温达 5 ℃时开始生长,抗寒力强。夏季 32 ℃以上时易休眠,且易感病。根状茎繁殖迅速,再生力强,耐践踏,耐低修剪。抗旱性差,在排水良好、湿润肥沃、pH 值为 6~7 的土壤中生长良好。

【繁殖方法】可通过根茎繁殖,但主要以种子直播建坪。建坪速度比黑麦草和高羊茅慢,但再生能力强。温暖地区春、夏、秋均可播种,以春、秋两季播种为宜,北方地区春播宜早,秋播更佳。一般播深 1.0~1.5 cm,单播种子用量 10~15 g/m²。

【常见栽培种】品种众多,包括:午夜(Midnight)、奖品(Award)、优异(Merit)、自由(Freedom)、康尼(Conni)、公园(Park)、新哥来德(NuGlade)、解放者(Liberator)、浪潮(Impact)、蓝神(Nublue)、抢手股(Bluechip)、艾德尔菲(Adephi)、芝加哥二号(Chicago Ⅱ)、纳苏(Nassau)、巴林(Balin)、肯塔基(Kentucky)、兰月(Bluemoon)、史诗(Odyssey)、艾克利(Eclipse)、美洲王(America)、凯丽博(Caliber)和黎明(Dawn)等。

【园林应用】在我国北方一般 3 月中旬气温达 5 ℃时返青,最适生长温度 15~27 ℃,12 月气温达 -2~5 ℃时进入休眠期,全年生长期达 240~280 d,有的品种绿期可达 300 d。在南方温暖地区,冬季也能正常生长,并保持绿色。

使用最为广泛的冷季型草坪草之一,发达的根状茎以及较强的再生能力使它特别适应于运动场和高尔夫球场的球道、发球台和高草区。在园林绿地中属质量中等以上的草坪,常与多年生黑麦草和紫羊茅混播。

【其他经济用途】草地早熟禾是牲畜重要的放牧草。从早春到秋季,放牧采食的饲料常为幼嫩植物,营养丰富,马、牛、羊、驴、骡、兔都喜采食。对于马是最喜食和有完善价值的草。

2)多年生黑麦草

别名:黑麦草、宿根黑麦草。

学名:*Lolium perenne*

科属:禾本科　黑麦草属

【识别特征】丛生型草本。具有细弱根状茎,须根稠密,主要分布于20 cm 表土层。茎直立,秆丛生,基部倾斜。叶片扁平,狭长,宽 2～6 mm,质地柔软。叶的背面光滑发亮,正面叶脉明显。幼叶折叠于芽中。普通品种有膜状叶舌和短叶耳,叶环宽于草地早熟禾。多数新品种没有叶耳,叶舌不明显。有时也呈现船形叶尖,易与草地早熟禾相混,但仔细观察会发现叶尖顶端开裂。扁穗状花序直立,微弯曲。种子较大,无芒,千粒重 1.5～2 g(图 8.2)。

【分布与习性】原产于南欧、北非和亚洲西南部,是欧洲、北美、澳大利亚、新西兰等地的优良牧草。是最早的草坪栽培种之一,在世界各地的温带地区广泛分布。我国早年从英国引进,现已广泛栽培。

图 8.2　多年生黑麦草

喜光不耐阴,最适生长于冬季温和、夏季凉爽潮湿的地区。抗寒、抗霜,但不如草地早熟禾,气温低至 -15 ℃时易产生冻害。不耐炎热,33 ℃以上开始生长不良,37 ℃以上生长严重受损。较耐湿,不耐干旱,不耐瘠薄,要求中性偏酸的肥沃土壤,较耐践踏。

【繁殖方法】种子直播建坪,单播种子用量 15～35 g/m²,种子较大,发芽率高,建坪快。若与草地早熟禾或高羊茅等混播,其混播比例一般不宜超过 20%,以防影响其他草坪草生长。

【常见栽培种】品种众多,包括:神枪手(Topgun)、球童(Caddy)、光脚丫(Bigfoot)、完美(Paragon)、畅想(Imagine)、特拉华(Delaware)、托亚(Taya)、艾德王(Advent)、极品(Extreme)、太阳岛(Capri)、球道(Fairway)、绿先锋(Green Pioneer)、速生(Quick Start)、全明星(All Star)、向往(Covet)、爱神特(Accent)、丹尼罗(Danilo)、娇龙(Dragon)、易生(Easy Livin)、守门员(Goal keeper)、生态(Ecologic)、绅士(Esquire)、贵族(High Life)、尤文图斯(Juventus)、玛格丽特(Margarita)、莫西(Merci)、尼凯(Nikita)、匹克威(Pickwick)、萨卡尼(Sakini)、思威(Sanvignon)、AMP、蒙特丽 2 号(Monterey Ⅱ)、银河系(Galaxy)、高帽(Top Hat)、凯特 2 号(Cator Ⅱ)、凯特 3 号(Cator Ⅲ)、德比极品(Derby Supreme)、博士(Ph. D.)、迪斯科(Disco)、绿宝石(Emerald)、卓越(Eminent)、百感(Bison)、美洲豹(Panther)、阳光(Sunshine)等。

【园林应用】用于高尔夫球场的球道、高草区、发球台,在园林绿地应用很广泛。除用作短期临时植被覆盖外,多年生黑麦草很少单独种植,主要与其他草坪草地早熟禾混播使用。常用作快速建坪及暖季型草坪冬季覆播材料。

【其他经济用途】早期收获的鲜草干物质含量约 14%,干物质中粗蛋白质含量可达 18.6%,木质素少,质地柔嫩,适口性好,消化率高,为畜禽、鱼类优良青饲料。

3）高羊茅

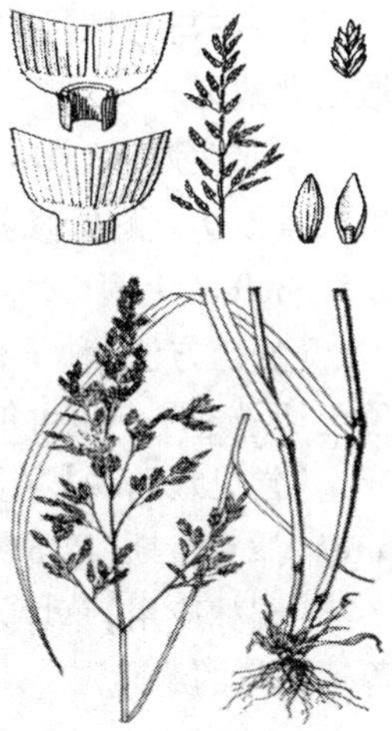

别名：苇状羊茅、苇状狐茅。

学名：*Festusa arundinaces*

科属：禾本科　羊茅属

【识别特征】<u>丛生型草本</u>。须根系发达，分布深。茎圆形，通常直立，无毛，坚韧而光滑，具 4 ~ 5 节，基部红色或紫色。叶片扁平，坚硬，宽 5 ~ 10 mm，质地粗糙；叶脉明显；叶鞘圆形，光滑或有时粗糙，开裂，边缘透明，基部红色；叶舌膜质，截平；叶环显著，宽大，分开，常在边缘有短毛，黄绿色；叶耳小而狭窄。圆锥花序，直立或下垂。种子较大，棕褐色，千粒重 1.5 ~ 2 g（图 8.3）。

图 8.3　高羊茅

【分布与习性】原产欧洲，后又引入北美和南美，是应用非常广泛的草坪草。在我国主要分布于华北、华东、华中、中南和西南。

耐寒性差，耐热性较强，适合于过渡地带。极耐旱，耐涝，耐践踏，耐酸，较耐盐碱，耐贫瘠。喜肥沃、潮湿、富含有机质的土壤，最适 pH 值为 5.5 ~ 7.5。

【繁殖方法】种子直播建坪，发芽率高，播种量为 20 ~ 40 g/m²，建坪速度较快，介于多年生黑麦草和草地早熟禾之间。冬季有冻害地区春播比秋播好。与草地早熟禾等草种混播时，高羊茅比例应不低于 60% ~ 70% 。

【常见栽培种】品种众多，包括：聚焦（Focus）、绿城（Green wall）、警犬（Watchdog）、沙漠王子（Safari）、爱瑞 2 号（Arid Ⅱ）、爱瑞 3 号（Arid Ⅲ）、杰作（Masterpiece）、黄金岛（Eldorado）、千年盛世Ⅱ（Millennium Ⅱ）、猎狗 5 号（Houndog 5）、阿拉比亚（Arabia）、知音（Amigo）、黄金 2 号（Gold Ⅱ）、小野马（Mini-mustang）、红宝石（Ruby）、火凤凰（Fire Phoenix）、精兵（Regiment）、野狼（Coyote）、贝克（Pixie）、皇后（Empress）、追寻者（Quest）、快乐岛（Avalon）、斗牛士（Matador）、自豪（Pride）、奋进（Endeavor）、三丰（Triple Yield）、美洲虎 3 号（Jaguar 3）、南方之星（Southern Comfort）、阿帕奇（Apache）、澳格（Olga）、佳美（GoodEN）、联盟（Major League）、颂歌（Dixie Green）、缤狗（Bingo）等。

【园林应用】耐践踏性强，用于足球场等运动场草坪和高尔夫球场高草区。叶片质地粗糙，在园林绿化中不作观赏草坪使用，常用于中、低质量等粗放管理的草坪。

【其他经济用途】作为牧草饲养牲畜。

4）匍匐剪股颖

别名：匍茎翦股颖、本特草。

学名：*Agrostis stolonifera*

科属：禾本科　翦股颖属

【识别特征】匍匐茎发达，具 3 ~ 6 节，长达 8 cm，节着生不定根；直立茎基部膝曲或平卧。根系分布浅而密。叶片线形，扁平，宽 2 ~ 5 mm，叶片正面叶脉明显；叶片干后边缘内卷，边缘和脉上微粗糙；叶鞘无毛，稍带紫色；叶舌膜状，长圆形，微裂。圆锥花序开展，卵形，绿紫色，老后呈紫铜色；小穗暗紫色；颖果长约 1 mm，宽 0.4 mm，黄褐色，千粒重约 0.1 g（图 8.4）。

图 8.4　匍匐翦股颖

【分布与习性】原产于欧亚大陆,广泛用于低修剪、细质的草坪。在我国主要分布于长江流域以北地区。

耐寒性强,但寒冷冬季易失水干枯,需覆盖和灌水,春季返青慢。盛夏高温期茎和根系易发生严重损伤。耐低修剪,修剪高度低达 3 cm。耐践踏性中等。适宜肥沃、疏松、湿润、pH 值为 5.5~8.0 的土壤。

【繁殖方法】种子直播建坪,在春、秋两季进行,播种量为 3~8 g/m²,一般混沙撒播,播种后覆土切忌过厚。也可匍匐茎栽植。

【常见栽培种】主要有 L-93、南岸(Southshore)、帕特(Putter)、海滨(Seaside)、西哥娜(Signature)、潘克劳斯(Penncross)、克罗米(Kromi)、摄政王(Regent)、绿洲(Oasis)、蟒蛇(Viper)等。

【园林应用】草坪及地被。观叶类,被广泛应用于高尔夫球场果岭球道、足球场、保龄球场等运动场的绿化。

5)结缕草

别名:日本结缕草、锥子草、老虎皮草、崂山青、延地青。

学名:*Zoysia japonica*

科属:禾本科　结缕草属

【识别特征】深根性植物,具细长而坚硬的根状茎和发达的匍匐茎。植株直立,茎叶密集,株体低矮。茎基部常有宿存枯萎的叶鞘,茎节上产生不定根。叶丛生,披针形,革质而扁平,表面疏生柔毛,背面近无毛,宽 2~6 mm,具较高的弹性和韧性;叶鞘无毛,上部紧密裹茎;叶舌纤毛状。幼叶卷曲形。总状花序呈穗状;小穗柄通常弯曲;小穗卵形,淡黄绿色或带紫褐色。种子表面附有蜡质保护物,成熟后易脱落(图8.5)。

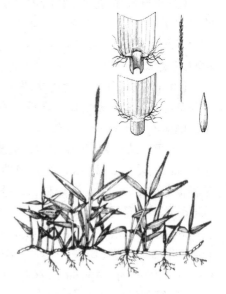

图 8.5　结缕草

【分布与习性】原产于亚洲东南部,在我国主要分布于华南、华中、华东、华北、东北的广大地区。日本和朝鲜也有广泛分布,北美有引种栽培。

喜温暖湿润气候条件,耐高温,极少出现夏枯现象;抗寒,在 10 ℃时开始褪色,冬季休眠,在 -20 ℃左右能安全越冬。匍匐茎和根茎蔓生,草坪致密,耐践踏,耐修剪,抗杂草侵入。抗旱性极好,不耐涝,最适于生长在排水好、肥沃、pH 值为 6~7 的土壤上。抗病虫害。

【繁殖方法】营养繁殖为主,采用短枝建坪,成行栽种,或采用散铺、满铺草皮建坪。结缕草种子具有休眠性且硬实率高,播前需对种子进行处理,可采用湿沙层积催芽和5%氢氧化钠溶液浸种催芽。土温达20 ℃以上时适宜播种,播量5~20 g/m²,播深0.5~1.0 cm,由于植株尤其是侧枝生长缓慢,建坪速度很慢,约需 2 个月。

【常见栽培种】绿宝石(Emerald)、梅耶(Meyer)、挑战者(Challenger)、旅行者(Traveler)、米德威斯特(Midwest)、美依一代(T-1 Meyer)、FC13521、SR9150、SRX9200、S-94 等。

【园林应用】绿色期较短,长江以南有 260 d,华北和东北南部地区只有 180 d 左右。

结缕草耐旱,耐践踏,弹性极好,是极佳的运动场草种,广泛用于足球场,以及高尔夫球场球道、发球台和高草区。结缕草生长慢,可用于剪股颖果岭和狗牙根球道的缓冲带,也可种在沙坑附近阻止狗牙根侵入。土壤和气候条件适宜时,结缕草可形成致密、整齐的优质草坪,最适合用于践踏较多的城市绿化草坪。结缕草抗性强,也适用于固土护坡等粗放管理的草坪。其冬季休眠特性可通过覆播冷季型草坪草或喷施草坪着色剂来应对。

【其他经济用途】鲜茎叶气味纯正,马、牛、驴、骡、山羊、绵羊、奶山羊、兔皆喜食,鹅、鱼亦食。

6)细叶结缕草

别名:天鹅绒草、台湾草、高丽芝草。

学名:*Zoysia tenuifolia*

科属:禾本科   结缕草属

图8.6   细叶结缕草

【识别特征】通常呈丛状密集生长,秆直立纤细,具细而密集的根茎和节间很短的匍匐枝,节上产生不定根。叶片丝状内卷,宽0.5~1 mm,疏生柔毛,纤细柔软,密集,艳绿,形成草坪富有弹性;叶鞘口具丝状长毛;叶舌膜质,顶端碎裂为纤毛状。总状花序顶生,小穗窄狭,黄绿色或有时略带紫色,穗轴短于叶片,常被叶所覆盖;种子小,成熟时易于脱落(图8.6)。

【分布与习性】原产于日本和朝鲜南部,分布于亚洲热带,现欧美各国已普遍引种。我国长江流域以南广泛种植,华北地区越冬仍有困难。

喜温暖湿润气候条件,耐高温,极少出现夏枯现象;耐寒力较结缕草差。匍匐茎和根茎蔓生,草坪致密,耐践踏,耐修剪,抗杂草侵入。密集的草层容易形成草丘,使得草坪表面透水透气性极大减弱,坪床表面易出现毡化,易造成草坪成片干枯死亡。抗旱,耐湿,适宜于排水好、肥沃的土壤。比结缕草易发生病害。

【繁殖方法】因种子采收困难,多用营养繁殖,一般在5—9月的旺盛生长期中进行,可用草块散铺法或营养节段撒播法。

【园林应用】草质柔软,弹性较好,极适用于儿童活动草坪,是我国南方应用较广的细叶型草坪草种,常栽培于花坛内作封闭式花坛草坪或塑造草坪造型供人观赏。也常植于堤坡、水池边、假山石缝等处,用于绿化和保持水土。

7)沟叶结缕草

别名:马尼拉草、马尼拉结缕草。

学名:*Zoysia matrella*

科属:禾本科   结缕草属

【识别特征】具匍匐茎,须根细弱。基部节上常残存枯萎的叶鞘。节间短,每节具1至数个分枝。叶片质硬,内卷,上面具沟,无毛,宽1~2 mm,顶端尖锐;叶鞘无毛,长于节间;叶舌短而不明显,顶端撕裂为短柔毛状。总状花序呈细柱形,黄褐色或略带紫褐色。种子成熟时易脱落(图8.7)。

【分布与习性】产于我国台湾、广东、海南等地,广泛分布于亚洲和大洋洲热带和亚热带地区。

喜温暖湿润气候条件,耐高温,极少出现夏枯现象;耐寒性介于结缕草和细叶结缕草之间。耐践踏,耐修剪,抗杂草侵入。易形成密集草层,土层表面易发生黏化。抗旱,适宜于排水好的肥沃土壤。抗病性和叶片弹性强于细叶结缕草。

【繁殖方法】多用营养繁殖,可用草块散铺法或营养节段撒播法。也可种子繁殖,播前种子应进行处理。

【常见栽培种】中华结缕草(*Zoysia sinica*)、大穗结缕草(*Zoysia macrostachya*)及沙地结缕草(*Zoysia hondana*)。

【园林应用】沟叶结缕草的抗性强于细叶结缕草,质地细于结缕草,应用广泛。应用于运动场和高尔夫球场的发球台、球道、果岭,常用于温暖潮湿和过渡地带的使用强度大的园林绿地,也可以用于固土护坡,保持水土。

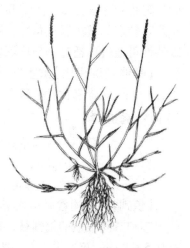

图8.7　沟叶结缕草

8)野牛草

别名:牛毛草、水牛草。

学名:*Buchloe dactyloides*

科属:禾本科　野牛草属

【识别特征】具匍匐茎,植株纤细。叶片不舒展,有卷曲变形表现,两面均疏生细小柔毛,粗糙,叶色灰绿,叶宽1~3 mm;幼叶卷叠式;叶鞘疏生柔毛;叶舌短小,具细柔毛;无叶耳;叶环宽,生有长绒毛。雌雄同株或异株,雄花序2~3枚,总状排列,草黄色;雄小穗无柄,成两列覆瓦状排列于穗轴一侧;雌花序常呈头状。通常种子成熟时自梗上整个脱落(图8.8)。

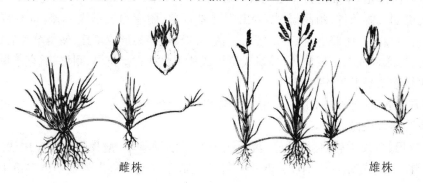

雌株　　　　　　雄株

图8.8　野牛草

【分布与习性】原产美洲,最初用作牧草,在我国北方地区应用广泛。

适应性强,喜光耐半阴。极耐热,与大多数暖季型草坪草相比,耐寒性极强,在我国北方能安全过冬。抗旱性极强,严重干旱时叶片卷缩,休眠避旱,水分充足时重新生长。喜排水良好的土壤。

【繁殖方法】由于结实率低和采种困难,常采用分株繁殖或匍匐茎埋压繁殖。种子硬实率较高,常通过冷冻和去壳来提高发芽率。

【常见栽培种】常见栽培种主要有塔卡(Texoka)、萨瓦那(Savanna)、代码(Cody)、塔坦卡(Tatanka)、罗封(Bison)、SRX9900等。

【园林应用】野牛草极耐旱,非常适合在北方缺水城市的园林绿化,是管理最为粗放的草坪草之一,很适宜作固土护坡材料。

【其他经济用途】野牛草是重要的全年生长的饲用植物。

9）狗牙根

别名:百慕大草、爬根草、绊根草、地板根、行义芝。

学名:*Cynodon dactylon*

科属:禾本科　狗牙根属

【识别特征】植株低矮,具发达的根茎和匍匐茎,节间长短不一,匍匐茎可长达 1 m,并于节处着地生根和分枝,故又称"爬根草"。直立茎光滑,细硬。叶扁平线条状,宽 1~4 mm,先端渐尖,边缘有细齿,叶片质地因品种差异而粗细不同;芽中叶片折叠;叶舌短小,纤毛状。花序具 4~5 个穗状分枝,种子成熟易脱落,有一定的自播能力,千粒重 0.2~0.3 g(图 8.9)。

【分布与习性】原产非洲,广泛分布于热带、亚热带和温带地区。

图 8.9　狗牙根

喜温暖湿润气候,耐热,但因根系浅,在夏季干旱时易出现匍匐茎嫩尖枯萎现象。不耐寒,易遭受雪霜冻害,常以匍匐茎和根茎越冬。抗旱性和耐践踏能力强,较耐涝。喜排水较好、pH 值为 5.5~7.5 的肥沃土壤,侵占力强。

【繁殖方法】是成坪速度最快的暖季型草坪草,主要采用无性繁殖,包括茎段栽植、分株移栽、铺植草皮等方法。也可种子直播建坪,应选用去壳种子,以保证种子快速发芽和成坪,播种时可用泥沙拌种,混合撒播,使种子充分接触土壤,播种量为 5~10 g/m²,

【常见栽培种】常见栽培种有杰克宝(Jackpot)、普通(Common)、米瑞格(Mirage)、金字塔(Pyramid)、时代(Primacera)、莱茵(Cheyenne)等。

【园林应用】华南地区绿期 280 d 左右,华东、华中地区 240 d 左右。

极耐践踏,再生力极强,常用于足球场、高尔夫球场球道、发球台和高草区,在南方园林绿化中广泛运用。杂交狗牙根的优良品种可用于果岭。其冬季休眠特性可通过覆播冷季型草坪草或喷施草坪着色剂来应对。狗牙根侵占力强,故在某些草坪中会成为杂草。

【其他经济用途】根状茎入药,具有解热利尿、舒筋活血的功效。

10）马蹄金

别名:金马蹄草、小灯盏、小金钱、小铜钱草、小半边钱、落地金钱、铜钱草、小元宝草、玉馄饨、小金钱草、金钱草、黄疸、小马蹄金、金锁匙、肉馄饨草、荷苞草。

学名:*Dichondra repens*

科属:旋花科　马蹄金属

【识别特征】多年生草本。茎细长,匍匐地面,长达 30 cm,茎上被灰色短柔毛,节上生不定根。叶互生,圆形或肾形,长 5~10 cm,宽 8~15 mm,顶端钝圆或微凹,全缘,基部心形;叶柄长 1~2 cm。花期 5—6 月,花单生叶腋,黄色,形小,花梗细长,短于叶柄;萼片 5,倒卵形,长约 2 mm;花冠钟状,5 深裂,裂片矩圆状披针形;雄蕊 5,着生于二裂片间弯缺处,花丝短;子房 2 室,胚珠 2,花柱 2,柱头头状。蒴果

图 8.10　马蹄金

近球形,膜质,短于花萼;种子1~2,外被毛茸(图8.10)。

【分布与习性】世界各地均有分布,我国主要分布于长江以南各省区,如浙江、江西、福建、台湾、湖南、广东、广西、云南。

喜温暖湿润气候,最适宜生长温度15~30 ℃,能耐－10 ℃低温,温度降至－6~－7 ℃时会遭冻伤。对土壤适应性强,适生长于pH值为6.5~7.5的土壤或沙质壤土,不耐紧实潮湿的土壤。耐阴,抗旱性一般。具有匍匐茎,可以形成致密的草皮,有侵占性,一旦建植成功便能够旺盛生长,并且自己结实。耐一定践踏,适应性强。

【繁殖方法】可播种和分株繁殖。一般常用茎段繁殖,主要是用它的匍匐茎来繁殖。

【园林应用】马蹄金植株低矮,根、茎发达,四季常青,抗性强,覆盖率高,堪称"绿色地毯",适用于公园、机关、庭院绿地等栽培观赏,也可用于沟坡、堤坡、路边等固土材料。

【其他经济用途】为苗族民间常用的一种治疗肝炎的草药,苗族药名"窝比赊溜"。味苦、辛,性微寒,主入肺经和胃经,具有清热解毒,利水,活血的功效,是一味资源丰富的苗族民间药材,有很好的开发和利用价值。

8.2　地被植物

地被植物

8.2.1　概述

1)地被植物的含义和类型

(1)地被植物的含义　地被植物是指覆盖、绿化、美化地面,构建绿地最下层景观的低矮植物。包括多年生低矮草本植物,也包括低矮的灌木、藤本或竹类等植物。

(2)地被植物的特性

①植株低矮,覆盖力、匍匐性、可塑性或耐修剪性强。

②适应性和抗逆性强,管理粗放,维护成本低。

③景观群体效果良好,具有很好的观叶、观花或观果成片观赏效果。

④安全性好,植株无毒无异味,种群容易控制。

⑤具有良好的生态和经济功能,在保持水土、净化空气等方面有重要作用。

(3)地被类型

①景观地被:这类植物往往有较长的花期或果期,花果美丽鲜艳,适宜大面积形成景观。

②水土保持地被:这类植物根系发达,扩展力强,一般耐旱耐贫瘠,可迅速覆盖地面,适合在坡地、河岸等地生长,具有很强的保持水土的功能,如白车轴草、紫花苜蓿、百脉根、类芦、野青茅、金樱子、马棘等。

③耐阴地被:这类植物的光补偿点较低,适宜在郁闭度较大的林下、大型立交桥下或建筑北面种植,如虎耳草、吉祥草、沿阶草、麦冬、二月兰、紫金牛、玉簪、鸢尾、一些蕨类植物等。

④悬垂和蔓生地被:这类植物是城市垂直绿化的良好材料,如常春藤、爬山虎、扶芳藤、多花蔷薇、紫藤、美国凌霄、木香等。

(4)地被植物的分类

①按生物学特性分类:

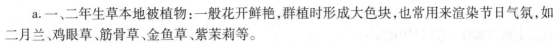

a. 一、二年生草本地被植物:一般花开鲜艳,群植时形成大色块,也常用来渲染节日气氛,如二月兰、鸡眼草、筋骨草、金鱼草、紫茉莉等。

b. 多年生草本植物:这类植物在地被中应用最为广泛。生长低矮,扩展力强,繁殖性好,管理相对粗放,如麦冬、沿阶草、吉祥草、白车轴草、蛇莓、直立黄芪、紫花苜蓿、白车轴草、野菊、地被菊等。

c. 藤本类地被植物:蔓生性和攀缘性强,常耐阴,如常春藤、扶芳藤、络石、爬山虎、蔓长春花、金银花等。

d. 灌木类地被植物:植株低矮,分枝众多,枝叶平展,耐修剪,如紫金牛、八角金盘、十大功劳、金叶女贞、红花檵木、紫叶小檗等。

e. 矮竹类地被植物:生长低矮,匍匐性和耐阴性强,如阔叶箬竹、菲白竹、花叶芦竹等。

f. 蕨类地被植物:耐阴湿性强,喜温暖湿润环境,如肾蕨、凤尾蕨、翠云草、海金沙等。

②按生态习性分类:

a. 喜光地被植物:这类植物在全光照下生长良好,遮阴时节间伸长,茎细弱,开花减少,生长不良,如马齿苋、地被菊、美女樱、常夏石竹、火星花等。

b. 耐阴地被植物:在遮阴处生长良好,在全光照处反而易生长不良,如虎耳草、吉祥草等。

c. 半耐阴地被植物:喜欢阳光充足,但也有一定程度的耐阴能力,如二月兰、常春藤等。

d. 耐湿类地被植物:在湿润环境生长最好,如大多数蕨类植物、鱼腥草等。

e. 耐旱类地被植物:适宜于比较干燥环境,如景天、宿根福禄考等。

③按观赏特点分类:

a. 观叶类地被植物:一般叶色美丽,叶形独特,观叶期较长,如金叶过路黄、紫叶酢浆草、鸭跖草、阔叶箬竹、金边阔叶山麦冬等。

b. 观花类地被植物:一般花色艳丽,花期较长,群体观花效果好,如二月兰、金银花、白车轴草、红花酢浆草、葱兰等。

c. 观果类地被植物:一般果实鲜艳,果期较长,如蛇莓、紫金牛、朱砂根等。

2)地被植物园林应用特点

地被植物在园林中应用非常广泛,在树木下、溪水边、山坡上、岩石旁、草坪上均可栽植,形成不同的生态景观效果,其生态配置显得尤为重要。利用地被植造景时,必须了解该地的环境因子,如光照、温度、湿度、土壤酸碱度等,然后选择能够与之相适应的地被植物。根据选用的地被植物的生态习性、生长速度与长成后可达到的覆盖面积与乔、灌、草合理搭配,使各种生物各得其所,构成和谐、稳定、能长期共存的植物群落。

(1)整形地被 萌生性强、枝叶浓密的木本类地被植物,经整形修剪后,覆盖地面形成各种几何图案,意在营造简洁明快、热烈的气氛,多用于空旷地花坛边缘、路径地、林缘等处丛植、片植。

(2)空旷地被 在阳光充足的场地上栽培喜光向阳的地被植物。绝大多数的一两年生草花类和大部分宿根、球根植物、矮生灌木类都可作为空旷地地被。

(3)林缘、疏林地被 在林缘地带或稀疏树丛下栽培的地被植物,意在形成乔、灌、草相结合的复层植物群落,要求具有一定的荫蔽性,同时在阳光充足时也能生长良好,盖地面能力强,观赏效果佳的灌木及草本植物。

(4)林下地被 在乔、灌木层基本郁闭的树丛或林下种植的地被植物,在林下增加地被植物,不仅能够保持水土,利于林木生长,同时也能突出自然群落分层结构和植物配置的自然美。这要求植物具有较强的耐阴性。

(5)岩山地被   即假山置石地被,覆盖于山石表面或配置于山石、墙面等缝隙间的地被物,要求植物喜旱或耐旱、耐瘠薄,植株低矮、生长期缓慢、抗性强的多年生植物。

8.2.2   常见地被植物识别与应用

1)白车轴草

别名:白三叶、白花三叶草。

学名:*Trifolium repens*

科属:豆科   车轴草属

【识别特征】多年生草本。茎匍匐蔓生,节上生根,无毛。掌状三出复叶,小叶倒卵形至近圆形,顶端钝圆或微凹,基部楔形渐窄至小叶柄,边缘有细齿,叶面常带有"V"形白色斑纹,中脉在下面隆起;托叶卵状披针形,膜质,基部抱茎成鞘状。顶生头状花序呈球形,总花梗甚长,比叶柄长近1倍,具花20~50朵,密集;花冠白色、乳黄色或淡红色,具香气;花萼钟形,萼齿5,披针形。荚果长圆形;种子通常3粒,阔卵形,褐色(图8.11)。

图8.11   白车轴草

【分布与习性】原产欧洲和北非,广泛分布于我国温带及亚热带地区,在湿润草地、河岸和路边常呈半自生状态。

喜光耐半阴,耐寒,耐旱,喜排水良好、pH值为5.5~7的沙壤土,不耐盐碱。

【繁殖方法】播种繁殖为主,于秋季10月或春季3月播种,条播或撒播。也可分株繁殖,其自播能力也很强。

【常见栽培种】分为大型叶、中型叶、小型叶3类品种。

【园林应用】观花观叶地被植物,花期4—11月。繁衍能力强,绿色期长,管理粗放,适合在公园、校园、庭院、路边绿地、疏林、林缘大面积种植,也可作斜坡水土保持植物。

【其他经济用途】白车轴草富含多种营养物质和矿物质元素,具有很高的饲用、绿化、遗传育种和药用价值,可作为绿肥、堤岸防护草种、草坪装饰,以及蜜源和药材等用。

2)鸡眼草

别名:救荒本草、掐不齐、牛黄黄、公母草。

学名:*Kummerowi striata*

科属:豆科   鸡眼草属

【识别特征】一年生小草本。茎平卧纤细,多分枝,被倒生的白色长柔毛。羽状三出复叶,互生,小叶纸质,长椭圆形或倒卵状长椭圆形,全缘,主脉和叶缘疏生白色粗毛;托叶大,膜质,卵状长圆形,宿存。花小,单生或2~3朵簇生于叶腋;花萼钟状,深紫色,5裂;蝶形花冠粉红色或紫色;荚果圆形或倒卵形,稍侧扁,先端短尖,被小柔毛(图8.12)。

图8.12   鸡眼草

【分布与习性】在我国主要分布于东北、华北、华东、中南、西南等地。

抗逆性强,耐阴湿,自播能力强。

【繁殖方法】播种繁殖。

【常见栽培种】长萼鸡眼草、竖毛鸡眼草。

【园林应用】覆盖地面效果极好,花期长,为优良地被植物,可作疏林草地大面积景观地被,也可作斜坡水土保持植物,观叶观花。花期7—9月。

【其他经济用途】可入药,具清热解毒,健脾利湿的功效。主治感冒发热,暑湿吐泻,疟疾,痢疾,传染性肝炎,热淋,白浊。

3) 葛藤

别名:葛、野葛、粉葛藤、甜葛藤、葛条、划粉。

学名:*Pueraria lobata*

科属:豆科 葛属

图8.13 葛藤

【识别特征】多年生草质缠绕藤本,全株被黄色长硬毛。根系发达,块根肥厚。茎基部木质。羽状三出复叶,偶尔全缘,顶生小叶菱状宽卵形或斜卵形,先端长渐尖,有时浅裂,下面有粉霜;两侧小叶宽卵形,基部偏斜,稍小;托叶盾形。总状花序腋生,花密生,花冠蝶形,蓝紫色、紫红色或紫色。荚果条形,密生黄色长硬毛(图8.13)。

【分布与习性】分布于东南亚和澳大利亚,中国贵州、广西及云南东南部等地。

喜温暖湿润气候,耐酸性强,耐旱,耐寒。喜生于阳光充足的阳坡,常生长在草坡灌丛、疏林地及林缘等处。对土壤适应性广,山坡、荒谷、砾石地、石缝都可生长,而以湿润和排水通畅的土壤为宜。

【繁殖方法】分蘖性强,可分根繁殖,也可压条或扦插繁殖。

【常见栽培种】

(1)食用葛藤(*P. edulis*)　识别要点:托叶箭头状,顶生小叶三裂。叶供饲用,根可取淀粉。分布于广西、云南、四川海拔2 500～3 200 m的山沟或森林中。

(2)峨嵋葛(*P. omeiensis*)　识别要点:托叶盾形,顶生小叶圆形,生于四川、云南海拔1 500～1 700 m的山沟或森林中。根可供药用,叶作饲料。

(3)甘葛(*P. thomsonii*)　识别要点:托叶披针状,椭圆形,顶生小叶,菱状卵形。分布于广西、海南、云南、西藏东部喜马拉雅山。根可取淀粉,叶供饲用。

(4)越南葛(*P. montana*)　识别要点:托叶盾形,顶生小叶宽卵形。根可制淀粉、作酒,藤叶作饲料。

【园林应用】观花植物,花期6—8月。葛藤茎叶抽生快,管理粗放,是城市园林的良好地被植物,还可用于荒山荒坡、土壤侵蚀地、石山、石砾、悬崖峭壁、复垦矿山等废弃地的绿化。此外,葛藤还用于墙体、绿柱、绿廊、绿门、绿亭、棚架等垂直绿化。

【其他经济用途】作饲料,对多数牲畜的适口性中等,以马较为喜吃,舍饲时,用葛叶与其他粗料混合。有增进食欲之效。

食用,每年2—5月采嫩茎、嫩叶炒食或做汤吃。

茎入药,具有升阳解肌,透疹止泻,除烦止温的功效。可治伤寒、温热头痛项强,烦热消渴,泄泻,痢疾,瘾疹不透,高血压,心绞痛,耳聋。

4）紫花苜蓿

别名：紫苜蓿、苜蓿、牧蓿、蓿草、路蒸。

学名：*Medicago sativ*

科属：豆科苜蓿属

【识别特征】多年生草本。根粗壮。茎直立、丛生或平卧，四棱形，无毛或微被柔毛，枝叶茂盛。羽状三出复叶；小叶长卵形、倒长卵形至线状卵形，顶端钝圆，具由中脉伸出的长齿尖，基部狭窄楔形，上面无毛，深绿色，下面被贴伏柔毛；托叶大，卵状披针形，先端锐尖。总状或头状花序腋生，花序梗挺直，比叶长；花梗短，花萼钟形，蝶形花冠多为紫色，也见淡黄和深蓝色。荚果螺旋形，熟时棕色，内有种子 10～20 粒。种子卵形，平滑，黄色或棕色（图8.14）。

图8.14　紫花苜蓿

【分布与习性】原产伊朗，现几乎遍及全国，北方栽培较多。

喜温暖和半干旱气候。耐寒性强，抗旱，喜生于 pH 为 7～9 的石灰性沙质土壤，耐瘠薄，最忌渍水。

【繁殖方法】种子繁殖为主，一般早春播种，由于种子小，播前应精细整地，播深 1～3 cm。也可营养繁殖，根茎可分生茎芽，达数十至数百个。

【常见栽培种】国产苜蓿品种主要有敖汉苜蓿、三得利、公农 1 号、中苜 1 号、润布勒、新疆大叶、巨人 201＋Z、陇东苜蓿等。进口品种有 CW200、费纳尔、阿尔冈金、金皇后苜蓿。

【园林应用】观花植物，花期5—7月。枝叶繁茂，根系发达，夏季紫色花朵开成一片，花期长，颇为诱人，是良好的地被植物，常用于水分管理不方便的园林绿地和水土保持坡地。

【其他经济用途】作饲料，紫花苜蓿在所有常见牧草作物中，是具有最高营养价值的一种，欧亚大陆和世界各国广泛种植为饲料与牧草。

可入药，紫花苜蓿含有 5 种维生素 B、维生素 C、维生素 E、10 种矿物质及类黄酮素、类胡萝卜素、酚型酸 3 种植物特有的营养素，具有抗氧化，可保护眼睛，预防眼神经的退化性疾病的作用。

5）直立黄芪

别名：沙打旺、紫木黄芪、地丁。

学名：*Astragalus adsurgens*

科属：豆科　黄芪属

【识别特征】多年生草本。根较粗壮，暗褐色。茎丛生，直立或斜生。羽状复叶，小叶近无柄，长圆形、近椭圆形或狭长圆形，叶背密生白色丁字毛；托叶三角形，渐尖。总状花序腋生成短穗状；花萼管状钟形，被黑色或白色毛，萼齿狭披针形；蝶形花冠，紫红色或蓝色。荚果长圆形，顶端具下弯的短喙，被黑色、褐色或白色丁字毛（图8.15）。

图8.15　直立黄芪

【分布与习性】主要分布于东北、华北、西北和西南地区。

耐寒，抗旱，防风，抗沙，被誉为"沙打旺"。适宜生长于壤质或沙质土壤，耐瘠薄，最适 pH 为 6～8，为灰钙土的指示植物。

【繁殖方法】播种繁殖，一般春播或夏播，种子小，需精细整地。

【常见栽培种】膜荚黄芪、蒙古黄芪、金翼黄芪、多花黄芪、塘谷耳黄芪、陇芪1号（甘肃黄芪94-01）。此外，尚有多种黄耆属植物在各产地亦同供药用。如春黄耆（又名藏黄耆）（西藏）、云南黄耆（西藏、云南）、弯齿黄耆（云南）、阿克苏黄耆（新疆）等。

【园林应用】观花植物，花期6—8月。根系强大，枝叶繁茂，对沙荒土有改良功能，是一种优良的保土、护坡地被植物，也能用于盐碱地。

【其他经济用途】作饲料，如嫩茎叶打浆喂猪，在直立黄芪草地上放牧绵羊、山羊，收、割青干草冬季补饲，用直立黄芪与禾草混合青贮等。凡是用直立黄芪饲养的家畜膘肥、体壮。

种子入药，为强壮剂，治疗神经衰弱。

6）地锦

别名：三叶爬墙虎、爬山虎、土鼓藤、红葡萄藤。

学名：*Parthenocisus tricuspidata*

科属：葡萄科　爬山虎属

图8.16　地锦

【识别特征】落叶大藤本；枝条粗壮；卷须短，多分枝，枝端有吸盘。叶宽卵形，长10~20 cm，宽8~17 cm，通常三裂，基部心形，叶缘有粗锯齿，表面无毛，下面脉上有柔毛；幼苗或下部枝上的叶较小，常分成三小叶，或为三全裂；叶柄长8~20 cm。聚伞花序通常生于短枝顶端的两叶之间；花5数；萼全缘；花瓣顶端反折；雄蕊与花瓣对生；花盘贴生于子房，不明显；子房两室，每室有2胚珠。浆果蓝色，直径6~8 mm（图8.16）。

【分布与习性】原产于亚洲东部、喜马拉雅山区及北美洲，在我国分布极广，日本也有分布。

性耐寒，喜阴湿，在雨季，蔓上易生气生根。在水分充足的向阳处也能迅速生长。唯在大陆性气候地区，植于南墙和西墙者，燥热季节易出现焦叶现象。对土壤适应性很强。

【繁殖方法】地锦可采用播种法、扦插法及压条法繁殖。扦插在春季2月底至4月上旬进行，剪取茎蔓上的枝条，截取插穗长度20 cm左右，插入土壤时上部露出1 cm左右。

【常见栽培种】花叶地锦（*P. henryana*），三叶地锦（*P. himalayana*），异叶地锦（*P. heterophylla*）。

【园林应用】垂直绿化草坪及地被，绿化墙面、廊架、山石或老树干的好材料，也可做地被植物。

【其他经济用途】全株入药，主治祛风止痛，活血通络，主风湿痹痛，中风半身不遂，偏正头痛，产后血瘀，腹生结块，跌打损伤，痈肿疮毒，溃疡不敛。

7）蛇葡萄

别名：酸藤，山葡萄，蛇白蔹，野葡萄，烟火藤，山天萝，过山龙、母苦藤，狗葡萄、山胡烂。

学名：*Ampelopsis brevipedunculata*

科属：葡萄科　蛇葡萄属

【识别特征】木质藤本；枝条粗壮，具皮孔，髓白色；幼枝有毛；卷须分叉。叶纸质，宽卵形，长宽6~12 cm，顶端三浅裂，少不裂，边有粗锯齿，上面深绿色，下面稍淡，疏生短柔毛或变无毛；叶柄有毛或无毛。聚伞花序与叶对生；花黄绿色；萼片5，稍裂开；花瓣5，镊合状排列；花盘杯状；雄蕊5；子房2室。浆果近球形，宽6~8 mm，成熟时鲜蓝色。变种光叶蛇葡萄（var. *mazimowiezii*）：幼枝和叶无毛，叶深裂；分布同正种。另一变种小叶蛇葡萄（var. *hancei*）：叶较小，质坚韧,边缘有圆齿(图8.17)。

【分布与习性】分布于北美及西南亚、东亚地区。东北至华南广布,朝鲜、日本、前苏联远东地区也有。

喜光,也耐阴。对土壤要求不严,喜腐殖质丰富的黏质土,酸性、中性、微碱性壤土均能适应。

【繁殖方法】播种为主。在早春3月行地床条播,播前温水浸种催芽。扦插,方法与葡萄同。

【常见栽培种】东北蛇葡萄(*Ampelopsis glandulosa* var. *brevipedunculata*),光叶蛇葡萄(*Ampelopsis glandulosa* var. *hancei*),异叶蛇葡萄(*Ampelopsis glandulosa* var. *heterophylla*),牯岭蛇葡萄(*Ampelopsis glandulosa* var. *kulingensis*),大叶蛇葡萄(*Ampelopsis megalophylla*)。

图8.17　蛇葡萄

【园林应用】多用于篱垣、林缘地带,还可作棚架绿化。

【其他经济用途】入药,有利尿、消炎、止血之功效。治慢性肾炎、肝炎、小便涩痛、胃热呕吐、风疹块、疮毒、外伤出血。

8)百脉根

别名:牛角花、五叶草、鸟足豆。

学名:*Lotus corniculatus*

科属:豆科　百脉根属

【识别特征】多年生草本,可作一年生栽培。茎枝丛生,匍匐生长,茎光滑。奇数羽状复叶,小叶5枚,倒卵形或倒披针形,故名五叶草,2枚小叶生于叶柄基部,另3枚生于叶柄顶端,全缘。伞形花序,蝶形花冠黄色。荚果长圆柱形,聚生花梗顶端,散开,状如鸟足,故又名鸟足豆。种子细小,肾形,光滑,多数(图8.18)。

图8.18　百脉根

【分布与习性】原产欧洲、中亚和北非,我国西南、华中、西北等地区也有分布。

喜温暖湿润气候,喜光不耐阴,耐寒、抗旱、耐瘠薄、耐涝,忌高温。

【繁殖方法】一般用播种法繁殖。

【园林应用】观花植物,花期5—7月。主要为野生地被,是良好的水土保持植物。

【其他经济用途】百脉根为牧草绿肥作物,百脉根茎细叶多,产草量高,营养含量居豆科牧草的首位。

根入药,具有补虚、清热、止渴的功效。

作绿肥,百脉根根系发达,侧根着生众多根瘤,根茬地翻耕后能增加土壤有机质和氮素,改土肥田效果好,对后作增产作用大,常与禾谷类粮草料及油料、经济作物轮作倒茬利用。

9)二月蓝

别名:诸葛菜、二月蓝、菜子花、紫金草。

学名:*Orychophragmus violaceus*

科属:十字花科　诸葛菜属

【识别特征】两年生草本。株高 20 ~ 70 cm,茎直立,无毛,有白色粉霜。基生叶圆形或耳状,具长柄;下部茎生叶大头羽状深裂;中上部茎生叶长圆形或狭卵形,叶基耳状抱茎。总状花序顶生,着花 5 ~ 20 朵,蓝紫色或淡红色,随花期延续,花色逐渐转淡;花瓣 4 枚,长卵形,具长爪。长角果圆柱形,具四棱,顶端有细长的喙,成熟后易开裂。种子细小,黑褐色(图 8.19)。

【分布与习性】主要分布于我国东北南部、华北、华中、华东、西北、西南等地区。

耐阴,耐寒,耐旱,对土壤要求不高,更喜湿润和肥沃土壤,自播力强。

【繁殖方法】播种繁殖,角果开裂后剪收果实,秋季露地播种,以后开花结实,自播繁殖。

【常见栽培种】常见的变种为:湖北诸葛菜、缺刻叶诸葛菜、毛果诸葛菜。

图 8.19　二月蓝

【园林应用】观花植物,花期 3—5 月。春季观花地被,在疏林下或林缘成片种植,形成大面积开花景观,给人以春天生机勃勃之感;在水景岸边带状种植,装点水景春色,增添田野风光;配置于道路两侧,与常绿绿篱植物互相衬托;也可用作春季花卉展览背景材料,烘托和渲染气氛。

【其他经济用途】可食用,嫩茎叶可当野菜食用。

【花文化】花语为谦逊质朴,无私奉献。

10)百里香

别名:千里香、地椒、地花椒、山椒、山胡椒、麝香草。

学名:*Thymus mongolicus*

科属:唇形科　百里香属

【识别特征】半灌木。茎多数,匍匐或上升,被短柔毛。叶片卵圆形,先端钝或稍锐尖,基部楔形或渐狭,全缘或稀有 1 ~ 2 对小锯齿,两面无毛,侧脉 2 ~ 3 对,在下面微突起。头状花序,花具短梗,花萼管状钟形或狭钟形,花冠紫红、紫或粉红色,被疏短柔毛,冠筒伸长,向上稍增大。小坚果近圆形或卵圆形,压扁状,光滑(图8.20)。

图 8.20　百里香

【分布与习性】分布于非洲北部、欧洲及亚洲温带,主要产地为南欧的法国、西班牙、地中海国和埃及。我国多产于黄河以北地区,特别是西北地区,分布于甘肃、陕西、河北、内蒙古、青海等省份。

喜温暖,喜光和干燥的环境,对土壤的要求不高,但在排水良好的石灰质土壤中生长良好。在疏松且排水良好的土地、向阳处生长良好。

【繁殖方法】分株繁殖,于生长期内将匍匐茎切断分栽,也可播种繁殖,春季 3—4 月播种育苗。

【常见栽培种】长生百里香(*Thymus longiflorus*)、簇生百里香(*Thymus caespititius*)、宽叶百里香(*Thymus pulegioides*)、西里西亚百里香(*Thymus cilicicus*)、浓香百里香(*T. odoratissimus/ T. pallasianus*)、白毛百里香(*Thymus leucotrichus*)、银斑百里香(*Thymus vulgaris.*)。

【园林应用】观花植物,花期 7—8 月。适宜于成片种植于向阳坡地。

【其他经济用途】具有药用价值,可拿来驱蚊,辛,微温。祛风解表,行气止痛,止咳,降压。用于感冒、咳嗽、头痛、牙痛、消化不良、急性胃肠炎、高血压等病。

可食用,6—7月采收,阴干或鲜用。

全草均含挥发油,以花盛时含量最高,有镇咳、消炎、防腐等作用。

【花文化】百里香又名"普罗旺斯的恩惠"。希腊神话中,维纳斯因为看见特洛伊战争的残忍而落泪,她的泪珠落入凡间就成了百里香可爱的小叶子。另一种说法是特洛伊的海伦之泪一滴滴化成了百里香,百里香的英文来自希腊,是"勇气"的意思。

花语为柔和的勇气。

11)羊蹄

别名:牛蹄、东方宿。

学名:*Rumex japonicus*

科属:蓼科　酸模属

【识别特征】多年生草本。茎直立。基生叶长圆形或披针状长圆形,顶端急尖,基部圆形或心形,边缘微波状,下面沿叶脉具小突起;茎上部叶狭长圆形。圆锥状花序,多花轮生;花被片6,淡绿色,外花被片椭圆形,内花被片宽心形,顶端渐尖,基部心形,网脉明显,边缘具不整齐的小齿。瘦果宽卵形,具3锐棱,两端尖,暗褐色,有光泽。花期5—6月,果期6—7月(图8.21)。

【分布与习性】国外分布于朝鲜、日本、俄罗斯;国内几乎遍及全国。

性喜凉爽、湿润的环境,能耐严寒,干旱及高温、高湿条件生长不良,产量低。土壤要求上层深厚、肥沃、疏松,地下水位砂质壤上及腐殖质壤上为最好。坚硬的黏土及阴湿、低洼积水地区均不宜栽培。

图8.21　羊蹄

【繁殖方法】播种或分根繁殖。在春、夏、秋三季均可播种,播种前应深翻上地,并施足基肥,条播或穴播。分根繁殖时,将母株根头分成数块,每块至少有芽1~2个,然后穴栽。

【常见栽培种】尼泊尔羊蹄(*Rumex nepalensis* Spreng.)。

【园林应用】观叶植物,春夏季。喜湿润环境,可用于河岸及湿地。

【其他经济用途】根入药,主治大便秘结、吐血衄血、肠风便血、痔血、崩漏、疥癣、白秃、痈疮肿毒、跌打损伤等。

12)野菊

别名:野菊花、路边黄、山菊花。

学名:*Dendranthema indicum*

科属:菊科　菊属

【识别特征】多年生草本,有匍匐茎。茎直立或铺散。茎枝被稀疏的毛,上部及花序枝上的毛稍多。基生叶和下部叶花期脱落;中部茎生叶互生,卵形,羽状半裂、浅裂或分裂不明显而边缘有浅锯齿;叶有稀疏短柔毛,背面毛稍多。头状花序在枝端密集,排成疏松的伞房状圆锥花序或伞房花序;总苞片约5层,外层卵形或卵状三角形,中层卵形,内层长椭圆形;舌状花黄色。瘦果有光泽,黑色(图8.22)。

图8.22　野菊

【分布与习性】几乎遍及全国。

喜光,耐寒,耐热,耐旱,喜肥沃、湿润的疏松土壤。

【繁殖方法】分株、扦插或自播繁殖。

【常见栽培种】紫花野菊、甘野菊。

【园林应用】观花植物,花期9—11月。片植于道路两侧、疏林下或林缘,也可布置花坛或花境。

【其他经济用途】野菊的叶、花及全草入药。味苦、辛、凉,清热解毒,疏风散热,散瘀,明目,降血压。防治流行性脑脊髓膜炎,预防流行性感冒,治疗高血压、肝炎、痢疾、痈疖疔疮都有明显效果。野菊花的浸液对杀灭孑孓及蝇蛆也非常有效。

【花文化】花语为沉默而专一的爱、避邪。

13) 麦冬

别名:麦门冬、沿阶草、书带草。

学名:*Ophiopogon japonicus*

科属:百合科　麦冬属

【识别特征】多年生草本,成丛生长,高30 cm左右。叶丛生,细长,深绿色,形如韭菜。花茎自叶丛中生出,花小,淡紫色,形成总状花序。果为浆果,圆球形,成熟后为深绿色或黑蓝色。根茎短,有多数须根,在部分须根的中部或尖端常膨大成纺锤形的肉质块根,即药用的麦冬(图8.23)。

【分布与习性】主产于四川、浙江。沿阶草除东北外,大部分省区都有分布;麦冬分布于江西、安徽、浙江、福建、四川、贵州、云南、广西等地。

图8.23　麦冬

喜温暖和湿润气候。宜土质疏松、肥沃、排水良好的壤土和沙质壤土,过沙和过黏的土壤,均不适于栽培麦冬。忌连作,轮作要求3~4年。麦冬生长期较长,休眠期较短。1年发根2次:第1次在7月以前,第2次在9—11月。

【繁殖方法】分株繁殖为主,3—4月掘出老株,从根部切开,2~5株成丛穴植,株行距20~30 cm,也可播种。

【常见栽培种】

(1)阔叶麦冬(*Liriope platyphylla*)　识别要点:叶宽1~3.5 cm,具9~11条脉,花紫色。

(2)金边阔叶麦冬(*L. platyphylla* var. *variegata*)　识别要点:叶片边缘为金黄色,边缘内侧为银白色与翠绿色相间的竖向条纹。

(3)山麦冬(*L. spicata*)　识别要点:叶线形、丛生,稍革质,基部渐狭并具褐色膜质鞘。花葶自叶丛中抽出,总状花序,花淡紫色或近白色。

(4)阔叶山麦冬(*L. muscari*)　识别要点:叶密集成丛,革质,长25~65 cm,宽1~3.5 cm,花紫色或红紫色。

(5)金边阔叶山麦冬(*L. muscari* var. *variegata*)　识别要点:叶宽线形,革质,叶片边缘为金黄色,边缘内侧为银白色与翠绿色相间的竖向条纹,基生密集成丛。花茎高出于叶丛,花红紫色。

(6)金心麦冬(*L. muscari* 'Golden')　识别要点:叶心部为金黄色。

【园林应用】观叶植物,全年。片植于林下、边坡、建筑物旁,也可用于台阶两侧、山石旁、花坛周围的镶边植物。

【其他经济用途】块根入药,具有养阴生津,润肺清心的功效。主治肺燥干咳、阴虚痨嗽、喉痹咽痛、津伤口渴、内热消渴、心烦失眠、肠燥便秘。

【花文化】花语为无畏、不求回报、一心向善。

14) 沿阶草

别名:书带草、麦冬、绣墩草。

学名:*Ophiopogon bodinieri*

科属:百合科　沿阶草属

图8.24　沿阶草

【识别特征】多年生草本。根状茎短。叶基生、丛生,叶片狭条形。花葶往往藏于叶丛,小花多朵轮生组成总状花序状,小花常下垂;子房下位,花被裂片着生子房近顶部,花丝短于花药(图8.24)。

【分布与习性】分布于中国的华东地区,以及云南、贵州、四川、湖北、河南、陕西(秦岭以南)、甘肃(南部)、西藏和台湾。

极耐阴,耐寒,耐湿,耐旱,抗病虫,抗盐碱,对土壤要求不严,喜沙壤土。

【繁殖方法】分株繁殖为主,3—4月掘出老株,从根部切开,2～5株成丛穴植,株行距20～30 cm。也可播种。

【常见栽培种】

(1)矮生沿阶草(*O. japonicus* 'Nanus')　识别要点:叶长约6 cm,宽约3 mm,呈半圆状工曲,丛生,狭线形,花茎直立,着花约10朵,白色至淡紫色。

(2)银丝沿阶草(*O. jaburon* 'Argenteus-vittatus')

【识别特征】叶缘有纵长条白边,叶中央有白纵条纹。花白色。

(3)金丝沿阶草(*O. jaburan* 'Aureus-vittatus')

【识别特征】叶缘或中间有黄色条纹。

【园林应用】沿阶草再生能力强,耐修剪,修剪后应注意灌水和施肥。常用作观赏草坪或林缘镶边。沿阶草,以冬季少见的蓝果,带有书香气的秀叶,益身的珠根,给人以无限的情趣。片植于林下、边坡、建筑物旁,也可用于台阶两侧、山石旁、花坛周围的镶边植物。

【其他经济用途】全株入药,味甘,可治疗伤津心烦、食欲不振、咯血等症。

15) 吉祥草

别名:观音草、玉带草、松寿兰、小叶万年青、瑞草。

学名:*Reineckia carnea*

科属:百合科　吉祥草属

图8.25　吉祥草

【识别特征】多年生常绿草本,根状茎细长,横生于浅土中或匍匐于地面。叶3～8片簇生于节上,条形至披针形,全缘,深绿色,平行脉明显,在背面稍凸起。花葶侧生,短于叶丛,穗状花序,苞片卵状三角形,花紫红色或淡红色,花被反卷,芳香。浆果球形,熟时鲜红色。种子白色(图8.25)。

【分布与习性】原产墨西哥及中美洲,在中国广大地区也有栽培。多生于阴湿山坡、山谷或密林下,海拔 170~3 200 m。

性喜温暖、湿润的环境,较耐寒耐阴,对土壤的要求不高,适应性强,以排水良好肥沃壤土为宜。

【繁殖方法】分株繁殖为主,匍匐茎满地长,节密株多,根贴地表,植株容易剪取,栽种时间以春季为好。也可播种繁殖,但不常用。

【常见栽培种】变种有银边吉祥草。

【园林应用】吉祥草植株造型优美,叶色翠绿,耐寒、耐阴,装入金鱼缸或其他玻璃器皿中进行水养栽培,摆放于吧台、茶几上,不失为一种精致、高雅的艺术品,亦可陶冶情操,放松心情。为良好的阴生地被植物,常布置于林下、林缘、路边、池旁、庭院等处,群植效果好。

【其他经济用途】吉祥草入药具有润肺止咳、祛风等作用,在印度吉祥草自古被看成是神圣的草,是宗教仪式中不可缺少之物。

【花文化】吉祥草的花语为喜庆临门、福禄双至。吉祥草花不易发,开则令人大喜。

16)紫金牛

别名:小青、矮茶、短脚三郎,不出林,凉伞盖珍珠,矮脚樟茶,老勿大。

学名:*Ardisia japonica*

科属:紫金牛科　紫金牛属

【识别特征】常绿小灌木或亚灌木,近蔓生,根状茎匍匐,直立茎不分枝。叶聚生于茎梢,对生或近轮生,叶片坚纸质或近革质,有光泽,椭圆形至椭圆状倒卵形,顶端急尖,基部楔形,边缘具细锯齿。花序近伞形,腋生或近顶生;花小,下垂,花萼 5 裂,花冠辐射状,5裂,白色或粉红色。果球形,熟时红色,经久不落(图 8.26)。

【分布与习性】在我国主要分布于长江以南地区。

喜温暖、湿润环境,喜荫蔽,忌阳光直射。适宜生长于富含腐殖质、排水良好的土壤。

【繁殖方法】分株、扦插或播种繁殖。分株通常春、秋进行,取野外采集的紫金牛植株,切分根状茎,使每一段根状茎上有一分枝栽植即可。种子繁殖是将成熟果实采收后,除去果皮,洗净晾干后可播种,或低温层积沙藏后,翌年 4—5 月春播。

图 8.26　紫金牛

【常见栽培种】品种较多,包括花叶紫金牛等。

【园林应用】紫金牛不但枝叶常青,入秋后果色鲜艳,经久不凋,能在郁密的林下生长,是一种优良的地被植物,也可作盆栽观赏,亦可与岩石相配作小盆景用,也可种植在高层建筑群的绿化带下层以及立交桥下。

【其他经济用途】紫金牛全株及根供药用,治肺结核、咯血、咳嗽、慢性气管炎效果很好;亦治跌打风湿、黄胆肝炎、睾丸炎、白带、闭经、尿路感染等症,为中国民间常用的中草药。

17)金银花

别名:忍冬、双花、二花、银花、鹭鸶花、金银藤、双苞花、金花、二宝花。

学名:*Lonicera japonica*

科属:忍冬科　忍冬属

【识别特征】常绿藤本。幼枝暗红色,密生柔毛。单叶对生,卵状椭圆形,全缘,叶深绿色,入冬后略带红色。花成对腋生,总花梗明显,苞片大而呈叶状;花冠初开时白色,后变为黄色,二唇形,芳香。浆果球形,熟时黑色。果期8—10月(图8.27)。

【分布与习性】朝鲜和日本也有分布,在北美洲逸生成为难除的杂草。中国各省均有分布。

喜光也耐阴,喜温暖也耐寒,耐旱及水湿。性强健,适应性强,根系发达,萌蘖力强,茎着地即能生根。对土壤要求不严,以湿润、肥沃、深厚的沙壤土生长最佳。

图8.27　金银花

【繁殖方法】常用扦插繁殖,插条选1～2年生健壮枝,剪成15～20 cm长,摘除基部叶片,插后15～20 d生根。压条、分株和播种也可。

【常见栽培种】有黄脉金银花(叶有色网脉)、红金银花(花冠表明红色,当年生枝、老枝均为红色)、四季金银花(一年四季不落叶,花期长)等。

【园林应用】金银花是著名的庭院花卉,花叶俱美,常绿不凋,适宜于作篱垣、阳台、绿廊、花架、凉棚等垂直绿化的材料,还可以盆栽。若同时再配置一些色彩鲜艳的花卉,则浓妆淡抹,相得益彰,别具一番情趣。

【其他经济用途】金银花自古被誉为清热解毒的良药。它性甘寒气芳香,甘寒清热而不伤胃,芳香透达又可祛邪。金银花既能宣散风热,还善清解血毒,用于各种热性病,如身热、发疹、发斑、热毒疮痈、咽喉肿痛等症,均效果显著。

金银花广泛的药用价值和保健用途,给商家带来了无限的商机。国家商业部南京野生植物研究所利用现代科学技术,研究开发的金银花茶,产品俏销中国香港、新加坡和美国。

【花文化】花语为鸳鸯成对、厚道之意,是白羊座守护花。

18) 阔叶箬竹

别名:寮竹、箬竹、壳箬竹。

学名:*Indocalamus latifolius*

科属:禾本科　箬竹属

【识别特征】灌木状竹类,秆高约1 m。秆箨宿存,质坚硬,背部有紫棕色小刺毛;箨舌平截,鞘口顶端有流苏状缘毛;箨叶小,条状披针形。小枝具叶1～3片,叶片大,长椭圆形,表面无毛,背面灰白色,略生微毛,叶缘粗糙(图8.28)。

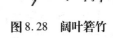

【分布与习性】产山东、江苏、安徽、浙江、江西、福建、湖北、湖南、广东、四川等省。

喜阳光充足、温暖湿润的环境。较耐寒,喜湿耐旱,对土壤要求不严,在轻度盐碱土中也能正常生长,喜光,耐半阴。

图8.28　阔叶箬竹

【繁殖方法】分株或竹鞭繁殖,春季进行,种植时根部带泥。

【常见栽培种】浙箬碧竹(*I. migoi*(*Nakai*) Keng f.)秆高达2 m,径粗10～15 mm,箨舌长1～2 mm,鞘口繸毛长约5 mm。

【园林应用】该种丛状密生,翠绿雅丽,适宜种植于林缘、水滨,也可点缀山石。也可作绿篱或地被。

【其他经济用途】竿宜作毛笔杆或竹筷,叶片巨大者可作斗笠,以及船篷等防雨工具,也可用来包裹粽子。

【单元小结】

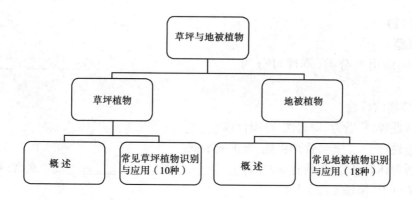

【拓展学习】

地被植物与草坪植物

地被植物与草坪植物的区别在于:草坪植物只能表现单调的绿色或黄褐色,而地被植物除了绿色以外,还有红色、蓝色、紫色、银色、铜色以及金色等,通过合理配置可以展示出丰富多彩的层次结构。地被植物跟草坪植物一样,都可以覆盖地面,涵养水分,但地被植物有许多草坪植物所不及的特点:

①地被植物个体小、种类繁多、品种丰富。地被植物的枝、叶、花、果富有变化,色彩万紫千红,季相纷繁多样,营造多种生态景观。

②地被植物适应性强,生长速度快,可以在阴、阳、干、湿多种不同的环境条件下生长,弥补了乔木生长缓慢、下层空隙大的不足,在短时间内可以收到较好的观赏效果。

③地被植物中的木本植物有高低、层次上的变化,而且易于造型修饰成模纹图案。

④繁殖简单,一次种下,多年受益。在后期养护管理上,地被植物较单一的大面积的草坪,病虫害少,不易滋生杂草,养护管理粗放,不需要经常修剪和精心护理,减少了人工养护花费的精力。

【相关链接】

[1] 胡林,边秀举,阳新玲. 草坪科学与管理[M]. 北京:中国农业大学出版社,2001.

[2] 孙吉雄. 草坪学[M]. 北京:中国农业出版社,2008.

[3] 吴玲. 地被植物与景观[M]. 北京:中国林业出版社,2007.

[4] 周厚高. 地被植物景观[M]. 贵阳:贵州科技出版社,2006.

[5] 中国草坪网 http://www.lawnchina.com/

[6] 高尔夫建造养护网 http://www.998golf.com/

[7] 中国数字植物标本馆 http://www.cvh.org.cn/

[8] 青青园艺-观赏草 & 地被植物 http://www.guanshangcao.cn/

【单元测试】

一、名词解释

1. 草坪

2. 地被植物

二、填空题

1. 按草坪的用途分类,草坪可分为 _____、_____、_____、_____、_____ 草坪。

2. 地被植物的特性

(1)植株低矮,覆盖力、匍匐性、可塑性或_____。

(2)适应性和_____,管理粗放,维护成本低。

(3)景观群体效果良好,具有很好的_____、_____或_____成片观赏效果。

(4)安全性好,植株无毒无异味,_____。

(5)具有良好的生态和经济功能,在_____、_____等方面有重要作用。

三、选择题(单选)

1. 使用最为广泛的冷季型草坪草的是( )。

A. 高羊茅　　　　B. 草地早熟禾　　　　C. 结缕草　　　　D. 野牛草

2. 下列花草中有一种极耐旱,非常适合在缺水城市的园林绿化,是管理最为粗放的草坪草之一,很适宜作固土护坡材料的是( )。

A. 高羊茅　　　　B. 草地早熟禾　　　　C. 结缕草　　　　D. 野牛草

3. 下列花草中有一种极耐践踏,再生力极强,侵占力强,常用于足球场、高尔夫球场球道、发球台和高草区,在南方园林绿化中广泛运用的是( )。

A. 狗牙根　　　　B. 沟叶结缕草　　　　C. 匍匐剪股颖　　　　D. 马蹄金

4. 下列花草中有一种植株低矮,根、茎发达,四季常青,抗性强,覆盖率高,堪称"绿色地毯",适用于公园、机关、庭院绿地等栽培观赏,也可用于沟坡、堤坡、路边等固土材料的是( )。

A. 狗牙根　　　　B. 沟叶结缕草　　　　C. 马蹄金　　　　D. 匍匐剪股颖

5. 下列花草中有一种覆盖地面效果极好,花期长,为优良地被植物,可作疏林草地大面积景观地被,也可作斜坡水土保持植物的是( )。

A. 直立黄芪　　　　B. 鸡眼草　　　　C. 白车轴草　　　　D. 葛藤

6. 下列花卉中有一种属观花植物,花期6—8月。茎叶抽生快,管理粗放,可用于荒山荒坡、土壤侵蚀地、石山、石砾、悬崖峭壁、复垦矿山等废弃地的绿化,还用于墙体、绿柱、绿廊、绿门、绿亭、棚架等垂直绿化的是( )。

A. 直立黄芪　　　　B. 鸡眼草　　　　C. 白车轴草　　　　D. 葛藤

7. 下列花卉中有一种属观花植物,开花时蔚为壮观,花期从5月陆续开到11月,是优良的垂直绿化植物和园林观花植物。也可布置阳台、庭院、作切花的是( )。

A. 蛇葡萄　　　　B. 葛藤　　　　C. 地锦　　　　D. 铁线莲

9 技能训练

实训1　花卉市场调查

1）实训目的

熟悉花卉市场营销形式、基本概况,了解常见花卉种类。

2）材料用具

数码相机、速记本、记录笔等。

3）方法步骤

(1)将学生分成4~5人1小组,调查当地花卉市场1~2个。

(2)设计调查表。

(3)调查花卉市场营销项目及分区。

(4)调查常见花卉价格、营销特点。

(5)总结所调查花卉市场的特点。

4）考核总结

根据调查内容评估花卉市场调查目标实现情况。

优秀:花卉市场营销项目及分区、花卉市场销售内容,30种花卉价格。

优良:花卉市场营销项目及分区、花卉市场销售内容其中一方面,25种花卉价格。

良好:花卉市场营销项目及分区、花卉市场销售内容其中一方面,20种花卉价格。

及格:花卉市场营销项目及分区、花卉市场销售内容其中一方面,15种花卉价格。

5）作业、思考

你所调查的花卉市场营销在经营上有哪些欠缺之处?怎样改进?

实训2　花卉网络营销调查

1) 实训目的

熟悉花卉网络营销形式特点,了解花卉网络交易形式与特点。

2) 材料用具

数码相机、速记本、记录笔等。

3) 方法步骤

(1) 学生分小组上网调查、讨论。

(2) 调查花卉网络营销方式。

(3) 调查网络营销花卉种类、价格及物流送货特点。

(4) 总结所调查的花卉网络营销的特点。

4) 考核评估

根据调查报告的内容评估花卉网络营销市场调查目标实现情况。

优秀:总结出网络营销的形式,写出两种送货方式。总结出花卉网络营销的交易、宣传特点。花卉种类与价格列表 30 种。

优良:总结出网络营销的形式、送货方式及花卉网络营销的交易、宣传特点其中 3 项。花卉种类与价格列表 20 种。

良好:总结出网络营销的形式、送货方式及花卉网络营销的交易、宣传特点其中两项。花卉种类与价格列表 15 种。

及格:总结出网络营销的形式、送货方式及花卉网络营销的交易、宣传特点其中 1 项。花卉种类与价格列表 10 种。

5) 思考练习题

(1) 花卉网络营销市场在经营上有哪些欠缺之处？怎样改进?

(2) 你是否担心电子交易的网络安全问题?

实训3　花卉类型识别1——草本花卉

1) 实训目的

能依据花卉的生长习性对草本花卉进行分类。

2) 材料用具

(1) 当地草本花卉材料 15 种(如一串红、万寿菊、金盏菊、三色堇、虞美人、菊花、萱草、雏菊、美人蕉、大丽花、百合、香石竹、绿萝、郁金香、水仙、一叶兰和仙客来等)。

(2) 小镢头、修枝剪、采集箱。

3）方法步骤

（1）标本采集　从标本园、花卉基地中现场采集各类草本花卉标本。

（2）观察记载

①仔细观察各种花卉地下部分和地上部分茎、叶器官的特征,并将观察结果填入表9.1中。

表9.1　草本花卉类型识别记录表

花卉名称	科名	地下部分的特征	茎、叶的特征	花卉类型

②地下器官的观察

a. 只有细小的新根,无宿存的老根。

b. 既有新根,又有老根或较细的根状茎。

c. 具有肥大的变态器官,并观察变态器官的特征。

③地上器官的观察

a. 茎干的木质化程度。

b. 叶片的质地(纸质、革质)。

（3）分析判断　根据观察的结果,结合各类花卉的主要特征,判断出每种花卉的类型。花卉类型可分为一、二年生花卉、宿根花卉和球根花卉,球根花卉又可分为鳞茎类、球茎类、根茎类、块茎类和块根类。

4）考核评估

优秀:全部分析判断正确。

优良:13 个以上分析判断正确。

良好:11 个以上分析判断正确。

及格:8 个以上分析判断正确。

实训4　花卉类型识别2——木本花卉

1）实训目的

能依据花卉的生长习性对木本花卉进行人为分类。

2）材料用具

当地木本花卉材料 15 种(如山茶花、桂花、金钟花、紫藤、凌霄、常春藤、月季、连翘、牡丹、黄花槐、红千层、茶梅、木槿、紫薇和梅花等)。

3) 方法步骤

(1)观察记载　在园林植物标本园或校园绿地,现场观察各种木本花卉茎、叶和花的主要特征,并将观察结果填入表 9.2 中。

表 9.2　木本花卉类型识别记录表

花卉名称	科名	叶的特征	茎的特征	花卉类型

①茎的观察

a. 主干明显,树体高大。

b. 无明显主干,主枝多个丛生。

c. 枝条柔软,不能直立。

②叶的观察

a. 叶片较薄,纸质。

b. 叶片较厚,革质,光亮。

(2)分析判断　根据观察的结果,结合各类木本花卉的主要特征,判定出每种花卉的类型。木本花卉类型可分为常绿乔木、落叶乔木、常绿灌木、落叶灌木、常绿藤本和落叶藤本类。

4) 考核评估

优秀:全部分析判断正确。

优良:13 个以上分析判断正确。

良好:11 个以上分析判断正确。

及格:8 个以上分析判断正确。

实训5　园林花卉应用调查

1) 实训目的

通过实地调查,熟悉公园花卉应用形式的类别与特点。

2) 材料用具

数码相机、记录本、记录笔、皮尺、卷尺、绘图纸、绘图笔。

3) 方法步骤

(1)调查公园园林花卉应用形式的类别。

(2)总结公园园林花卉应用形式的特点(花材、色彩等)。

4)考核评估

优秀:总结出公园园林花卉应用形式的类别,写出花卉应用形式名称,总结出花卉配植的特点。列出花卉种类及选材特点。

优良:总结出公园园林花卉应用形式的类别,写出花卉应用形式名称。列出花卉种类及选材特点。

良好:总结出公园园林花卉应用形式的类别,写出花卉应用形式名称。

及格:总结出公园园林花卉应用形式的类别,写出花卉应用形式名称列的不全,或花卉配植的特点总结的不完整。

5)思考练习题

(1)十大名花有哪些? 花卉为什么能打动人们的心灵?

(2)花语为什么能够广泛流传? 是否对花卉营销有利?

实训6　一、二年生花卉识别

1)实训目的

(1)在园林植物造景中,应用最多最为频繁的是一、二年生花卉。一、二年生花卉种类繁多,品种多样,生长快,花色丰富,花期长,具有很高的观赏价值。并且每种花卉的生物学特性各不相同,既有观花的,又有观叶的,如羽衣甘蓝等;还有蔓性攀缘的,如牵牛花、茑萝等。

(2)本实训的目的是使学生通过对常见的一、二年生花卉基本特征的学习,掌握一、二年生花卉播种适期与最佳观赏期,正确识别园林栽培种常见一、二年生花卉的形态特征、科属及主要习性,并了解其在园林中的作用,为以后花卉应用和配植提供一定的理论和实践基础。

(3)要求学生必须熟悉50种一、二年生花卉的形态特征、生态习性及繁殖方法、栽培要点与园林用途。

2)材料用具

钢卷尺,直尺,卡尺,铅笔,笔记本,一、二年生花卉。

3)方法步骤

(1)观察一、二年生花卉植物植株的叶型(叶片类型、大小、裂刻)、叶色(正反两面)、株型、分枝状况和枝条类型等。

(2)观察并记录所识别的花卉花序类别、花序轴的长度等内容。

(3)识别并描述不同种一、二年生花卉的花型、瓣型、花瓣数、色泽、花器官的着生状态、花径大小、是否重瓣及重瓣数、花茎长度、花器官的完整性、花萼的描述等内容。

4)作业及评分标准

(1)常见一、二年生花卉的识别,教师随机抽取20种一、二年生花卉,要求学生准确识别。(40分)

(2)将20种花卉按照种名、科属、观赏用途等记录在表9.3中。(60分)

表 9.3　一、二年生花卉识别记录表

序号	花卉名称	科属	叶			花				植株株高与分枝	园林用途
			叶型	叶色	叶裂	花型花径	花瓣	花序	花色		

5）考核评估

优秀：90 分以上。

优良：80~89 分。

良好：70~79 分。

及格：60~69 分。

实训 7　宿根花卉识别

1）实训目的

识别常见宿根花卉及常见宿根花卉的种子。

2）材料用具

钢卷尺、直尺、卡尺、铅笔、笔记本、宿根花卉及种子。

3）方法步骤

（1）标本采集　从标本园、花卉基地中现场采集各类宿根花卉及种子 20 种，也可从花卉市场购买现成的宿根花卉植株及种子。

（2）观察记载　仔细观察各种宿根花卉种子的特征和地上部分茎、叶、花等器官的特征，并将观察结果填入表 9.4 中。

①宿根花卉种子的观察　种子的大小、形状、色彩。

②宿根花卉地上器官的观察

a.茎干的特征。

b.叶片的质地（纸质、革质）。

c.叶的形状特点及其他特征。

d.花的形态特征：花序种类、花色、花朵大小、花瓣特点等。

e.果实的形态特征（若已开花结果的）。

表9.4 宿根花卉识别记录表

种类	科、属	种子的特征	茎、叶的特征	花、果实的特征

4）考核评估

优秀：全部分析判断正确。

优良：16个以上分析判断正确。

良好：14个以上分析判断正确。

及格：12个以上分析判断正确。

实训8 球根花卉识别

1）实训目的

能依据球根花卉的分类,识别常见球根花卉及常见球根花卉的球茎。

2）材料用具

（1）当地球根花卉植株及球茎材料20种（如葱类、美人蕉、水仙、文殊兰、大丽花、唐菖蒲、杂种朱顶红、风信子、蜘蛛兰、蛇鞭菊、百合、石蒜、晚香玉、郁金香、韭兰等）。

（2）小镢头、修枝剪、采集箱。

3）方法步骤

（1）标本采集　从标本园、花卉基地中现场采集各类球根花卉及球茎,也可从花卉市场购买现成的球根花卉球茎及植株标本。

（2）观察记载　仔细观察各种球根花卉球茎的特征和地上部分茎、叶、花等器官的特征,并将观察结果填入表9.5中。

表9.5 球根花卉及球茎类型识别记录表

种类	科、属	地下球茎的特征	球根的类型	地上部分茎、叶、花、果实的特征	球根花卉种植的类型

（3）地下球茎器官的观察

①球茎的类型：变态来源。

②根系的生长情况：根的着生位置、根系的质地、根系的数量。

③地下球茎的形态特征：球茎的大小、形状、色彩。

（4）地上器官的观察

①茎干的特征。

②叶片的质地（纸质、革质）。

③叶的形状特点及其他特征。

④花的形态特征：花序种类、花色、花朵大小、花瓣特点等。

⑤果实的形态特征（若已开花结果的）。

（5）分析判断　根据观察的结果，结合各种球根花卉的主要特征，判断出每种球根花卉的种植类型及球茎的类型。球根花卉种植类型可分为春植球根和秋植球根；球根花卉的球茎可分为块根、块茎、球茎、鳞茎、根茎 5 类。

4）考核评估

优秀：全部分析判断正确。

优良：16 个以上分析判断正确。

良好：14 个以上分析判断正确。

及格：12 个以上分析判断正确。

实训 9　当地水生花卉识别

1）实训目的

能依据水生花卉的分类，识别常见水生花卉。

2）材料用具

（1）当地水生花卉材料 20 种（如菖蒲、石菖蒲、凤眼莲、雨久花、千屈菜、荷花、萍蓬莲、睡莲、芡实、荇菜、慈姑、水葱、香蒲、鸭舌草、大薸、泽泻、旱伞草、灯心草、海寿花、金鱼藻等）。

（2）小镢头、修枝剪、采集箱。

3）方法步骤

（1）标本采集　从标本园、花卉基地中现场采集各类水生花卉标本 20 种。

（2）观察记载　仔细观察各种花卉地下部分和地上部分茎、叶、花、果实等器官的特征，并将观察结果填入表 9.6 中。

①地下器官的观察

a. 只有细小的新根，无宿存的老根。

b. 既有新根，又有老根或较细的根状茎。

c. 地下根的形态特征，是否具有肥大的变态器官，并观察变态器官的特征。

d. 水生植物地下茎的生长特点。

②地上器官的观察

a. 茎干的特征。

b. 叶片的质地(纸质、革质)。

c. 叶的形状特点及其他特征。

d. 花的形态特征:花序种类、花色、花朵大小、花瓣特点等。

e. 果实的形态特征(若已开花结果的)。

表9.6 水生花卉类型识别记录表

种类	科、属	地下部分的特征	茎、叶、花、果实的特征	水生花卉的类型

(3)分析判断 根据观察的结果,结合各种水生花卉的主要特征,判断出每种水生花卉的类型。水生花卉类型可分为挺水植物、浮水植物、漂浮植物、沉水植物4个类型。

4)考核评估

优秀:全部分析判断正确。

优良:16个以上分析判断正确。

良好:14个以上分析判断正确。

及格:12个以上分析判断正确。

实训10 室内观叶植物识别

1)实训目的

掌握室内花卉的形态特征、生态习性、繁殖方法、栽培管理与园林应用。

2)材料用具

钢卷尺、直尺、卡尺、铅笔、笔记本、室内观叶植物若干。

3)方法步骤

(1)每5~8名学生为1组,教师带队讲解与分组活动相结合。

(2)实习地点可选择当地较大型温室,如大型花卉市场、学校的温室等。

(3)识别常见室内观叶植物30种以上,并描述其形态特征、生活习性、繁殖方法、栽培管理与园林应用。

(4)了解当地较为流行的年宵观叶植物种类。

4)作业及评分标准

(1)室内观叶植物种类识别,教师随机抽取10种以上室内观叶植物,要求学生准确识别,并描述其形态特征、生活习性、繁殖方法、栽培管理与园林应用。(40分)

（2）完成表9.7、表9.8的填写。（60分）

表9.7　主要室内花卉形态特征一览表

调查时间：　　　　　　调查人员：

序号	花卉名称	形态特征

表9.8　主要年宵花卉形态特征一览表

调查时间：　　　　　　调查人员：

序号	花卉名称	形态特征

5）考核评估

优秀：90分以上。

优良：80～89分。

良好：70～79分。

及格：60～69分。

实训11　室内观花植物识别

1）实训目的

掌握室内花卉的形态特征、生态习性、繁殖方法、栽培管理与园林应用。

2）材料用具

钢卷尺、直尺、卡尺、铅笔、笔记本、室内观花植物若干。

3）方法步骤

（1）每5～8名学生为1组，教师带队讲解与分组活动相结合。

（2）实习地点可选择当地较大型温室，如大型花卉市场、学校的温室等。

（3）识别常见室内观花植物30种以上，并描述其形态特征、生活习性、繁殖方法、栽培管理与园林应用。

（4）了解当地较为流行的年宵观花植物种类。

4) 作业及评分标准

（1）室内观花植物种类识别，教师随机抽取 10 种以上室内观花植物，要求学生准确识别，并描述其形态特征、生活习性、繁殖方法、栽培管理与园林应用。（40 分）

（2）完成表 9.9、表 9.10 的填写。（60 分）

表 9.9 主要室内花卉形态特征一览表

调查时间：　　　　　　调查人员：

序号	花卉名称	形态特征

表 9.10 主要年宵花卉形态特征一览表

调查时间：　　　　　　调查人员：

序号	花卉名称	形态特征

5) 考核评估

优秀：90 分以上。

优良：80～89 分。

良好：70～79 分。

及格：60～69 分。

实训 12　室内观果植物识别

1) 实训目的

掌握室内花卉的形态特征、生态习性、繁殖方法、栽培管理与园林应用。

2) 材料用具

钢卷尺、直尺、卡尺、铅笔、笔记本、室内观果植物若干。

3) 方法步骤

（1）每 5～8 名学生为 1 组，教师带队讲解与分组活动相结合。

（2）实习地点可选择当地较大型温室，如大型花卉市场、学校的温室等。

（3）识别常见室内观果植物 20 种以上，并描述其形态特征、生活习性、繁殖方法、栽培管理与园林应用。

（4）了解当地较为流行的年宵观果植物种类。

4）作业及评分标准

（1）室内观果植物种类识别，教师随机抽取 10 种室内观果植物，要求学生准确识别，并描述其形态特征、生活习性、繁殖方法、栽培管理与园林应用。（40 分）

（2）完成表 9.11 的填写。（60 分）

表 9.11　主要室内观果形态特征一览表

调查时间：　　　　　　调查人员：

序号	花卉名称	形态特征

5）考核评估

优秀：90 分以上。

优良：80～89 分。

良好：70～79 分。

及格：60～69 分。

实训 13　岩生花卉识别

1）实训目的

能依据岩石植物的分类，识别常见岩石植物。

2）材料用具

（1）当地岩石植物材料 10 种（如平枝栒子、铃兰、岩白菜、垂盆草、景天、佛甲草、虎耳草、卷柏、铁线蕨、书带蕨、石苇、石松、常春藤、中华常春藤、薜荔、络石、铺地柏、海金沙等）。

（2）小镢头、修枝剪、采集箱。

3）方法步骤

（1）标本采集　从标本园、花卉基地或野外采集 10 种岩石植物标本。

（2）观察记载　仔细观察各种岩石植物地下部分和地上部分茎、叶、花、果实等器官的特征，并将观察结果填入表 9.12 中。

①地下器官的观察：地下根的形态特征。

②地上器官的观察

a. 茎干的特征。

b. 叶片的质地(纸质、革质)。

c. 叶的形状特点及其他特征。

d. 花的形态特征:花序种类、花色、花朵大小、花瓣特点等。

e. 果实的形态特征(若已开花结果的)。

(3)分析判断　根据观察的结果,结合各种岩石植物的主要特征,判断出每种岩石植物的类型。

表9.12　岩石植物识别记录表

种类	科、属	地下部分的特征	茎、叶、花、果实的特征	岩石植物的类型

4)考核评估

优秀:全部分析判断正确。

优良:8个以上分析判断正确。

良好:7个以上分析判断正确。

及格:6个以上分析判断正确。

实训14　兰科花卉识别

1)实训目的

依据兰科花卉形态特征对兰科花卉进行人为分类,并能识别常见兰科花卉。

2)材料用具

当地兰科花卉10种(如春兰、建兰、蕙兰、寒兰、墨兰、蝴蝶兰、石斛、大花蕙兰、文心兰、卡特兰、白芨等)。

3)方法步骤

(1)观察记载　根据兰科花卉品种不同,其形态特征有所不同。现场观察兰科花卉品种茎、叶、花的主要特征,并将观察结果填入表9.13中。

表 9.13　兰科花卉类型识别记录表

花卉名称	科名	叶的特征	茎的特征	花的特征

（2）分析判断　根据各种花卉的形态特征,识别兰科花卉品种。

4）考核评估

优秀:全部分析判断正确。

优良:8 个以上分析判断正确。

良好:7 个以上分析判断正确。

及格:6 个以上分析判断正确。

实训 15　多肉植物识别

1）实训目的

依据多肉植物的形态特征对多肉植物进行人为识别。

2）材料用具

当地多肉植物 15 种(如山影拳、金琥、仙人球、昙花、红蛇球、令箭荷花、仙人掌、仙人指、蟹爪兰、龙舌兰、芦荟、石莲花、虎刺梅、佛手掌、条纹十二卷、生石花、红雀珊瑚、翡翠珠等)。

3）方法步骤

（1）观察记载　由于多肉植物品种不同,其形态特征有变化,现场观察多肉植物不同品种的形态特征,主要是茎、叶、花的特征,并将观察结果填入表 9.14 中。

表 9.14　多肉植物识别记录表

花卉名称	科名	叶的特征	茎的特征	花的特征

(2)分析判断　根据各类花卉的形态特征,识别多肉植物种类。

4)考核评估

优秀:全部分析判断正确。

优良:13 个以上分析判断正确。

良好:11 个以上分析判断正确。

及格:8 个以上分析判断正确。

实训 16　蕨类植物识别

1)实训目的

依据蕨类植物的形态特征对蕨类植物进行人为分类,并能识别常见蕨类植物。

2)材料用具

当地蕨类植物 10 种(如铁线蕨、肾蕨、巢蕨、鹿角蕨、卷柏、金毛狗、翠云草、荚果蕨、凤尾蕨、石松等)。

3)步骤方法

(1)观察记载　观察植物标本园中的蕨类植物茎、叶、孢子囊的主要特征,把观察结果填入表 9.15 中。

表 9.15　蕨类植物识别记录表

花卉名称	科名	茎的特征	叶的特征	孢子囊的特征

(2)分析判断　根据观察结果,结合各种蕨类植物主要特征,判定每种植物类型。

4)考核评估

优秀:全部分析判断正确。

优良:8 个以上分析判断正确。

良好:7 个以上分析判断正确。

及格:6 个以上分析判断正确。

实训 17　草坪植物识别

1）实训目的

认识和了解当地种植的草坪草种类；掌握冷季型和暖季型草坪草的生态习性和建植养护要点；比较和掌握常见草坪草的植株和种子的形态特征。

2）材料用具

（1）常见草坪草植株和种子（草地早熟禾、多年生黑麦草、高羊茅、匍匐翦股颖、狗牙根、结缕草、细叶结缕草、沟叶结缕草、野牛草），有的草坪草植株需要事先在温室内培养，或采用蜡叶草坪草标本。

（2）小镢头、采集铲、采集箱、放大镜、解剖镜、解剖刀、解剖针、镊子、直尺、记录本、植物分类检索表。

3）方法步骤

（1）植株和标本采集　从校园和公园等绿地、温室盆栽草坪、标本馆中采集各类草坪草新鲜植株或标本 9 种。

（2）观察记载　仔细观察各种草坪草的根、茎、叶、花序、小穗、种子的特征，并将观察结果填入表 2.16 和表 2.17 中。

①草坪草营养器官的观察：

根：深根、浅根、发达、不发达。

茎：匍匐茎、根状茎、直立茎的特点。

叶：叶形、叶尖、叶片质地、叶色、叶长、叶宽、叶鞘、幼叶卷叠方式、叶舌、叶耳。

②草坪草生殖器官的观察：

花序：类型、形状、颜色。

小穗：形状、颜色。

种子：形状、大小、颜色、芒。

（3）分析判断　对学生出示无挂牌的草坪草植株或种子，要求学生结合自己填写的表 9.16 和表 9.17，判断所出示的草坪草植株或种子的草种归属，并说出主要判断原因。

表 9.16　草坪草营养器官的形态特征

草坪草种	根	茎	叶										
			叶形	叶尖	截面	质地	叶色	叶长	叶宽	叶鞘	幼叶	叶舌	叶耳

表 9.17 草坪草生殖器官的形态特征

草坪草种	花序			小穗		种子			
	类型	形状	颜色	形状	颜色	形状	大小	颜色	芒

4）**考核评估**

优秀：全部分析判断正确。

优良：7个以上分析判断正确。

良好：6个以上分析判断正确。

及格：5个以上分析判断正确。

实训 18   地被植物识别

1）**实训目的**

认识、比较和掌握常见地被植物的植株和种子的形态特征。

2）**材料用具**

（1）地被植物植株、标本和种子。

（2）小镢头、采集铲、采集箱、放大镜、解剖镜、解剖刀、解剖针、镊子、直尺、记录本、植物分类检索表。

3）**方法步骤**

（1）植株和标本采集 从校园和公园等绿地、温室盆栽地被植物、标本馆中采集各类地被植物新鲜植株或标本10种。

（2）观察记载 仔细观察各种地被植物的根、茎、叶、花、果实、种子的特征,并将观察结果填入表9.18中。

（3）分析判断 对学生出示无挂牌的地被植物植株或种子,要求学生结合自己填写的表9.18,判断所出示的地被植物植株或种子的种类,并说出主要判断原因。

表 9.18　地被植物的形态特征

植物种类	根	茎	叶	花	果实	种子

4）考核评估

优秀：全部分析判断正确。

优良：8 个以上分析判断正确。

良好：7 个以上分析判断正确。

及格：6 个以上分析判断正确。

单元测试参考答案

1 园林花卉概述

一、名词解释

1. 用于观赏的植物。

2. 园林花卉是指园林绿化中起装饰、组景、分隔空间、庇荫、防护、覆盖等作用的植物,大多具有形态美、色彩美、芳香美、意境美的特点。

二、填空题

1. 园林绿化　改善环境　人类精神生活　经济生产

2. 绿化　美化　彩化　香化

3. 情绪平复、精神安慰　治病、保健、益寿

三、判断题

1. ×　2. √　3. √　4. √

四、问答题

1. 我国花卉产业表现出以下特点和发展趋势:①花卉品种结构向高档化发展,价格日趋合理;②产业化区域性分工,花卉流通形成大市场;③花卉产品从价格竞争转向品质竞争;④信息网络和市场流通体系初具规模;⑤花卉产品进出口贸易更加活跃。

目前我国花卉种植面积及产量已居世界第一,要成为世界花卉大国仍需在花卉种植种类、品质及特色上下功夫;网络信息的建立以及市场流通需进一步规范和统一,避免无序竞争或低价烂市破坏市场健康发展的现象发生。

2. 种植面积扩大,并向发展中国家转移;随着国际贸易的日趋自由化,花卉贸易将真正实现国际化、自由化;世界花卉生产和经营企业由独立经营向合作经营发展;国际花卉生产布局基本形成,世界各国纷纷走上特色道路;花卉生产的品种由传统花卉向新优花卉发展,同时品种日趋多样。

2 园林花卉分类

一、名词解释

1. 是以植物形态学所反映出的亲缘关系和进化程度为依据,将植物的排列由界、门、纲、目、科、属、种各等级组成的分类单元。

2. 植物的茎为草质,柔软多汁,木质化程度低,容易折断的花卉。按花卉形态分为6种类型。

二、填空题

1. 春季　夏季　2. 蕨类植物　3. 多肉多浆植物

三、选择题(单选)

1. C　2. A　3. D　4. C　5. D　6. A.　7. B

四、选择题(多选)

1. ABC   2. ABCD   3. AC   4. ABD   5. AC   6. ACD

3 园林花卉应用形式

一、填空题

1. 花丛花坛(盛花花坛)   模纹花坛   标题式花坛   离体造型花坛   混合花坛   花台

2. 盆栽单株   组合盆栽   插花   瓶景   室内园林

3. 花坛   花丛   花境   垂直绿化   吊篮与壁篮   花钵   组合立体装饰体   专类园

4. 东方式插花   西方式插花   现代自由式

二. 简答题

1. 花坛   花丛   花境

2. 花坛是具有一定几何轮廓的植床内种植颜色、形态、质地不同的花卉,以体现其色彩美或图案美的规则式园林应用形式;花台是在 40 ~ 100 cm 高的空心台座中填土,栽植观赏植物称为花台。它是以观赏植物的体形、花色、芳香及花台造型等综合美为主的。花台的形状各种各样,有几何形体,也有自然形体;花境是介于规则式和自然式构图之间的一种长形花带。从平面布置来说,它是规则的,从内部植物栽植来说则是自然的。

3. 桂花   水仙   山茶   荷花   梅花   菊花   兰花   杜鹃   月季   牡丹

4 露地花卉

一、名词解释

1. 生长在露天的供观赏的植物。

2. 生活周期在一个生长季内完成,经营养生长至开花结实最终死亡的花卉。

3. 是指地下部分器官不发生变态的,能生活多年而茎部不发生木质化的一类草本植物。

4. 指植株的地下部分具有肥大变态器官的多年生草本花卉。

5. 生长于水体中、沼泽地、湿地上,观赏价值较高的花卉,包括一年生花卉、宿根花卉、球根。

二. 填空题

1. 秋天   炎夏   2. 常绿宿根植物   落叶宿根植物   3. 球根   分生   秋植   春植   4. 生长迅速   栽培简易 价格便宜   5. 挺水类   浮水类   漂浮类   沉水类

三、选择题

1. D   2. B   3. C   4. A   5. D   6. B   7. A

四、判断题

1. √   2. √   3. √   4. ×   5. √   6. √   7. √   8. ×   9. √   10. √   11. √   12. √   13. √   14. √
15. √

五、问答题

1. 优点:由种子繁殖,有繁殖系数大,自播种至开花所需时间短,经营周转快等;

缺点:花期短、管理繁、用工多等。

2. (1)要注意种植水生花卉的季节要求;

(2)要因地制宜,依山伴湖种植水生花卉;

(3)要注意色彩搭配;

(4)遵循配置原则;

(5)根据植株姿态,注意线条搭配。

5 室内花卉

一、名词解释

比较耐阴而喜温暖,对栽培基质水分变化不过分敏感,适宜在室内环境中较长期摆放的一类花卉。

二、填空题

　　1.观果类　观枝类　2.绿色叶　彩色叶　3.茎　分枝

三、选择题

　　1.B　2.A　3.D　4.C

四、判断题

　　1.√　2.√　3.√　4.×　5.×　6.√　7.√　8.√　9.×　10.√　11.×　12.√　13.√

五、问答题

　　①主要用于室内绿化装饰布置。

　　②较适应室内低光照、低空气湿度、温度较高、通风差的环境。

　　③有木本和草本,大小高低不同;可观花和观叶,叶色、花色不同;可供选择的种类多。

　　④有直立和蔓性,株形和叶形差异大,可采用多种应用形式。

　　⑤是室内花园的主要材料。

6　岩生花卉

一、问答题

　　1.①植株低矮,株形紧密;

　　　②茎粗、叶厚,根系发达,植株富含糖和蛋白质;

　　　③生长缓慢、生活周期长;

　　　④花色艳丽。

　　2.(1)龙胆(2)四季报春(3)马先蒿(4)点地梅(5)雪莲(6)平枝枸子(7)岩白菜(8)川滇金丝桃(9)红花岩梅(10)云南锦鸡儿

二、填空题

　　杜鹃　报春

三、判断题

　　1.×　2.√　3.×　4.√　5.√　6.√　7.√　8.×

7　专类花卉

一、填空题

　　1.地生兰　附生兰　腐生兰　地生兰　气生兰　2.盆栽观赏　切花　插花　入药　食用　3.蟹爪兰　长寿花　4.缀化　5.茎干　枝条　叶片　6.莲座状十字交互对生　7.肾蕨　巢蕨　凤尾蕨　8.金毛狗　9.鹿角蕨　10.翠云草等石松亚门蕨类

二、选择题

　　1.B　2.C　3.D　4.A　5.C　6.D　7.D　8.C

三、问答题

　　1.地生兰:生长在地上,花序通常直立或斜上生长。亚热带和温带地区原产的兰花多为此类,中国兰和热带兰中的兜兰属花卉属于这类。

　　　附生兰:生长在树干或石缝中,花序弯曲或下垂。

　　　腐生兰:无绿叶,终年寄生在腐烂的植物体上生活。

　　2.根:粗壮,根茎等粗,无明显的主次根之分,分枝或不分枝。根毛不发达,具有兰菌。

　　　茎:因种不同,有直立茎、根状茎和假鳞茎。

　　　叶:叶形、叶质、叶色都有广泛变化。

　　　花:具有3枚瓣化的萼片,3枚花瓣,其中1枚成为唇瓣,颜色和形态多变,具1枚蕊柱。

　　3.有枝茎较长的青锁龙类如火祭等;花蔓草;念珠掌类的弦月、翡翠珠等;吊金钱;蟹爪兰;令箭荷花等均可作为垂直绿化立体栽植搭配。

4.食虫植物多生长于环境中氮素较为缺乏的贫瘠地区,因此进化出诱捕昆虫并消化以补充氮元素的生态习性,其根系已适应无机盐含量较低的基质,因此食虫植物对基质中的氮元素含量非常敏感,养护时应注意使用淋洗过的或者较低无机盐含量的栽培基质,浇水时应使用软水或纯净水,并于生长季节以叶面喷雾的形式补充1:2 000~1:4 000 的无机肥液,并注意不要过多喷洒到基质。

8　草坪与地被植物

一、名词解释

1.是指低矮草本植物覆盖地面而形成的相对均匀、平整的草地植被,它包括草坪草的地上部分以及根系和表土层构成的整体。

2.是指覆盖、绿化、美化地面,构建绿地最下层景观的低矮植物。包括多年生低矮草本植物,也包括低矮的灌木、藤本或竹类等植物。

二、填空题

1.游憩草坪　观赏草坪　运动场草坪　防护草坪　其他用途草坪

2.(1)耐修剪性强　(2)抗逆性强　(3)观叶　观花　观果　(4)种群容易控制　(5)保持水土　净化空气

三、选择题

1.B　2.D　3.A　4.C　5.B　6.D　7.D

中文名索引

拉丁名索引

A

Achillea ageratifolia
Achillea ageratum
Achillea alpina
Achillea filipendulina
Achillea millefollum
Achillea millefollum var. rosea
Achillea millefollum var. rubrum
Achillea ptarmica
Achillea sibirica
Achimenes spp.
Aconitum chinensis
Aconitum ramulosum
Acorus calamus
Acorus calamus var. variegatus
Adenium obesum
Adenophora tetraphylla
Agapanthus africanus
Ageratum conyzoides
Ageratum houstonisnum
Ageratum mexicanum
Aglaia duperreana
Aglaia elliptifolia
Aglaia odorata
Aglaia taiwaniana
Agrostis stolonifera
Alisma orientale
Allium atropurpureum
Allium christophii
Allium giganteum
Alstroemeria aurantiaca
Alstroemeria aurantiaca 'Aurea'
Alstroemeria aurantiaca 'Davos'

Alstroemeria aurantiaca 'Dover Orange'
Alstroemeria aurantiaca 'Inca Collection'
Alstroemeria aurantiaca 'Little Elanor'
Alstroemeria aurantiaca 'Luna'
Alstroemeria aurantiaca 'Lutea'
Alstroemeria aurantiaca 'Toluca'
Alstroemeria aurantiaca 'Yellow Dream'
Alstroemeria chilensis
Alstroemeria haemantha
Alstroemeria ligru
Alstroemeria pelegrina
Alstroemeria pulchella
Alstroemeria versicolor
Alternanthera bettzickiana
Alternanthera bettzickiana 'Aurea'
Alternanthera bettzickiana 'Tricolor'
Alternanthera paronychioides
Althaea rosea
Ampelopsis brevipedunculata
Ampelopsis brevipedunculata var. hancei
Ampelopsis brevipedunculata var. mazimowiezii
Androsace bisulca var. aurata
Androsace bulleyana
Androsace delavayi
Androsace rigida
Androsace tapete
Androsace umbellate
Androsace wardii
Anemone cathayensis
Anemone coronaria
Anemone hupehensis
Antburium crystallinum
Anthemis tinctoria
Anthurium andreanum
Anthurium andreanum 'Amoenum'
Anthurium andreanum 'Closoniae'
Anthurium andreanum 'Rhodochloarum'

Anthurium scherzerianum

Antirrhinum majus

Aponogeton madagascaliensis

Aponogetpn cripus

Aptenia cordifolia

Aquilegia canandensisi

Aquilegia chrysantha

Aquilegia formosa

Aquilegia hybrida

Aquilegia vulgaris

Aquilegia vulgaris var. *alba*

Aquilegia vulgaris var. *atrorosea*

Aquilegia vulgaris var. *flore-pleno*

Aquilegia vulgaris var. *olympica*

Aquilegia vulgaris var. *vervaeneana*

Aquilegia yabeana

Ardisia crenata

Ardisia japonica

Arisaema elephas

Arundo donax var. *versicolor*

Asparagus cochinchinensis

Asparagus densiflorus 'Myers'

Asparagus densiflorus var. *sprengeri*

Asparagus filicinus

Asparagus myrioeladus

Asparagus setaceus

Asparagus setaceus 'Nanus'

Asparagus setaceus var. *robustus*

Asparagus setaceus var. *tenuissimus*

Asparagus umbellatus

Aspidistra elatior

Aspidistra elatior var. *punctata*

Aspidistra elatior var. *variegata*

Aspidistra lurida

Aster alpinus

Aster amellus

Aster diplostephioides

Aster maackii

Aster novae-angliae

Aster novi-belgii

Aster novi-belgii 'Blue Bouquet'

Aster novi-belgii 'Ding Xiang Hong'

Aster novi-belgii 'Fen Que'

Aster novi-belgii 'Fluffy Rufflesa'

Aster novi-belgii 'Huang Guan Zi'

Aster novi-belgii 'LanYe'

Aster novi-belgii 'Red Sunset'

Aster novi-belgii 'September Ruby'

Aster tataricus

Astilbe chinensis

Astragalus adsurgens

Astragalus dahuricus

Authemis tinctoria

B

Babiana stricta

Begonia boliviensis

Begonia elatior-hybrid

Begonia msleyana

Begonia semperflorens

Begonia tuberhybrida

Belamcanda chinensis

Belamcanda chinensis var. *cruenta* f. *vulgaris*

Bellis perennis

Bergenia crassifolia

Bergenia purpurascens

Bergenia scopulosa

Beta vulgaris var. *cicla*

Bleilla striata

Brassica oleracea var. *acephala.* f. *tricolor*

Buchloe dactyloides

C

Caladium crocata

Caladium insignis

Caladium makoyana

Caladium ornata

Caladium roseo-picta

Caladium rotundifolia

Caladium bicolor

Calathea lancifolia

Calathea zebrina

Calceolaria herbeohybrida

Calendula officinalis

Calla lily

Callistephus chinensis

Campanula glomerata

Campanula latifolia

Campanula medium

Campanula medium var. *calycanthema*

Campanula persicifolia

Campanula punctata

Campanula rotundifolia

Canna edulis

Canna flaceida

Canna generalis

Canna glauca

Canna indica

Cymbidium hybrid
Cymbidium kanran
Cymbidium sinensis
Cynodon dactylon
Cyperus alternifolius
Cypripedium corrugatum

D

Dahlia hybrida
Delphinium belladonna
Delphinium cheilanthun
Delphinium elatum
Delphinium grandiflorum
Delphinium likiangense
Delphinium tatsienense
Dendranthema indicum
Dendranthema marifolium
Dendrobium chrysanthum
Dendrobium chrysotoxum
Dendrobium densiflorum
Dendrobium fimbriatum
Dendrobium huoshanense
Dendrobium nobile
Dendrobium officinale
Dianthus barbatus
Dianthus caryophyllus
Dianthus chinensis
Dianthus chinensis var. heddewigii
Dianthus deltoids
Dianthus latifolius
Dianthus plumarius
Dianthus superbus
Diapensia bulleyana
Diapensia himalaica
Diapensia purpurea
Diapensia purpurea f. albida
Dicentra canadensis
Dicentra chrysantha
Dicentra eximia
Dicentra formosa
Dicentra macrantha
Dicentra peregrina var. pusilla
Dicentra spectabilis
Dichondra repens
Dieffenbachia × bausei
Dieffenbachia × bowmanii
Dieffenbachia amoena
Dieffenbachia amoena 'Tropic Snow'
Dieffenbachia bowmannii

Dieffenbachia leopoldii
Dieffenbachia picta
Dieffenbachia picta 'Camilca'
Dieffenbachia picta 'Exotica'
Dieffenbachia sequina
Digitalis purpurea
Digitalis purpurea var. alba
Digitalis purpurea var. gloxiniaeflora
Digitalis purpurea var. monstrosa
Dionaea muscipula
Dionaea muscipula 'Giant Traps'
Dionaea muscipula 'Typical'
Drancaena fragrans
Drancaena fragrans 'Lindenii'
Drancaena fragrans 'Massangeana'
Drancaena fragrans 'Victoriae'
Drancaena sanderiana
Drancaena sanderiana 'Margaret'
Drancaena sanderiana 'Virescens'

E

Echeveria secunda
Echeveria secunda var. glauca
Echinocactus grusonii
Echinocactus grusonii var. brevis-pinus
Echinodorus amazsonicus
Eichhornia crassipes
Eichhornia crassipes var. aurea
Eichhornia crassipes var. major
Eranthis tubergenii
Eschscholtzia californica
Eucharis guandiflora
Euphorbia marginata
Euphorbia milii
Euphorbia pulcherrima
Euryale ferox Salisb. ex DC

F

Festusa arundinaces
Fittonia gigantea
Fittonia verschaffeltii
Fittonia verschaffeltii 'Minima'
Fittonia verschaffeltii 'Pearcei'
Fittonia verschaffeltii var. argyroneura
Fortunella crassifolia
Fortunella margarita

Iris chamaeiris
Iris germanica
Iris japonica
Iris kaempferi
Iris lactea var. *chinensis*
Iris pseudacorus
Iris sangunea
Iris tectorum
Iris wilsonii
Ixia maculatahybrid

K

Kalanchoe blossfeldiana
Kerra japonica
Kniphofia hybrida
Kochia scoparia
Kochia scoparia var. *culta*
Kochia trichophylla
Kummerowia striata

L

Lampranthus spectabilis
Leucojum vernun
Liatris spicata
Liatris spicata var. *alba*
Lilium brownii var. *viridulum*
Lilium davidii
Lilium lancifolium
Lilium longiflorum
Lilium pumilum
Limnocharis flava
Liriope muscari
Liriope muscari ' Golden '
Liriope muscari var. *variegata*
Liriope platyphylla
Liriope platyphylla var. *variegata*
Liriope spicata
Lithops fulviceps
Lithops hookeri
Lobelia erinus
Lobularia maritima
Lolium perenne
Lonicera japonica
Lotus corniculatus
Lupinus polyphyllus
Lycoris albiflora

Lycoris anhuiensis
Lycoris aurea
Lycoris bicolor
Lycoris caldwellii
Lycoris chinensis
Lycoris guangxiensis
Lycoris houdyshelii
Lycoris incarnate
Lycoris longituba
Lycoris radiata
Lycoris rosea
Lycoris shaanxiensis
Lycoris sprengeri
Lycoris squamigera
Lycoris straminea
Lythrum anceps
Lythrum salicaria
Lythrum salicaria ' Atropurpureum '
Lythrum salicaria ' Roseum Superbum '
Lythrum salicaria ' Roseum '
Lythrum salicaria var. *tomentosum*

M

Mammillaria elongata
Mammillaria geminispina
Mammillaria gracilis
Maranta arundinacea
Maranta arundinacea ' Variegata '
Maranta bicolor
Maranta leuconeura
Maranta leuconeura var. *erythroneura*
Maranta leuconeura var. *kerchoviana*
Maranta leuconeura var. *massangeana*
Marsilea quadrifolia
Matteuccia struthiopteris
Matthiola bicornis
Matthiola incana
Matthiola incana var. *annua*
Medicago sativ
Melibotus suaveolens
Mimulus cardinalis
Mimulus cupreus
Mimulus luteus
Mimulus rnoschatus
Mimulus variegatus
Mirabilis jalapa
Moluccella laevis
Monochoria korsakowii
Monochoria vaginalis

Pelargonium radula
Pelargonium zonale
Peperomia argyreia
Peperomia caperata
Peperomia caperata 'Autumn Leaf'
Peperomia caperata 'Enmerald Ripple'
Peperomia caperata 'Tricolor'
Peperomia maculosa
Peperomia magnolifolia 'Variegata'
Peperomia obtusifolia
Peperomia rotundifolia
Peperomia sandersii
Peperomia scandens 'Variegata'
Peperomia tetraphylla
Perilla frutescens
Phalaenopsis amabilis
Pharbtis hederacea
Pharbtis nil
Pharbtis purpurea
Philodendron bipinnatifidum
Philodendron erubescens
Philodendron erubescens 'Green Emerald'
Philodendron erubescens 'Imperial Green'
Philodendron erubescens 'Pink Priencess'
Philodendron erubescens 'Red Emerald'
Philodendron erubescens 'Royal Queen'
Philodendron panduraeforme
Philodendron scandens
Philodendron selloum
Phlox carolina
Phlox divaricata
Phlox drummondii
Phlox maculata
Phlox paniculata
Phlox subulata
Physostegia virginiana
Physostegia virginiana var. *alba*
Physostegia virginiana var. *grandiflora*
Pilea cadierei
Pilea cadierei 'Nana'
Pilea nummulariifolia
Pilea peperomioides
Pilea spruceanus
Pistia stratiotes
Platycerium wallichii
Platycodon grandiflorum
Platycodon grandiflorum var. *album*
Platycodon grandiflorum var. *autumnale*
Platycodon grandiflorum var. *japomocum*
Platycodon grandiflorum var. *mariesii*
Platycodon grandiflorum var. *semiduplex*
Poa pratensis

Polemonium coaeruleum
Polianthes tuberosa
Polianthes tuberosa 'Albino'
Polianthes tuberosa 'Early Mexican'
Polianthes tuberosa 'Pearl'
Polianthes tuberosa 'Tall Double'
Polianthes tuberosa 'Variegale'
Pontederia cordata
Pontederia cordata 'Alba'
Pontederia cordata 'Caeius'
Portulaca grandiflora
Potamogeton natans
Primula malacoides
Primula obconica
Primula polyantha
Primula sinensis
Primula sinodenticulata
Primula vulagaris
Primula vulgaris
Pteris aspericaulis var. *tricolor*
Pteris cretica 'Albo lineata'
Pteris multifida
Pueraria edulis
Pueraria lobata
Pueraria montana
Pueraria omeiensis
Pueraria thomsonii
Pyrancantha fortuneana

Q

Quamoclit coccinea
Quamoclit pennata
Quamoclit sloteri

R

Ranunculus asiaticus
Ranunculus asiaticus 'Dream Rose-pink'
Ranunculus asiaticus 'Dream Scarlet'
Ranunculus asiaticus 'Dream White'
Ranunculus asiaticus 'Dream Yellow'
Ranunculus asiaticus 'Fukukaen Strain'
Ranunculus asiaticus 'High Collar'
Ranunculus asiaticus 'Perfect Double Fantasia'
Ranunculus asiaticus 'Renaissance Pink'
Ranunculus asiaticus 'Renaissance Red'
Ranunculus asiaticus 'Renaissance White'

Ranunculus asiaticus 'Renaissance Yellow'
Ranunculus asiaticus 'Super-jumbo Dolden'
Ranunculus asiaticus 'Super-jumbo Rose-pink'
Ranunculus asiaticus 'Super-jumbo White'
Ranunculus asiaticus 'Victoria Golgen'
Ranunculus asiaticus 'Victoria Orange'
Ranunculus asiaticus 'Victoria Pink'
Ranunculus asiaticus 'Victoria Red'
Ranunculus asiaticus 'Victoria Rosa'
Ranunculus asiaticus 'Victoria White'
Reineckia carnea
Rhapis excelsa
Rhapis excelsa 'Variegata'
Rhapis gracilis
Rhapis humilis
Rhapis robusta
Rhodiola bulu
Rhododendron delavayi var. delavayi
Rhododendron panulatum
Rhododendroon simsii
Rudbechia laciniata
Rudbeckia amplexicaulis
Rudbeckia fulgida
Rudbeckia hybrida
Rudbeckia laciniata
Rudbeckia maxima
Rudbeckia nutida
Rudbeckia speciosa
Rumex japonicus

S

Sagittaria sagittifolia
Saintpaulia ionantha
Salvia coccinea
Salvia farinavea
Salvia japanica
Salvia splendens
Salvia var. atropurpura
Salxinia natans
Sansevieria cylindrica
Sansevieria trifasciata
Sansevieria trifasciata var. laurentii
Sarracenia alabamensis
Sarracenia flava
Sarracenia psittacina
Sarracenia purpurea
Saussurea depsangensis
Saussurea hypsipeta
Saussurea involucrata

Saussurea laniceps
Saussurea leucoma
Saussurea medusa
Saussurea obvallata
Saxifraga rufescens
Saxifraga stolonifera
Saxifraga stolonifera var. variegata
Schlumbergera russelliana
Schlumbergera truncatus
Scindapsus aurens
Scindapsus aureus 'Marble Queen'
Scindapsus pictus
Scindapsus pictus 'Argyraeus'
Scirpus tabernaemontani
Scirpus tabernaemontani 'zebrinus'
Sedum aizoon
Sedum emarginatum
Sedum kamtschaticum
Sedum lineare
Sedum magniflorum
Sedum makinoi 'Ogon'
Sedum spectabile
Sedum sarmentosum
Selaginella uncinata
Senecio cineraria
Senecio cineraria 'Silver Dust'
Senecio radicans
Senecio rowleyanus
Sinningia concinna
Sinningia pusilla
Sinningia regina
Sinningia speciosa
Sinningia speciosa 'Defiance'
Sinningia speciosa 'Double Brocade'
Sinningia speciosa 'Double Chicago'
Sinningia speciosa 'Emperor Frederick'
Sinningia speciosa 'Emperor William'
Sinningia speciosa 'Switzerland'
Sinningia speciosa 'Tigrina'
Solanum mammosum
Solanum Pseudocapscum
Solidago altissima
Solidago canadensis
Solidago cutleri
Solidago odora
Solidago speciosa
Solidago virgaurea
Sparaxis tricolcr
Spathiphyllum floribundum
Spathiphyllum floribundum 'Clevelandii'
Spathiphyllum floribundum 'Mauraloa'
Spathiphyllum floribundum 'Sensation'

Sprekelia formosissma
Stellera chamaejasme
Syinga yunnanensis
Syngonium auritum
Syngonium erythropHyllum
Syngonium macropHyllum
Syngonium podophyllum
Syngonium podophyllum 'Albolineatum'
Syngonium wendlandii
Syngonium xanthopHilum

T

Tagetes erecta
Tagetes patula
Thymus mongolicus
Tigridia pavonia
Tillandsia argentea
Tillandsia cyanea
Tillandsia eaput-medusae
Tillandsia ionantha
Tillandsia leiboldiana
Tillandsia usneoides
Torenia fournieri
Tradescantia fluminensis
Tradescantia virginiana
Trapa quadrispinosa
Trifolium repens
Trillium tschonoskii
Tritonia crocata
Tropaeolum majus
Tropaeolum minus
Tropaeolum peltophorum
Tropaeolum peregrinua
Tropaeolum polyphyllum
Tulipa gesneriana
Typha angustata
Typha latifolia
Typha minima

V

Vallisneria spiralis

Vanda alpina
Vanda brunnea
Vanda coerulea
Vanda concolor
Vanda cristata
Vanda pumila
Vanda subconcolor
Verbena canadensis
Verbena hybrida
Verbena rigida
Verbena tenera
Victoria amazornica
Victoria cruziana
Viola × *wittrockiana*
Viola cornuta
Viola odorata
Vriesea carinata
Vriesea poelmanii
Vriesea splendens

Z

Zantedeschia aethiopica
Zantedeschia albo-maculata
Zantedeschia dlliottiana
Zantedeschia rehmannii
Zebrina pendula
Zebrina pendula var. *discolor*
Zebrina pendula var. *minima*
Zebrina pendula var. *quadricolor*
Zephyranthes atamasco
Zephyranthes candida
Zephyranthes citrine
Zephyranthes guandiflora
Zinnia angustifolia
Zinnia elegans
Zinnia linearis
Zoysia japonica
Zoysia matrella
Zoysia tenuifolia

参考文献

[1]《园林景观植物识别与应用》编写委员会. 园林景观植物识别与应用——花卉[M]. 沈阳: 辽宁科学技术出版社,2010.

[2] EdCommittee,FNA. Flora of NorthAmerica[M]. New York:Oxford University PressInc,2013.

[3] 包满珠. 花卉学[M]. 3 版. 北京:中国农业出版社,2011.

[4] 北京林业大学园林学院花卉教研室. 中国常见花卉图鉴[M]. 郑州:河南科学技术出版社,1999.

[5] 伯尼. 野花[M]. 北京:中国友谊出版公司,2008.

[6] 布里克尔. 世界园林植物与花卉百科全书[M]. 郑州:河南科学技术出版社,2006.

[7] 曹玉美,王雁. 花坛草花[M]. 北京:中国林业出版社,2012.

[8] 车代弟. 园林花卉学[M]. 北京:中国建筑工业出版社,2009.

[9] 陈俊愉. 中国花卉品种分类学[M]. 北京:中国林业出版社,2001.

[10] 陈心启. 中国野生兰科植物彩色图鉴[M]. 北京:科学出版社,1999.

[11] 陈耀东,等. 中国水生植物[M]. 郑州:河南科学技术出版社,2012.

[12] 川原田邦彦. 我家的幸福花园——250 种自种花卉图解[M]. 北京:科学出版社,2013.

[13] 崔心红. 水生植物应用[M]. 上海:上海科学技术出版社,2012.

[14] 董丽. 园林花卉应用设计[M]. 2 版. 北京:中国林业出版社,2010.

[15] 杜方,董爱香. 流行草花[M]. 北京:金盾出版社,2008.

[16] 渡边均. 室内观叶植物种植摆放指南 200 种家庭绿植全介绍[M]. 北京:龙门书局,2013.

[17] 郭淑英,曾佑炜. 园林花卉[M]. 北京:水利水电出版社,2012.

[18] 何小颜. 花与中国文化[M]. 北京:人民出版社,1999.

[19] 江珊. 野生花卉经典图鉴[M]. 长春:吉林科学技术出版社,2013.

[20] 江胜德. 花园植物 1 000 种彩色图鉴[M]. 北京:中国林业出版社,2014.

[21] 焦瑜,李承森. 中国云南蕨类植物[M]. 北京:科学出版社,2007.

[22] 王意成. 700 种多肉植物原色图鉴[M]. 南京:江苏科学技术出版社,2013.

[23] 李真,魏耕. 盆栽花卉(修订版)[M]. 合肥:安徽科学技术出版社,2013.

[24] 刘细燕,等. 精美花卉——美叶植物[M]. 南昌:江西科学技术出版社,2013.

[25] 王意成. 花草树木图鉴大全[M]. 南京:江苏科学技术出版社,2013.

[26] 徐晔春. 经典观赏花卉图鉴[M]. 长春:吉林科学技术出版社,2012.